Paul Stäckel, Friedrich Engel

Die Theorie der Parallellinien von Euklid bis auf Gauss

eine Urkundensammlung zur Vorgeschichte der nichteuklidischen Geometrie

Paul Stäckel, Friedrich Engel

Die Theorie der Parallellinien von Euklid bis auf Gauss
eine Urkundensammlung zur Vorgeschichte der nichteuklidischen Geometrie

ISBN/EAN: 9783743402850

Hergestellt in Europa, USA, Kanada, Australien, Japan

Cover: Foto ©Paul-Georg Meister /pixelio.de

Manufactured and distributed by brebook publishing software (www.brebook.com)

Paul Stäckel, Friedrich Engel

Die Theorie der Parallellinien von Euklid bis auf Gauss

DIE THEORIE
DER
PARALLELLINIEN

VON EUKLID BIS AUF GAUSS,

EINE URKUNDENSAMMLUNG

ZUR VORGESCHICHTE DER NICHTEUKLIDISCHEN GEOMETRIE,

IN GEMEINSCHAFT
MIT
FRIEDRICH ENGEL

HERAUSGEGEBEN
VON
PAUL STÄCKEL.

MIT 145 FIGUREN IM TEXT UND DER NACHBILDUNG
EINES BRIEFES VON GAUSS.

LEIPZIG,
DRUCK UND VERLAG VON B. G. TEUBNER.
1895.

mathematischen Zeitschriften in die Hand nahm, das wenig bekannte *Magazin für die reine und angewandte Mathematik*, das J. Bernoulli und C. F. Hindenburg von 1786 bis 1789 herausgegeben haben. In dem ersten Jahrgange erregte eine *Theorie der Parallellinien* von Johann Heinrich Lambert meine Aufmerksamkeit, und die genauere Prüfung führte zu dem überraschenden Ergebnis, daſs Lambert als ein bisher übersehener Vorgänger von Gauſs, Lobatschefskij und Bolyai anzusehen sei.

Hierdurch ermutigt, begann ich die Entwickelung der Parallelentheorie genauer zu studieren, und da auch meine weiteren Nachforschungen von Erfolg begleitet waren, konnte ich im Januar 1894 den Plan fassen, von den älteren Arbeiten über die Parallelentheorie die wichtigsten, die von Euklid, Wallis, Saccheri, Lambert und Gauſs neu herauszugeben und diese *Urkunden* durch einen verbindenden Text zu einer *Vorgeschichte der nichteuklidischen Geometrie* zu vereinigen. Während der Drucklegung des Buches kam eine wesentliche Ergänzung hinzu: es gelang mir, Genaueres über die Untersuchungen von Schweikart zu ermitteln, und dabei stellte sich heraus, daſs ein Neffe Schweikarts, ein gewisser Taurinus, schon 1826, demnach früher als Lobatschefskij und Bolyai, eine *nichteuklidische Trigonometrie* durch den Druck veröffentlicht hatte.

Von der Entdeckung der Lambertschen Abhandlung hatte ich bereits im Februar 1893 meinem Freunde Friedrich Engel in Leipzig Mitteilung gemacht, der ihre Wichtigkeit sogleich zu würdigen wuſste, und durch seine Vermittelung war Lambert in der Vorrede zu dem dritten Bande von Lie's *Theorie der Transformationsgruppen* (Leipzig 1893, S. X—XI) erwähnt worden. Jetzt gelang es mir, Engel zum Mitarbeiter bei der Durchführung meines Planes zu gewinnen. In gemeinsamer Arbeit sind so die Übersetzungen aus Euklid, Wallis, Saccheri und Taurinus entstanden, die hier mitgeteilt werden. Dagegen übernahm ich die Beschaffung und Sichtung des geschichtlichen Materials sowie die Zusammenstellung des Litteraturverzeichnisses. Ebenso bearbeitete ich zu den einzelnen Abschnitten die Einleitungen, deren endgültige Fassung dann von uns beiden in regem mündlichen und schriftlichen Gedankenaustausche festgestellt wurde.

Das Vorhergehende dürfte schon deutlich zeigen, was, vom mathematisch-historischen Standpunkte aus betrachtet, dieses Buch bezweckt. Es soll nicht eine Geschichte der Parallelentheorie sein; an ein so weitschichtiges Unternehmen, bei dem allein die Sammlung

Vorwort.

und Durcharbeitung der Litteratur viele Jahre kosten würde, haben wir uns nicht gewagt. Nur einen Beitrag dazu wollen Engel und ich geben, indem wir die älteren Untersuchungen über die Parallelentheorie darauf hin betrachten, in wie weit sie für die nichteuklidische Geometrie von Bedeutung sind. Wir sind uns freilich wohl bewufst, dafs auch unter dieser Beschränkung von uns nichts Abgeschlossenes gegeben wird. Haben meine systematisch betriebenen Nachforschungen, denen eine Reihe glücklicher Zufälle zu Hilfe kam, ein unerwartet günstiges Ergebnis gehabt, so bleibt doch in der Vorgeschichte der nichteuklidischen Geometrie vieles in Dunkel gehüllt; insbesondere ist der Abschnitt über Carl Friedrich Gaufs, nicht durch unsre Schuld, recht dürftig ausgefallen.

Für nicht weniger wesentlich halten wir einen zweiten Gesichtspunkt, von dem aus wir unser Buch betrachtet zu sehen wünschen.

Wenn immer mehr anerkannt wird, in wie hohem Mafse gerade bei den feinsten Untersuchungen der neueren Mathematik das tiefere Verständnis durch die geschichtliche Betrachtungsweise gefördert wird, so trifft das ganz besonders bei der nichteuklidischen Geometrie zu. Wir sind überzeugt, dafs das Eindringen in diese beim ersten Anblick so paradoxen, dem gesunden Menschenverstande scheinbar so widerstrebenden Gedankenbildungen durch nichts mehr erleichtert wird, als wenn man ihrer geschichtlichen Entwickelung nachgeht, wenn man verfolgt, wie die Emancipation von Euklid durch jahrhundertelange Arbeit vorbereitet wird, und wie sich dann die neuen Ideen mit unwiderstehlicher Gewalt fast gleichzeitig an räumlich weit entfernten Orten Europas Bahn brechen.

In engem Zusammenhange hiermit steht ein weiterer Zweck, dem unser Buch dienen soll.

Wer sich über das Wesen der nichteuklidischen Geometrie Klarheit verschaffen wollte, befand sich bisher in einer recht schwierigen Lage: fast alle Arbeiten über diesen Gegenstand setzen erhebliche Vorkenntnisse auf den verschiedensten Gebieten der neueren Mathematik voraus, und da, wo die Anforderungen in dieser Beziehung geringer sind, wie bei Lobatschefskij und bei Bolyai, erschwert die Art der Darstellung das Verständnis.

Unter diesen Umständen dürfte unser Buch namentlich denen willkommen sein, die in den Gedankenkreis der nichteuklidischen Geometrie einzudringen gewillt sind, denn die Abhandlungen von Wallis, Saccheri und Lambert sind einem jeden verständlich, der über die elementarsten Vorkenntnisse verfügt, und, was die Darstellung betrifft, so zeichnet sich Saccheris *Euclides ab omni naevo vindicatus* durch eine wahrhaft klassische Vollendung aus, während bei !Lamberts *Theorie der Parallellinien*, einem tief eindringenden Versuche dieses scharfsinnigen Denkers sich über die Parallelenfrage Rechenschaft zu geben, die Frische und Natürlichkeit der Ausdrucksweise an Leonhard Euler erinnert. Gröfsere Anforderungen an den Leser stellt Taurinus; hier ist zum vollen Verständnis die Bekanntschaft mit den Elementen der höheren Analysis erforderlich.

Haben wir uns bis jetzt an die *Mathematiker* gewendet, so möchten wir doch auch die *Philosophen* auf unser Buch aufmerksam machen, denn die Parallelentheorie steht mit verschiedenen philosophischen Grundproblemen in enger Verbindung, *streift doch*, wie Gaufs sich ausdrückt, *der Fragepunkt unmittelbar an die Metaphysik*. Freilich haben wir darauf verzichtet, in diesem Buche, das zunächst für mathematische Leser bestimmt ist, auf den oft recht nahe liegenden Zusammenhang der Untersuchungen über Parallelentheorie mit den philosophischen Fragen ihrer Zeit einzugehen. Immerhin glauben wir, dafs unser Buch dem Philosophen mancherlei Anregung zu weiteren Untersuchungen bietet, und möchten in dieser Hinsicht etwa auf die Beziehungen zu dem Probleme des Unendlichen hinweisen, sowie den unverkennbaren Einflufs der Kantischen Philosophie (Kritik der reinen Vernunft 1781) auf das Wiedererwachen des Interesses für die Grundlagen der Geometrie und damit auch für die Parallelentheorie betonen.

Schliefslich müssen wir der Unterstützung gedenken, die uns bei unsrer Arbeit von verschiedenen Seiten zu teil wurde. Es ist uns nicht möglich, an dieser Stelle allen denen namentlich zu danken, die uns durch freundliche Auskunft auf unsre Anfragen, durch wertvolle geschichtliche Mitteilungen, durch Überlassung von uns sonst unzugänglichen Büchern verpflichtet haben, und wir müssen uns darauf beschränken, hier folgende Herren zu nennen.

Dem Direktor der Biblioteca Estense in Modena, Herrn A. Forti, verdanken wir eine Abschrift von Aufzeichnungen, die ein Freund und Ordensbruder Saccheris über dessen Leben und Werke gemacht hat; durch diese Aufzeichnungen werden die spärlichen gedruckten Nachrichten über Saccheri, die wir ermitteln konnten, wesentlich ergänzt. Herr Pastor A. Fürer in Merseburg, ein Stiefbruder des Taurinus, hat uns zwei Briefe von Schweikart an Taurinus, sowie einen Brief von Gaufs an Taurinus zur Veröffentlichung überlassen. Er hat uns auch auf die *Elementa* des Taurinus aufmerksam gemacht, die bis dahin ganz unbekannt geblieben waren. Herr Baumeister Fr. Schmidt in Budapest stellte uns wichtige Mitteilungen über die beiden Bolyai, sowie über Schweikart zur Verfügung, Herr Prof. A. Wassiljef in Kasan solche über Lobatschefskij. Endlich hat Herr Dr. Wiegner in Leipzig aus reinem Interesse für die Sache sich der grofsen Mühe unterzogen, für den Neudruck eine genaue Abschrift von Lamberts Abhandlung anzufertigen.

An der Drucklegung des Werkes haben Engel und ich in gleichem Mafse mitgewirkt. Wir liefsen uns dabei von den Grundsätzen leiten, die Engel bei der Herausgabe von H. Grafsmanns *Gesammelten mathematischen und physikalischen Werken* befolgt. Man findet also bei den Abhandlungen, die wir mitteilen, die Seitenzahlen der ursprünglichen Ausgaben am Rande angegeben. Ebenso sind unsre Zusätze im Text durch Einschliefsen in eckige Klammern kenntlich gemacht worden. Die ursprünglichen Lesarten von Stellen, an denen eine Änderung des Textes notwendig erschien, findet man jedes Mal am Schlusse der betreffenden Abhandlung zusammengestellt. Im Hinzufügen erläuternder Anmerkungen sind wir sparsam gewesen. Es wäre freilich leicht gewesen, an vielen Stellen auf Grund der Einsichten, die man den neueren Untersuchungen über die nichteuklidische Geometrie verdankt, Kritik zu üben; uns schien jedoch, dafs solche Bemerkungen, wenn sie nicht sehr ausführlich sind, den Anfänger nur verwirren können, während sie für den Kenner überflüssig sind. Dagegen haben wir uns nach Kräften bemüht, dem Leser das Zurechtfinden in dem Buche zu erleichtern, und hoffen, dafs die ausführlichen Angaben an den Köpfen der Seiten sowie das Autorenverzeichnis am Ende des Buches als zweckmäfsig anerkannt werden.

Herrn Dr. A. Gutzmer in Berlin sind wir für seine freundliche Beihilfe bei der Korrektur zu Dank verpflichtet.

Wir können nicht schliefsen, ohne der Verlagsbuchhandlung B. G. Teubner unsern Dank dafür auszusprechen, dafs sie alle unsre Wünsche in Betreff der Ausstattung des Buches aufs bereitwilligste erfüllt hat. Besonderen Wert legen wir darauf, dafs wir die zahlreichen Figuren in den Text aufnehmen konnten, obwohl es notwendig wurde, einzelne Figuren drei, ja vier Mal zu wiederholen; ebenso freuen wir uns, dafs wir dem Buche einen bisher unbekannten Brief von Gaufs in getreuer Nachbildung beigeben können.

Halle a. S., im Juni 1895.

Paul Stäckel.

Inhaltsverzeichnis.

	Seite
Vorwort	III—VII
Euklid, um 300 v. Chr.	1—14
Einleitung und Litteratur	3—5
Euklids Elemente, erstes Buch, Erklärungen, Forderungen, Grundsätze, Satz 1—32	6—14
John Wallis, 1616—1703	15—30
Einleitung und Litteratur	17—20
Euklid bei den Arabern	17
Ältere Euklidausgaben	17—18
Die Parallelentheorie in Frankreich (Ramus, Desargues) . . .	18
Die Parallelentheorie in England (Savile; Wallis)	18—19
Der Beweisversuch von Wallis	19
Litteratur	19—20
Beweis der fünften Forderung Euklids, öffentlich vorgetragen in Oxford am Abend des 11. Juli 1663	21—30
Girolamo Saccheri, 1667—1733	31—136
Einleitung und Litteratur	33—40
Die Parallelentheorie in Italien (Borelli, Giordano da Bitonto; Saccheri)	33—34
Saccheris Leben	34—35
Seine mathematischen Schriften	35—36
Saccheris Euclides ab omni naevo vindicatus	36—39
Litteratur	40
Euclides ab omni naevo vindicatus: sive conatus geometricus quo stabiliuntur prima ipsa universae Geometriae Principia. Liber I.	41—135
Vorwort an den Leser	45—47
Inhaltsverzeichnis	48—49
Erstes Buch, erster Teil, Lehrsatz I—XXXIII	50—122
Des ersten Buches zweiter Teil, Lehrsatz XXXIV—XXXIX . .	123—135
Abweichungen vom Urtext	136
Johann Heinrich Lambert, 1728—1777	137—208
Einleitung und Litteratur	139—151

Inhaltsverzeichnis.

	Seite
Die Parallelentheorie in Deutschland (Kaestner, Klügel; Lambert)	139—141
Die Parallelentheorie von Lambert	141—148
Lamberts Nachlafs	148—150
Litteratur	151
Theorie der Parallellinien	152—207
1) Vorläufige Betrachtungen. §. 1—11	152—162
2) Vortrag einiger Sätze, die für sich betrachtet werden können. §. 12—26	163—176
3) Theorie der Parallel-Linien. §. 27—88	176—207
Allgemeines §. 27—39	176—180
Erste Hypothese §. 40—51	180—186
Zwote Hypothese §. 52—64	186—192
Dritte Hypothese §. 65—88	192—207
Abweichungen vom Original	208

Carl Friedrich Gaufs, 1777—1855 . . . . 209—236
Einleitung und Litteratur . . . . 211—218
 Die Parallelentheorie in Frankreich (d'Alembert, Fourier, Lagrange, Laplace, Legendre) . . . . 211—213
 Die Parallelentheorie in Deutschland (Seyffer, Voit; Gaufs) . . 213—215
 Die bisher bekannten Äufserungen von Gaufs . . . . 215—217
 Litteratur 218
 I. Brief von Gaufs an W. Bolyai, Ende 1799 219
 II. Eine Besprechung aus den Göttingischen gelehrten Anzeigen vom 20. April 1816 . . . . 220—223
 III. Eine Besprechung aus den Göttingischen gelehrten Anzeigen vom 28. October 1822 . . . . 223—226
 IV. Aus Briefen von Gaufs und Bessel, 1829 und 1830 . . . . 226—227
 V. Aus Briefen von Gaufs und Schumacher, 1831 und 1846 . . 227—235
 Abweichungen von den Originalabdrücken 236

Ferdinand Karl Schweikart, 1780—1857 und **Franz Adolph Taurinus**, 1794—1874 . . . . 237—286
Einleitung und Litteratur . . . . 239—254
 Allgemeines . . . . 239—240
 N. Lobatschefskij . . . . 240—241
 W. und J. Bolyai . . . . 241—243
 F. K. Schweikart . . . . 243—246
 Gaufs über Schweikart, 1819 246
 F. A. Taurinus . . . . 246—252
  Aus der Vorrede zu den Elementa, 1826 . . . . 247—248
  Gaufs an Taurinus, 1824 . . . . 249—250
  Würdigung von Schweikart und Taurinus . . . . 251—252
 Litteratur . . . . 253—254
Stücke aus der Theorie der Parallellinien von F. A. Taurinus, 1825 . . . . 255—266
Stücke aus den Geometriae prima elementa von F. A. Taurinus, 1826 . . . . 267—283
Abweichungen vom Urtext der Elementa . . . . 284—286

	Seite
Verzeichnis von Schriften über die Parallelentheorie, die bis zum Jahre 1837 erschienen sind	287—313
Einleitung	289—290
Bibliographische Quellen in chronologischer Reihenfolge	291—292
Verzeichnis der Schriften nach den Jahren ihres Erscheinens	293—313
Alphabetisches Verzeichnis der Autoren dieser Schriften	314—316
Nachträge und Berichtigungen	317—320
Alphabetisches Verzeichnis der im Texte besprochenen oder erwähnten Autoren	321—325

Tafel am Ende des Buches: Nachbildung eines Briefes von Gauſs an Taurinus vom 8. November 1824.

EUKLID

UM 300 V. CHR.

Die Geschichte der Parallelentheorie beginnt mit den Griechen oder genauer mit Euklid, denn erst die Griechen haben die Mathematik zu dem Range einer Wissenschaft erhoben, indem sie nicht nur den mathematischen Kenntnissen, die ihnen von den Ägyptern überkommen waren, viel Neues hinzufügten, sondern auch vor allem das mathematische Beweisverfahren in seiner vollen Strenge ausbildeten und die einzelnen Sätze zu einem zusammenhängenden Ganzen vereinigten. Euklids Elemente stellen uns das endgültige Ergebnis dieser jahrhundertelangen Entwickelung dar.

Für die Parallelentheorie kommt nur das erste Buch der Elemente in Betracht. Beim ersten Anblick erscheint es als eine willkürliche Zusammenstellung von Lehrsätzen und Aufgaben, aber bei tieferem Eindringen zeigt sich, dafs man es mit einem wohldurchdachten Systeme zu thun hat. Es ist kein Zufall, dafs die ersten achtundzwanzig Sätze von der fünften Forderung, dem sogenannten Parallelenaxiom, durchaus unabhängig sind, und dafs dieses erst beim Beweise des neunundzwanzigsten Satzes eintritt, es ist kein Zufall, dafs der Aufsenwinkel des Dreiecks an zwei Stellen behandelt wird: zuerst, in Satz 16, wird nur gezeigt, dafs er gröfser ist als jeder der beiden ihm gegenüberliegenden inneren Winkel, und erst später, in Satz 32, stellt sich heraus, dafs der Aufsenwinkel der Summe jener beiden inneren Winkel genau gleich ist.

Diese Anordnung berechtigt zu dem Schlusse, dafs Euklid die in der Parallelentheorie verborgene Schwierigkeit sehr wohl durchschaut hat.

Als Euklid Sätze beweisen wollte, welche die geometrische Anschauung unmittelbar liefert, zum Beispiel das Vorhandensein von Rechtecken, reichten die Grundsätze und Forderungen nicht mehr aus, die für die ersten achtundzwanzig Sätze genügt hatten; er führte deshalb eine neue Forderung ein, seine fünfte:

Wenn eine Gerade zwei Gerade trifft und mit ihnen auf derselben Seite innere Winkel bildet, die zusammen kleiner sind als zwei Rechte, so sollen die beiden Geraden, ins Unendliche verlängert, schließlich auf der Seite zusammentreffen, auf der die Winkel liegen, die zusammen kleiner sind als zwei Rechte.

Es gehörte ein gewisser Mut dazu, eine solche Forderung neben den andern, so überaus einfachen Grundsätzen und Forderungen auszusprechen, und es ist daher erklärlich, daß man schon im Altertum Versuche machte, ein folgerichtiges System der Geometrie in einfacherer Weise aufzubauen. Über diese Versuche hat uns Proklos in seinem Kommentar zum ersten Buche der Euklidischen Elemente ausführlich berichtet. Er machte selbst einen Versuch, indem er vorschlug, man solle Euklids Erklärung der parallelen Geraden aufgeben und die beständige Gleichheit des Abstandes als charakteristisches Merkmal benutzen. Freilich hat im Altertum keiner dieser Versuche, die im Grunde die fünfte Forderung nur durch eine andere, auch nicht einfachere ersetzen, die Euklidische Darstellung zu verdrängen vermocht.

Wenn wir im folgenden das erste Buch der Elemente bis zum zweiunddreißigsten Satze im Auszuge mitteilen, so geschieht dies nicht nur, weil die ganze weitere Entwickelung der Parallelentheorie auf dieser Grundlage beruht, sondern auch aus einem äußeren Grunde: die älteren Schriftsteller, zum Beispiel Saccheri und Lambert, setzten euklidfeste Leser voraus und durften das, man kann sie daher nicht lesen, ohne die Elemente oder wenigstens das erste Buch zur Hand zu haben.

Wir hielten es für das Beste, keine der älteren Euklid-Übersetzungen zu benutzen, vielmehr haben wir uns möglichst eng an den griechischen Text angeschlossen, wie er in Heibergs neuer ausgezeichneter Ausgabe vorliegt. Das ist insofern von Bedeutung, als gerade beim ersten Buche die Überlieferung des Textes schwankend ist. Wir folgen Heiberg auch in der Beziehung, daß wir von der fünften Forderung, nicht vom elften Axiom, sprechen, und daß wir diese Forderung nicht für einen späteren Zusatz halten.

Die Beweise der Sätze haben wir nur dann mitgeteilt, wenn sie entweder von den gegenwärtig üblichen erheblich abweichen, oder für das Verständnis der Euklidischen Parallelentheorie unentbehrlich sind. Mit dem zweiunddreißigsten Satze brechen wir ab, weil die folgenden Sätze für unseren Zweck nicht in Betracht kommen, wollen aber noch bemerken, daß die Entwickelungen des ersten Buches der Elemente in dem pythagoreischen Lehrsatze (Satz 47 und 48) ihren Zielpunkt haben.

Litteratur.

Cantor, M., *Vorlesungen über Geschichte der Mathematik.* Bd. I. Zweite Aufl. Leipzig 1893. Kap. 12.

Hankel, H., *Zur Geschichte der Mathematik im Altertum und Mittelalter.* Leipzig 1874.

Hauber, C. F., *Chrestomathia geometrica.* Tübingen 1820.

Heiberg, J. L., *Euclidis Elementa.* 5 Bände. Leipzig 1883—1888.

Lindemann, F., *Vorlesungen über Geometrie.* Bd. II. T. I. S. 540—558. Leipzig 1891.

Maier, L., *Proklos über die Petita und Axiomata bei Euklid.* (Programm des Gymnasiums zu Tübingen. 1875.)

Proklos, *In primum Euclidis elementorum librum commentarii.* Ex recognitione E. Friedlein. Leipzig 1863.

Riccardi, P., *Saggio di una bibliografia euclidea.* (Memorie della R. Accademia di Bologna, serie 4, tomo VIII, 1887, S. 401—523; tomo IX, 1888, S. 321—343; serie 5, tomo I, 1890, S. 27—84.)

Tannery, P., *Sur l'authenticité des axiomes d'Euclide* (Bulletin des sciences mathématiques, série 2, tome VIII, 1884, S. 162—175), und: *La constitution des éléments* (a. a. O. série 2, tome X, 1886, S. 183—205).

Euklids Elemente.

Erstes Buch.

Erklärungen. Forderungen. Grundsätze. Satz 1—32.

Erklärungen.

1. Was keine Teile hat, ist ein Punkt.
2. Eine Länge ohne Breite ist eine Linie.
3. Die Enden einer Linie sind Punkte.
4. Eine Linie ist gerade, wenn sie gegen die in ihr befindlichen Punkte auf einerlei Art gelegen ist.
5. Was nur Länge und Breite hat, ist eine Fläche.
6. Die Enden einer Fläche sind Linien.
7. Eine Fläche ist eben, wenn sie gegen die in ihr befindlichen Geraden auf einerlei Art gelegen ist.
8. Ein ebener Winkel ist die gegenseitige Neigung zweier Linien, die sich in einer Ebene treffen, ohne in einer geraden Linie zu liegen.
9. Sind die den Winkel einschliefsenden Linien gerade, so heifst der Winkel geradlinig.
10. Wenn eine Gerade, die auf einer anderen errichtet ist, zu beiden Seiten gleiche Winkel bildet, so ist jeder der beiden gleichen Winkel ein Rechter, und die errichtete Gerade heifst senkrecht zu der, auf der sie errichtet ist.
11. Stumpf ist ein Winkel, der gröfser ist als ein Rechter.
12. Spitz aber einer, der kleiner ist als ein Rechter.
13. Das Ende eines Dinges bildet dessen Grenze.
14. Was von einer oder von mehreren Grenzen eingeschlossen wird, ist eine Figur.
15. Ein Kreis ist eine ebene, von einer einzigen Linie eingeschlossene Figur, bei der die Geraden, die sich nach ihr von einem gewissen Punkte innerhalb der Figur erstrecken, alle einander gleich sind.

16. Dieser Punkt wird der **Mittelpunkt** des Kreises genannt.

17. Durchmesser des Kreises ist jede durch den Mittelpunkt gezogene und auf beiden Seiten durch den Umfang des Kreises begrenzte Gerade; diese halbiert den Kreis.

18. Ein **Halbkreis** ist die Figur, die von einem Durchmesser und dem von ihm abgeschnittenen Bogen eingeschlossen wird. Der Mittelpunkt des Halbkreises ist derselbe wie der des Kreises.

19. Geradlinige Figuren sind solche, die von geraden Linien eingeschlossen werden, und zwar sind sie **dreiseitig**, wenn sie von drei, **vierseitig**, wenn sie von vier, **vielseitig**, wenn sie von mehr als vier Geraden eingeschlossen werden.

20. Unter den dreiseitigen Figuren ist ein **gleichseitiges Dreieck** die mit drei gleichen Seiten, ein **gleichschenkliges Dreieck** die mit nur zwei gleichen Seiten, endlich ein **ungleichseitiges** die mit drei ungleichen Seiten.

21. Unter den dreiseitigen Figuren ist ferner ein **rechtwinkliges Dreieck** die mit einem rechten Winkel, ein **stumpfwinkliges** die mit einem stumpfen Winkel, endlich ein **spitzwinkliges** die mit drei spitzen Winkeln.

22. Unter den vierseitigen Figuren ist ein **Quadrat** eine solche, die gleichseitig und rechtwinklig ist, ein **Rechteck** eine solche, die rechtwinklig, aber nicht gleichseitig ist, ein **Rhombus** eine solche, die gleichseitig, aber nicht rechtwinklig ist, ein **Rhomboid** eine solche, deren gegenüberliegende Seiten und Winkel gleich sind, die aber weder gleichseitig noch rechtwinklig ist. Alle übrigen vierseitigen Figuren sollen **Trapeze** heifsen.

23. Parallel sind gerade Linien, die in derselben Ebene liegen und, nach beiden Seiten ins Unendliche verlängert, auf keiner Seite zusammentreffen.

Forderungen.

1. Es soll gefordert werden, dafs sich von jedem Punkte nach jedem Punkte eine gerade Linie ziehen lasse.

2. Ferner, dafs sich eine begrenzte Gerade stetig in gerader Linie verlängern lasse.

3. Ferner, dafs sich mit jedem Mittelpunkt und Halbmesser ein Kreis beschreiben lasse.

4. Ferner, dafs alle rechten Winkel einander gleich seien.

5. Endlich, wenn eine Gerade zwei Gerade trifft und mit ihnen auf derselben Seite innere Winkel bildet, die zusammen kleiner sind als zwei Rechte, so sollen die beiden Geraden, ins Unendliche verlängert, schliefslich auf der Seite zusammentreffen, auf der die Winkel liegen, die zusammen kleiner sind als zwei Rechte.

Grundsätze.

1. Dinge, die demselben Dinge gleich sind, sind einander gleich.
2. Fügt man zu Gleichem Gleiches hinzu, so sind die Summen gleich.
3. Nimmt man von Gleichem Gleiches hinweg, so sind die Reste gleich.
7. Was zur Deckung mit einander gebracht werden kann, ist einander gleich.
8. Das Ganze ist gröfser als sein Teil.
[9. Zwei gerade Linien schliefsen keinen Raum ein*).]

1.

Über einer gegebenen begrenzten Geraden ein gleichseitiges Dreieck zu errichten.

2.

An einen gegebenen Punkt eine einer gegebenen Geraden gleiche Gerade zu legen.

3.

Wenn zwei ungleiche Gerade gegeben sind, von der gröfseren eine der kleineren Geraden gleiche Gerade abzuschneiden.

4.

Sind in zwei Dreiecken zwei Seiten der Reihe nach zwei Seiten gleich, und sind die von den gleichen Seiten eingeschlossenen Winkel gleich, so sind auch die Grundlinien gleich, und das eine Dreieck ist dem anderen gleich, und die übrigen Winkel, nämlich die gleichen Seiten gegenüberliegenden, sind der Reihe nach den übrigen gleich**).

---

*) [Die Grundsätze 4 bis 6 und 9 rühren vermutlich nicht von Euklid her.]
**) [Euklid hat gewifs absichtlich in dem ganzen ersten Buche den Begriff der Bewegung nur bei dem Beweise des ersten Kongruenzsatzes benutzt. Stillschweigend macht er hier sogar von der Umlegung Gebrauch. Sollte ihm entgangen sein, dafs bei der Geometrie der Ebene zwischen Bewegung und Umlegung ein wesentlicher Unterschied besteht?]

5.

In jedem gleichschenkligen Dreieck sind die Winkel an der Grundlinie einander gleich, und verlängert man die gleichen Geraden, so sind die Winkel unterhalb der Grundlinie einander gleich.

[Da Euklid an dieser Stelle die Konstruktion des Lotes von der Spitze A des gleichschenkligen Dreiecks $BA\Gamma$ auf die Grundlinie $B\Gamma$ noch nicht gelehrt hat, verführt er so: AB und $A\Gamma$ werden um die gleichen Stücke BZ und ΓH verlängert, und es wird BH und ΓZ gezogen. Dann ist nach Lehrsatz 4 das Dreieck $AB H$ dem Dreieck $A\Gamma Z$ kongruent, also $Z\Gamma$ gleich HB und der Winkel ABH gleich dem Winkel $A\Gamma Z$. Hieraus folgt, dafs, wieder nach Lehrsatz 4, das Dreieck ΓHB dem Dreieck $BZ\Gamma$ kongruent, also der Winkel ΓBH gleich dem Winkel $B\Gamma Z$ ist. Mithin ist auch nach Grundsatz 3 der Winkel $AB\Gamma$ gleich dem Winkel $A\Gamma B$. Endlich folgt aus der Kongruenz der Dreiecke $B\Gamma Z$ und ΓBH, dafs auch die Winkel unterhalb der Grundlinie $B\Gamma$ gleich sind.

Einfacher wäre es gewesen, Z mit B, H mit Γ zusammenfallen zu lassen und zu sagen, dafs die Dreiecke $BA\Gamma$ und ΓAB kongruent sind.]

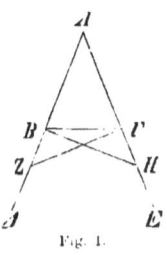

Fig. 1.

6.

Sind in einem Dreieck zwei Winkel einander gleich, so sind auch die den gleichen Winkeln gegenüberliegenden Seiten einander gleich.

[Beweis: Es sei der Winkel $AB\Gamma$ gleich dem Winkel $B\Gamma A$. Wäre AB gröfser als $A\Gamma$, so mache man $\varDelta B$ gleich $A\Gamma$ und ziehe $\varDelta \Gamma$. Dann wären nach Lehrsatz 4 die Dreiecke $\varDelta B\Gamma$ und $A\Gamma B$ kongruent, was gegen Grundsatz 8 verstöfst.]

Fig. 2.

7.

Sind von den Endpunkten einer Geraden nach einem Punkte aufserhalb zwei Gerade gezogen, so kann man nicht von diesen Endpunkten aus nach einem anderen Punkte auf derselben Seite jener Geraden zwei Gerade ziehen, die den ersten beziehungsweise gleich sind.

[Beweis: Es sei $A\Gamma = A\varDelta$, $B\Gamma = B\varDelta$. Man ziehe $\Gamma\varDelta$. Dann ist nach Lehrsatz 5 der Winkel $A\varDelta\Gamma$ gleich dem Winkel $A\Gamma\varDelta$, folglich nach Grundsatz 8 $B\varDelta\Gamma$ gröfser als $B\Gamma\varDelta$. Anderseits ist aber, wieder nach Lehrsatz 5, der Winkel $B\varDelta\Gamma$ gleich dem Winkel $B\Gamma\varDelta$, was unmöglich ist.

Auf ähnliche Art wird der Beweis in dem von Euklid nicht ausdrücklich erwähnten Falle geführt, dafs $\varDelta$ innerhalb des Dreiecks $A\Gamma B$ liegt.]

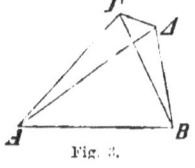

Fig. 3.

8.

Sind in zwei Dreiecken zwei Seiten der Reihe nach zwei Seiten gleich und sind aufserdem die Grundlinien gleich, so sind auch die Winkel gleich, die von gleichen Seiten eingeschlossen werden.

9.

Einen gegebenen geradlinigen Winkel zu halbieren.

10.

Eine gegebene begrenzte Gerade zu halbieren.

11.

Aus einem gegebenen Punkte einer gegebenen Geraden eine Gerade unter rechtem Winkel zu ziehen.

12.

Auf eine gegebene unbegrenzte Gerade von einem gegebenen Punkte aus, der nicht auf ihr liegt, das Lot zu fällen.

13.

Fig. 4.

Die Winkel, die eine Gerade mit einer anderen bildet, auf der sie steht, sind entweder beide rechte oder zusammen gleich zwei Rechten.

[Beweis: Sind die Winkel einander gleich, so sind sie zwei Rechte. Sind sie ungleich, so errichte man in B die Senkrechte BE. Mittelst der Grundsätze 1 und 2 beweist man dann, dafs die Summe von ΓBA und $AB\varDelta$ gleich der Summe von ΓBE und $EB\varDelta$ ist.]

14.

Gehen durch einen und denselben Punkt einer Geraden zwei nicht auf derselben Seite liegende Gerade, und bilden sie mit dieser Geraden Winkel, die zusammen zwei Rechten gleich sind, so liegen sie auf einer Geraden.

15.

Wenn zwei Gerade einander schneiden, so sind die von ihnen gebildeten Scheitelwinkel gleich.

16.

Wenn man bei irgend einem Dreieck eine der Seiten verlängert, so ist der Aufsenwinkel gröfser als jeder der beiden inneren gegenüberliegenden Winkel.

Das Dreieck sei $AB\Gamma$, und man verlängere eine seiner Seiten $B\Gamma$ bis $\varDelta$. Ich behaupte, dafs der Aufsenwinkel $A\Gamma\varDelta$ gröfser ist als jeder der beiden inneren gegenüberliegenden Winkel ΓBA und $BA\Gamma$.

Man halbiere $A\Gamma$ in E, ziehe BE, verlängere es bis Z und mache EZ gleich BE. Man ziehe noch $Z\Gamma$, und verlängere $A\Gamma$ bis H.

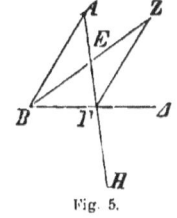

Fig. 5.

Da nun AE gleich $E\Gamma$ ist und BE gleich EZ, so sind die beiden Geraden AE und EB der Reihe nach gleich den beiden Geraden ΓE und EZ, und da die Winkel AEB und $ZE\Gamma$ als Scheitelwinkel gleich sind, so ist auch die Grundlinie AB der Grundlinie $Z\Gamma$ gleich, und das Dreieck ABE gleich dem Dreieck $ZE\Gamma$, und die beiden übrigen Winkel sind der Reihe nach den beiden übrigen Winkeln gleich, die nämlich, die gleichen Seiten gegenüberliegen. Daher ist der Winkel BAE gleich dem Winkel $E\Gamma Z$. Nun ist der Winkel $E\Gamma\varDelta$ gröfser als der Winkel $E\Gamma Z$, folglich ist auch der Winkel $A\Gamma\varDelta$ gröfser als der Winkel BAE.

In ähnlicher Weise zeigt man nach Halbierung der Geraden $B\Gamma$, dafs der Winkel $B\Gamma H$ gröfser ist als der Winkel $AB\Gamma$, das heifst, dafs der Winkel $A\Gamma\varDelta$ gröfser ist als der Winkel $AB\Gamma$*).

17.

In jedem Dreieck sind irgend zwei Winkel zusammen kleiner als zwei Rechte.

18.

In jedem Dreieck liegt der gröfseren Seite auch der gröfsere Winkel gegenüber.

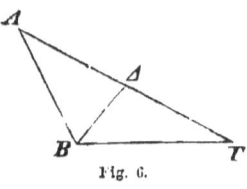

Fig. 6.

[Beweis: Da $A\Gamma$ gröfser als AB ist, so mache man $A\varDelta$ gleich AB und ziehe $B\varDelta$. Dann ist der Winkel $A\varDelta B$ gleich dem Winkel $AB\varDelta$. Nun ist, nach Lehrsatz 16, $A\varDelta B$ gröfser als $A\Gamma B$. Mithin ist auch $AB\varDelta$, also um so mehr $AB\Gamma$ gröfser als $A\Gamma B$.]

19.

In jedem Dreieck liegt dem gröfseren Winkel auch die gröfsere Seite gegenüber.

[Beweis indirekt aus Satz 5 und 18.]

---

*) [Bei diesem Beweise wird als selbstverständlich angenommen, dafs der Punkt Z auf derselben Seite der Geraden $B\Gamma$ liegt wie der Punkt A; hierin steckt die von Euklid nicht ausdrücklich ausgesprochene, wesentliche Voraussetzung, dafs jede Gerade eine unendliche Länge hat.]

Fig. 7.

20.

In jedem Dreieck sind irgend zwei Seiten zusammen gröfser als die dritte.

[Beweis: Man verlängere BA um $A\varGamma$ bis $\varDelta$ und ziehe $\varDelta\varGamma$. Dann ist, nach Lehrsatz 19, $B\varDelta$ gröfser als $B\varGamma$, also sind auch BA und $A\varGamma$ zusammen gröfser als $B\varGamma$.]

21.

Verbindet man die Endpunkte einer Dreiecksseite mit einem Punkte im Innern des Dreiecks, so sind die Verbindungslinien zusammen kleiner als die beiden übrigen Seiten des Dreiecks zusammengenommen; dagegen schliefsen sie einen gröfseren Winkel ein.

22.

Aus drei Geraden, die drei gegebenen gleich sind, ein Dreieck zu konstruieren; es müssen aber irgend zwei von ihnen zusammen gröfser sein als die dritte.

23.

An eine gegebene Gerade in einem gegebenen Punkte einen geradlinigen Winkel anzutragen, der einem gegebenen geradlinigen Winkel gleich ist.

24.

Wenn in zwei Dreiecken zwei Seiten der Reihe nach zwei Seiten gleich sind, und der Winkel, den die gleichen Seiten einschliefsen, in dem einen gröfser ist als in dem andern, so ist die Grundlinie in jenem gröfser als in diesem.

25.

Wenn in zwei Dreiecken zwei Seiten der Reihe nach zwei Seiten gleich sind, und die Grundlinie des einen gröfser ist als die Grundlinie des andern, so ist der von den gleichen Seiten eingeschlossene Winkel in jenem gröfser als in diesem.

26.

Wenn in zwei Dreiecken zwei Winkel der Reihe nach zwei Winkeln gleich sind, und eine Seite einer Seite gleich ist, nämlich entweder die an den gleichen Winkeln oder die einem der gleichen Winkel gegenüberliegende, so sind auch die beiden übrigen Seiten der Reihe nach gleich und der dritte Winkel dem dritten.

[Der Beweis wird von Euklid für jeden der beiden Teile des Satzes besonders geführt. In der That besteht zwischen beiden ein wesentlicher Unterschied: Beim Beweis des zweiten Teiles kann nämlich der Satz 16, vom Aufsenwinkel, nicht entbehrt werden, während der erste Teil, ebenso wie die früheren Kongruenzsätze, durchaus davon unabhängig ist.]

27.

Wenn eine Gerade, die zwei Gerade trifft, mit ihnen gleiche Wechselwinkel bildet, so sind diese Geraden einander parallel.

Die Gerade EZ schneide die beiden Geraden AB und $\varGamma\varDelta$ und bilde die einander gleichen Wechselwinkel AEZ und $EZ\varDelta$. Ich behaupte, dafs die Gerade AB der Geraden $\varGamma\varDelta$ parallel ist.

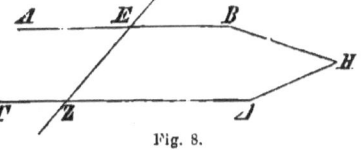

Fig. 8.

Denn wären sie es nicht, so träfen die Verlängerungen von AB und $\varGamma\varDelta$ entweder auf der Seite von $B, \varDelta$ oder auf der Seite von $A, \varGamma$ zusammen. Es mögen ihre Verlängerungen auf der Seite von $B, \varDelta$ im Punkte H zusammentreffen. Dann wäre in dem Dreieck HEZ der Aufsenwinkel AEZ gleich dem inneren, gegenüberliegenden Winkel EZH, was unmöglich ist. Folglich treffen die Verlängerungen von AB und $\varGamma\varDelta$ auf der Seite von $B, \varDelta$ nicht zusammen. Auf ähnliche Art wird man beweisen, dafs sie auch nicht auf der Seite von $A, \varGamma$ zusammentreffen. Aber Gerade, die auf keiner Seite zusammentreffen, sind parallel. Also ist die Gerade AB der Geraden $\varGamma\varDelta$ parallel.

28.

Wenn eine Gerade, die zwei Gerade trifft, mit ihnen entweder einen äufseren Winkel bildet, der dem inneren, entgegengesetzten, auf derselben Seite befindlichen Winkel gleich ist, oder innere Winkel auf derselben Seite, die zusammen gleich zwei Rechten sind, so sind diese Geraden einander parallel.

29.

Wenn eine Gerade zwei parallele Gerade schneidet, so bildet sie gleiche Wechselwinkel; ferner ist jeder äufsere Winkel dem inneren, entgegengesetzten gleich, und die inneren, auf derselben Seite liegenden Winkel sind zusammen gleich zwei Rechten.

Die Gerade EZ schneide nämlich die parallelen Geraden AB und $\varGamma\varDelta$. Ich behaupte, dafs sie gleiche Wechselwinkel $AH\varTheta$ und $H\varTheta\varDelta$ bildet, dafs der äufsere Winkel EHB dem inneren, entgegengesetzten $H\varTheta\varDelta$ gleich ist, und dafs die inneren, auf derselben Seite befindlichen Winkel $BH\varTheta$ und $H\varTheta\varDelta$ zusammen gleich zwei Rechten sind.

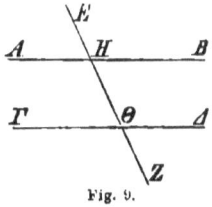

Fig. 9.

Wenn nämlich der Winkel $AH\varTheta$ von dem Winkel $H\varTheta\varDelta$ verschieden ist, so ist einer von beiden gröfser. Es möge $AH\varTheta$ gröfser sein. Man füge zu beiden den Winkel $BH\varTheta$ hinzu. Dann sind die Winkel $AH\varTheta$ und

$BH\Theta$ zusammen gröfser als $BH\Theta$ und $H\Theta\varDelta$. Aber $AH\Theta$ und $BH\Theta$ sind zusammen gleich zwei Rechten, mithin sind $BH\Theta$ und $H\Theta\varDelta$ zusammen kleiner als zwei Rechte.

Werden aber zwei Gerade unter Winkeln, die kleiner sind als zwei Rechte, ins Unendliche verlängert, so treffen sie zusammen. Mithin werden AB und $\varGamma\varDelta$, ins Unendliche verlängert, zusammentreffen. Sie können jedoch nicht zusammentreffen, weil sie nach der Voraussetzung parallel sind. Folglich ist der Winkel $AH\Theta$ nicht verschieden von dem Winkel $H\Theta\varDelta$, also ihm gleich.

Ferner ist der Winkel $AH\Theta$ gleich dem Winkel EHB, und deshalb auch der Winkel EHB gleich dem Winkel $H\Theta\varDelta$. Man füge zu beiden den Winkel $BH\Theta$ hinzu, so sind EHB und $BH\Theta$ zusammen gleich $BH\Theta$ und $H\Theta\varDelta$. Aber EHB und $BH\Theta$ sind zusammen gleich zwei Rechten. Mithin sind auch $BH\Theta$ und $H\Theta\varDelta$ zusammen gleich zwei Rechten.

30.

Gerade Linien, die derselben Geraden parallel sind, sind auch einander parallel.

31.

Durch einen gegebenen Punkt eine Gerade parallel zu einer gegebenen Geraden zu ziehen.

[Geschieht mit Hilfe von Satz 23 und 27.]

32.

In jedem Dreieck ist, wenn man eine seiner Seiten verlängert, der Aufsenwinkel gleich der Summe der beiden inneren, gegenüberliegenden Winkel, und die drei inneren Winkel des Dreiecks sind zusammen gleich zwei Rechten.

Es sei $AB\varGamma$ ein Dreieck. Man verlängere eine Seite, etwa $B\varGamma$, bis $\varDelta$. Ich behaupte, dafs der Aufsenwinkel $A\varGamma\varDelta$ gleich den beiden inneren, ihm gegenüberliegenden Winkeln $\varGamma AB$ und $AB\varGamma$ ist, und dafs die drei inneren Winkel des Dreiecks, nämlich $AB\varGamma$, $B\varGamma A$ und $\varGamma AB$ gleich zwei Rechten sind.

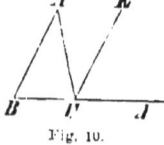

Fig. 10.

Man ziehe nämlich durch den Punkt $\varGamma$ parallel der Geraden AB die Gerade $\varGamma E$. Da nun AB parallel $\varGamma E$ ist, und diese Geraden von $A\varGamma$ geschnitten werden, so sind die Wechselwinkel $BA\varGamma$ und $A\varGamma E$ einander gleich. Da ferner AB parallel $\varGamma E$ ist, und diese Geraden von $B\varDelta$ geschnitten werden, so ist der äufsere Winkel $E\varGamma\varDelta$ gleich dem inneren, entgegengesetzten Winkel $AB\varGamma$. Es wurde aber bewiesen, dafs auch $A\varGamma E$ gleich $BA\varGamma$ ist. Deshalb ist der ganze Winkel $A\varGamma\varDelta$ gleich den ihm gegenüberliegenden Winkeln $BA\varGamma$ und $AB\varGamma$.

Fügt man zu beiden $A\varGamma B$ hinzu, so sind $A\varGamma\varDelta$ und $A\varGamma B$ zusammen gleich den drei Winkeln $AB\varGamma$, $B\varGamma A$ und $\varGamma AB$. Aber $A\varGamma\varDelta$ und $A\varGamma B$ sind zusammen gleich zwei Rechten. Mithin sind auch $AB\varGamma$, $B\varGamma A$ und $\varGamma AB$ zusammen gleich zwei Rechten.

JOHN WALLIS
1616—1703.

Nach dem Untergange der antiken Kultur finden wir die ersten Spuren einer Beschäftigung mit Parallelentheorie bei den Arabern. Arabische Übersetzungen oder besser Bearbeitungen von Euklids Elementen hat es in erheblicher Anzahl gegeben, und es fehlte auch nicht an Bemühungen, die fünfte Forderung zu beweisen. Einfluſs auf die spätere Entwickelung der Parallelentheorie hatte jedoch nur Nasir Eddin (1201—1274), dessen Euklid-Bearbeitung 1594 zu Rom in arabischer Sprache gedruckt worden ist. Eine lateinische Übersetzung der weitläufigen Betrachtungen Nasir Eddins, die den Beweis der fünften Forderung bezwecken, findet man im zweiten Bande der Werke von Wallis, der sie 1651 an der Universität Oxford öffentlich vorgetragen hatte; nach Wallis hat Saccheri 1733 eine kritische Darstellung dieses Beweisversuches gegeben.

Die lateinischen Euklidausgaben des 15. Jahrhunderts enthalten die fünfte Forderung ohne jede erklärende Bemerkung, und zwar als elftes unter den sogenannten Axiomen (den Grundsätzen), ein Gebrauch, der sich schon bei Proklos findet, der jedoch der Berechtigung entbehrt, wie die von Peyrard im Jahre 1814 herausgegebene älteste der jetzt bekannten Euklid-Handschriften gezeigt hat. Im Jahre 1533 erschien dann die erste griechische Ausgabe von Euklids Elementen mit dem beigefügten Kommentar des Proklos, und bald darauf gab Barozzi eine lateinische Übersetzung des Proklos. Das Verdienst, auf diesen ältesten uns erhaltenen Kommentar des Euklid aufmerksam gemacht zu haben, darf Petrus Ramus (1569) für sich in Anspruch nehmen; freilich war bei ihm das Interesse für Mathematik gröſser als die mathematische Befähigung. Neben ihm kommt der Deutsche Christoph Schlüssel, bekannt als Clavius, in Betracht, dessen Euklidausgabe von 1574, die bis 1738 nicht weniger als 22 mal gedruckt worden ist, alles damals Bekannte zusammenfaſste; Kästner hat sie die „Pandekten der Elementargeometrie" genannt. Clavius ersetzt die Euklidische Darstellung in einer Anmerkung durch eine andere; er sucht durch die Anschauung zu begründen, daſs eine Linie, bei der jeder Punkt von einer gegebenen Geraden dieselbe Entfernung hat, wieder eine gerade Linie sein müsse. Dabei zeichnet er eine

Figur, die wir später bei Giordano da Bitonto (1680) und Saccheri (1733) wieder antreffen werden.

Mit dem Beginn des siebzehnten Jahrhunderts begegnen uns schon Veröffentlichungen, die ausschließlich der Theorie der Parallelen gewidmet sind: 1603 erscheint Cataldi's Operetta delle linee rette equidistanti et non equidistanti, und 1604 Oliver of Bury's: De rectarum linearum parallelismo et concursu doctrina geometrica; so weit wir sie kennen, enthalten diese Abhandlungen allerdings nichts wesentlich Neues.

Das Interesse für die Grundlagen der Geometrie war damals besonders in Italien und in England rege. In Frankreich hatte Ramus solchen Bestrebungen gegenüber geäußert, es komme in der Geometrie nicht darauf an, alles auf wenige Grundsätze zurückzuführen, vielmehr bedürfe, was an sich klar sei, keines Beweises, und diese Ansicht hat dort die Lehrbücher der Elementargeometrie fast bis ans Ende des achtzehnten Jahrhunderts beherrscht. Zum Beispiel geht Clairaut (1741) davon aus, daß das Vorhandensein von Rechtecken durch die Anschauung gegeben sei, und leitet dann mit großer Klarheit die Sätze des ersten Euklidischen Buches ab. Zu vergessen ist freilich nicht, daß die Parallelentheorie dem Franzosen Desargues (1639) die neue, fruchtbare Erklärung der Parallellinien verdankt: Linien heißen parallel, wenn sie denselben unendlich fernen Punkt gemeinsam haben. Diese Erklärung ist für die neuere Geometrie, besonders, nachdem sie Steiner wieder aufgenommen hatte (Systematische Entwickelung, 1832, Gesammelte Werke, Bd. I, S. 240), äußerst folgenreich geworden.

Auf die Entwickelung der Parallelentheorie in Italien werden wir bei den Vorbemerkungen zu Saccheris *Euclides ab omni naevo vindicatus* (1733) zurückkommen. In England war es besonders Sir Henry Savile, der ein außerordentliches Interesse für Euklids Elemente an den Tag legte. Er hielt über diesen Gegenstand an der Universität Oxford Vorlesungen, in denen er freilich nur bis zum achten Satze des ersten Buches gelangte. Aus seinen Praelectiones tresdecim in principium elementorum Euclidis, Oxford 1621, teilen wir eine bemerkenswerte Stelle mit. S. 140 heißt es: In pulcherrimo Geometriae corpore duo sunt naevi, duae labes nec quod sciam plures, in quibus eluendis et emaculandis cum veterum tum recentiorum, ut postea ostendam, vigilavit industria. Diese beiden Makel sind die Theorie der Parallellinien und die Lehre von den Proportionen. Savile hat auch einen mathematischen Lehrstuhl an der Universität Oxford gestiftet, der noch jetzt besteht, und dessen Inhaber die Verpflichtung hat, über Euklids Elemente Vorlesungen zu halten.

Einer der ersten dieser Professores Saviliani war John Wallis (1616—1703), dessen Verdienste um die Infinitesimalrechnung und um die Algebra bekannt sind; wir haben ihn schon erwähnt, als wir von Naṣîr Eddîn sprachen. Eine weitere Vorlesung über Parallelentheorie hat er in Erfüllung seiner Amtspflicht im Jahre 1663 gehalten. Diese ist es, die wir im folgenden in der Übersetzung mitteilen. Beide Vorlesungen hat Wallis 1693 im zweiten Bande seiner Werke auf S. 665—678 veröffentlicht und lehrreiche Bemerkungen über die Geschichte der Parallelentheorie hinzugefügt.

Der neue Gedanke von Wallis besteht darin, dafs er zwar Euklids Erklärung der Parallelen beibehält, aber die fünfte Forderung durch die andere ersetzt, *dafs sich zu jedem Dreiecke ein ähnliches in beliebig grofsem Mafsstabe zeichnen lasse.* Übrigens hat er die Tragweite seiner Forderung nicht vollständig durchschaut; Saccheri sah in dieser Beziehung weiter als er. Saccheri weist nämlich nach, dafs die Euklidische Geometrie in aller Strenge begründet werden kann, sobald auch nur zu einem einzigen Dreieck ein von ihm verschiedenes gehört, das dieselben Winkel aufweist; allerdings stützt er sich dabei auf den Satz vom Aufsenwinkel. Entsprechende Bemerkungen finden sich auch bei Lambert.

Es möge noch bemerkt werden, dafs dieser Wallis'sche Gedanke in der Geschichte der Parallelentheorie wiederholt von neuem auftaucht, zum Beispiel haben Carnot und Laplace vorgeschlagen, die fünfte Forderung durch das Princip der Ähnlichkeit zu ersetzen, und in neuester Zeit ist dieser Gedanke von Delbœuf ausführlich erörtert worden. Auch der analytische Beweis, den Legendre in seinen Elementen für den Satz von der Winkelsumme des Dreiecks zu geben versucht hat, kommt im Grunde auf dieselbe Idee hinaus.

Litteratur.

Cantor, M., *Vorlesungen über die Geschichte der Mathematik*, besonders Bd. I, Kap. 36, und Bd. III, Kap. 83.

Castillon, *Sur les parallèles d'Euclide*. Mémoires de Berlin, Années 1786,87. S. 253—254, années 1788/89, S. 171—203.

Clairaut, *Eléments de Géometrie*. Paris 1741.

Clavius, *Euclidis elementorum libri XV . . . omnes perspicuis demonstrationibus accuratisque scholiis illustrati*. Rom 1574.

Dolbœuf, *Prolegomènes philosophiques de la géométrie et solution des postulats*. Liège 1860.

Delbœuf, *L'ancienne et les nouvelles géométries*, Revue philosophique, dirigée par Th. Ribot. T. XXXVI. 1893. S. 449—484. T. XXXVII. 1894. S. 353—383.

Desargues, *Brouillon project d'une atteinte aux événements des rencontres d'un cone avec un plan*. 1639. S. Œuvres de Desargues, Paris 1864, Bd. I, S. 104 f.
Gergonne, Annales de —. T. X. 1819. S. 161—184: *Sur l'emploi de l'algorithme des fonctions, dans la démonstration des théorèmes de géométrie;* vgl. auch T. XV, 1824, S. 83.
Hankel, *Theorie der complexen Zahlensysteme*. Leipzig 1867. S. 59.
Klügel, *Conatuum praecipuorum theoriam parallelarum stabiliendi recensio*. Dissertation. Göttingen 1763.
Laplace, *Exposition du système du monde*. 5ième édition. Paris 1824. Livre V, chap. 5, note.
Legendre, *Elémens de géométrie*. 1ière éd. Paris 1794. 12ième éd. 1823.
Loria, *Delle varie fortune di Euclide in relazione con i problemi dell' insegnamento geometrico elementare*. Periodico di Matematica per l'insegnamento secondario. Anno VIII. Rom 1893.
Moebius, *Barycentrischer Calcul*. 1827. Kapitel 2. Gesammelte Werke. Bd. 1. S. 176.
Peyrard, *Les œuvres d'Euclide*. Paris 1814.
Ramus, *Scholarum mathematicarum libri XXXI*. Basel 1569.
Savile, *Praelectiones tresdecim in principium elementorum Euclidis*, Oxonii habitae 1620. Oxford 1621.
Sohnke, Artikel *Parallel* in der Allgemeinen Encyclopädie der Wissenschaften und Künste von Ersch und Gruber. Dritte Section. Bd. 11. S. 368—384, Leipzig 1838.
Steinschneider, *Euclid bei den Arabern*. Zeitschrift für Mathematik und Physik. Hist.-lit. Abt. Leipzig 1886. S. 81—100.
Wallis, *De postulato quinto et definitione quinta lib. 6. Euclidis disceptatio geometrica*. Operum mathematicorum Volumen alterum. Oxford 1693. S. 665 - 678.

Beweis
der fünften Forderung Euklids.
öffentlich vorgetragen in Oxford am Abend des 11. Juli 1663.

Bekanntlich haben einige alte wie auch einige neuere Autoren es dem Euklid zum Vorwurf gemacht, dafs er die fünfte Forderung, oder (wie andere sagen) das elfte Axiom oder (nach der Zählung des Clavius) das dreizehnte Axiom ohne Beweis zugestanden haben will, während er es doch (wie jene glauben) hätte beweisen sollen. Namentlich hat man getadelt, dafs er für gerade Linien etwas als an sich einleuchtend annimmt, was für Linien im allgemeinen gar nicht richtig ist. Denn allerdings mag für gerade Linien allgemein richtig sein, was er behauptet, nämlich:

Wenn zwei Gerade von einer dritten geschnitten werden, und die innern Winkel, die diese an derselben Seite bildet, zusammen kleiner sind als zwei Rechte, so treffen die beiden Geraden, ins Unendliche verlängert, einander schliefslich auf der Seite, wo jene beiden Winkel zusammen kleiner als zwei Rechte sind,

für krumme Linien ist es jedoch nicht allgemein richtig. Es können ja zwei Curven oder eine Gerade und eine Curve einander beständig näher kommen, ohne doch jemals zusammenzutreffen.

Indefs stützen die meisten dieser Ankläger des Euklid (wenigstens soweit ich sie bis jetzt geprüft habe) ihre Beweise auf andere Annahmen, die man, wie mir scheint, keineswegs leichter zugeben wird, als das, was Euklid fordert, und sie verfallen sogar nicht selten gerade in den Fehler, den sie vermeiden wollen, indem sie nämlich für gerade Linien etwas als unzweifelhaft richtig annehmen, was für Linien im allgemeinen nicht richtig ist, wie ich an anderer Stelle gezeigt habe[*]).

---

[*] [Opera, t. II. S. 668 in der Einleitung zu den beiden Vorlesungen von 1651 und 1663.]

Ich meinesteils gestehe dem Euklid unbedenklich zu, was er
fordert, nicht nur, weil die Beweise der anderen an demselben Fehler
leiden, den sie bei ihm tadeln, oder weil ihre Forderungen durchaus
nicht einleuchtender sind, sondern weil man, wie mir scheint, unbedingt
entweder diese Forderung oder statt ihrer eine andere stellen muſs,
und endlich, weil man, die Beweisbarkeit dieser Forderung zugestanden,
als Grundsatz nicht nur das gelten zu lassen pflegt, was gar nicht
beweisbar ist, sondern auch das, was an sich so klar ist, daſs es
keines Beweises bedarf; denn sicherlich können einige der übrigen
Axiome bewiesen werden, und das zu zeigen wäre nicht schwer, wenn
es dessen bedürfte.

Da ich aber sehe, wie viele bis jetzt einen Beweis jener Forderung
versucht haben, in der Meinung, daſs sie eines Beweises bedürftig sei,
will auch ich meinen Beitrag liefern und versuchen, ob ich nicht einen
Beweis liefern kann, der weniger angreifbar ist als die bis jetzt von
anderen gelieferten Beweise.

Den Beweis für die Behauptung erbringe ich nun auf Grund
einiger Hilfssätze, die ich vorausschicke, wie folgt:

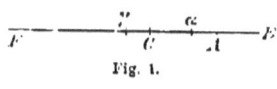

Fig. 1.

I. Wird eine begrenzte Gerade,
die auf einer unbegrenzten Geraden
liegt, geradlinig verlängert, so liegt
auch die Verlängerung auf dieser
unbegrenzten Geraden.

Es sei $EACF$ die unbegrenzte Gerade, und die auf ihr liegende
begrenzte Gerade AC möge geradlinig bis γ verlängert werden. Ich
behaupte, daſs die ganze Linie $AC\gamma$, das heiſst, die Verlängerung
von AC, auch auf der unbegrenzten Geraden ACF liegt.

Da nämlich nach der Voraussetzung ACF eine einzige Gerade
ist, so liegt CF mit AC in gerader Linie. Es ist aber auch (da AC
bis γ geradlinig verlängert wurde) $C\gamma$ die geradlinige Verlängerung
von AC und liegt daher auf CF (denn alle Geometer nehmen an, daſs
an einem Endpunkt einer Geraden nicht verschiedene Gerade als Verlängerungen angesetzt werden können, und ungefähr dasselbe ist der
Inhalt des dem Proklos entnommenen zehnten Axioms bei Clavius).
Aber AC liegt nach der Voraussetzung ebenfalls auf ACF. Mithin
liegt $AC\gamma$, die Verlängerung von AC, ganz auf der unbegrenzten Geraden ACF. Was zu beweisen war.

II. Denkt man sich eine begrenzte Gerade, die auf einer
unbegrenzten Geraden liegt, in ihrer Richtung beliebig weit

fortbewegt, so bleibt sie bei dieser Bewegung stets auf derselben unbegrenzten Geraden.

Es sei AC die begrenzte Gerade, die auf der unbegrenzten Geraden AF liegt, und man denke sie sich in ihrer Richtung nach der Seite von C bewegt, sodafs der Punkt A in α und C in γ übergeht. Ich behaupte, dafs die Gerade $\alpha\gamma$, also die bewegte Gerade AC, auf derselben unbegrenzten Geraden AF liegt.

Es liegt nämlich $C\gamma$ auf der Verlängerung der Geraden AC (denn nach der Voraussetzung wird der Punkt C geradlinig, das heifst, auf der Verlängerung der Geraden AC fortbewegt), also auch auf der unbegrenzten Geraden ACF (nach Hilfssatz I). Ebenso liegt auch α auf der (nötigenfalls verlängerten) Geraden AC (denn nach der Voraussetzung wird der Punkt A ebenfalls auf der Geraden AC geradlinig fortbewegt), also auch auf der unbegrenzten Geraden ACF. In ähnlicher Weise zeigt man dasselbe von jedem Zwischenpunkte der bewegten Geraden AC. Also liegt $\alpha\gamma$, das heifst die bewegte Gerade AC, ganz auf der unbegrenzten Geraden ACF. Was zu beweisen war.

Dasselbe könnte man auch in ähnlicher Weise zeigen, wenn dieselbe Gerade AC nach der Seite des Punktes A bewegt würde.

Man darf hier nicht einwenden, dafs Euklid bei seinen Beweisen die Bewegung einer Geraden noch nicht angewandt zu haben scheint und sie auch bei den Forderungen nicht erwähnt hat, denn, so gut er später bei der Erklärung der Kugel die Bewegung eines Kreises, bei der Erklärung des Kegels die Bewegung eines Dreiecks und bei der Erklärung des Cylinders die Bewegung eines Rechteckes anwendet, ebenso gut hätte er auch, falls es erforderlich gewesen wäre, die Bewegung einer Geraden bei seinen Beweisen anwenden können. Dasselbe thun ab und zu Archimedes, Apollonius und andere Geometer. Ja sogar Euklid selbst wendet, (und zwar gleich am Anfang), indem er den Satz 4 durch Aufeinanderlegen beweist, eine Bewegung von zwei Geraden an, deren Winkel unverändert bleibt, wie das zum Aufeinanderlegen nötig ist, (und in keinem anderen Sinne rede ich in meinem Lehrsatze von der Bewegung einer Geraden). Ferner wird dasselbe in der dritten Forderung angenommen (bei gegebenem Mittelpunkt und Halbmesser den Kreis zu beschreiben), denn man setzt (bei der Zeichnung des Kreises) voraus, dafs durch das Herumführen des Halbmessers (während der eine seiner Endpunkte im Mittelpunkte verharrt) die Kreisfläche beschrieben wird. Hieran erinnere ich, um nicht den Anschein zu erwecken, als (vernachlässigte ich die Euklidische Strenge des Beweises und) führte hier neue Forderungen ein (aufser denen, die Euklid zuläfst).

III. Liegt eine begrenzte Gerade auf einer unbegrenzten Geraden, und bildet eine auf ihr stehende Gerade mit ihr einen Winkel, so bildet sie mit der unbegrenzten Geraden denselben Winkel.

Es sei EAF eine unbegrenzte Gerade, und auf ihr liege die begrenzte Gerade AC, mit der die darauf stehende Gerade AB den Winkel BAC bildet. Dann behaupte ich, dafs die Gerade AB mit der unbegrenzten Geraden AF denselben Winkel bildet. Da nämlich die Gerade AC auf der Geraden AF liegt, und da BA beide Male dasselbe ist, so sind BAC und BAF (durch Kongruenz) derselbe Winkel. Was zu beweisen war.

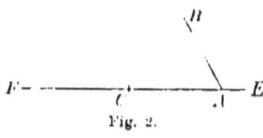
Fig. 2.

IV. Es liege eine begrenzte Gerade auf einer unbegrenzten Geraden. Wird sie auf dieser geradlinig fortbewegt, und macht eine auf ihr stehende Gerade (ohne Änderung des Winkels) die Bewegung mit, so bildet sie mit jener unbegrenzten Geraden überall dieselben (oder gleiche) Winkel.

Auf der unbegrenzten Geraden EAF möge die auf ihr liegende begrenzte Gerade AC geradlinig fortbewegt werden, und die auf dieser stehende Gerade AB mache ohne Änderung des Winkels die Bewegung so lange mit, bis sie, wenn AC in die Lage $\alpha\gamma$ gelangt, gleichzeitig nach $\alpha\beta$ gelangt. Dann behaupte ich, dafs der Winkel $\beta\alpha F$ dem Winkel BAC oder BAF gleich ist.

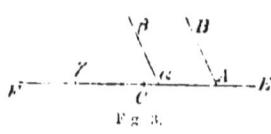
Fig. 3.

Die Gerade AC geht nämlich bei ihrer Bewegung in die Gerade $\alpha\gamma$ über, die (nach Hilfssatz 2) auf der unbegrenzten Geraden AF liegt. Ferner bleibt (nach der Voraussetzung) der Winkel BAC, das heifst $\beta\alpha\gamma$, unverändert. Da endlich (nach Hilfssatz 3) dieser unveränderte Winkel zuerst mit dem Winkel BAF und dann mit dem Winkel $\beta\alpha F$ zur Deckung kommt, so sind mithin die Winkel BAF und $\beta\alpha F$ einander gleich. Was zu beweisen war.

In ähnlicher Weise könnte man zeigen, dafs der Nebenwinkel $\beta\alpha A$ dem Winkel BAE gleich ist.

V. Werden zwei Gerade von einer dritten geschnitten, und sind die inneren Winkel an derselben Seite zusammen kleiner als zwei Rechte, so ist jeder der beiden Aufsenwinkel gröfser als der ihm gegenüberliegende innere Winkel.

Die Gerade ACF schneide die beiden Geraden AB und CD und bilde auf derselben Seite die inneren Winkel BAC und DCA, die zusammen kleiner sind als zwei Rechte. Ich behaupte, dafs der Aufsenwinkel DCF (der Nebenwinkel des inneren Winkels DCA) gröfser ist als der ihm gegenüberliegende innere Winkel BAC.

Die Winkel DCA und DCF sind nämlich (nach Satz 13 des ersten Buches) zusammen gleich zwei Rechten. Hingegen sind (nach der Voraussetzung) die beiden inneren Winkel DCA und BAC zusammen kleiner als zwei Rechte. Nimmt man also beide Male den gemeinsamen Winkel DCA fort, so ist der übrig bleibende DCF gröfser als der übrig bleibende BAC. Was zu beweisen war.

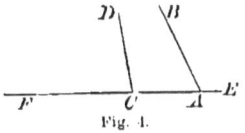
Fig. 4.

Ich berufe mich übrigens hier beim Beweise auf den Satz 13 des ersten Buches der Elemente, denn dieser steht zwar hinter der fünften Forderung, jedoch noch vor dem Satze 29 des ersten Buches, bei dessen Beweise diese Forderung zum ersten Male angewandt wird. Überhaupt ist hinter dem Satz 28 die richtige oder wenigstens die beste Stelle für den Beweis jener Forderung, und es dürfen dabei alle vorhergehenden Sätze oder beliebig viele davon ohne Bedenken für den Beweis verwendet werden. Man könnte auch den Satz 13 des ersten Buches (als einen weiteren Hilfssatz für den vorliegenden Lehrsatz) vorher beweisen, wenn es nötig wäre.

VI. Wird unter denselben Voraussetzungen die zwischen AB und CD liegende Gerade AC geradlinig bis in die Lage $\alpha\gamma$ bewegt, sodafs der Punkt α mit C zusammenfällt, und gelangt zugleich AB (ohne Änderung des Winkels BAC) in die Lage $\alpha\beta$, so behaupte ich, dafs die ganze Gerade $\alpha\beta$, das heifst, die bewegte Gerade AB, aufserhalb DC fällt.

Da nämlich (nach Hilfssatz 2) $\alpha\gamma$, das heifst $C\gamma$, auf CF liegt, und da (nach Hilfssatz 3 und 4) der Winkel BAC, das heifst BAF, dem Winkel $\beta\alpha F$, das heifst βCF gleich ist, und da endlich (nach Hilfssatz 5) der Winkel BAC kleiner ist als der Winkel DCF: so ist auch der Winkel βCF kleiner als derselbe Winkel DCF. Demnach fällt die Gerade $C\beta$, das heifst $\alpha\beta$, ganz aufserhalb der Geraden CD (ganz, sage ich, denn sie kann CD nirgends anders als in dem Punkte C treffen, nach der letzten Forderung oder dem letzten Axiom, dafs zwei Gerade keinen Raum einschliefsen).

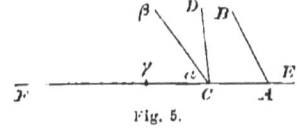
Fig. 5.

VII. Unter denselben Voraussetzungen behaupte ich, dafs die Gerade αβ, das heifst AB, bei ihrer Bewegung die Gerade CD schneidet, ehe der Punkt α nach C gelangt.

Da nämlich (nach Hilfssatz 6), sobald der Punkt α nach C gelangt, die ganze Gerade αβ die Gerade CD überschritten hat, so mufs sie diesen Übergang entweder als Ganzes oder stückweise gemacht haben. Aber als Ganzes kann sie den Übergang nicht machen, sonst läge nämlich einmal die Gerade αβ auf der Geraden CD, und der Winkel DCF deckte sich mit dem Winkel βαF, ein gröfserer mit einem kleineren, was unmöglich ist. Mithin geschieht der Übergang stückweise, das heifst, die Gerade αβ schneidet einmal die Gerade CD, dann nämlich, wenn ein Teil von ihr den Übergang gemacht hat, aber noch nicht die ganze Gerade, und zwar (nach Hilfssatz 6), bevor der Punkt α zum Punkte C gelangt ist. Was zu beweisen war.

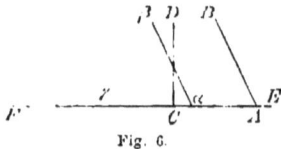

Fig. 6.

VIII. Schliefslich will ich (indem ich die Lehre von den Verhältnissen und den Begriff der ähnlichen Figuren als bekannt voraussetze) als Grundsatz annehmen:

Zu jeder beliebigen Figur gebe es stets eine andere ihr ähnliche von beliebiger Gröfse.

Das scheint nämlich (da Gröfsen einer unbeschränkten Teilung und Vervielfachung fähig sind) aus dem Wesen der Gröfsenverhältnisse zu folgen, dafs man nämlich jede Figur (während sie ihre Gestalt behält) unbeschränkt verkleinern und vergröfsern kann.

In der That machen alle Geometer diese Annahme (ohne es ausdrücklich auszusprechen oder vielleicht selbst zu bemerken), und darunter auch Euklid. Denn, wenn er fordert, dafs sich bei gegebenem Mittelpunkt und Halbmesser der Kreis beschreiben lasse, so setzt er voraus, dafs es einen Kreis von beliebiger Gröfse oder mit beliebig grofsem Halbmesser gebe, und, wenn er voraussetzt, dafs etwas möglich sei, so fordert er, dafs man es ausführen könne. Nun wäre es freilich kein billiges Verlangen, dafs man (ohne die nötigen Vorkenntnisse) nach einem gegebenen Maafsstabe zu jeder Figur eine ähnliche solle zeichnen können. Aber dafs es ausführbar ist, das darf man bei einer beliebigen Figur ebenso gut wie beim Kreise voraussetzen. Denn nicht deshalb, weil er vor den übrigen Figuren etwas voraus hat, gestattet es der Kreis, dafs man ihn ohne Änderung der Gestalt nach Belieben stetig vergröfsert oder verkleinert, sondern wegen der

Eigenschaften der stetigen Gröfsen, die den übrigen Figuren mit dem Kreise gemeinschaftlich sind. Man darf demnach ebenso voraussetzen, dafs auch bei diesen (ohne Änderung der Gestalt) eine stetige und unbegrenzte Vergröfserung oder Verkleinerung möglich sei.

Gegen unsere Annahme darf man auch nicht einwenden, dafs Euklid an dieser Stelle weder die Erklärung proportionaler Gröfsen noch die Erklärung ähnlicher Dreiecke (die jene voraussetzt) gegeben hat, dafs er vielmehr die eine erst im fünften, die andere erst im sechsten Buche giebt. Denn Euklid hätte, wenn es ihm angebracht erschienen wäre, beide dem ersten Buche vorausschicken können.

IX. Mittelst dieser Hilfssätze beweise ich nun auf folgende Art den eigentlichen Satz, der so lautet:

Werden zwei Gerade von einer dritten geschnitten, und sind die inneren Winkel an derselben Seite zusammen kleiner als zwei Rechte, so treffen die Geraden, ins Unendliche verlängert, einander auf der Seite, wo jene beiden Winkel liegen, die zusammen kleiner sind als zwei Rechte.

Es seien AB und CD die beiden Geraden, die von der unbegrenzten Geraden ACF getroffen werden und mit ihr an derselben Seite innere Winkel BAC und DCA bilden, die zusammen kleiner sind als zwei Rechte. Ich behaupte, dafs jene beiden Geraden AB und CD, ins Unendliche verlängert, einander treffen, und zwar auf der Seite der Geraden AF, wo sich jene beiden Winkel befinden.

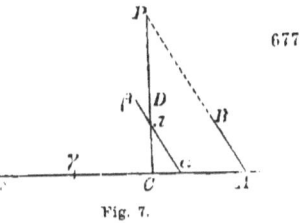

Fig. 7.

Man denke sich nämlich die Gerade AC, die zwischen ihnen auf der unbegrenzten Geraden ACF liegt, auf dieser geradlinig bewegt. Die Gerade AB, die auf AC steht, mache die Bewegung ohne Änderung des Winkels BAC mit, bis $\alpha\beta$, das heifst, die bewegte Gerade AB, die Gerade CD (nach Hilfssatz 7) in einem Punkte π schneidet. Alsdann ist $\pi C\alpha$ ein Dreieck, und es giebt (nach Hilfssatz 8) ähnliche Dreiecke von jeder beliebigen Gröfse. Man kann daher über der Geraden CA ein Dreieck zeichnen, das dem Dreieck $\pi C\alpha$ mit der Grundlinie $C\alpha$ ähnlich ist. Man denke sich das ausgeführt, und es sei PCA dieses Dreieck.

Hier darf man nicht einwenden, dafs Euklid noch nicht gelehrt habe, wie man über einer gegebenen Grundlinie ein Dreieck zeichnet, das einem gegebenen ähnlich ist*). Denn vielfach setzt man bei der Vorbereitung**) zum Beweise von Lehrsätzen (bei der Lösung von Aufgaben durch Konstruktion ist es freilich weniger am Platze) Dinge als ausführbar und ausgeführt voraus, deren geometrische Ausführbarkeit noch nicht gelehrt wird, zum Beispiel die beiden mittleren Proportionalen von zwei Geraden, ebenso die dem Kreisumfange gleiche Gerade und unzählig vieles andere. Und doch gelingen die Beweise der Lehrsätze nicht schlechter, als wenn die geometrische Konstruktion völlig bekannt wäre. Und wenn jemand die Gleichheit des arktischen Kreises mit dem antarktischen dadurch begründete, dafs sie zur Deckung gebracht werden können, da ja, wenn man den Mittelpunkt auf den Mittelpunkt und die Ebene auf die Ebene legt, der Umfang mit dem Umfang (wegen der Gleichheit der Halbmesser) und der Kreis mit dem Kreise zur Deckung gelangt, so hat niemand ein Recht diesen Beweis als unerlaubt zurückzuweisen, weil es doch geometrisch nicht ersichtlich ist, wie jemand den antarktischen Kreis an den arktischen anlegen könne. Es genügt, wenn diese Kreise so beschaffen sind, dafs sie, falls man sie aneinanderlegt, notwendig zur Deckung gelangen.

Ebenso gut gelingt hier der Beweis, sobald nur feststeht, dafs man das ausführen kann, was hier als ausgeführt gedacht wird, nämlich das Dreieck PCA zu zeichnen. Wir fahren in dem Beweise fort.

Da also PCA ein Dreieck ist, so treffen (nach der Erklärung des Dreiecks) die beiden Geraden CP und AP einander im Punkte P, und da das Dreieck PCA dem Dreieck $\pi C\alpha$ (nach Konstruktion) ähnlich ist, so sind die einzelnen Winkel den einzelnen Winkeln der Reihe nach gleich (nach der Erklärung ähnlicher geradliniger Figuren). Mithin ist der Winkel PCA dem Winkel $\pi C\alpha$, das heifst dem Winkel DCA gleich, und es liegt daher die Gerade CP in der Verlängerung der Geraden CD. Läge nämlich die Gerade CD jenseits oder diesseits, so wäre der Winkel PCA gröfser oder kleiner als der Winkel DCA, während doch ihre Gleichheit bewiesen wurde.

Ebenso ist der Winkel PAC gleich dem Winkel $\pi\alpha C$. Demselben Winkel $\pi\alpha C$, das heifst dem Winkel $\beta\alpha\Gamma$, ist aber der Winkel BAF oder BAC gleich (nach Hilfssatz 3 und 4), und daher ist auch der Winkel BAC gleich dem Winkel PAC. Mithin liegt die Gerade AP in der Verlängerung der Geraden AB (läge sie nämlich jenseits oder

---

* [Was Wallis hier behauptet, ist nicht ganz richtig: merkwürdiger Weise findet sich in den Elementen nichts über die Konstruktion von Dreiecken, die einem gegebenen Dreieck ähnlich sind.]

** [Im Original steht: in παρασκευῇ ad demonstrationes theorematum.]

diesseits, so wären die Winkel BAC und PAC verschieden, deren Gleichheit bewiesen ist).

Demnach fällt die Gerade AP mit der Verlängerung von AB zusammen. Ebenso bilden CP und die Verlängerung von CD eine Gerade. Es treffen sich aber (wie schon gezeigt ist) AP und CP in dem Punkte P, also treffen sich auch die Verlängerungen von AB und CD, und zwar in eben diesem Punkte P, das heifst, auf der Seite der Geraden EAF, wo jene beiden Winkel liegen, die zusammen kleiner als zwei Rechte sind. Was zu beweisen war.

Diesen Beweis habe ich nach den strengsten Regeln für das Beweisen durchgeführt, indem ich mir Euklid zum Vorbild genommen habe, damit auch ein strenger Richter mir nicht den Vorwurf machen kann, dafs zum vollgültigen Beweise etwas fehle. Jedoch tadle ich ganz und gar nicht, dafs Euklid keinen Beweis gegeben hat, vielmehr würde ich sogar nichts dagegen haben, wenn er noch mehr unbewiesene Forderungen aufgestellt hätte, zum Beispiel, wenn er (mit Archimedes) gefordert hätte, dafs die gerade Linie unter allen Linien zwischen denselben Endpunkten die kürzeste sei, (dabei hätte er dann nicht neunzehn Sätze vorauszuschicken gebraucht, ehe er bewies, dafs zwei Dreiecksseiten zusammengenommen gröfser sind als die dritte) und anderes, was an und für sich einleuchtend ist.

Aber Euklid scheint die Absicht gehabt zu haben, auf Grund möglichst weniger Forderungen das Übrige durch die strengsten Schlüsse zu beweisen, und so kommt es, dafs er sich nicht selten damit abquält, Dinge zu beweisen, die ihm jedermann ohne weiteres zugestehen wird. Bei jedem Beweise, und zwar in jedem Gebiete ohne Ausnahme, mufs man etwas voraussetzen. Denn, ohne etwas vorauszusetzen (oder es vorher zuzugeben oder vorher zu beweisen), ist kein Beweis möglich. Freilich pflegen diese Voraussetzungen von anderen Schriftstellern (über andere Gegenstände) nicht ausdrücklich genannt zu werden (wie das Euklid gethan hat), sondern sie nehmen solche Voraussetzungen stillschweigend an, ohne es zu bemerken.

Auch bei Euklid selbst finden sich im Fortgange seines Werkes neben den ausdrücklich erwähnten Voraussetzungen (den wichtigsten und bemerkenswertesten) zuweilen noch andere, die entweder aus dem Anblicke der Figur oder anderswoher einleuchten, die aber niemand bestreiten wird. Eine solche Voraussetzung (die überall vorkommt) ist die, dafs das Ganze genau dasselbe ist wie die Summe der Teile (woraus man schliefst, dafs, wenn sich zeigen läfst, etwas sei gleich der Summe der Teile, es auch dem Ganzen gleich ist), ebenso, dafs, was für die einzelnen Fälle als richtig bewiesen ist, allgemein richtig ist (zum Beispiel, was für das rechtwinklige, das spitzwinklige, und das stumpfwinklige Dreieck gilt, gilt für jedes geradlinige Dreieck, weil es eben keine anderen geradlinigen Dreiecke giebt), und ebenso, dafs eins und eins zwei, und vier und eins fünf ist, und ähnliches, was ein aufmerksamer Leser ab und zu bemerken, was aber niemand tadeln wird, (nicht zu erwähnen, dafs er bei der Erklärung der Kugel, des Kegels und des Cylinders die Bewegung der Ebene voraussetzt, die er weder erklärt noch gefordert hat). Aber auch wenn er noch mehr entweder stillschweigend vorausgesetzt oder ausdrücklich gefordert hätte, was an sich einleuchtend ist, darf man ihn deshalb nicht anklagen, also auch nicht, wenn er fordert, dafs zwei (in derselben Ebene liegende) Gerade, die einander näher kommen, schliefslich zusammentreffen sollen.

GIROLAMO SACCHERI
1667—1733.

In den Vorbemerkungen zu dem Versuche von Wallis hatten wir bereits erwähnt, dafs im siebzehnten Jahrhundert auch in Italien das Interesse für die Grundlagen der Geometrie rege war, und zwar sind die Gegenstände, mit denen sich die Mathematiker damals hauptsächlich beschäftigten, die Lehre von den Proportionen und die Parallelentheorie.

Für die Parallelentheorie ist zunächst Borelli zu nennen, der allerdings durch seine Untersuchungen über die Bewegung der Lebewesen (De motu animalium, Rom 1680) bekannter ist. Er gab 1658 seinen Euclides restitutus heraus und kritisierte in einer Anmerkung (S. 37) Euklids Parallelentheorie: er wirft ihr vor, dafs der Begriff des Unendlichen hineingezogen werde, insofern Gerade als parallel erklärt werden, wenn sie, ins Unendliche verlängert, einander nicht schneiden. Borelli schlägt deshalb vor, gerade Linien dann parallel zu nennen, wenn sie ein gemeinsames Lot besitzen; das sei eine durchaus fafsliche, dem menschlichen Geiste zugängliche Eigenschaft. Bald aber stellt sich heraus, dafs diese Erklärung zum Beweise der fünften Forderung nicht ausreicht, und Borelli sieht sich genötigt, als neues Axiom das bereits bei Clavius angeführte zu Hilfe zu nehmen, das er nach dem Vorgange von Guldin so formuliert: **Wird eine gerade Linie, die auf einer anderen senkrecht steht, in der Weise verschoben, dafs der eine Endpunkt immer auf der Geraden verharrt und der rechte Winkel in ihm erhalten bleibt, so beschreibt der andere Endpunkt eine gerade Linie.** Wir müssen daher sagen, dafs er die von ihm hervorgehobene Schwierigkeit im Grunde nur umgangen hat.

In den meisten Lehrbüchern der Elementargeometrie vom sechzehnten bis zum Anfange des achtzehnten Jahrhunderts werden — was ja sehr bequem ist — parallele Gerade sofort als äquidistante erklärt. Der erste, der erkannte, dafs diese Erklärung nur dann zulässig ist, wenn man das Vorhandensein solcher Geraden erweisen kann, scheint Giordano da Bitonto (1680) gewesen zu sein. In den Endpunkten einer Grundlinie denkt er sich Lote von gleicher Länge errichtet und sucht zu beweisen, dafs die Verbindungsgerade der Endpunkte dieser Lote von der Grundlinie überall denselben Abstand hat. Zu diesem Zwecke stellt er eine etwas verwickelte Betrachtung an, aus der hervorgehen soll, dafs die Lote, die man von den Punkten irgend einer krummen Linie auf die Grundlinie fällen kann, nicht alle gleich sein können. Die Unzulänglichkeit seines Schlufsverfahrens hat bereits Klügel in zutreffender Weise dargethan. Bemerkenswert erscheint noch, dafs wir bei diesem Beweise Giordanos der Figur wieder begegnen, die wir schon bei Clavius fanden, und die wir abermals bei Saccheri finden werden.

Zu diesem merkwürdigen Manne wenden wir uns jetzt und berichten zunächst über sein Leben und seine Person. Wir sind dabei in der glücklichen Lage, Aufzeichnungen benutzen zu können, die der Jesuitenpater Fr. Gambarana über seinen Ordensbruder gemacht hat, mit dem zusammen er 35 Jahre lang in Pavia gewirkt hatte. Bei dieser Gelegenheit wollen wir auch dem Direktor der Biblioteca Estense, Herrn Forti in Modena, nochmals unseren Dank dafür aussprechen, dafs er uns eine Abschrift dieser als Codice Estense I. H. 10. (18 Seiten Folio) bezeichneten Handschrift hat zukommen lassen.

Girolamo Saccheri ist am 5. September 1667 in San Remo geboren, das damals zum Gebiete der Republik Genua gehörte; über seine Eltern wissen wir nichts. Am 24. März 1685 ward er in die Gesellschaft Jesu aufgenommen, und zwar geschah dies in Genua, wo er sich schon einige Jahre vorher aufgehalten zu haben scheint. Nach Beendigung des Noviziats wirkte er als Lehrer der Grammatik an dem von Jesuiten geleiteten Collegio di Brera in Mailand. Lehrer der Mathematik war daselbst Tommaso Ceva (1648—1737), ein Bruder des bekannten Mathematikers Giovanni Ceva; mit beiden Brüdern hat Saccheri in wissenschaftlichem Verkehr gestanden und von ihnen mannigfache Anregungen empfangen. Darauf war er eine Zeit lang Lehrer der Philosophie und der polemischen Theologie an dem Jesuitenkollegium zu Turin und kam endlich im Jahre 1697 an das Collegium zu Pavia. Dort hat er aufserdem an der Universität Vorlesungen über Arithmetik, Algebra, Geometrie und andere Gegenstände der Mathematik gehalten. Die Herbstferien pflegte er in Mailand am Collegio di Brera zuzubringen, wo er auch nach langer Krankheit am 25. Oktober 1733 gestorben ist.

Saccheris Charakter schildert sein Biograph Gambarana mit folgenden Worten: „Er kümmerte sich nicht um seine Person, um Speise, um Kleidung, um Bequemlichkeit, nur die Wahrheit, das Wohl anderer, die Ehre und die Fortschritte des heiligen römischen Glaubens lagen ihm am Herzen."

Mit besonderer Ausführlichkeit verweilt Gambarana bei einer Seite von Saccheris Begabung, die auf jeden, der ihn kennen lernte, besonderen Eindruck machen mufste, bei seiner ungewöhnlichen Gedächtniskraft und Combinationsgabe. Schon früh zeigte sich sein Rechengenie. Als Knabe von fünf Jahren löste er bereits schwierige Rechenaufgaben, die man ihm vorgelegt hatte. Später wurde er ein vorzüglicher Schachspieler, er spielte gleichzeitig drei Partieen ohne Ansicht des Brettes und siegte in der Regel. Während des Spiels konnte er sich mit andern unterhalten und sogar „über abstruse Probleme der Geometrie nachdenken"; nachher wiederholte er die Partieen aus dem Gedächtnis. Tommaso Ceva hat ihn in seiner Philosophia Novo-antiqua, Mailand 1704, mit den Versen besungen:

Scacchia qui triplici certamine versat eodem
Tempore, summotus ludo procul omnia mente
Complexus memori.

Eine ebenso grofse Geschicklichkeit besafs Saccheri in der Kunst des Chiffernlesens, wovon Gambarana erstaunliche Proben mitteilt.

Auf Saccheris theologische Schriften einzugehen, ist hier nicht der Ort. Ehe wir von den mathematischen sprechen, wollen wir erwähnen, dafs er, nach Gambarana, im Jahre 1692 in Turin eine Abhandlung über Logik veröffentlichte, deren Titel: Logica demonstrativa war. Indes ist eine solche Schrift weder in Backers Bibliothèque des écrivains de la Compagnie de Jésus, noch in Riccardis Biblioteca matematica italiana angeführt. Dort findet sich vielmehr ein Werk: Logica demonstrativa theologicis, philosophicis et mathematicis disciplinis accommodata, auctore R. P. Hieronymo Saccherio Societatis Jesu. Ticini Regii 1701, 8°, sowie ein Nachdruck: Augustae Ubiorum 1735, 8°, 162 Seiten. Genaueres über dieses Werk, auf das sich Saccheri bei seinen Untersuchungen über die Parallelentheorie beruft, können wir leider nicht mitteilen.

Dagegen haben wir die drei mathematischen Schriften Saccheris sämtlich eingesehen. Die königlichen Bibliotheken in Berlin und in München besitzen sein Erstlingswerk:

Quaesita geometrica a Comite Ruggerio de Viginti Milliis omnibus proposita, ab Hieronymo Saccherio Genuensi Societatis Jesu soluta. Mediolani 1693, 4°, 37 Seiten,

von dem Riccardi eine zweite Ausgabe erwähnt:

Sphinx geometra seu quaesita geometrica proposita et soluta rursus prodeunt auspiciis Serenissimi Principis Francisci Farnese, Parma 1694. 4°.

Es handelt sich in diesem Werke um sechs geometrische Aufgaben, die Graf Roger Ventimiglia aus Palermo (1670—1698) im April 1692 in dem Diarium Parmense gestellt hatte, und die hauptsächlich Kegelschnitte betreffen. Bei der Lösung dieser Aufgaben bedient sich Saccheri, der recht beträchtliche geometrische Kenntnisse zeigt, der geistreichen Methoden, die Giovanni Ceva in seinem Werke: De lineis rectis se invicem secantibus statica constructio, Mailand 1678, entwickelt hatte, einem Werke, das als ein Vorläufer von Moebius' Barycentrischem Calcul bezeichnet werden darf. Die Quaesita werden erwähnt in dem Traité analytique des sections coniques von L'Hospital (Paris 1707, S. 259), wo der Père Saquerius als sehr bewandert in der Geometrie gerühmt wird.

Weniger günstig müssen wir über Saccheris zweite Schrift urteilen, die wir in den Universitätsbibliotheken zu Wien und zu München gefunden haben, und die den Titel führt:

Neostatica auctore Hieronymo Saccherio e Societate Jesu. Excellentissimo senatui Mediolanensi dicata. Mediolani 1708, 4⁰. 168 Seiten.

Sie verdankt ihre Entstehung einem Gedanken, den Tommaso Ceva in seinem Buche: De natura gravium, Mailand 1699, ausgesprochen hatte, dafs nämlich, wenn die Schwerkraft nach dem Erdmittelpunkt gerichtet sei, Galileis Fallgesetze nicht wahr sein könnten, die ja voraussetzen, dafs die Schwerkraft überall dieselbe Richtung habe. Diesen Gedanken weiter verfolgend, untersucht Saccheri zunächst die Zusammensetzung von Kräften, die alle nach demselben Punkte gerichtet sind. Dann macht er, ebenfalls nach dem Vorgange Cevas, die Annahme, die Schwerkraft sei proportional dem Abstande vom Erdmittelpunkte und leitet den bereits in Newtons Principien 1687 (Lib. I, Sectio X, Propositio 47) angegebenen Satz her, dafs bei einem solchen Gesetze der Anziehung die Wurfbahn immer eine Ellipse sein müsse.

Wir kommen endlich zu Saccheris Hauptwerk:

Euclides ab omni naevo vindicatus: sive conatus geometricus quo stabiliuntur prima ipsa universae geometriae principia. Auctore Hieronymo Saccherio Societatis Jesu. Mediolani 1733, 4⁰, XVI und 142 Seiten, mit 6 Figurentafeln.

Sein Titel erinnert an Saviles Äufserung über die beiden Makel, die den wunderschönen Leib der Geometrie entstellen.

Die Druckerlaubnis der Inquisition ist am 13. Juli 1733, die des Provinzials der Gesellschaft Jesu am 16. August 1733 erteilt worden. Wir dürfen daher annehmen, dafs Saccheri, der, wie Gambarana berichtet, nach langer Krankheit am 25. Oktober 1733 starb, dieses Werk, das wohl die Arbeit eines Menschenlebens darstellt, noch vor seinem Tode gedruckt sehen wollte; ob er die Vollendung des Druckes erlebt hat, erscheint fraglich. Diese Umstände erklären es sehr gut, dafs einige Beweise noch kleine Lücken zeigen, sowie auch, dafs sich an einigen Stellen falsche Rückverweisungen auf frühere Sätze finden.

Das Werk besteht aus zwei Büchern, die an Umfang, wie an Wert, sehr ungleich sind. Das zweite, kürzere betrifft die Lehre von den Proportionen und braucht hier nicht berücksichtigt zu werden. Um so wichtiger ist das erste, das einen geistreichen Versuch enthüllt, die Euklidische Geometrie als die einzig mögliche nachzuweisen.

Saccheri hat das unvergängliche Verdienst, dem Probleme der Parallellinien eine ganz neue Seite abgewonnen zu haben. Die Versuche, die wir im Vorhergehenden kennen gelernt haben, beruhten auf dem gemeinschaftlichen Grundgedanken, dafs man die fünfte Forderung unmittelbar aus den anderen Voraussetzungen der Euklidischen Geometrie herleiten wollte. Alle diese Versuche litten an dem wesentlichen Mangel, dafs bei ihnen, mehr oder weniger offen, ein neues Axiom an Stelle des zu beweisenden eingeführt wurde.

Saccheri giebt nun der Frage die neue Wendung: Wäre die fünfte Forderung keine Folge der übrigen Voraussetzungen Euklids, so könnten bei einem Viereck $ABDC$, das in A und B rechte Winkel hat und wo $AC = BD$ ist, die Winkel bei C und D spitz oder stumpf sein. Macht man eine dieser beiden Annahmen, die er als die Hypothese des spitzen bez. des stumpfen Winkels bezeichnet, so lassen sich aus ihr weitere geometrische Folgerungen ziehen. Um die Wahrheit der fünften Forderung nachzuweisen, an der Saccheri nicht gezweifelt zu haben scheint, mufs man also zeigen, dafs jede dieser Annahmen schliefslich zu einem Widerspruch führt. Einen solchen Widerspruch zu finden, gelingt Saccheri bei der Hypothese des stumpfen Winkels ohne Schwierigkeit, jedoch bei der Hypothese des spitzen Winkels erst, wie er sich ausdrückt, nach einem langwierigen Kampfe. Er sieht sich dabei genötigt, die Folgerungen ziemlich weit zu treiben, und gelangt so zu einer Reihe von Sätzen, die man gewöhnlich teils Legendre, teils den Begründern der nichteuklidischen Geometrie Lobatschefskij und Bolyai zuschreibt.

Legendre, dessen Untersuchungen über die Parallelentheorie in die Zeit von 1794—1833 fallen, hat unter ausschliefslicher Benutzung der ersten achtundzwanzig Sätze des ersten Buches der Elemente bewiesen, dafs die Summe der Winkel eines Dreiecks nicht kleiner sein kann als zwei Rechte, und dafs sie gleich zwei Rechten sein mufs, sobald das für irgend ein Dreieck der Fall ist. Beide Sätze finden sich schon bei Saccheri, der nicht nur die Hypothese des stumpfen Winkels widerlegt, sondern auch eine ganze Reihe von Sätzen entwickelt hat, in denen Kennzeichen zur Unterscheidung der Hypothese des rechten Winkels von den beiden anderen Hypothesen aufgestellt werden; eins dieser Kennzeichen ist das von Legendre wiedergefundene.

Weiter aber hat Saccheri bei der Hypothese des spitzen Winkels das Verhalten zweier sich nicht schneidender Geraden eingehend untersucht und das Vorhandensein des gemeinsamen Lotes und der Grenzlinien in aller Strenge nachgewiesen. Er hat auch schon den Ort der Punkte betrachtet, die von einer Geraden gleich weit entfernt sind, und ist so zu den Oricyclen von Lobatschefskij gelangt.

Hervorzuheben ist noch, dafs Saccheris Beweise für diese Sätze sehr klar und elegant sind, während später, wo es gilt, die angeblichen Widersprüche zu finden, seine Darstellung mühsam und weitschweifig wird.

Fragt man nun, wie Saccheri zu dieser Problemstellung gelangt ist, so läfst sich wenigstens zweierlei feststellen: Einmal betont er immer wieder und wieder, dafs es unzulässig sei, parallele Gerade als äquidistante zu erklären, dafs vielmehr das Vorhandensein solcher äquidistanter Geraden durchaus eines Beweises bedürfe; dies hatte — wie wir wissen — schon Giordano da Bitonto erkannt, dessen Werk indes Saccheri entgangen zu sein scheint. Dann aber ist Borellis Erklärung der Parallelen als solcher Geraden, die ein gemeinschaftliches Lot besitzen, auf Saccheris Gedankengang von Einflufs gewesen. Will man nämlich, von dieser Erklärung ausgehend, die Sätze der Euklidischen Geometrie herleiten, so kommt alles darauf an, zu zeigen, dafs der Abstand jener beiden Geraden an einer beliebigen Stelle dem gemeinsamen Lote gleich ist, und hierdurch wird man gerade auf die schon vorhin erwähnte Figur geführt, die den Ausgangspunkt von Saccheris Untersuchungen bildet.

Der Euclides ab omni naevo vindicatus scheint ein ziemlich verbreitetes Buch gewesen zu sein. In Deutschland haben wir sein Vorhandensein auf den Königlichen Bibliotheken zu Berlin und Dresden und auf den Universitätsbibliotheken in Göttingen (seit 1770), Halle, Rostock und Tübingen festgestellt. Auch findet man das Werk im achtzehnten Jahrhundert wiederholt erwähnt. So erschien, um nur das Wichtigste anzuführen, im Jahre 1736 eine Anzeige in den Acta Eruditorum (S. 277), die jedoch auf den Inhalt nur oberflächlich eingeht, im Jahre 1742 finden wir es in Heilbronners Historia mathescos (S. 162) unter den Schriften über Euklids Elemente erwähnt, 1758 nennt es Montucla, als er vom Parallelenaxiom spricht, im ersten Bande der Histoire des mathématiques (2. Aufl. S. 209), und endlich 1763 wird dieses „sonderbare Buch" von Klügel in seiner Dissertation über die Geschichte der Parallelentheorie eingehend besprochen. Klügel erkennt die Sorgfalt und den Scharfsinn Saccheris an. Jedoch haben sie, so urteilt er sehr richtig, nicht zum Ziele geführt, denn die Widersprüche, zu denen Saccheri gelangt, beruhen teils auf einem unzulässigen Gebrauch des Unendlichen, teils sind sie auf unrichtige Vorstellungen über die Erzeugung von Curven durch die Bewegung eines Punktes zurückzuführen.

Auch später ist Saccheris Werk nicht ganz in Vergessenheit geraten; wir finden es erwähnt in C. F. A. Jacobis Dissertation 1824, in Camerers Euklidausgabe 1824, und in den Gymnasialprogrammen von Thiermann 1862 und Maier 1875. Auch hier wird Saccheris „grofse Sorgfalt und erfinderischer Scharfsinn" gepriesen, indessen vermissen wir überall ein genaueres Eingehen auf das Wesen der Sache. Erst Beltrami hat im Jahre 1889 nachdrücklich hervorgehoben, dafs wir in Saccheri einen Vorläufer Lobatschefskijs zu sehen haben, und hat dadurch auch in weiteren Kreisen den Namen seines Landsmannes bekannt gemacht.

Beltrami hatte damals mitgeteilt, dafs der Jesuitenpater Manganotti eine neue Ausgabe des Euclides ab omni naevo vindicatus vorbereite; diese Absicht ist jedoch bis jetzt nicht zur Ausführung gekommen. Eine englische Übersetzung des ersten Buches hat George Bruce Halsted im American Mathematical Monthly begonnen, und es sind von Juni bis December 1894 die ersten dreizehn Lehrsätze erschienen. Wir haben uns bei unsrer Übersetzung möglichst eng an das Original gehalten und sind ihm auch da gefolgt, wo es möglich gewesen wäre, durch den Gebrauch moderner Ausdrücke eine kürzere und vielleicht auch leichter verständliche Fassung zu erzielen, denn nur so glaubten wir dem historischen Standpunkte unsers Buches gerecht zu werden.

Litteratur.

Backer, Augustin et Alois de, *Bibliothèque des écrivains de la compagnie de Jésus.* 4ième série. Liège 1858. S. 650.

Beltrami, *Un precursore italiano di Legendre et di Lobatschewsky.* Atti della Reale Accademia dei Lincei. Anno 1889. Serie 4. Vol. V. S. 441—448.

Borelli, *Euclides restitutus sive prisca geometriae elementa brevius et facilius contexta.* Pisa 1658.

Camerer, *Euclidis elementa graece et latine*, commentariis instructa, ed. Camerer et Hauber. Berlin 1821. Bd. 1. S. 423.

Cantor, M., *Vorlesungen über die Geschichte der Mathematik*, Bd. 2. 1892. S. 607; Bd. 3. 1894. S. 13 und 18.

Ceva, Thomas, *Philosophia Novo-antiqua*, Mailand 1704. 2. Ausgabe, Venedig 1732: Dissertatio 1, S. 24.

Ferrari, Guido, *Opusculorum Collectio*, Lugani 1777, S. 82, 99 und 101.

Giordano da Bitonto, *Euclide restituto ovvero gli antichi elementi geometrici ristaurati e facilitati*, Rom 1680. Fol. Zweite Ausgabe 1686.

Guldin, *Centrobaryca seu de centro gravitatis trium specierum quantitatis continuae.* Lib. IV. Wien 1641. S. 350.

Halsted, George Bruce, *Non Euclidean Geometry, historical and expository.* The American Mathematical Monthly, Kidder (Missouri) 1894, S. 70—72, 112—115, 149—152, 188—191, 222—223, 259—260, 301—303, 345—346, 378—379, 421—423.

Jacobi, C. F. A., *De undecimo Euclidis axiomate iudicium.* Dissertation. Jena 1824.

Klügel, *Conatuum praecipuorum theoriam parallelarum stabiliendi recensio.* Dissertation. Göttingen 1763.

Lombardi, *Storia della letteratura italiana nel secolo XVIII.* Tomo I. Modena 1827. S. 352.

Maier, *Proklos über die Petita und Axiomata bei Euklid.* Programm. Tübingen 1875.

Mansion, *Analyse des Recherches du P. Saccheri, S. J., sur le Postulatum d'Euclide.* Annales de la Société scientifique de Bruxelles. 1890. Part. I. S. 43.

Riccardi, *Biblioteca matematica italiana.* Parte prima. Vol. I. Modena 1870. Vol. II. 1876. Appendice, Ser. I—VI. 1878—1893.

Thiermann, *Geometrische Abhandlung über Erklärungen, Forderungen und Grundsätze nebst einer elementaren Begründung der Lehre von den Parallellinien.* Programm. Göttingen 1862. S. 40—56.

Verci, Giambatista, *Lettere alla nobile Signora Contessa Francesca Roberti Franco sopra il giuoco degli scacchi.* Venezia 1778. Dieses Buch, das wir nicht gesehen haben, enthält nach Anton Schmid, Literatur des Schachspiels, Wien 1847, S. 299 eine Abhandlung über das Schachspiel und verschiedene Erzählungen. Verci vergleicht den P. Saccheri von S. Remo mit Julius Caesar, der zu gleicher Zeit Audienz erteilte, Briefe las und seinen Schreibern Briefe vorsagte.

Veronese, *Fondamenti di geometria*, Padua 1891, deutsch von Schepp unter dem Titel: *Grundzüge der Geometrie u. s. w.*, Leipzig 1894, S. 636 f.

EUCLIDES
AB OMNI NÆVO VINDICATUS:
SIVE
CONATUS GEOMETRICUS
QUO STABILIUNTUR
Prima ipfa univerfæ Geometriæ Principia.

AUCTORE
HIERONYMO SACCHERIO
SOCIETATIS JESU
In Ticinenfi Univerfitate Mathefeos Profeffore.

OPUSCULUM
EX.^{MO} SENATUI
MEDIOLANENSI
Ab Auctore Dicatum.

MEDIOLANI, MDCCXXXIII.

Ex Typographia Pauli Antonii Montani. *Superiorum permiffu.*

DER VON JEDEM MAKEL BEFREIETE

EUKLID

ODER

EIN GEOMETRISCHER VERSUCH

ZUR BEGRÜNDUNG

der Grundsätze der ganzen Geometrie.

VERFASSET

VON

GIROLAMO SACCHERI

VON DER GESELLSCHAFT JESU

Der Mathematik Professor an der Universität zu Pavia.

EINEM

HOCHEDLEN SENATE

VON MAILAND

WIDMET DIESES WERK

DER VERFASSER.

MAILAND 1733.

Druck von Paolo Antonio Montano.   *Mit Erlaubnifs der Oberen.*

Vorwort an den Leser*).

Wer überhaupt Mathematik gelernt hat, würdigt die hohen Vorzüge der Elemente Euklids. Hierfür kann ich als auserlesene Zeugen Archimedes, Apollonius, Theodosius anführen und aufserdem beinahe unzählig viele andere mathematische Schriftsteller bis auf die Gegenwart, die Euklids Elemente als die längst feststehende und vollkommen unerschütterliche Grundlage benutzen. Freilich hat dieses grofse Ansehen nicht hindern können, dafs viele alte wie neue und zwar angesehene Geometer behaupteten, sie hätten in diesen so schönen und niemals genug gepriesenen Elementen gewisse Makel gefunden, und zwar nennen sie drei solche Makel, die ich sogleich anführe.

Der erste betrifft die Erklärung der Parallellinien und in Verbindung damit das Axiom, das bei Clavius das dreizehnte des ersten Buches ist, wo Euklid sagt: **Werden zwei gerade Linien, die in derselben Ebene liegen, von einer dritten geschnitten, und sind die inneren Winkel, die sie auf der einen Seite bilden, zusammen kleiner als zwei Rechte, so müssen beide Linien, nach dieser Seite ins Unendliche verlängert, zusammentreffen.**

Gewifs zweifelt niemand an der Wahrheit dieser Behauptung, vielmehr wird Euklid nur deshalb getadelt, weil er dafür den Namen Axiom gebraucht hat, als wenn sie schon bei richtigem Verständnis ihres Wortlautes von selbst einleuchtete. Nicht wenige haben daher versucht (während sie im übrigen Euklids Erklärung der Parallelen beibehielten) dieses Axiom ausschliefslich auf Grund der Sätze des ersten Euklidischen Buches zu beweisen, welche dem neunundzwanzigsten vorangehen, denn bei diesem wird das strittige Axiom zum ersten Male angewendet.

Da aber wiederum die Versuche der Alten in dieser Frage nicht vollständig zum Ziele zu führen scheinen, so ist es gekommen, dafs

---

*) [Seite III—V enthält die Widmung, S. VII die Druckerlaubnis des Provincials in Mailand vom 16. Aug. 1733, S. VIII die Druckerlaubnis der Inquisition vom 13. Juli 1733.]

viele ausgezeichnete Geometer der folgenden Zeiten sich dieselbe Aufgabe gestellt und eine neue Erklärung der Parallelen für notwendig befunden haben. Während also Euklid parallele Gerade als solche erklärt, die in derselben Ebene liegen und, wenn sie nach beiden Seiten ins Unendliche verlängert werden, einander niemals treffen, so setzen sie an Stelle der letzten Worte der eben angeführten Erklärung diese anderen: die immer gleiche Entfernung von einander haben, sodafs nämlich alle Lote, die von beliebigen Punkten der einen auf die andere gefällt werden, immer einander gleich sind.

Hieraus aber entspringt ein neuer Zwiespalt. Einige nämlich, und zwar die scharfsinnigeren, suchen das Vorhandensein der so erklärten Parallellinien zu beweisen und schreiten von da aus zum Beweise jenes Axioms, das, so wie es Euklid ausspricht, strittig ist; denn auf ihm beruht ja von jenem neunundzwanzigsten Satze des ersten Euklidischen Buches an (mit sehr wenigen Ausnahmen) die ganze Geometrie.

Andere aber nehmen (nicht ohne einen groben Verstofs gegen die strenge Logik) parallele Geraden dieser Art, nämlich gleich weit von einander entfernte, von vorn herein als gegeben an, um von da aus zum Beweise der anderen Sätze überzugehen.

Dies genüge, um den Leser auf das vorzubereiten, was den Gegenstand des ersten Buches meiner Abhandlung bilden wird, denn eine ausführlichere Erklärung alles eben Gesagten wird in den Anmerkungen hinter dem Lehrsatze XXI dieses Buches gegeben werden.

Ich teile dieses Buch in zwei Teile. In dem ersten werde ich jenen älteren Geometern folgen und mich demnach nicht um die Natur oder den Namen derjenigen Linie bekümmern, die in allen ihren Punkten von einer angenommenen geraden Linie gleich weit entfernt ist. Ich werde vielmehr blofs darauf ausgehen, das strittige Euklidische Axiom ohne jeden Zirkelschlufs klar zu beweisen. Daher werde ich von den früheren Sätzen des ersten Euklidischen Buches weder den siebenundzwanzigsten noch den achtundzwanzigsten jemals benutzen, ja nicht einmal den sechzehnten oder siebzehnten, aufser wo es sich deutlich um ein auf allen Seiten begrenztes Dreieck XI handelt. Dann werde ich in dem zweiten Teile, um eine neue Bestätigung desselben Axioms zu geben, beweisen, dafs die Linie, die in allen ihren Punkten von einer angenommenen geraden Linie gleichweit entfernt ist, nur eine gerade Linie sein kann. Dafs aber bei dieser Gelegenheit die ersten Grundsätze der Geometrie einer strengen Prüfung zu unterwerfen sein werden, sieht jedermann ein.

Ich gehe zu den beiden anderen Makeln über, die man Euklid vorgeworfen hat. Der erste bezieht sich auf die sechste Erklärung des fünften Buches über proportionale Gröfsen, der zweite auf die fünfte Erklärung des sechsten Buches über die Zusammensetzung von Verhältnissen. Es wird das einzige Ziel meines zweiten Buches sein, die erwähnten Euklidischen Erklärungen eingehend zu erörtern und zugleich zu zeigen, dafs Euklids Ruhm hier mit Unrecht angegriffen worden ist.

Es ist indes nützlich, noch zu bemerken, dafs ich bei dieser Gelegenheit ein gewisses Axiom beweisen werde, das in der ganzen Geometrie mit Sicherheit angewendet werden kann, ohne dafs ich jener **Forderung** bedarf, die, wie mir scheint, von Erklärern unter dem Namen eines Axioms eingeschoben worden ist, und deren Gebrauch vom achtzehnten Satze des fünften Buches an beginnt.

An Stelle eines Inhaltsverzeichnisses glaube ich Folgendes hinzufügen zu sollen.

1. Im Lehrsatze I und II des ersten Buches werden zwei Grundsätze aufgestellt, mit deren Hilfe in III und IV bewiesen wird, daſs die inneren Winkel an der Verbindungsgeraden zwischen den Endpunkten gleicher Senkrechten, die in zwei Punkten einer anderen Geraden, der Grundlinie, nach derselben Seite (in derselben Ebene) errichtet werden, nicht nur einander gleich, sondern auſserdem entweder rechte oder stumpfe oder spitze sind, jenachdem jene Verbindungsgerade der genannten Grundlinie gleich ist oder kleiner oder gröſser ist als diese, und umgekehrt. Von S. 1 an.

2. Hieraus wird Veranlassung genommen, drei verschiedene Hypothesen zu unterscheiden, erstens die des rechten Winkels, zweitens die des stumpfen und drittens die des spitzen. Von diesen Hypothesen wird in den Lehrsätzen V, VI und VII bewiesen, daſs jede unter ihnen immer allein die richtige ist, sobald sie sich in irgend einem besonderen Falle als richtig erweist. Von S. 5 an.

3. Nach Einschaltung dreier anderer unentbehrlicher Lehrsätze wird in den Lehrsätzen XI, XII und XIII die allgemeine Gültigkeit des bekannten Axioms für den Fall bewiesen, daſs ausschlieſslich die beiden ersten Hypothesen, die des rechten Winkels und die des stumpfen Winkels, berücksichtigt werden, und endlich wird in Lehrsatz XIV die vollständige Unrichtigkeit der Hypothese des stumpfen Winkels nachgewiesen. Und von jetzt an beginnt ein langwieriger Kampf gegen die Hypothese des spitzen Winkels, die allein der Wahrheit jenes Axioms entgegensteht. Von S. 10 an.

4. Daher wird in den Lehrsätzen XV und XVI bewiesen, daſs der Reihe nach die Hypothese des rechten Winkels oder die des stumpfen oder die des spitzen durch irgend ein geradliniges Dreieck bedingt wird, dessen drei Winkel zusammen der Reihe nach gleich zwei Rechten sind oder gröſser oder kleiner, und in ähnlicher Weise durch irgend ein geradliniges Viereck, dessen vier Winkel zusammen der Reihe nach gleich vier Rechten sind oder gröſser oder kleiner. Von S. 20 an.

5. Es folgen fünf weitere Lehrsätze, in denen andere Kennzeichen zur Unterscheidung der wahren Hypothese von den falschen abgeleitet werden. Von S. 23 an.

6. Hier kommen vier wichtige Anmerkungen hinzu. In der letzten wird eine gewisse geometrische Figur erklärt, an die Euklid vielleicht gedacht hat, um sein Axiom als an und für sich einleuchtend hinzustellen. In den drei vorhergehenden wird nachgewiesen, dafs die früheren Versuche ausgezeichneter Geometer ihr Ziel nicht erreicht haben. Weil aber das strittige Axiom ganz streng bewiesen werden kann, wenn man von vornherein voraussetzt, dafs es zwei gerade Linien giebt, die gleiche Entfernung von einander haben, so macht der Verfasser dort darauf aufmerksam, dafs eine solche Voraussetzung einen offenbaren Zirkelschlufs enthält. Und wenn man sich hier auf die allgemein verbreitete Überzeugung und auf die Gewifsheit der Erfahrung berufen will, so macht er wiederum darauf aufmerksam, dafs man sich nicht auf Versuche berufen darf, die unendlich viele Punkte betreffen, da ein Versuch in Bezug auf irgend einen Punkt genügen kann. An dieser Stelle bringt er drei eigene, unwiderlegliche physikalisch-geometrische Beweismethoden. Von S. 29 an.

7. Es bleiben bis zum Ende des ersten Teiles dieses Buches noch XIV zwölf Lehrsätze übrig. Die einzelnen Behauptungen gebe ich nicht an, weil sie zu verwickelt sind, sondern sage nur, dafs dort endlich die widerspenstige Hypothese des spitzen Winkels einer offenbaren Unrichtigkeit überführt wird, weil sie nämlich zwei gerade Linien zulassen müfste, die in einem und demselben Punkte in derselben Ebene ein gemeinsames Lot hätten. Dafs dies der Natur der geraden Linie widerstreitet, wird auf Grund von fünf Hilfssätzen bewiesen, in denen die fünf hauptsächlichsten Axiome der Geometrie enthalten sind, die sich auf die gerade Linie und den Kreis beziehen, nebst den zugehörigen Forderungen. Von S. 43 an.

8. Der zweite Teil enthält sechs Lehrsätze. In ihm wird (bei der Hypothese des spitzen Winkels) die Beschaffenheit der Linie untersucht, die in allen ihren Punkten von einer angenommenen geraden Linie die gleiche Entfernung hat. Es wird auf viele Arten gezeigt, dafs sie der gegenüberliegenden Grundlinie gleich ist, woraus sich mit vollständiger Sicherheit die Unrichtigkeit der erwähnten Hypothese ergiebt. Deshalb wird endlich in dem letzten Lehrsatze XXXIX vollkommen streng jenes berühmte Euklidische Axiom bewiesen, auf dem ja (wie jedermann weifs) die ganze Geometrie beruht. Von S. 87 an [bis S. 101].

. . . .

[Nunmehr folgt der Inhalt des zweiten Buches, das hier nicht in Betracht kommt. Auf S. XVI befindet sich noch ein Druckfehlerverzeichnis.]

Euklid

von jedem Makel befreit.

Erstes Buch,

worin bewiesen wird:

Werden zwei gerade Linien, die in derselben Ebene liegen, von einer dritten geschnitten, und sind die von dieser auf derselben Seite gebildeten inneren Winkel zusammen kleiner als zwei Rechte, so treffen die beiden Linien, ins Unendliche verlängert, schliefslich auf dieser Seite zusammen.

Erster Teil.

Lehrsatz I. *Wenn zwei gleiche gerade Linien (Fig. 1) AC und BD mit der Geraden AB auf derselben Seite gleiche Winkel bilden, so behaupte ich, dafs die Winkel an der Verbindungslinie CD einander gleich sind.*

Beweis. Man ziehe AD und CB und betrachte die Dreiecke CAB und DBA. Ihre Grundlinien CB und AD sind (nach I. 4*)) sicher gleich. Darauf betrachte man die Dreiecke ACD und BDC. Die Winkel ACD und BDC sind (nach I. 8) sicher gleich. Was zu beweisen war.

Fig. 1.

Lehrsatz II. *Hat man ein solches Viereck $ABDC$ und halbiert die 2 Seiten AB und CD (Fig. 2) in den Punkten M und H, so behaupte ich, dafs die Winkel an der Verbindungslinie MH auf beiden Seiten rechte sind.*

---

*) [I. 4 bedeutet: Satz 4 des ersten Buches der Euklidischen Elemente.]

Beweis. Man ziehe AH und BH, sowie CM und DM. Da in dem Viereck die Winkel A und B gleich sein sollen, und da ebenso (nach dem vorhergehenden Lehrsatze) die Winkel C und D gleich sind, so folgt aus I. 4 (da die Gleichheit der Seiten schon bekannt ist), daſs in den Dreiecken CAM und DBM die Grundlinien CM und DM gleich sind, und ebenso in den Dreiecken ACH und BDH die Grundlinien AH und BH. Vergleicht man daher die Dreiecke CHM und DHM und ebenso die Dreiecke AMH und BMH mit einander, so ergiebt sich (aus I. 8), daſs die Winkel zu beiden Seiten der Punkte M und H einander gleich und daher rechte sind. Was zu beweisen war.

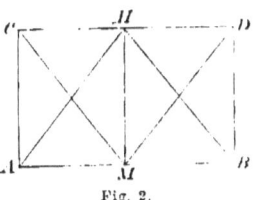

Fig. 2.

Lehrsatz III. *Wenn zwei gleiche gerade Linien AC und BD (Fig. 3) auf irgend einer Geraden AB senkrecht stehen, so behaupte ich, daſs die Verbindungslinie CD entweder gleich AB oder kleiner oder gröſser ist, jenachdem die Winkel an CD rechte oder stumpfe oder spitze sind.*

Beweis des ersten Teiles. Sind die beiden Winkel C und D rechte, so sei, wenn das überhaupt möglich ist, die eine der beiden Geraden, etwa DC, gröſser als die andere BA. Man nehme auf DC das Stück DK gleich BA an und ziehe AK. Da nun die gleich langen Geraden BA und DK auf BD senkrecht stehen, so sind (nach Lehrsatz I) die Winkel BAK und DKA gleich. Das ist aber widersinnig, da nach der Konstruktion der Winkel BAK kleiner ist als der Winkel BAC, der als rechter vorausgesetzt wurde, und da der Winkel DKA nach der Konstruktion Auſsenwinkel und somit (nach I. 16) gröſser ist, als der innere gegenüberliegende Winkel DCA, der ein Rechter sein sollte. Mithin ist keine der genannten Geraden DC und BA gröſser als die andere, sobald die Winkel an der Verbindungslinie CD rechte sind, und daher sind sie einander gleich. Was an erster Stelle zu beweisen war.

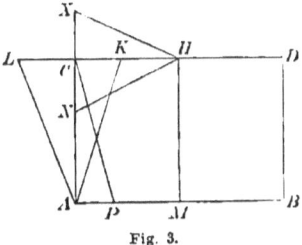

Fig. 3.

Beweis des zweiten Teiles. Wenn aber die Winkel an der Verbindungslinie CD stumpf sind, so halbiere man AB und CD in den Punkten M und H und ziehe MH. Da nun (nach dem vorhergehenden Lehrsatze) die beiden Geraden AM und CH auf der Geraden MH

senkrecht stehen, und da der Winkel A an der Verbindungslinie AC ein Rechter sein sollte, so ist (nach Lehrsatz 1) die Gerade CH nicht gleich AM, denn in C ist kein rechter Winkel vorhanden*).

Sie kann aber auch nicht größer sein. Sonst wären nämlich, wenn man auf HC das Stück KH gleich AM annähme, (nach Lehrsatz 1) die Winkel an der Verbindungslinie AK gleich. Das ist aber, wie vorhin, widersinnig. Denn der Winkel MAK ist kleiner als ein Rechter, und der Winkel HKA ist (nach I. 16) größer als der innere gegenüberliegende Winkel HCA, der als stumpf vorausgesetzt wurde**). Daher bleibt nur übrig, dafs CH kleiner ist als AM, sobald die Winkel an der Verbindungslinie CD als stumpf vorausgesetzt werden, und deshalb ist CD, das Doppelte der ersten Linie, kleiner als AB, das Doppelte der zweiten. Was an zweiter Stelle zu beweisen war.

Beweis des dritten Teiles. Sind endlich die Winkel an der Verbindungslinie CD *spitz*, so zieht man in derselben Weise (nach dem vorhergehenden Lehrsatze) die Senkrechte MH und verfährt, wie folgt:

Da die beiden Geraden AM und CH auf der Geraden MH senkrecht stehen, und da der Winkel A an der Verbindungslinie AC ein Rechter sein sollte, so ist (wie vorhin) die Gerade CH nicht gleich AM, denn in C ist kein rechter Winkel vorhanden**).

Sie kann aber auch nicht kleiner sein. Sonst wären nämlich, wenn man HC verlängerte und HL gleich AM annähme, (wie vorhin) die

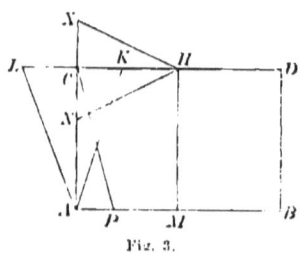

Fig. 3.

Winkel an der Verbindungslinie AL gleich. Das ist aber widersinnig. Denn der Winkel MAL ist nach der Konstruktion größer als MAC, der als rechter angenommen war, und der Winkel HLA ist nach der Konstruktion ein innerer gegenüberliegender Winkel und somit (nach 1. 16) kleiner als der Aufsenwinkel HCA, der als spitz angenommen war. Daher bleibt nur übrig, dafs CH größer ist als AM, sobald die Winkel an der Verbindungslinie CD spitz sind, und deshalb ist CD, das Doppelte der ersten Linie, größer als AB, das Doppelte der zweiten. Was an dritter Stelle zu beweisen war.

Demnach mufs die Verbindungslinie CD gleich AB sein oder kleiner

---

*) [Besser wäre es, zu sagen: denn die Winkel in A und C sind nicht gleich.]
**) Der Satz vom Aufsenwinkel (I. 16), der hier benutzt wird, setzt die unendliche Länge der geraden Linie voraus (vgl. die Anmerkung zu I. 16, S. 11) und ist bei der Hypothese des stumpfen Winkels nicht allgemein gültig. Deshalb sind alle hier und im Folgenden gegebenen Beweise für Sätze, die bei der Hypothese des stumpfen Winkels gelten sollen, ungenügend.]

oder gröfser, jenachdem die Winkel an CD rechte oder stumpfe oder
spitze sind. Was zu beweisen war.

Zusatz I. Enthält daher ein Viereck drei rechte Winkel und einen stumpfen oder spitzen, so ist in ihm jede dem nicht rechten Winkel anliegende Seite kleiner als die gegenüberliegende, wenn der Winkel stumpf ist, wenn er aber spitz ist, gröfser. Denn für die Seite CH, im Vergleich zu der gegenüberliegenden Seite AM, ist das schon bewiesen, und auf ähnliche Art zeigt man es von der Seite AC, im Vergleich zu der gegenüberliegenden Seite MH.

Da nämlich die Geraden AC und MH auf AM senkrecht stehen, so können sie wegen der Ungleichheit der Winkel an der Verbindungslinie CH (nach Lehrsatz I) nicht gleich sein. Es kann aber auch nicht (bei der Annahme eines stumpfen Winkels in C) ein Stück AN von AC gleich MH sein, indem nämlich AC gröfser wäre, als diese Gerade, denn sonst wären die Winkel an der Verbindungslinie HN (wieder nach Lehrsatz I) gleich, was widersinnig ist, wie vorhin.

Nähme man aber wiederum an (wenn der Winkel im Punkte C spitz ist), dafs eine auf der Verlängerung von AC gewählte Gerade AX gleich MH wäre, indem nämlich AC kleiner wäre als diese Gerade, so wären aus demselben Grunde die Winkel an HX gleich, was, ebenso wie vorhin, ganz widersinnig ist.

Daher bleibt nur übrig, dafs bei der Annahme eines stumpfen Winkels im Punkte C die Seite AC kleiner ist als die gegenüberliegende Seite MH, bei der Annahme eines spitzen Winkels aber gröfser. Was behauptet war.

Zusatz II. Noch viel gröfser aber ist CH als irgend ein Stück von AM, zum Beispiel als PM, wenn nämlich die Verbindungslinie CP mit CH auf der Seite des Punktes H einen noch spitzeren Winkel und mit PM auf der Seite des Punktes M (wegen I. 16) einen stumpfen Winkel bildet*).

Zusatz III. Alles dies gilt ferner nicht blofs, wenn wir den angenommenen Loten AC und BD eine bestimmte Länge beilegen, sondern auch, wenn sie unendlich klein sind oder als unendlich klein

---

*) [Dieser Zusatz II des Lehrsatzes III wird später mehrfach benutzt und zwar in der Bedeutung, dafs bei jedem Viereck $HCPM$, bei dem die Winkel in H und M rechte sind, während in C ein spitzer, in P ein stumpfer Winkel vorhanden ist, PM kleiner als CH sein mufs. Aus der Fassung des Zusatzes ist das nicht ohne Weiteres klar, aber der *Beweis des dritten Teiles* läfst sich in der That auf jedes derartige Viereck $HCPM$ anwenden.

vorausgesetzt werden. Es ist zweckmäfsig, sich das bei den folgenden Lehrsätzen zu merken.

Lehrsatz IV. *Umgekehrt aber sind (in derselben Figur, wie bei dem vorhergehenden Lehrsatze) die Winkel an der Verbindungslinie CD rechte oder stumpfe oder spitze, je nachdem die Gerade CD gleich der gegenüberliegenden AB ist oder kleiner oder gröfser.*

Beweis. Wenn nämlich die Gerade CD der gegenüberliegenden AB gleich ist, und nichtsdestoweniger die Winkel an ihr stumpf oder spitz sind, so beweisen gerade diese Winkel (nach dem vorhergehenden Lehrsatze), dafs sie der Gegenseite AB nicht gleich ist, sondern kleiner oder gröfser, was gegen die Annahme verstöfst.

Dasselbe gilt in gleicher Weise für die übrigen Fälle.

Die Winkel an der Verbindungslinie CD sind demnach sicher rechte oder stumpfe oder spitze, jenachdem die Gerade CD der gegenüberliegenden AB gleich ist oder kleiner oder gröfser. Was zu beweisen war.

Erklärungen. Weil (nach Lehrsatz I) die Verbindungsgerade zwischen den Endpunkten gleicher Senkrechten, die auf derselben Geraden errichtet sind (wir werden diese letztere *Grundlinie* nennen), gleiche Winkel mit diesen Loten bildet, so sind infolgedessen drei Hypothesen je nach der Art dieser Winkel zu unterscheiden. Und zwar werde ich die erste die *Hypothese des rechten Winkels* nennen, die zweite und die dritte aber die *Hypothese des stumpfen Winkels* und die *Hypothese des spitzen Winkels*.

Lehrsatz V. *Wenn die Hypothese des rechten Winkels auch nur in einem Falle richtig ist, so ist sie immer in jedem Falle allein die richtige.*

Beweis. Die Verbindungslinie CD (Fig. 4) bilde rechte Winkel mit irgend zwei gleichen Senkrechten AC und BD, die auf irgend einer Geraden AB errichtet sind. Dann ist (nach Lehrsatz III) CD gleich AB. Man nehme nun auf den Verlängerungen von AC und BD zwei Stücke CR und DX, die gleich AC und BD sind, und ziehe RX. Dann zeigt man leicht, dafs die Verbindungslinie RX gleich AB ist, und die Winkel an ihr rechte sind. Einmal nämlich, indem man das Viereck $ABDC$, unter Benutzung der gemeinsamen Grundlinie CD, auf das Viereck $CDXR$ legt. Eleganter aber verfährt man so.

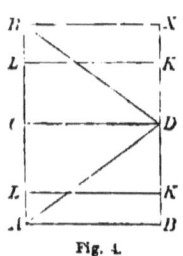

Fig. 4.

Man ziehe AD und RD. Nun sind (nach I. 4) in den Dreiecken ACD und RCD die Grundlinien AD und RD und ebenso die Winkel CDA und CDR sicher gleich. Deshalb sind auch ihre Ergänzungen zu einem Rechten, ADB und RDX, gleich. Mithin ist wiederum (auch nach I. 4) in den Dreiecken ADB und RDX die Grundlinie AB gleich der Grundlinie RX. Folglich sind (nach dem vorhergehenden Lehrsatze) die Winkel an der Verbindungslinie RX rechte, und wir kommen daher wieder auf die Hypothese des rechten Winkels*).

Da nun auf diese Weise, während die Grundlinie AB beibehalten wird, die Länge der Senkrechten bis ins Unendliche vermehrt werden kann**), ohne dafs die Hypothese des rechten Winkels jemals zu bestehen aufhört, so mufs noch bewiesen werden, dafs diese Hypothese auch im Falle einer beliebigen Verkleinerung derselben Senkrechten immer gültig bleibt. Und das erhärtet man so.

Man nehme auf AR und BX zwei beliebige gleiche Senkrechte 7 AL und BK und ziehe LK. Sind die Winkel an der Verbindungslinie LK keine rechten, so sind sie doch (nach Lehrsatz I) gleich. Sie sind also auf der einen Seite, etwa auf der von AB, stumpf und auf der von RX spitz, denn die Winkel zu beiden Seiten jedes dieser Punkte sind (nach I. 13) gleich zwei Rechten. Aber auch die auf RX senkrecht stehenden Geraden LR und KX sind sicher einander gleich. Also ist (nach Lehrsatz III) LK gröfser als die gegenüberliegende Seite RX und kleiner als die gegenüberliegende Seite AB. Das ist aber widersinnig, denn es ist bewiesen, dafs AB und RX gleich sind. Daher bleibt die Hypothese des rechten Winkels, wenn nur die einmal angenommene Grundlinie festgehalten wird, bei beliebiger Verkleinerung der Lote unverändert erhalten.

Aber die Hypothese des rechten Winkels bleibt auch dann unverändert erhalten, wenn man die Grundlinie irgendwie verkleinert oder vergröfsert, denn es ist klar, dafs man als Grundlinie jede der Senkrechten BK oder BX ansehen darf, und dafs man entsprechend AB und die gleiche gegenüberliegende Gerade KL, oder auch XR, als Senkrechte ansehen darf.

Somit steht fest, dafs die Hypothese des rechten Winkels, wenn sie auch nur in einem Falle richtig ist, immer in jedem Falle allein die richtige ist. Was zu beweisen war.

---

*) [Den zweiten Beweis bezeichnet *Saccheri* als eleganter, weil er streng Euklidisch ist. Aber auch bei ihm mufs man eine Umklappung um die Grundlinie CD vornehmen, nämlich ACD auf RCD legen, sodafs die eigentliche Schwierigkeit in Wahrheit bestehen bleibt; vergl. auch die Anmerkung zu Euklid I. 4, S. 8.]

**) [Man beachte, dafs hier die unendliche Länge der geraden Linie als etwas Selbstverständliches hingestellt wird. Vgl. die zweite Anmerkung zu S. 52.]

Lehrsatz VI. *Wenn die Hypothese des stumpfen Winkels auch nur in einem Falle richtig ist, so ist sie immer in jedem Falle allein die richtige.*

Beweis. Die Verbindungslinie CD (Fig. 5) bilde stumpfe Winkel mit irgend zwei gleichen Senkrechten AC und BD, die auf irgend einer Geraden AB errichtet sind. Dann ist (nach Lehrsatz III) CD kleiner als AB. Man verlängere AC und BD, nehme auf ihnen irgend zwei einander gleiche Stücke CR und DX an und ziehe RX. Jetzt untersuche ich die Winkel an der Verbindungslinie RX, die ja (nach Lehrsatz I) einander gleich sind.

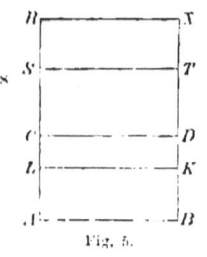

Fig. 5.

Wenn sie stumpf sind, haben wir unsre Behauptung. Sie sind jedoch auch keine Rechten, weil wir dann einen Fall der Hypothese des rechten Winkels hätten und also (nach dem vorhergehenden Lehrsatze) für die Hypothese des stumpfen Winkels kein Platz übrig bliebe. Sie sind indes auch nicht spitz.

Dann wäre nämlich (nach Lehrsatz III) RX gröfser als AB und daher noch viel gröfser als CD. Dafs dies jedoch nicht eintreten kann, zeigt man so. Denkt man sich das Viereck $CDXR$ mit Geraden angefüllt, die von CR und DX gleiche Stücke abschneiden, so zieht dies nach sich, dafs man von der Geraden CD, die kleiner als AB ist, zu der gröfseren Geraden RX nur durch Vermittelung einer gewissen, AB gleichen Geraden ST übergehen kann*). Dafs hierin aber bei dieser Hypothese ein Widerspruch liegt, geht daraus hervor, dafs man alsdann (nach Lehrsatz IV) einen Fall für die Hypothese des rechten Winkels hätte, der (nach dem vorhergehenden Lehrsatze) für die Hypothese des stumpfen Winkels keinen Platz übrig liefse. Mithin müssen die Winkel an der Verbindungslinie RX stumpf sein.

Nimmt man weiter auf AC und BD selbst gleiche Stücke AL und BK an, so läfst sich in ähnlicher Weise zeigen, dafs die Winkel an der Verbindungslinie LK auf der Seite von AB nicht spitz sein können. Sonst wäre nämlich diese Verbindungslinie gröfser als AB und daher noch viel gröfser als CD. Hieraus aber fände man, wie vorhin, eine Zwischenlinie zwischen CD, das kleiner, und LK, das gröfser als AB ist, eine Zwischenlinie sage ich, die gleich AB ist, und die liefse, wie schon bekannt, für die Hypothese des stumpfen Winkels überhaupt keinen Platz. Endlich können aus demselben

[Hierbei wird nämlich stillschweigend vorausgesetzt, dafs die Länge der Geraden bei dem Übergange von CD nach RX sich *stetig* ändert. Die Behauptung ist jedoch, wie *Lambert* gezeigt hat, von dieser Voraussetzung unabhängig.]

Grunde die Winkel an der Verbindungslinie LK keine rechten sein. Folglich sind sie stumpf.

Wenn also auf derselben Grundlinie AB die Senkrechten beliebig vergröfsert oder verkleinert werden, so bleibt stets die Hypothese des stumpfen Winkels erhalten.

Dasselbe mufs aber auch gezeigt werden, wenn die Grundlinie beliebig angenommen wird. Zur Grundlinie wähle man (Fig. 6) irgend eine der genannten Senkrechten, zum Beispiel BX. Man halbiere AB und BX in den Punkten M und H und ziehe MH. Dann steht (nach Lehrsatz II) MH senkrecht auf AB und auf BX. Nun ist, nach unsrer Annahme, der Winkel beim Punkte B ein rechter, der beim Punkte X, wie schon bewiesen, ein stumpfer. Man mache also den Winkel BXP auf der Seite von MH gleich einem Rechten. Dann trifft XP die Gerade MH in einem gewissen Punkte P, der zwischen den Punkten M und H liegt, denn erstens ist der Winkel BXH stumpf, und zweitens ist, wenn noch XM gezogen wird, (nach l. 17) der Winkel BXM spitz. Weiter aber enthält das Viereck $XBMP$, wie schon bekannt, drei rechte Winkel und (nach I. 16) im Punkte P einen stumpfen, denn dieser ist Aufsenwinkel für den inneren, gegenüberliegenden rechten Winkel an der Ecke H des Dreiecks PHX. Mithin ist die Seite XP (nach Zusatz 1 hinter Lehrsatz III) kleiner als die gegenüberliegende Seite BM. Nimmt man daher auf BM ein Stück BF gleich XP an, so sind (nach Lehrsatz I) die Winkel an der Verbindungslinie PF einander gleich, und zwar stumpf, da der Winkel BFP (nach I. 16) stumpf ist wegen des inneren gegenüberliegenden rechten Winkels FMP. Mithin besteht für jede beliebige Grundlinie BX die Hypothese des stumpfen Winkels.

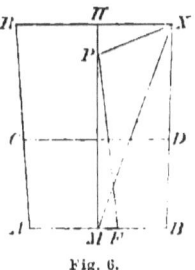

Fig. 6.

Es gilt aber, wie vorhin, dieselbe Hypothese auch, wenn unter Beibehaltung der Grundlinie BX die gleichen Senkrechten beliebig vergröfsert oder verkleinert werden. Demnach steht fest, dafs die Hypothese des stumpfen Winkels, wenn sie auch nur in einem Falle richtig ist, immer in jedem Falle allein die richtige ist. Was zu beweisen war.

Lehrsatz VII. *Wenn die Hypothese des spitzen Winkels auch nur in einem Falle richtig ist, so ist sie immer in jedem Falle allein die richtige.*

Der Beweis ist sehr leicht. Wäre nämlich mit der Hypothese des spitzen Winkels auch nur irgend ein Fall einer der beiden Hypo-

thesen des rechten oder des stumpfen Winkels verträglich, so bliebe
10 (nach den beiden vorhergehenden Lehrsätzen) kein Platz für eben
diese Hypothese des spitzen Winkels, was widersinnig ist. Wenn also
die Hypothese des spitzen Winkels auch nur in einem Falle richtig
ist, so ist sie immer in jedem Falle allein die richtige. Was zu beweisen war.

Lehrsatz VIII. *Gegeben sei irgend ein Dreieck ABD (Fig. 7), das
in B rechtwinklig ist. Man verlängere DA bis zu einem beliebigen
Punkte X und ziehe durch A, auf AB senkrecht, HAC, wo H innerhalb
des Winkels XAB liege. Ich behaupte, dafs der äufsere Winkel XAH
gleich dem inneren gegenüberliegenden Winkel ADB oder kleiner oder gröfser
als dieser ist, jenachdem die Hypothese des rechten Winkels oder die des
stumpfen Winkels oder die des spitzen Winkels richtig ist. Und umgekehrt.*

Beweis. Man nehme auf HC ein Stück AC gleich BD an und
ziehe CD. Dann ist bei der Hypothese des rechten Winkels (nach
Lehrsatz III) CD gleich AB. Daher ist (nach I. 8)
der Winkel ADB gleich dem Winkel DAC oder
dem (nach I. 15) ebenso grofsen Winkel XAH.
Was an erster Stelle zu beweisen war.

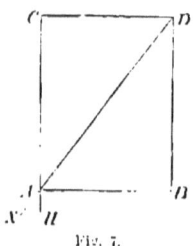

Fig. 7.

Weiter ist bei der Hypothese des stumpfen
Winkels (wieder nach Lehrsatz III) CD kleiner
als AB. Daher ist in den Dreiecken ADB und
DAC (nach I. 25) der Winkel DAC oder (sein
Scheitelwinkel) XAH kleiner als der Winkel
ADB. Was an zweiter Stelle zu beweisen war.

Endlich ist bei der Hypothese des spitzen Winkels (wieder nach
Lehrsatz III) CD gröfser als die Gegenseite AB. Daher ist in den
erwähnten Dreiecken (wieder nach I. 25) der Winkel DAC oder (sein
Scheitelwinkel) XAH gröfser als der Winkel ADB. Was an dritter
Stelle zu beweisen war.

Ist aber umgekehrt der Winkel CAD oder sein Scheitelwinkel
XAH gleich dem inneren gegenüberliegenden Winkel ADB, so ist
(nach I. 4) die Verbindungslinie CD gleich AB, und deshalb (nach
11 Lehrsatz IV) die Hypothese des rechten Winkels richtig.

Wenn dagegen der Winkel CAD oder sein Scheitelwinkel XAH
kleiner oder gröfser ist, als der innere gegenüberliegende Winkel ADB,
so ist (nach I. 24) auch die Verbindungslinie CD kleiner oder gröfser
als AB, und deshalb ist (nach Lehrsatz IV) jenachdem die Hypothese des stumpfen oder die des spitzen Winkels richtig. Und das
ist alles, was zu beweisen war.

Lehrsatz IX. *In jedem rechtwinkligen Dreieck sind die beiden übrigen spitzen Winkel zusammengenommen gleich einem Rechten bei der Hypothese des rechten Winkels, gröfser als ein Rechter bei der Hypothese des stumpfen Winkels und kleiner als ein Rechter bei der Hypothese des spitzen Winkels*).*

Beweis. Ist nämlich der Winkel XAH (in derselben Figur, wie bei dem vorhergehenden Lehrsatze) gleich dem Winkel ADB (versteht sich, bei der Hypothese des rechten Winkels, nach dem vorhergehenden Lehrsatze), so ergiebt der Winkel ADB mit dem Winkel HAD zusammen zwei Rechte, da ja (nach I. 13) der schon genannte Winkel XAH mit demselben Winkel HAD zwei Rechte ergiebt. Also bleibt, wenn man den rechten Winkel HAB wegnimmt, die Summe der Winkel ADB und BAD gleich einem Rechten. Das war das Erste.

Ferner aber, ist der Winkel XAH (versteht sich, bei der Hypothese des stumpfen Winkels, nach dem vorhergehenden Lehrsatze) kleiner als der Winkel ADB, so ergiebt der Winkel ADB zusammen mit dem Winkel HAD mehr als zwei Rechte, da der Winkel XAH (wieder nach I. 13) mit diesem zusammen zwei Rechte ergiebt. Also bleibt, wenn man den rechten Winkel HAB wegnimmt, die Summe der Winkel ADB und BAD gröfser als ein Rechter. Das war das Zweite.

Endlich, ist der Winkel XAH (versteht sich, bei der Hypothese des spitzen Winkels, nach dem vorhergehenden Lehrsatze) gröfser als der Winkel ADB, so ergiebt der Winkel ADB zusammen mit dem Winkel HAD weniger als zwei Rechte, da der Winkel XAH (abermals nach I. 13) mit diesem zusammen zwei Rechte ergiebt. Also bleibt, wenn man den rechten Winkel HAB wegnimmt, die Summe der Winkel ADB und BAD kleiner als ein Rechter. Das war das Dritte.

Lehrsatz X. *Steht die Gerade DB (Fig. 8) senkrecht auf irgend einer Geraden ABM, und ist die Verbindungslinie DM gröfser als die Verbindungslinie DA, so ist auch die Grundlinie BM gröfser als die Grundlinie BA, und umgekehrt.*

Beweis. Zunächst sind diese Grundlinien nicht einander gleich, denn sonst wären (nach I. 4), gegen die Voraussetzung, auch AD und DM einander gleich. Es ist aber auch BA nicht gröfser als BM.

---

*) [*Saccheri* sagt „die beiden übrigen spitzen Winkel", indem er I. 17 benutzt, wonach die Summe zweier Dreieckswinkel stets kleiner als zwei Rechte ist. Lässt man aber die Hypothese des stumpfen Winkels zu, so gilt der Satz I. 17 nicht mehr, denn er ist ja eine unmittelbare Folge des Satzes I. 16 über den Aufsenwinkel. In der That beweist *Saccheri* später, in Lehrsatz XIV, dafs die *Hypothese des stumpfen Winkels* sich selbst *zerstört*, indem sie auf einen Widerspruch gegen I. 17 führt. Vergl. auch die zweite Anmerkung auf S. 52.]

Sonst wären nämlich, wenn man auf BA ein Stück BS gleich BM annähme und SD zöge, (wieder nach I. 4) die Winkel BSD und BMD gleich. Nun ist (nach I. 16) der Winkel BSD gröfser als der Winkel BAD. Es wäre also auch der Winkel BMD gröfser als dieser. Das verstöfst aber gegen I. 18, da nach der Voraussetzung in dem Dreieck MDA die Seite DM gröfser ist als die Seite DA. Es bleibt also nur übrig, dafs die Grundlinie BM gröfser ist als die Grundlinie BA. Das war an erster Stelle zu beweisen.

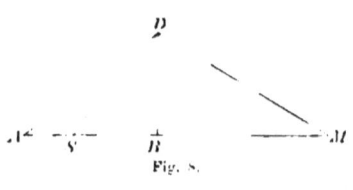

Fig. 8.

Wenn zweitens eine der beiden Grundlinien, zum Beispiel (um die Figur beizubehalten) BA, gröfser als die andere BM angenommen wird, so ist die Verbindungslinie DS, die von BA ein Stück SB gleich BM abschneidet, (nach I. 4) gleich der Verbindungslinie DM. Ferner wird (nach I. 16) der Winkel DSA stumpf und (nach I. 17) der Winkel DAS spitz. Deshalb ist (nach I. 19) die Verbindungslinie DA gröfser als die Verbindungslinie DS und auch gröfser als die Verbindungslinie DM, die nach der Annahme gleich DS ist. Das war an zweiter Stelle zu beweisen.

Mithin ist die Behauptung durchaus richtig.

Lehrsatz XI. *Eine Gerade AP (von beliebiger Länge) schneide zwei Gerade PL und AD (Fig. 9), und zwar die erste in P unter*

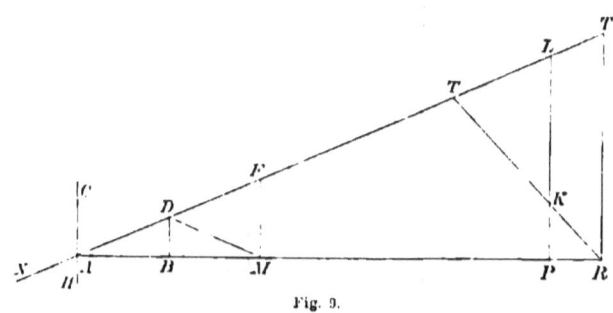

Fig. 9.

einem rechten Winkel, die zweite aber in A unter einem beliebigen spitzen Winkel, der sich nach der Seite von PL hin öffnet. Ich behaupte, dafs (bei der Hypothese des rechten Winkels) die Geraden AD und PL in einem gewissen Punkte, und zwar in endlicher oder begrenzter Entfernung, schliefslich zusammentreffen werden, wenn man sie nach der Seite ver-

I. Buch, I. Teil. — Lehrsatz X, XI.   61

längert, wo sie mit der Grundlinie AP *zwei* Winkel *bilden, die zusammen kleiner sind als zwei* Rechte.

Beweis. Man verlängere DA nach der andern Seite bis zu einem beliebigen Punkte X und ziehe durch A die Gerade HAC senkrecht zu AP, wo der Punkt H innerhalb des Winkels XAP liegt. Dann nehme man auf der Verlängerung von AD nach der Seite von PL zwei gleich lange Strecken AD und DF an und fälle auf die Grundlinie AP die Lote DB und FM, die wegen I. 17 stets in das Innere des spitzen Winkels DAP fallen. Man ziehe noch DM. Ich muſs zeigen, daſs die Verbindungslinie DM gleich DF oder DA wird.

Zunächst kann DM nicht gröſser als DF sein. Sonst wäre nämlich (nach I. 18) der Winkel DMF kleiner als der Winkel DFM oder als der diesem gleiche Winkel XAH (nach Lehrsatz VIII, im Fall der Hypothese des rechten Winkels) oder als sein Scheitelwinkel CAD. Mithin wäre (da der Voraussetzung nach die Winkel CAM und FMA gleich sind, nämlich rechte) der übrig bleibende Winkel DMA gröſser als der übrig bleibende Winkel DAM. Das ist aber widersinnig (gegen I. 18), weil ja DM gröſser als DF oder DA angenommen ist.

Es ist aber auch DM nicht kleiner als DF. Sonst wäre nämlich (auch nach I. 18) der Winkel DMF gröſser als der Winkel DFM oder als der ihm gleiche Winkel XAH (nach dem erwähnten Lehrsatze VIII, im Fall der Hypothese des rechten Winkels) oder als sein Scheitelwinkel CAD. Mithin wäre wiederum, wie vorhin, der übrig bleibende Winkel DMA nicht gröſser sondern kleiner als der übrig bleibende Winkel DAM. Das ist aber widersinnig (auch gegen I. 18), weil ja DM kleiner als DF oder DA angenommen wurde.

Es bleibt daher nur übrig, daſs die Verbindungslinie DM gleich DF oder DA wird. Deshalb sind (nach I. 5) in dem Dreieck DAM die Winkel an den Ecken A und M gleich und mithin (nach I. 26) in den Dreiecken DBA und DBM, die in B rechtwinklig sind, die Grundlinien AB und BM gleich. Darauf aber kam es hier an.

Da somit (wenn man auf der Verlängerung von AD die Strecke AF doppelt so groſs als AD nimmt) das auf die Grundlinie AP gefällte Lot FM von AP nach P hin eine Grundlinie AM abschneidet, doppelt so groſs als die Grundlinie AB, welche das von D aus gefällte Lot abschneidet, so ist klar, daſs diese Verdoppelung der vorhergehenden Strecke so oft geschehen kann, daſs man auf diese Art zu einem Punkte T in der Verlängerung von AD gelangt, bei welchem das von ihm auf die Verlängerung von AP gefällte Lot eine Grundlinie AR abschneidet, die gröſser ist als das beliebige, endliche AP.

Dies kann jedoch sicher nicht eintreten, wenn nicht vorher die Verlängerung von AD einen gewissen Punkt L von PL getroffen hat. Wenn nämlich der Punkt T vor jenem Zusammentreffen läge, so müfste das Lot TR dieselbe Gerade PL in einem Punkte K schneiden. Dann aber befänden sich bei dem Dreieck KPR in den Ecken P und R zwei rechte Winkel, was gegen I. 17 verstöfst.

Demnach steht fest, dafs die beiden Geraden AD und PL (im Fall der Hypothese des rechten Winkels) einander in einem Punkte treffen werden (und zwar in einem endlichen oder begrenzten Abstande), wenn sie nach der Seite hin verlängert werden, auf der sie mit der Grundlinie AP (von beliebiger, endlicher Länge) zwei Winkel bilden, die zusammen kleiner sind als zwei Rechte. Was zu beweisen war.

Lehrsatz XII. *Wiederum behaupte ich, dafs auch bei der Hypothese des stumpfen Winkels die Gerade AD irgendwo auf jener Seite die Gerade PL treffen wird (und zwar in einem endlichen oder begrenzten Abstande)*).*

Beweis. Ist nämlich, wie bei dem vorhergehenden Lehrsatze, DF gleich AD gemacht [Fig. 10] und sind die schon bekannten Lote gefällt, so mufs ich zeigen, dafs die Verbindungslinie DM gröfser ist

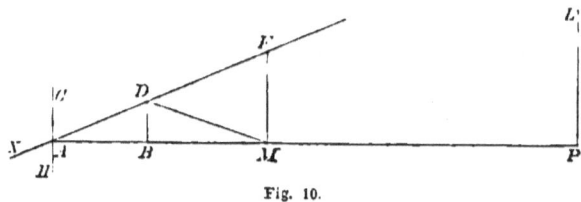

Fig. 10.

als DF oder DA, und dafs mithin (nach Lehrsatz X) BM gröfser ist als AB.

Zunächst wird DM nicht gleich DF sein. Sonst wäre nämlich (nach 1. 5) der Winkel DMF gleich dem Winkel DFM und mithin (nach Lehrsatz VIII, im Fall der Hypothese des stumpfen Winkels) gröfser als der äufsere Winkel XAH oder als sein Scheitelwinkel CAF. Mithin wäre (da der Voraussetzung nach die Winkel CAM und FMA gleich sind, nämlich rechte) der übrigbleibende Winkel DMA kleiner als der übrigbleibende Winkel DAM. Das verstöfst aber gegen 1. 5, weil ja DM gleich DF oder DA sein sollte.

---

*) [Dieser Satz ist richtig, während der folgende Beweis beanstandet werden mufs, da in ihm der Satz vom Aufsenwinkel (I. 16) verwendet wird, der bei der Hypothese des stumpfen Winkels seine Gültigkeit verliert.]

Es ist aber DM auch nicht kleiner als DF oder DA. Sonst wäre nämlich (nach I. 18) der Winkel DMF gröfser als der Winkel DFM und mithin (bei der gegenwärtigen Hypothese des stumpfen Winkels) noch viel gröfser als der äufsere Winkel XAH oder sein Scheitelwinkel CAD. Mithin wäre wieder, wie vorhin, der übrigbleibende Winkel DMA viel kleiner als der übrigbleibende Winkel DAM. Das verstöfst aber wieder gegen I. 18, weil ja DM kleiner sein sollte als DF oder DA.

Es bleibt also nur übrig, dafs die Verbindungslinie DM gröfser ist als DF oder DA, und dafs daher (nach Lehrsatz X) BM gröfser ist als AB. Darauf aber kam es hier an.

Da mithin, wenn man in der Verlängerung von AD eine Strecke AF doppelt so grofs als die Strecke AD nimmt, das auf die Grundlinie AP gefällte Lot FM von dieser mehr als doppelt so viel abschneidet, als das von D auf sie gefällte Lot, so kommt man bei der Hypothese des stumpfen Winkels noch bei Weitem schneller als vorhin bei der Hypothese des rechten Winkels zu einer so grofsen Strecke, dafs das von ihrem Endpunkte aus gefällte Lot eine Grundlinie abschneidet, die gröfser ist als die beliebig grofse, gegebene AP. Das kann aber, wie bei dem vorhergehenden Lehrsatze, nicht eintreten, wenn nicht vorher die Verlängerung von AD einen gewissen Punkt von PL, und zwar in einer endlichen oder begrenzten Entfernung getroffen hat. Was zu beweisen war.

Lehrsatz XIII. *Wenn eine Gerade XA (von beliebig grofser gegebener Länge) die beiden Geraden AD und XL schneidet und mit ihnen auf derselben Seite (Fig. 11) innere Winkel XAD und AXL bildet, die zusammen kleiner als zwei Rechte sind, so behaupte ich, dafs diese beiden Geraden (auch wenn keiner von jenen beiden Winkeln ein Rechter ist) endlich in einem Punkte auf der Seite jener Winkel zusammentreffen werden, und zwar in einem endlichen oder begrenzten Abstande, sobald eine der beiden Hypothesen entweder die des rechten oder die des stumpfen Winkels besteht*).*

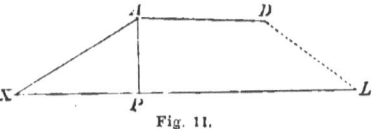

Fig. 11.

Beweis. Einer der genannten Winkel, zum Beispiel AXL, wird spitz sein. Wenn man daher vom Scheitelpunkte des andern Winkels auf XL das Lot AP fällt, so liegt es (wegen I. 17) stets im Innern

---

*) [Auch hier gilt, was bereits in der Anmerkung zu Lehrsatz XII gesagt worden ist.]

des spitzen Winkels AXL. Da nun in dem Dreieck APX, das bei P rechtwinklig ist, die beiden spitzen Winkel PAX und PXA (nach Lehrsatz IX) zusammengenommen nicht kleiner sind als ein Rechter, sowohl bei der Hypothese des rechten als bei der des stumpfen Winkels, so wird, wenn man diese beiden Winkel von der Summe der vorgelegten abzieht, der übrig bleibende Winkel PAD kleiner als ein Rechter sein. Mithin sind wir im Falle der beiden vorhergehenden Lehrsätze, da ja eine von beiden Hypothesen, entweder die des rechten Winkels oder die des stumpfen Winkels besteht. Demnach werden (nach denselben Lehrsätzen) die Geraden AD und PL oder XL in einem Punkte von endlichem oder begrenztem Abstande auf der bekannten Seite zusammentreffen, sowohl bei der einen als auch bei der andern der vorhin erwähnten Hypothesen. Was zu beweisen war.

Anmerkung I. Hier möge ein beachtenswerter Unterschied gegenüber der Hypothese des spitzen Winkels angemerkt werden. Denn bei dieser könnte man das Zusammentreffen derartiger Geraden nicht allgemein beweisen, so oft nämlich eine Gerade, die zwei andere schneidet, auf einer Seite zwei innere Winkel bildet, die zusammen kleiner sind als zwei Rechte. Man könnte es, sage ich, nicht einmal dann direkt beweisen, wenn man bei dieser Hypothese das erwähnte Zusammentreffen allgemein zuliefse, sobald einer der zwei Winkel ein Rechter ist. Denn selbst, wenn die Gerade AD [Fig. 11] auch ihrerseits auf AP senkrecht wäre, ein Fall, in dem sie wegen I. 17 sicher mit dem andern Lote PL nicht zusammentreffen könnte, so wäre trotzdem die Summe der beiden Winkel DAX und PXA, gemäfs der erwähnten Hypothese, kleiner als zwei Rechte, da bei dieser (nach Lehrsatz IX) die Winkel PAX und PXA zusammen kleiner als ein Rechter sind[*]. Das zu bemerken war aber von Wichtigkeit.

Wie man aber die Hypothese des spitzen Winkels zerstören kann, indem man blofs das Zusammentreffen allgemein zuläfst, so lange einer der beiden Winkel ein Rechter ist, und überdies die gegebene schneidende Gerade [PA] eine beliebig kleine Länge hat, das werde ich hinter den drei folgenden Lehrsätzen zeigen.

Anmerkung II[**]). Mit Fleifs habe ich bei den drei soeben auf-

---

[*] [Man hätte also einen Fall, bei dem die beiden Geraden AD und XL nicht zusammentreffen, obwohl die Summe der inneren Winkel LXA und XAD kleiner als zwei Rechte ist.]

[**] [Der Sinn der folgenden Ausführungen ist der: Sind zwei Winkel gegeben, die zusammen weniger als zwei Rechte betragen, so ist es stets möglich,

gestellten Theoremen die Bedingung hinzugefügt, dafs die schneidende Gerade AP oder XA von *beliebig grofser, gegebener Länge* sein soll. Handelt es sich nämlich, ohne jedes bestimmte Mafs der einfallenden Geraden, darum, genau darzulegen und zu beweisen, dafs es zwei Gerade giebt, die in der Spitze eines Dreiecks zusammentreffen, dessen Winkel an der Grundlinie gegeben sind (und zwar zusammen kleiner als zwei Rechte, zum Beispiel sei einer gleich einem Rechten und der andere weiche nur um zwei Grad oder, wenn man will, noch weniger von einem Rechten ab), dann kann jeder, der einige Erfahrung in der Geometrie besitzt, sofort die Sache darlegen und beweisen.

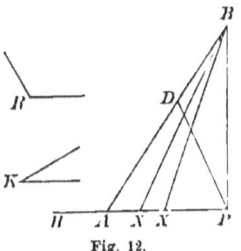

Fig. 12.

Gesetzt nämlich, es sei (Fig. 12*)) ein Winkel BAP gegeben, zum Beispiel von 88 Grad. Fällt man dann (nach I. 12) von irgend einem Punkte B der Geraden AB das Lot BP auf die Grundlinie AP, so wird augenscheinlich durch das Dreieck ABP das gewünschte Zusammentreffen im Punkte B dargelegt und bewiesen.

Fordert man nun, dafs auch der andere Winkel an der Grundlinie kleiner als ein Rechter sei, zum Beispiel 84 Grad, wie ihn der gegebene Winkel K darstellen mag**), so kann man (nach I. 23) auf

---

Dreiecke zu konstruieren, in denen diese gegebenen Winkel vorkommen. Wählt man daher die Dreiecksseite, der sie anliegen, zur Grundlinie AX, so hat man für diese Winkel das gewünschte Zusammentreffen. Es bleibt jedoch unentschieden, ob man auf diese Art auch zu *jeder* gegebenen Grundlinie AX gelangt, was doch zum vollständigen Beweise des Euklidischen Axioms erforderlich wäre.]

*) [*Saccheri* benutzt in vielen Figuren *denselben* Buchstaben, hier X, zur Bezeichnung *verschiedener* Punkte, die jedoch in gewisser Beziehung mit einander gleichberechtigt sind.

Diese Bezeichnungsweise ist ihm nicht eigentümlich, sie findet sich vielmehr auch sonst in der älteren mathematischen Literatur, zum Beispiel gebraucht sie *Blaise Pascal* (1623—1660) in seinen geometrischen Untersuchungen (Œuvres complètes, t. III. Paris 1882, S. 370—446), *John Barrow* (1630—1677) in seinen *Lectiones geometricae*, London 1670 (Zweite Ausgabe London 1674), *Johann Bernoulli* (1667—1748) in seiner Abhandlung über die Brachistochrone (Acta Eruditorum, Mai 1697; Opera omnia, Lausanne und Genf 1742, T. 1. S. 192). Die Zahl der Beispiele liefse sich gewifs noch beliebig vermehren.

Die so bequeme Methode der Indices, die bereits am Ende des siebzehnten Jahrhunderts von *Leibniz* vorgeschlagen worden war, ist erst in diesem Jahrhundert ein Gemeingut der Mathematiker geworden.]

**) [Dafs der Winkel K in Fig. 12 statt 84 Grad etwa 30 Grad beträgt, ebenso wie nachher der Winkel R statt 91 Grad etwa 120 Grad, ist ein Versehen *Saccheri* nicht, der, wie später noch augenfälliger werden wird, seine Zeichnungen immer nur als *schematisch* betrachtet haben mufs; man vergleiche in dieser Beziehung etwa noch die *rechten* Winkel in Fig. 10, S. 74.

Wir haben uns nicht für befugt gehalten, Zeichnung und Text in Übereinstimmung zu bringen und geben hier wie überall die Figuren in ihrer ursprünglichen Gestalt.]

der Seite der Geraden AB einen ebenso grofsen Winkel APD antragen, und dann wird AB von PD in einem Zwischenpunkte D getroffen. Man hat also wieder einen Beweis für das gewünschte Zusammentreffen im Punkte D.

Fordert man endlich, dafs der eine Winkel stumpf, aber kleiner als 92 Grad ist, damit ihn der andere gegebene Winkel BAP nicht zu zwei Rechten ergänzt, so möge er durch einen Winkel R von 91 Grad dargestellt werden. Zu zeigen ist, dafs es auf AP einen solchen Punkt X giebt, dafs die Verbindungslinie BX einen Winkel BXA bildet, der gleich dem gegebenen Winkel R von 91 Grad ist, sodafs man also bei einer gewissen schneidenden Geraden AX das gewünschte Zusammentreffen in dem genannten Punkte B hat. Man verfährt dann so.

Da ja (wenn man PA bis zu irgend einem Punkte H verlängert) der äufsere Winkel BAH (wegen I. 13) gleich 92 Grad ist, wenn der gegebene innere Winkel BAP 88 Grad beträgt, und da er wiederum, wegen 1. 16, nicht nur gröfser ist als der rechte Winkel BPA, sondern auch gröfser als alle die, ebendeshalb stumpfen Winkel BXA, wo der Punkt X beliebig innerhalb PA angenommen wird, und da, auch wegen I. 16, diese Winkel um so gröfser sind, je näher der Punkt X an dem Punkte A angenommen wird, so folgt augenscheinlich, dafs zwischen den beiden Winkeln, dem einen von 90 Grad im Punkte P und dem andern von 92 Grad im Punkte A ein Winkel BXA gefunden werden kann, der 91 Grad beträgt und also dem gegebenen Winkel R gleich ist*).

Nichtsdestoweniger mufs man, abgesehen von dieser letzten Bemerkung über den stumpfen Winkel, sorgfältig beachten, dafs die Schwierigkeit bei jenem Axiom des Euklid darin besteht, dafs es das Zusammentreffen zweier Geraden fordert, und zwar stets nach der Seite, auf welcher sie mit der schneidenden Geraden zwei Winkel bilden, die zusammen kleiner sind als zwei Rechte, und dafs es das genannte Zusammentreffen auch dann fordert, *wenn die Länge der gegebenen schneidenden Geraden beliebig grofs ist.*

Übrigens werde ich (worauf ich schon in der vorhergehenden Anmerkung aufmerksam machte) jenes Zusammentreffen allgemein beweisen**), sobald nur das Zusammentreffen für den Fall zugelassen wird, dafs einer der Winkel ein rechter [und der andere irgend ein beliebiger spitzer Winkel] ist, und zwar selbst dann, wenn es nicht für

---

*) [*Saccheri* setzt dabei voraus, dafs sich der Winkel BXA stetig ändert, wenn der Punkt X von A nach P wandert. Vergl. auch die Anmerkung S. 56.]
**) [Nämlich in Lehrsatz XVII und in Anmerkung I dazu.]

jede beliebige angebbare endliche schneidende Gerade zugelassen wird, sondern nur innerhalb der Grenzen irgend einer gegebenen, sehr kleinen schneidenden Geraden.

Lehrsatz XIV. *Die Hypothese des stumpfen Winkels ist ganz und gar falsch, weil sie sich selbst zerstört.*

Beweis. Indem wir die Hypothese des stumpfen Winkels als richtig annahmen, haben wir daraus bereits die Wahrheit jenes Euklidischen Axioms hergeleitet, dafs zwei Gerade einander in einem Punkte auf der Seite treffen werden, auf welcher eine beliebige sie schneidende Gerade irgend zwei innere Winkel bildet, die zusammen kleiner als zwei Rechte sind. Steht aber dieses Axiom fest, auf das sich Euklid nach dem achtundzwanzigsten Satze seines ersten Buches stützt, dann ist allen Geometern klar, dafs allein die Hypothese des rechten Winkels richtig ist, und dafs für die Hypothese des stumpfen Winkels kein Platz übrig bleibt. Mithin ist die Hypothese des stumpfen Winkels ganz und gar falsch, weil sie sich selbst zerstört. Was zu beweisen war.

A n d e r s u n d u n m i t t e l b a r e r. Da wir (in Lehrsatz IX) auf Grund der Hypothese des stumpfen Winkels bewiesen haben, dafs die beiden spitzen Winkel (Fig. 11) eines Dreiecks APX, das in P rechtwinklig ist, zusammen gröfser als ein Rechter sind, so kann man augenscheinlich einen spitzen Winkel PAD so annehmen, dafs

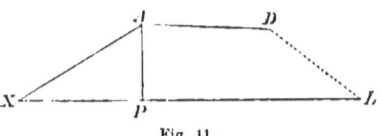

Fig. 11.

er mit den genannten beiden spitzen Winkeln zwei Rechte ausmacht. Dann aber müfste die Gerade AD (nach dem vorhergehenden Lehrsatze, im Fall der Hypothese des stumpfen Winkels) schliefslich mit PL oder XL zusammentreffen, wenn man AP als die schneidende oder treffende Gerade ansieht. Das verstöfst aber augenscheinlich gegen I. 17, wenn man AX als die schneidende oder treffende Gerade ansieht.

Lehrsatz XV. *Durch irgend ein Dreieck ABC, dessen drei Winkel (Fig. 13) zusammen gleich zwei Rechten oder gröfser oder kleiner sind, wird der Reihe nach die Hypothese des rechten Winkels oder die des stumpfen Winkels oder die des spitzen Winkels bedingt*).*

---

*) [Auch für den Beweis dieses Satzes gilt das in den Anmerkungen auf S. 59 und 62 Gesagte.]

Beweis. Es werden nämlich wegen L. 17 wenigstens zwei Winkel jenes Dreiecks, zum Beispiel die an den Ecken A und C, spitz sein. Deshalb wird das Lot, das vom Scheitelpunkte des letzten Winkels B auf AC gefällt wird, AC selbst (wieder wegen L. 17) in einem gewissen Zwischenpunkte D schneiden.

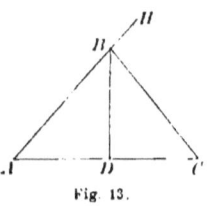

Fig. 13.

Nimmt man also an, dafs die drei Winkel des Dreiecks ABC zusammen gleich zwei Rechten sind, so sind augenscheinlich alle Winkel der Dreiecke ADB und CDB zusammen gleich vier Rechten, da ja die beiden rechten Winkel bei dem Punkte D hinzugekommen sind. Nunmehr wird bei keinem der eben erwähnten Dreiecke, etwa bei ADB, die Winkelsumme kleiner oder gröfser als zwei Rechte sein, denn alsdann wären dementsprechend die Winkel des andern Dreiecks zusammen gröfser oder kleiner als zwei Rechte, und infolgedessen würde (nach Lehrsatz IX) durch das eine Dreieck die Hypothese des spitzen Winkels, durch das andre die Hypothese des stumpfen Winkels bedingt, was den Lehrsätzen VI und VII widerstreitet. Also sind bei jedem der genannten beiden Dreiecke die drei Winkel zusammen gleich zwei Rechten, und dadurch wird (nach Lehrsatz IX) die Hypothese des rechten Winkels bedingt. Was an erster Stelle zu beweisen war.

Nimmt man aber an, dafs die drei Winkel des vorgelegten Dreiecks ABC zusammen gröfser als zwei Rechte sind, so werden die Winkel der beiden Dreiecke ADB und CDB alle zusammen gröfser als vier Rechte, weil ja die beiden rechten Winkel beim Punkte D hinzugekommen sind. Demnach werden bei keinem der eben genannten Dreiecke die drei Winkel zusammen genau gleich zwei Rechten sein oder kleiner, denn alsdann wären dementsprechend die drei Winkel des anderen Dreiecks zusammen gröfser als zwei Rechte, es würde also (nach Lehrsatz IX) durch das eine Dreieck die Hypothese des rechten Winkels oder die des spitzen Winkels, durch das andere die Hypothese des stumpfen Winkels bedingt, was den Lehrsätzen V, VI und VII widerstreitet. Also sind bei jedem der genannten beiden Dreiecke die drei Winkel zusammen gröfser als zwei Rechte und dadurch wird (nach Lehrsatz IX) die Hypothese des stumpfen Winkels bedingt. Was an zweiter Stelle zu beweisen war.

Nimmt man aber endlich an, dafs die drei Winkel des vorgelegten Dreiecks ABC zusammen kleiner als zwei Rechte sind, so werden die Winkel der beiden Dreiecke ADB und CDB alle zusammen kleiner als vier Rechte, weil ja die beiden rechten Winkel beim Punkte D hinzugekommen sind. Demnach werden bei keinem der eben genannten Dreiecke die drei Winkel zusammen genau gleich zwei Rechten oder gröfser sein, denn alsdann wären dementsprechend die drei Winkel des andern Dreiecks zusammen kleiner als zwei Rechte, es würde also nach Lehrsatz IX durch das eine Dreieck die Hypothese des rechten Winkels oder die des stumpfen Winkels, durch das andere die Hypothese des spitzen Winkels bedingt, was den Lehrsätzen V, VI und VII widerstreitet. Also sind bei jedem der genannten beiden Dreiecke die drei Winkel zusammen kleiner als zwei Rechte, und dadurch wird (nach Lehrsatz IX) die Hypothese des spitzen Winkels bedingt. Was an dritter Stelle zu beweisen war.

Mithin wird durch ein beliebiges Dreieck ABC, dessen drei Winkel zusammen gleich zwei Rechten oder gröfser oder kleiner sind, der Reihe nach die Hypothese des rechten Winkels, die des stumpfen Winkels oder die des spitzen Winkels bedingt. Was behauptet wurde.

Zusatz. Verlängert man also irgend eine Seite eines beliebigen vorgelegten Dreiecks, zum Beispiel AB bis H [Fig. 13], so ist (nach l. 13) der Aufsenwinkel HBC entweder gleich der Summe der beiden übrigen inneren, gegenüberliegenden Winkel bei den Ecken A und C, oder kleiner oder gröfser als diese, jenachdem die Hypothese des rechten Winkels oder die des stumpfen Winkels oder die des spitzen Winkels richtig ist, und umgekehrt.

Lehrsatz XVI. *Durch jedes Viereck $ABCD$, dessen vier Winkel zusammen gleich vier Rechten oder gröfser oder kleiner sind, wird der Reihe nach die Hypothese des rechten Winkels, die des stumpfen Winkels oder die des spitzen Winkels bedingt.*

Beweis. Zieht man AC, so sind (Fig. 14) die drei Winkel des Dreiecks ABC zusammen nicht gleich zwei Rechten oder gröfser oder kleiner, ohne dafs auch die drei Winkel des Dreiecks ADC zusammen gleich zwei Rechten oder gröfser oder kleiner sind, denn sonst würde (nach dem vorhergehenden Lehrsatze) durch eines dieser Dreiecke eine Hypothese, durch das andere eine andere bedingt, entgegen den Lehrsätzen V, VI und VII.

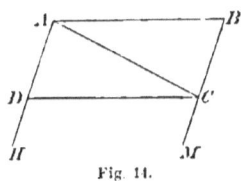

Fig. 14.

Wenn demnach die vier Winkel des vorgelegten Vierecks zusammen gleich vier Rechten sind, so betragen augenscheinlich in jedem der eben genannten Dreiecke die drei Winkel zusammen zwei Rechte, und dadurch wird (nach dem vorhergehenden Lehrsatze) die Hypothese des rechten Winkels bedingt.

Wenn aber die vier Winkel desselben Vierecks zusammen gröfser oder kleiner als vier Rechte sind, so müssen in ähnlicher Weise die drei Winkel jedes jener Dreiecke zusammen beziehungsweise entweder gleichzeitig gröfser oder gleichzeitig kleiner als zwei Rechte sein. Deshalb wird (nach dem vorhergehenden Lehrsatze) durch diese Dreiecke beziehungsweise die Hypothese des stumpfen Winkels oder die Hypothese des spitzen Winkels bedingt.

Somit wird durch jedes Viereck, dessen vier Winkel zusammen gleich vier Rechten oder gröfser oder kleiner sind, der Reihe nach die Hypothese des rechten Winkels, die des stumpfen Winkels oder die des spitzen Winkels bedingt. Was zu beweisen war.

Zusatz. Verlängert man also irgend zwei Gegenseiten eines vorgelegten Vierecks [Fig. 14] nach derselben Seite, etwa AD bis H und BC bis M, so ist (nach I. 13) die Summe der beiden Aufsenwinkel HDC und MCD entweder gleich der Summe der beiden inneren, gegenüberliegenden Winkel bei den Ecken A und B, oder kleiner oder gröfser, jenachdem die Hypothese des rechten Winkels oder die des stumpfen Winkels oder die des spitzen Winkels richtig ist.

Lehrsatz XVII. *Wenn auf einer beliebig kleinen Geraden AB (Fig. 15) die Gerade AH senkrecht steht, so behaupte ich, dafs bei der Hypothese des spitzen Winkels nicht jede Gerade BD, die mit AB auf der Seite von AH einen beliebigen spitzen Winkel bildet, die Verlängerung von AH schliefslich in einer endlichen oder begrenzten Entfernung trifft.*

Beweis. Zieht man HB, so ist (nach I. 17) der Winkel ABH spitz, weil der Winkel beim Punkte A ein Rechter ist. Nunmehr ziehe man (nach I. 23) nach der Seite des Punktes B eine Gerade HD, die den Winkel AHB nicht schneidet und mit HB einen spitzen Winkel bildet, der gleich dem spitzen Winkel ABH ist. Sodann fälle man von dem Punkte B auf HD das Lot BD, das auf die Seite des genannten spitzen Winkels bei dem Punkte H fallen wird.

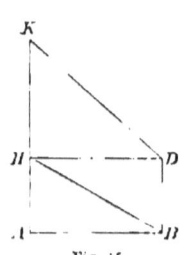

Fig. 15.

Da also die Seite HB in dem Dreieck HDB dem rechten Winkel bei D gegenüberliegt und ebenso im Dreieck BAH dem rechten Winkel bei A, und da wiederum in diesen beiden Dreiecken an derselben Seite HB gleiche Winkel liegen, nämlich im ersten Dreieck der Winkel BHD und im zweiten der Winkel HBA, so ist (nach I. 26) auch der letzte Winkel HBD im ersten Dreieck gleich dem letzten Winkel BHA im zweiten

Dreieck. Deshalb ist der ganze Winkel DBA gleich dem ganzen Winkel AHD.

Nun sind aber die genannten gleichen Winkel nicht beide stumpf, denn sonst gerieten wir (nach dem vorhergehenden Lehrsatze) auf einen Fall der schon widerlegten Hypothese des stumpfen Winkels. Sie sind aber auch nicht rechte, denn sonst gerieten wir (wieder nach dem vorhergehenden Lehrsatze) auf einen Fall der Hypothese des rechten Winkels, die (nach Lehrsatz V) für die Hypothese des spitzen Winkels keinen Raum liefse. Daher sind beide Winkel spitz.

Nunmehr beweist man folgendermafsen, dafs die Verlängerung der Geraden BD mit der Verlängerung der Geraden AH nach derselben Seite hin nicht in einem Punkte K zusammentreffen kann.

In dem Dreieck KDH wäre nämlich aufser dem rechten Winkel bei D ein stumpfer Winkel in H vorhanden, da der Winkel AHD bei der hier vorgeschriebenen Hypothese des spitzen Winkels als spitz erwiesen ist. Das ist aber unverträglich mit I. 17. Mithin ist es bei dieser Hypothese ausgeschlossen, dafs jede Gerade BD, die mit einer beliebig kleinen Geraden AB auf der Seite von AH einen beliebigen spitzen Winkel bildet, die Verlängerung von AH schliefslich in einer endlichen oder begrenzten Entfernung trifft. Was zu beweisen war.

Dasselbe anders und einfacher. Auf einer beliebig kleinen Geraden AB (Fig. 16) mögen AK und BM beide senkrecht stehen. Man fälle auf AK aus einem Punkte M von BM das Lot MH und ziehe BH. Dann ist der Winkel BHM spitz. Ebenso ist bei der Hypothese des spitzen Winkels (nach dem vorhergehenden Lehrsatze) der Winkel BMH spitz. Mithin wird das Lot BDX, das von dem Punkte B auf HM gefällt wird, (nach I. 17) HM in einem Zwischenpunkte D schneiden, also ist der Winkel XBA spitz. Nun weifs man (wieder aus I. 17), dafs die beiden Geraden AHK und BDX, beliebig verlängert,

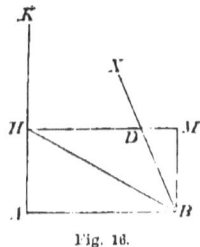

Fig. 16.

nicht zusammentreffen können (versteht sich, in einer endlichen oder begrenzten Entfernung), weil die Winkel an den Punkten H und D rechte sind. Mithin ist es bei der Hypothese des spitzen Winkels ausgeschlossen, dafs jede Gerade BD, die mit einer beliebig kleinen Geraden AB auf der Seite von AH, das auf AB senkrecht steht, einen beliebigen spitzen Winkel bildet, die Verlängerung von AH schliefslich (in einer endlichen oder begrenzten Entfernung) trifft. Was behauptet war.

Anmerkung I. Das ist es gerade, was ich in den Anmerkungen

hinter dem Lehrsatze XIII versprochen hatte, dafs nämlich die Hypothese des spitzen Winkels (die nunmehr allein der allgemeinen Gültigkeit jenes Euklidischen Axioms im Wege sein kann) hinfällig wird, sobald man nur allgemein zuläfst, dafs zwei Gerade auf der Seite zusammentreffen müssen, auf der irgend eine sie schneidende Gerade, die beliebig klein sein darf, zwei innere Winkel bildet, die zusammen kleiner sind als zwei Rechte, und zwar auch dann noch, wenn verlangt wird, dafs der eine der beiden Winkel ein Rechter sei.

Anmerkung II. Wiederum werde ich an einer geeigneteren Stelle, nämlich [in der Anmerkung III] hinter dem Lehrsatze XXVII, zeigen, dafs die Hypothese des spitzen Winkels ebenfalls hinfällig wird, sobald man irgend einen noch so kleinen spitzen Winkel von der Beschaffenheit angeben kann, dafs die Verlängerung einer Geraden, die unter diesem Winkel von einer anderen geschnitten wird, schliefslich (in endlicher oder begrenzter Entfernung) jedes in beliebigem, endlichem Abstande auf der schneidenden Geraden errichtete Lot treffen mufs.

Lehrsatz XVIII. *Durch jedes beliebige Dreieck ABC, dessen Winkel beim Punkte B (Fig. 17) in irgend einem Halbkreise mit AC als Durchmesser liegt, wird der Reihe nach die Hypothese des rechten Winkels oder die des stumpfen Winkels oder die des spitzen Winkels bedingt, jenachdem der Winkel beim Punkte B ein rechter oder stumpfer oder spitzer ist.*

Beweis. Vom Mittelpunkte D aus ziehe man DB. Dann sind (nach I. 5) in den Dreiecken ADB und CDB die Winkel an der Grundlinie AB und ebenso die an der Grundlinie BC gleich. Mithin sind in dem Dreieck ABC die beiden Winkel an der Grundlinie AC zusammen gleich dem ganzen Winkel ABC, und es sind daher die drei Winkel des Dreiecks ABC zusammen gleich zwei Rechten oder gröfser oder kleiner, jenachdem der Winkel beim Punkte B ein rechter, stumpfer oder spitzer ist.

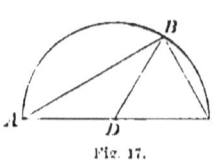

Fig. 17.

Daher wird durch jedes beliebige Dreieck ABC, dessen Winkel beim Punkte B in irgend einem Halbkreise mit AC als Durchmesser liegt, (nach Lehrsatz XV) der Reihe nach die Hypothese des rechten Winkels, die des stumpfen Winkels oder die des spitzen Winkels bedingt, jenachdem der Winkel beim Punkte B ein rechter, stumpfer oder spitzer ist. Was zu beweisen war.

Lehrsatz XIX. *Irgend ein Dreieck AHD (Fig. 18) sei in H rechtwinklig. Auf der Verlängerung von AD werde das Stück DC gleich AD* *angenommen, und auf die Verlängerung von AH das Lot CB gefällt. Ich behaupte, daß hierdurch der Reihe nach die Hypothese des rechten Winkels, die des stumpfen oder die des spitzen Winkels bedingt wird, jenachdem das Stück HB gleich AH oder größer oder kleiner ist.*

Beweis. Die Verbindungslinie DB wird nämlich (nach I. 4 und nach Lehrsatz X) gleich AD oder größer oder kleiner als AD oder DC sein, jenachdem jenes Stück HB gleich AH oder größer oder kleiner ist.

Es sei nun erstens HB gleich AH, sodaß also die Verbindungslinie DB gleich AD oder DC wird. Dann geht der Umfang des Kreises, der um D als Mittelpunkt mit dem Halbmesser DB beschrieben wird, sicher durch die Punkte A und C. Demnach liegt der Winkel ABC, welcher der Voraussetzung nach ein Rechter ist, in diesem Halbkreise, dessen Durchmesser AC ist,

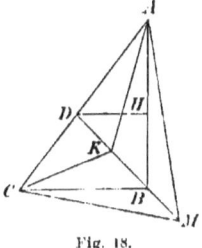

Fig. 18.

und hierdurch wird (nach dem vorhergehenden Lehrsatze) die Hypothese des rechten Winkels bedingt. Was an erster Stelle zu beweisen war.

Es sei zweitens HB größer als AH, sodaß also die Verbindungslinie DB größer als AD oder DC ist. Dann wird der Umfang des Kreises, der um D als Mittelpunkt mit dem Halbmesser DA oder DC beschrieben wird, DB sicher in einem gewissen Zwischenpunkte K treffen. Demnach ist, wenn man AK und CK zieht, der Winkel AKC stumpf, denn er ist (nach I. 21) größer als der Winkel ABC, welcher, der Voraussetzung nach, ein Rechter ist, und hierdurch wird (nach dem vorhergehenden Lehrsatze) die Hypothese des stumpfen Winkels bedingt. Was an zweiter Stelle zu beweisen war.

Es sei drittens HB kleiner als AH, sodaß also die Verbindungslinie DB kleiner als AD oder DC ist. Dann wird der Umfang des Kreises, der um D als Mittelpunkt mit dem Halbmesser DA oder DC beschrieben wird, die Verlängerung von DB sicher in einem Punkte M treffen. Demnach ist, wenn man AM und CM zieht, der Winkel AMC spitz, denn er ist (wieder nach I. 21) kleiner als der Winkel ABC, der ein Rechter sein sollte, und hierdurch wird (nach dem vorhergehenden Lehrsatze) die Hypothese des spitzen Winkels bedingt. Was an dritter Stelle zu beweisen war.

Mithin ist die ganze Behauptung richtig.

Lehrsatz XX. *Das Dreieck ACM (Fig. 19) sei in C rechtwinklig. Wird dann vom Halbierungspunkte B der Geraden AM auf AC das*

Lot BD gefällt, so behaupte ich, dafs dieses Lot (bei der Hypothese des spitzen Winkels) nicht gröfser ist, als die Hälfte des Lotes MC.

Beweis. Man mache nämlich die Verlängerung *DH* von *DB* doppelt so grofs als *DB* selbst. Dann wäre (wenn *DB* gröfser als die genannte Hälfte wäre) *DH* gröfser als *CM* und deshalb gleich einer gewissen Verlängerung *CMK*. Man ziehe nun *AH*, *HK*, *HM*, *MD* und verfahre so:

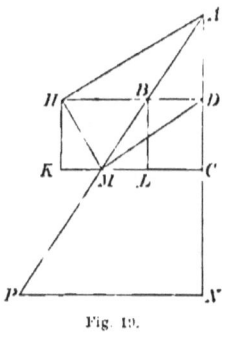

Fig. 19.

Da in den Dreiecken *HBA* und *DBM* die Seiten *HB* und *BA* den Seiten *DB* und *BM* gleich sein sollten, und da (nach I. 15) die Winkel an dem Punkte *B* gleich sind, so ist auch (nach I. 4) die Grundlinie *HA* der Grundlinie *MD* gleich. Ferner sind aus demselben Grunde in den Dreiecken *HBM* und *DBA* die Grundlinien *HM* und *DA* gleich. Daher sind (nach I. 8) in den Dreiecken *MHA* und *ADM* die Winkel *MHA* und *ADM* gleich. Wiederum ist bei den Dreiecken *AHB* und *MDB* der übrig bleibende Winkel *MHB* gleich dem übrig bleibenden rechten Winkel *ADB*, mithin ist *MHB* ein rechter Winkel. Das ist jedoch bei der Hypothese des spitzen Winkels widersinnig, da die Gerade *KH*, die Verbindungslinie der gleichen Lote *KC* und *HD*, (nach Lehrsatz 1, VII und XVI) spitze Winkel mit diesen Loten bildet. Daher ist (bei der Hypothese des spitzen Winkels) das Lot *BD* nicht gröfser als die Hälfte des Lotes *MC**). Was zu beweisen war.

Lehrsatz XXI. *Denkt man sich, unter denselben Voraussetzungen, AM und AC ins Unendliche verlängert, so behaupte ich, dafs ihr Abstand (sowohl bei der Hypothese des rechten als auch bei der des spitzen Winkels) gröfser wird als jede beliebige, angebbare endliche Länge.*

Beweis. Auf der Verlängerung von *AM* nehme man *AP* doppelt so grofs an als *AM* und fälle auf die Verlängerung von *AC* das Lot *PN*. Bei jeder der beiden genannten Hypothesen ist (nach dem vorhergehenden Lehrsatze) das Lot *MC* nicht gröfser als die Hälfte des Lotes *PN*. Daher ist *PN* wenigstens doppelt so grofs als *MC*, ebenso wie *MC* wenigstens doppelt so grofs als *BD* ist.

So verhält es sich nun stets, wenn auf der Verlängerung von *AM* das Doppelte von *AP* genommen und von dem Endpunkte das Lot

---

*) [Mit Absicht sagt Saccheri: nicht gröfser, weil der Satz in dieser Fassung auch für die Hypothese des *rechten* Winkels gilt.]

auf die Verlängerung von AC gefällt wird. Das heifst, das Lot, das man von der immer weiter verlängerten Geraden AM auf die Verlängerung von AC fällt, wird schliefslich ein Vielfaches der bestimmten Geraden BD, über jede endliche angebbare Zahl hinaus. Mithin wird (bei jeder der beiden genannten Hypothesen) der Abstand der genannten Geraden gröfser als irgend eine angebbare endliche Länge. Was zu beweisen war.

Zusatz. Da die Hypothese des stumpfen Winkels, die allein hier hinderlich sein könnte, bereits als ganz und gar falsch erwiesen ist, so folgt nunmehr die unbedingte Richtigkeit des Satzes, dafs der gegenseitige Abstand der genannten Geraden, sobald sie ins Unendliche verlängert werden, gröfser als jede beliebige, endliche angebbare Länge wird.

Anmerkung I, *worin der Versuch des Proklos geprüft wird.*

Nachdem ich bis jetzt einige Theoreme ganz unabhängig von dem Euklidischen Axiom bewiesen habe, zu dessen durchaus strengem Beweise sie alle dienen sollen, glaube ich gut zu thun, wenn ich nunmehr die Bemühungen einiger bekannterer Geometer, die nach demselben Ziele gestrebt haben, sorgfältig prüfe.

Ich beginne mit Proklos, von dem sich bei Clavius hinter dem Satze 28 des ersten Buches folgende Behauptung findet:

Gehen von einem Punkte zwei Gerade aus, die einen Winkel mit einander bilden, so wird ihr Abstand, wenn sie ins Unendliche verlängert werden, jede endliche Gröfse überschreiten.

Proklos beweist nun (wie Clavius dort sehr gut bemerkt) zwar, dafs zwei Gerade wie AH und AD (Fig. 20), die sich von demselben Punkte A nach derselben Seite erstrecken, um so mehr von einander abstehen, je gröfser der Abstand vom Punkte A wird, nicht aber auch, dafs dieser Abstand über jede endliche angebbare Grenze wächst, wie es doch für seinen Zweck erforderlich wäre.

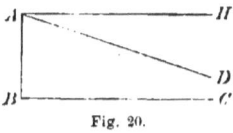

Fig. 20.

An dieser Stelle führt der eben erwähnte Clavius das Beispiel der Conchoide des Nikomedes an. Wenn sich diese nämlich von dem Punkte A aus nach derselben Seite erstreckt, wie die Gerade AH, so entfernt sie sich zwar von dieser immer mehr, jedoch so, dafs ihr Abstand erst bei unendlicher Verlängerung beider gleich einer gewissen endlichen Geraden AB wird, die senkrecht steht auf den nach derselben Seite ins Unendliche verlängerten Geraden AH und BC. Warum könnte man also nicht, aufser wenn ein besonderer Grund das Gegenteil fordert, von den beiden angenommenen Geraden AH und AD dasselbe behaupten?

Man darf übrigens den Clavius nicht tadeln, dafs er dem Proklos diese Eigenschaft der Conchoide entgegenhält, die nur mit Hilfe mehrerer, auf dem hier strittigen Axiom beruhender Theoreme bewiesen werden kann. Denn ich behaupte, dafs gerade hierdurch die Kraft der Widerlegung des Clavius verstärkt wird. Nimmt man nämlich dieses Axiom als richtig an, so folgt augenscheinlich die Möglichkeit, dafs zwei ins Unendliche verlängerte Linien, von denen die eine gerade, die andere gekrümmt ist, zwar immer mehr von einander abweichen, jedoch nur innerhalb einer bestimmten, endlichen Grenze; hieraus aber kann man jedenfalls Verdacht schöpfen, dafs etwas ähnliches auch bei zwei geraden Linien eintreten kann, wofern nicht das Gegenteil bewiesen wird.

Man kann aber nicht etwa, nachdem ich in dem Zusatz zu dem vorhergehenden Lehrsatze die unbedingte Wahrheit der vorhin erwähnten Behauptung festgestellt habe, deshalb sofort dazu übergehen, jenes Euklidische Axiom als wahr hinzustellen. Vorher müfste nämlich noch bewiesen werden, dafs jene beiden Geraden AH und BC, die mit der schneidenden Geraden AB auf derselben Seite zwei Winkel bilden, die zusammen gleich zwei Rechten sind, also etwa jeder gleich einem Rechten, nicht auch selber nach dieser Seite ins Unendliche verlängert immer mehr über jede endliche angebbare Entfernung hinaus auseinandergehen. Macht man nämlich die Annahme, dafs dies eintritt, was bei der Hypothese des spitzen Winkels durchaus richtig ist, so ist es gewifs keine erlaubte Folgerung, dafs eine Gerade AD, die den Winkel HAB irgendwie schneidet, wobei dann die beiden inneren Winkel an derselben Seite, DAB und CBA, zusammen kleiner als zwei Rechte sind, — dafs, sage ich, diese Gerade AD, ins Unendliche verlängert, schliefslich mit der Verlängerung von BC zusammentreffen mufs, wenn auch anderweitig bewiesen ist, dafs der Abstand der beiden ins Unendliche verlängerten Geraden AH und AD immer gröfser wird, und zwar über jede endliche angebbare Grenze hinaus.

Wenn aber der schon erwähnte Clavius glaubte, die Wahrheit jener Behauptung genüge zum Beweise des hier strittigen Axioms, so entschuldigt dies das Vorurteil, das er in Betreff gerader Linien von gleichem Abstande gefafst hatte. Hierüber werden wir jedoch bequemer in der folgenden Anmerkung sprechen.

Anmerkung II, *worin die Ansicht geprüft wird, die der berühmte Giovanni Alfonso Borelli in seinem Euclides restitutus ausgesprochen hat.*

Dieser grofse Gelehrte klagt den Euklid an, weil er parallele

Linien als solche erklärt habe, *die in derselben Ebene liegen und auf keiner von beiden Seiten zusammentreffen, selbst wenn sie ins Unendliche verlängert werden**). Als Grund für seine Anklage giebt er an, ein solches Verhalten sei unbekannt, *einmal*, sagt er, *weil wir nicht wissen, ob es solche unendliche, nicht zusammentreffende Linien wirklich giebt, dann aber auch, weil wir die Eigenschaften des Unendlichen nicht fassen können, und daher ein solches Verhalten nicht deutlich bekannt ist.*

Mit der gebührenden Ehrfurcht vor einem so grofsen Manne sei es gesagt: kann man etwa Euklid tadeln, weil er (um ein Beispiel unter unzähligen anzuführen) *das Quadrat als eine viereckige, gleichseitige, rechtwinklige Figur erklärt hat***), während man doch zweifeln kann, ob es in Wirklichkeit eine solche Figur giebt? Billig, sage ich, hätte man ihn tadeln können, wenn er die genannte Figur als gegeben angenommen hätte, ohne vorher in Form einer Aufgabe ihre Konstruktion nachzuweisen. Euklid ist aber von diesem Fehler frei, wie deutlich daraus hervorgeht, dafs er das Quadrat nicht eher als an und für sich erklärt annimmt, als nach dem Satze 46 des ersten Buches, wo er in Form einer Aufgabe lehrt und zeigt, *wie man eben das Quadrat, das er erklärt hat, aus einer gegebenen Linie AB zeichnet.*

Ebenso wenig darf man also Euklid tadeln, weil er die parallelen geraden Linien auf die angegebene Art erklärt hat, da er sie nicht eher bei irgend einer Aufgabe in der Konstruktion als gegeben annimmt, als nach dem Satze 31 des ersten Buches, wo er in Form einer Aufgabe zeigt, *wie durch einen aufserhalb einer Geraden angenommenen Punkt die ihr parallele gerade Linie zu ziehen ist*, und zwar gemäfs der von ihm gegebenen Erklärung der Parallelen, *wonach sie, bis ins Unendliche verlängert, auf keiner Seite zusammentreffen.* Und was mehr ist, gerade das zeigt er ohne die geringste Benutzung des hier strittigen Axioms. Mithin zeigt Euklid ohne jeden Zirkelschlufs, *dafs es in Wirklichkeit zwei gerade Linien giebt, die* (in derselben Ebene liegen und) *nach beiden Seiten ins Unendliche verlängert niemals zusammentreffen*, und dadurch giebt er uns eine klare Erkenntnis *von dem Verhalten*, durch das er parallele Linien erklärt.

Gehen wir weiter, wohin uns der gewissenhafte Ankläger Euklids führt. Parallele gerade Linien nennt er irgend zwei gerade Linien AC und BD, die auf derselben Seite (bei mir Fig. 21***)) auf einer Geraden AB senkrecht stehen. Ich gebe zu, dafs diese Erklärung auf einem, wie er selbst sagt, möglichen und sehr deutlichen *Verhalten*

---
*) [Euklid, Elemente, Buch I, Erklärung 23.]
**) [Euklid, Elemente, Buch I, Erklärung 22.]
***) [Dieselbe Figur hat *Clavius* schon 1574, *Giordano da Bitonto* 1680.]

beruht, da man ja (nach 1. 11) auf einer gegebenen Geraden in jedem Punkte das Lot errichten kann.

Ich habe jedoch bewiesen, dafs eben diese Möglichkeit und Deutlichkeit auch der Erklärung Euklids zukommt. Es bleibt daher nur übrig, jenes bekannte Axiom Euklids mit dem andern neuen Axiome zu vergleichen, das man notwendig braucht, wenn man nach jener neuen Erklärung der Parallelen weiter gehen will. In der That befindet sich dieses andere Axiom bei Clavius (auf den sich Borelli ausdrücklich beruft) in der Anmerkung hinter I. 28:

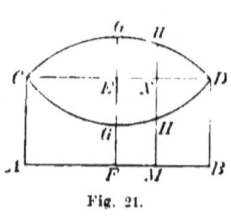

Fig. 21.

Bewegt sich eine gerade Linie, zum Beispiel BD [Fig. 21], *längs einer andern Geraden, zum Beispiel BA, und bildet sie dabei in ihrem Endpunkte B immer rechte Winkel [mit BA], so wird ihr anderer Endpunkt D auch eine Gerade DC beschreiben, wenn nämlich BD schliefslich zur Deckung mit der anderen gleich grofsen Geraden AC gelangt.*

Ich erkenne an, dafs es möglich ist, von diesem Axiome aus zum Beweise jenes andern, Euklidischen Axioms überzugehen, auf das man schliefslich die ganze übrige Geometrie stützen mufs. Denn Clavius hatte vorher als Lehrsatz aufgestellt, dafs eine Linie, deren Punkte sämtlich von einer angenommenen Geraden AB gleich weit abstehen, und von dieser Beschaffenheit ist ja (grade nach der Voraussetzung der erwähnten Konstruktion) die Linie DC, auch ihrerseits gerade sein mufs, weil sie so beschaffen ist, dafs alle ihre Zwischenpunkte zwischen ihren Endpunkten D und C *auf einerlei Art liegen* (das ist eben die Erklärung der geraden Linie*)); *auf einerlei Art liegen*, sage ich, da sie alle von der angenommenen Geraden AB gleich weit abstehen, nämlich um die Länge von BD oder AC.

An dieser Stelle führt Clavius als Beispiel die Kreislinie an, über die wir aber besser weiter unten sprechen werden; dort werde ich ins hellste Licht setzen, wodurch sich die gerade Linie und die kreisförmige in dieser Beziehung unterscheiden.

Inzwischen sage ich nur, dafs es nicht genügend einleuchtet, ob die von jenem Punkte D beschriebene Linie wirklich die Gerade DC ist, und nicht vielmehr eine gewisse Kurve DGC, die nach der Seite von BA gewölbt oder hohl sein kann.

---

*) [Euklid, Elemente, Buch I, Erklärung 4:
Εὐθεῖα γραμμή ἐστιν, ἥτις ἐξ ἴσου τοῖς ἐφ' ἑαυτῆς σημείοις κεῖται. | Recta linea est, quaecunque ex aequo punctis in ea sitis iacet.]

Denkt man sich nämlich in dem Halbierungspunkte F von AB die Senkrechte errichtet, welche die Gerade DC in E, die genannten Curven in G und G trifft, so sind (nach Lehrsatz II) die Winkel zu beiden Seiten des Punktes E sicher rechte, wofern man sich bei jener Bewegung des Punktes D die Linie DC beschrieben denkt, und es sind aufserdem (vermöge einer leicht verständlichen Aufeinanderlegung*)) die Winkel zu beiden Seiten der Punkte G einander gleich, falls die eine oder die andere Curve DGC beschrieben worden sein sollte.

Nimmt man wiederum auf AB irgend einen Punkt M an und errichtet die Senkrechte, welche die Gerade DC in N und die genannten Linien in H und H treffen möge, so werde ich etwas später beweisen, dafs die Winkel zu beiden Seiten des Punktes N rechte werden, sobald man voraussetzt, dafs der Punkt D bei seiner Bewegung eben die Gerade DC erzeugt, oder sobald man annimmt, dafs die Gerade MN gleich BD sei. Ist man aber der Ansicht, dafs eine der beiden Linien DHC erzeugt wird, so beweist man mittelst derselben soeben vorgeschriebenen leichten Aufeinanderlegung, dafs wieder auf beiden Seiten die Winkel MHD und MHC gleich werden, gleichgültig, wo man auf einer der beiden beschriebenen Linien den Punkt H annimmt, von dem aus man sich auf die Grundlinie AB das Lot HM gefällt denkt. Hierüber jedoch Ausführlicheres und Genaueres im zweiten Teile dieses Buches, wohin es besser pafst.

Wozu denn, wird man fragen, diese unzeitige Vorwegnahme? Zu dem Zwecke, entgegne ich, damit man nicht aus dieser Eigenschaft der so erzeugten Linie — einer Eigenschaft, die zweifellos ist, und von der ich am angeführten Orte aufs Strengste beweisen werde, dafs sie ohne irgend welche unendlich kleine Abweichung gilt — den voreiligen Schlufs ziehe, diese Linie könne nur die Gerade sein. Hier handelt es sich nämlich um eine tiefere Erkenntnis der Beschaffenheit der geraden Linie, ohne welche die Geometrie, kaum den Kinderschuhen entwachsen, an dieser Stelle stehen bleiben müfste. Demnach darf man es bei einer solchen Angelegenheit nicht tadeln, wenn die Wahrheit auf das Genaueste ergründet wird.

Und doch leugne ich hier nicht, dafs man durch sorgfältige physikalische Versuche feststellen kann, die auf jene Weise erzeugte Linie DC könne nur für eine gerade Linie erklärt werden. Damit ich mich aber hier überhaupt auf physikalische Versuche berufen darf, will ich sofort drei physikalisch-geometrische Beweise zur Erhärtung des Euklidischen Axioms beibringen.

---

*) [Im Original: superpositio. Gemeint ist die Umklappung der Figur um die Gerade FG; vergl. auch die Anmerkung S. 55.]

Dabei rede ich von keinem physikalischen Versuch, der sich ins Unendliche erstreckt und uns deshalb unmöglich ist, wie er erforderlich wäre, um zu erkennen, dafs die Punkte der Verbindungsgeraden DC sämtlich gleich weit von der Geraden AB abstehen, die nach der Voraussetzung mit DC in derselben Ebene liegt. Mir wird ein einziger besonderer Fall genügen, zum Beispiel, wenn man die Gerade DC zieht [Fig. 21], auf ihr irgend einen Punkt N annimmt, und es sich dann herausstellt, dafs das auf die Grundlinie AB gefällte Lot gleich BD oder AC ist. Dann wären nämlich die Winkel zu beiden Seiten des Punktes N (nach Lehrsatz I) gleich den einander entsprechenden Winkeln an den Punkten C und D, die ihrerseits (wieder nach Lehrsatz I) einander gleich wären. Deshalb werden die Winkel zu beiden Seiten des Punktes N und somit auch die beiden übrigen rechte sein. Folglich werden wir einen Fall für die Hypothese des rechten Winkels bekommen, und haben damit (nach Lehrsatz V und XIII) das Euklidische Axiom bewiesen. Dies möge der erste physikalisch-geometrische Beweis sein.

Ich gehe zum zweiten über. Es werde ein Halbkreis angenommen mit D als Mittelpunkt und AC als Durchmesser. Wenn nun (Fig. 17)

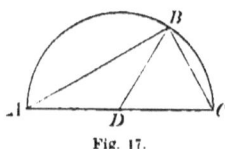
Fig. 17.

auf dem Umfange irgend ein Punkt B gewählt wird, und sich herausstellt, dafs die nach ihm gezogenen Geraden AB und CB einen rechten Winkel einschliefsen, so genügt dieser einzige Fall (wie ich in Lehrsatz XVIII bewiesen habe), um die Hypothese des rechten Winkels zu bedingen, und deshalb (nach dem eben erwähnten Lehrsatze XIII), um jenes bekannte Axiom zu beweisen.

Es bleibt der dritte physikalisch-geometrische Beweis übrig, den ich für den allerwirksamsten und einfachsten halte. Denn ihm liegt

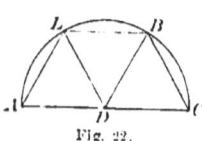
Fig. 22.

ein jedem zugänglicher, sehr leichter und höchst bequemer Versuch zu Grunde. Legt man nämlich in einem Kreise, der den Mittelpunkt D hat (Fig. 22), drei gerade Linien CB, BL und LA an einander, jede gleich dem Halbmesser DC, und stellt es sich heraus, dafs die Verbindungsgerade AC durch den Mittelpunkt D geht, so wird dies zum Beweise der Behauptung genügen.

Ziehen wir nämlich DB und DL, so werden wir drei Dreiecke bekommen, die (nach I. 8 und 5) sowohl untereinander als auch jedes für sich lauter gleiche Winkel besitzen. Da nun die drei Winkel am Punkte D, nämlich ADL, LDB und BDC (nach I. 13) zusammen gleich zwei Rechten sind, so sind auch die drei Winkel jedes dieser

Dreiecke zusammen gleich zwei Rechten, zum Beispiel die des Dreiecks BDC. Dadurch wird aber (nach Lehrsatz XV) die Hypothese des rechten Winkels bedingt, und daher wird (nach dem schon benutzten Lehrsatze XIII) jenes Axiom bewiesen sein.

Wenn man aber, ohne einen Beweis oder eine Darstellung durch Zeichnung zu versuchen, jene beiden Axiome mit einander vergleichen will, dann gestehe ich, dafs allerdings das Euklidische dunkler oder sogar fehlerhaft erscheinen kann. Aber nach der Darstellung durch Zeichnung, die ich für die spätere Anmerkung IV aufspare, wird man sehen, dafs grade umgekehrt das Axiom Euklids die Würde und den Namen eines Axioms behalten kann, während man besser thut, das andre unter die Lehrsätze zu rechnen.

Hier mufs ich aber (was zu thun ich vor Kurzem versprochen habe) den augenfälligen Unterschied auseinandersetzen, der in dieser Beziehung zwischen der kreisförmigen und der geraden Linie besteht. Dieser Unterschied entspringt daraus, dafs eine Linie gerade heifst in Bezug auf sich selbst, kreisförmig aber, wie zum Beispiel $MDHNM$ (Fig. 23), nicht in Bezug auf sich selbst, sondern in Bezug auf etwas andres, nämlich auf einen gewissen andern Punkt A, der mit ihr in derselben Ebene liegt: ihren Mittelpunkt.

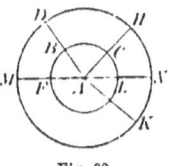

Fig. 23.

Hieraus folgt, wie Clavius vortrefflich beweist, dafs die Linie $FBCL$, die in derselben Ebene liegt wie jene, und deren Punkte sämtlich von der genannten Linie $MDHNM$ gleich weit abstehen, auch ihrerseits kreisförmig ist, das heifst, in allen ihren Punkten von dem gemeinsamen Mittelpunkte A gleichen Abstand hat. Dafs nämlich BD, die geradlinige Verlängerung von AB, das Mafs des Abstandes jenes Punktes B von dieser Kreislinie $MDHNM$ ist, weifs man daher, dafs sie (nach III. 7*), was von dem hier strittigen Axiome unabhängig ist) die kleinste von allen Geraden ist, die von diesem Punkte aus nach jenem Umfange gezogen werden können. Dasselbe gilt von den übrigen Geraden CH, LN und FM. Da nun auch die ganzen Geraden AM, AD und AH als Halbmesser vom Mittelpunkte A nach der angenommenen Kreislinie $MDHNM$ gleich sind, und da ebenso die Abschnitte FM, BD, CH und LN gleich sind, weil sie das Mafs des gleichen Abstandes aller Punkte jener Linie $FBCLF$ von der angenommenen Kreislinie $MDHNM$ darstellen, so folgt offenbar, dafs die übrigbleibenden Stücke AF, AB, AC und AL ebenfalls

---

*) [Vergleiche die Anmerkung auf Seite 50.]

gleich sind, und dafs deshalb auch die Linie *FBCLF* eine Kreislinie um denselben Mittelpunkt ist.

Wird denn aber, um zu beweisen, dafs die durch eine solche Bewegung von dem Punkte *D* erzeugte Linie *DC* (Fig. 21) eine gerade Linie ist, in derselben Weise der gleiche Abstand aller ihrer Punkte von der zu Grunde gelegten Geraden *AB* genügen? Keineswegs. Denn eine Linie heifst gerade durchaus in Bezug auf sich selbst oder an sich selbst, weil sie nämlich in der Weise *auf einerlei Art zwischen ihren Punkten liegt*, und namentlich zwischen ihren Endpunkten, dafs sie, wenn diese unbewegt bleiben, durch eine Drehung niemals eine neue Lage annehmen kann*). Wenn man dieses Verhalten nicht auf irgend eine Art für jene Linie *DC* nachweist, kann man nicht sicher sein, dafs sie eine Gerade ist, was man auch sonst über die Beziehung aller ihrer Punkte zu der in derselben Ebene liegenden Geraden *AB* annehmen oder beweisen mag. Namentlich aber dürfen wir nicht in gleicher Weise sagen, dafs in jener Ebene eine Linie [*DC*] sicher dann eine Gerade ist, wenn sie in allen ihren Punkten von der als Gerade angenommenen Linie *AB* den gleichen Abstand hat.

Man darf aber meine Worte nicht so auffassen, als ob ich glaubte, es liefse sich nicht zeigen, dafs die so erzeugte Linie [*DC*] selbst eine gerade Linie ist, bevor man die Wahrheit des strittigen Axioms bewiesen hat, da ich vielmehr grade vorhabe, gegen das Ende des ersten Buches das zu beweisen, um dadurch eben dieses Axiom zu bekräftigen.

Anmerkung III, *worin der Versuch des Arabers Nassaradin und zugleich die Ansicht des berühmten John Wallis über dieselbe Frage geprüft wird.*

Diesen Versuch des Arabers Nassaradin hat der schon angeführte John Wallis in lateinischer Sprache durch den Druck veröffentlicht mit Anmerkungen, die er an passender Stelle hinzugefügt hat. Und zwar verlangt Nassaradin, dass man ihm für sein Unternehmen zweierlei zugestehe.

Erstens, dafs irgend zwei in derselben Ebene liegende gerade Linien, auf die irgend welche andre gerade Linien so treffen, dafs sie immer auf einer von ihnen senkrecht stehen, die andre aber immer unter ungleichen Winkeln schneiden, nämlich auf der einen Seite stets unter einem spitzen Winkel und auf der andern Seite

---

*) [*Saccheri* deutet *Euklids* Erklärung der Geraden in einer Weise, die diesem durchaus fern gelegen hat, da er ja den Begriff der Bewegung sorgfältig vermeidet.]

stets unter einem stumpfen Winkel, dafs, sage ich, die eben erwähnten Geraden, so lange sie einander nicht schneiden, auf der Seite der spitzen Winkel einander immer näher kommen sollen und umgekehrt auf der Seite der stumpfen Winkel immer mehr auseinandergehen.

Wenn ihm sonst nichts Schwierigkeiten macht, so gestehe ich meines Teils gern zu, was Nassaradin fordert, denn grade das, was bei ihm unbewiesen bleibt, habe ich, wie man erkennt, in dem Zusatze II hinter Lehrsatz III aufs Strengste bewiesen.

Die zweite Forderung Nassaradins ist die Umkehrung der ersten, es soll nämlich der Winkel immer spitz sein auf der Seite, wo die schon erwähnten Lote der Annahme nach immer kürzer werden, stumpf aber auf der andern Seite, wo der Annahme nach dieselben Lote immer länger werden.

Hierin steckt aber eine Zweideutigkeit. Denn warum sollen (wenn man von einem Lote, das man als erstes angenommen hat, zu den andern fortschreitet) die Winkel der folgenden Lote, die alle auf derselben Seite spitz sind, nicht immer gröfser werden, bis man auf einen rechten Winkel trifft, also auf ein Lot, welches das gemeinsame Lot der beiden genannten Geraden ist? Und wenn das eintritt, da werden die listigen Zurüstungen des Nassaradin zu nichte, vermittelst deren er recht scharfsinnig, jedoch mit grofser Mühe Euklids Axiom beweist.

Wenn es nun Nassaradin mit einer gewissen Berechtigung als selbstverständlich hinstellen sollte, dafs die Winkel immer auf derselben Seite spitz bleiben, warum kann man dann nicht auch (ich spreche mit Wallis) als an und für sich einleuchtend annehmen, dafs *zwei Gerade, die in derselben Ebene liegen und sich einander nähern, wenn sie verlängert werden, endlich zusammentreffen müssen?* (Damit meine ich zwei Gerade, mit denen eine schneidende Gerade an derselben Seite zwei Winkel bildet, die zusammen kleiner sind als zwei Rechte, zum Beispiel einen rechten und einen beliebigen spitzen.)

Man darf nämlich auch nicht einwenden, dafs jene Annäherung auf der einen Seite immer innerhalb einer gewissen bestimmten Grenze bleiben könne, sodafs also die beiden Linien auf dieser Seite immer einen Abstand von gewisser Gröfse von einander behielten, obgleich im Übrigen die eine der andern immer näher kommt. Das darf man nicht einwenden, sage ich, weil ich grade daraus [in dem Zusatze I] hinter Lehrsatz XXV beweisen werde, dafs alle solchen geraden Linien, gemäfs dem Euklidischen Axiome, in endlicher Entfernung zusammentreffen.

Ich wende mich nunmehr zu dem schon erwähnten John Wallis, der, um soviel grofsen Männern, alten sowohl als neueren, zu will-

40 fahren und aufserdem, weil seinem Lehrstuhle in Oxford diese Verpflichtung auferlegt war, ebenfalls die Aufgabe in Angriff nahm, das oft genannte Axiom zu beweisen. Dabei nimmt er einzig und allein Folgendes als sicher an, dafs nämlich *zu jeder gegebenen Figur eine ähnliche von beliebiger Gröfse möglich sei*. Dafs man dies von jeder Figur voraussetzen dürfe (obwohl er für seinen Zweck nur das geradlinige Dreieck benützt), begründet er gut mit dem Kreise, den man, wie jeder zugiebt, mit beliebigem Halbmesser beschreiben kann. Ferner bemerkt der scharfsinnige Mann sehr vorsichtig, dieser seiner Voraussetzung stehe nicht entgegen, dafs aufser der Gleichheit entsprechender Winkel auch die Proportionalität aller entsprechenden Seiten gefordert werde, damit eine geradlinige Figur, zum Beispiel eine dreieckige, einer andern geradlinigen, dreieckigen ähnlich sei, da ja die Erklärung der Proportionen und damit die der ähnlichen Figuren aus dem fünften und sechsten Buche Euklids zu entnehmen sei. *Denn Euklid hätte (so sagt er selbst) beide dem ersten Buche vorausschicken können.* Nachdem dies feststeht (was man freilich leugnen könnte, so lange es nicht bewiesen ist), führt er sein Unternehmen mit wirklich schönen und scharfsinnigen Bemühungen zu Ende.

Aber ich will es bei dem von mir unternommenen Geschäfte an nichts fehlen lassen. Daher nehme ich zwei Dreiecke an, das eine ABC

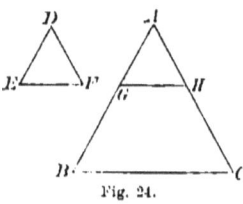

Fig. 24.

und das andere DEF (Fig. 24), beide mit denselben Winkeln. Ich sage nicht geradezu ähnliche Dreiecke, denn ich habe die Proportionalität der Seiten an gleichen Winkeln gar nicht nötig, und nicht einmal ein bestimmtes Mafs der Seiten. Ich will nur nicht, dafs die Dreiecke gleiche Seiten haben, denn sonst genügte schon I. 8, ohne jede weitere Voraussetzung.

Es seien also die Winkel an den Punkten A, B, C der Reihe nach gleich den Winkeln an den Punkten D, E, F. Ferner sei die Seite DE kleiner als die Seite AB, und man nehme auf AB ein Stück AG an gleich DE und ebenso auf AC ein Stück AH gleich DF; dafs aber DF kleiner als AC sein mufs, werde ich nachher zeigen. Dann sind, wenn man GH zieht, die Winkel an den Punkten
41 E und F (nach I. 4) gleich AGH und AHG. Da nun die eben genannten Winkel zusammen mit den andern BGH und CHG (nach I. 13) gleich vier Rechten sind, so sind die Winkel bei B und C zusammen mit denselben Winkeln BGH und CHG ebenfalls gleich vier Rechten. Mithin sind die vier Winkel des Vierecks $BGHC$ zusammen gleich vier Rechten, und dadurch wird (nach Lehrsatz XVI) die Hypothese des

rechten Winkels bedingt, und gleichzeitig (nach Lehrsatz XIII) das
Euklidische Axiom.

Allerdings habe ich vorausgesetzt, dafs die Seite DF oder AH,
das ihr gleich angenommen war, kleiner sei als die Seite AC.
Wäre sie nämlich dieser gleich, und fiele also der Punkt H in den
Punkt C, dann wäre der Winkel BCA (nach der Annahme) gleich
dem Winkel EFD oder GCA (in den dieser dann überginge), das
Ganze dem Teile, was widersinnig ist. Wäre sie aber gröfser, und
schnitte also die Verbindungsgerade GH die Seite BC in einem gewissen Punkte, so wäre nach der Annahme (gegen I. 16) der Aufsenwinkel ACB gleich dem inneren, gegenüberliegenden Winkel (der
dann entstände) AHG oder GHA*).

Daher habe ich mit Recht vorausgesetzt, dafs die Seite DF des
einen Dreiecks kleiner ist als die Seite AC des andern Dreiecks,
und diese meine Annahme ist hiermit bestätigt.

Mithin wird durch irgend zwei Dreiecke, die gleiche Winkel,
aber nicht gleiche Seiten haben, das Euklidische Axiom bedingt. Und
das war unser Ziel.

Anmerkung IV, *worin eine gewisse Betrachtung an einer Figur
auseinandergesetzt wird, an die Euklid vielleicht gedacht hat, um sein
Axiom als an sich einleuchtend zu erweisen.*

Ich bemerke erstens, dafs innerhalb jedes beliebigen spitzen
Winkels BAX (man gehe auf Fig. 12 zurück)
aus einem gewissen Punkte X von AX eine
Gerade XB gezogen werden kann, die unter
irgend einem gegebenen, wenn auch stumpfen
Winkel R, der nur mit dem spitzen BAX zusammen weniger als zwei Rechte betrage, —
eine Gerade XB, sage ich, kann gezogen
werden, die in endlicher Entfernung mit AB
in einem gewissen Punkte B zusammentrifft.

Fig. 12.

Denn grade das habe ich in einer Anmerkung**) hinter Lehrsatz XIII
bewiesen.

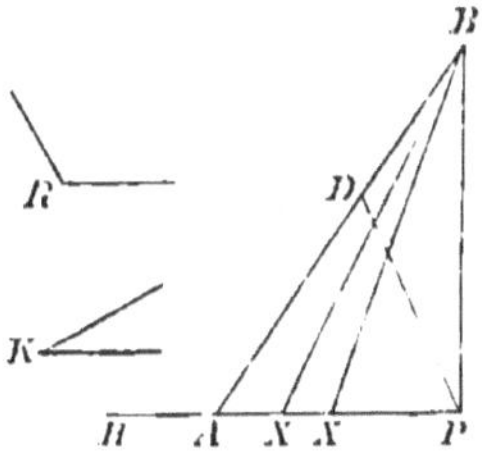

---

*) [Dafs *Saccheri* I. 16 benutzt und dadurch die Hypothese des stumpfen
Winkels ausschliefst, ist ein wesentlicher *Mangel* seines Beweises, da ja die Annahme der Existenz zweier ähnlicher Dreiecke schon ausreicht, um *beide* Hypothesen, die des stumpfen wie die des spitzen Winkels zu beseitigen. Man vergleiche
auch die Bemerkungen in der Einleitung zu *Wallis* (S. 19), sowie *Lamberts* Theorie
der Parallellinien, § 79 und 80.]

**) [Nämlich in Anmerkung II.]

Ich bemerke zweitens, dafs man sich diese Geraden AB und AX (Fig. 25) ins Unendliche verlängert denken kann bis zu gewissen Punkten Y*) und Z, und dafs man sich ebenso die genannte Gerade XB (die auch ins Unendliche bis zu einem Punkte Y verlängert ist) längs AZ nach der Seite des Punktes Z so bewegt denken kann, dafs der Winkel beim Punkte X auf der Seite des Punktes A immer gleich dem gegebenen stumpfen Winkel R ist.

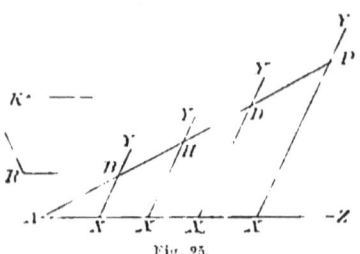

Fig. 25.

Ich bemerke drittens, dafs jenes Euklidische Axiom keinem Zweifel mehr unterliegen würde, wenn die vorher genannte Gerade XY bei jener längs AZ beliebig weit fortgesetzten Bewegung AY immer in gewissen Punkten B, H, D, P schnitte, und so fort in andern von A noch weiter entfernten Punkten. Der Grund liegt auf der Hand: weil nämlich so zwei beliebige, in derselben Ebene befindliche Gerade AB und XH, mit denen eine beliebige schneidende Gerade AX auf derselben Seite zwei Winkel BAX und HXA bildet, die zusammen kleiner als zwei Rechte sind, schliefslich auf dieser Seite in einem und demselben Punkte H zusammenkommen müfsten.

Ich bemerke viertens, dafs auch über die Wahrheit der vorhergehenden hypothetischen Annahme kein Zweifel herrschen könnte, wenn die späteren unter jenen äufsern Winkeln YHD, YDP und ebenso die andern beliebig folgenden entweder immer dem früheren äufsern Winkel YBD gleich, oder wenigstens niemals um so viel kleiner sind, dafs nicht jeder unter ihnen immer noch gröfser ist, als irgend ein sehr kleiner gegebener spitzer Winkel K. Wenn nämlich das feststeht, wird es sich offenbar so verhalten, dafs die Gerade XY bei ihrer beliebig weit fortgesetzten Bewegung nach der Seite des Punktes Z niemals aufhören wird, die vorher erwähnte AY zu schneiden, was ja (nach der vorhergehenden Bemerkung) vollkommen ausreichend ist, um das strittige Axiom zu erweisen.

Es bleibt also einzig und allein übrig, dafs ein Gegner sagt, jene äufseren Winkel würden bei gröfserer und gröfserer Entfernung von jenem Punkte A immer kleiner ohne irgend eine bestimmte Grenze. Daraus aber würde folgen, dafs XY bei seiner Bewegung längs der Geraden AZ schliefslich AY in einem Punkte P treffen müfste, ohne

―――――

*) [Dabei wird, wie sich nachher zeigt, der Linienzug APY als die Verlängerung der geraden Linie AB angesehen.]

einen Winkel mit dem Abschnitte PY zu bilden, sodafs also die beiden
Geraden APY und XPY auf diese Art einen Abschnitt gemeinsam
hätten. Das widerstrebt aber augenscheinlich der Natur der geraden
Linie*).

Wer aber den stumpfen Winkel bei jenem Punkte X auf der
Seite des Punktes A unbequem findet, der darf ihn ohne Weiteres als
rechten voraussetzen, sodafs (da die erwähnte Gerade XY sich immer
unter rechtem Winkel längs der Geraden AZ bewegt) noch deutlicher
erhellt, wie die Punkte von XY sich gleichmäfsig in Bezug auf die
Grundlinie AZ bewegen, und dafs deshalb die schon erwähnte Gerade
XY nicht aus einer, welche die andere unbegrenzte Gerade AY
schneidet, in eine nicht schneidende übergehen kann, ohne sie entweder
einmal in einem Punkte genau zu berühren oder sie in einem Punkte
P zu treffen, wo sie mit AY einen Abschnitt PY gemeinsam hat.
Dafs aber dieses beides der Natur der geraden Linie entgegen ist,
werde ich bei dem Lehrsatze XXXIII zeigen.

Mithin mufs dem wahren Begriffe der geraden Linie zufolge jene
Gerade XY bei beliebigem Abstande des Punktes X vom Punkte A
die Gerade AY immer in einem gewissen Punkte treffen. Und dafs
eben dies (wie klein auch der spitze Winkel beim Punkte A angenommen wird) genügt, um, entgegen der Hypothese des spitzen
Winkels, das Euklidische Axiom zu beweisen, das wird aus Lehrsatz
XXVII hervorgehen.

Lehrsatz XXII. *Stehen zwei Gerade AB und CD, die in derselben
Ebene liegen, auf einer Geraden BD senkrecht, und bildet die Verbindungslinie AC dieser Lote spitze innere Winkel mit ihnen (bei
der Hypothese des spitzen Winkels), so behaupte ich (Fig. 26),
dafs die beiden begrenzten Geraden AC und BD ein gemeinsames Lot
besitzen, und zwar innerhalb der Grenzen, die durch die gegebenen Punkte
A und C festgelegt sind.*

Beweis. Sind nämlich AB und CD gleich, so steht (nach Lehrsatz II) die Gerade LK, die AC und BD beide
halbiert, sicher auf beiden gleichzeitig senkrecht.

Ist aber eine von beiden gröfser, zum Beispiel AB, so fälle man auf BD (nach I. 12) aus
einem Punkte L von AC das Lot LK, das die
andere BD in K treffe. Dieses wird sie dann in
einem Punkte K treffen, der zwischen den Punkten

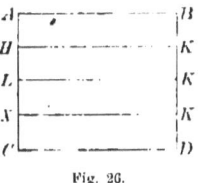

Fig. 26.

---

*) [Hier ist die Möglichkeit übersehen, dafs der Punkt P ins Unendliche
fällt, und dann kommt man auf keinen Widerspruch.]

B und D liegt, denn sonst schnitte das Lot LK (gegen I. 17) eine der beiden Geraden AB oder CD, die gleichfalls auf BD senkrecht stehen. Sind nun die Winkel an dem Punkte L keine rechten, so ist der eine von ihnen spitz und der andre stumpf. Es liege der stumpfe auf der Seite des Punktes C.

Jetzt denke man sich die Gerade LK derart nach AB hin bewegt, dafs sie immer auf BD senkrecht steht und zugleich, geeignet vergröfsert oder verkleinert, die Gerade AC in einem ihrer Punkte schneidet. Die Winkel an den Schnittpunkten mit AC können auf der Seite von C sicher nicht alle stumpf sein, sonst wäre schliefslich auch in dem Punkte A, wo die Geraden LK und AB einander decken, der Winkel am Punkte A auf der Seite von C stumpf, während er doch auf dieser Seite, nach der Annahme, spitz ist. Da nun vorausgesetzt wurde, dafs der Winkel von LK beim Punkte L auf der Seite von C stumpf sei, so kann die Gerade LK bei ihrer Bewegung nicht dazu übergehen, in einem ihrer Punkte auf der Seite des genannten Punktes C einen spitzen Winkel mit der Geraden AC zu bilden, ohne vorher in einem ihrer Punkte auf der Seite desselben Punktes C mit AC einen rechten Winkel gebildet zu haben. Es giebt also zwischen den Punkten A und L einen gewissen Zwischenpunkt H, wo die auf BD senkrecht stehende Gerade HK auch auf der andern AC senkrecht steht*).

Auf ähnliche Weise zeigt man, dafs es eine Gerade XK zwischen LK und CD giebt, die sowohl auf der Geraden

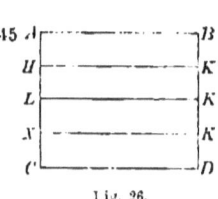

Fig. 26.

BD als auch auf der Geraden AC senkrecht steht, wenn nämlich vorausgesetzt wird, dafs der stumpfe Winkel bei L auf der Seite von A liegt.

Die Geraden AC und BD haben also sicher ein gemeinsames Lot, und zwar innerhalb der durch die gegebenen Punkte A und C festgelegten Grenzen, sobald die Verbindungsgeraden AB und CD in derselben Ebene liegen und auf BD senkrecht stehen [und mit AC spitze innere Winkel bilden]. Was zu beweisen war.

Lehrsatz XXIII. *Liegen irgend zwei Gerade AX und BX**) (Fig. 27) in derselben Ebene, so haben sie (auch bei der Hypothese*

---

*) [Auch hier macht *Saccheri* von dem Axiome der stetigen Änderung Gebrauch; man vergleiche die Anmerkung S. 56.]

**) [An dieser Stelle benutzt *Saccheri* denselben Buchstaben, X, wohl deshalb zweimal, weil er in dem Falle, wo die beiden Geraden AD und BK einander treffen, X als ihren Schnittpunkt auffafst.]

des spitzen Winkels) entweder ein gemeinsames Lot oder sie müssen, wenn man sie nach einer gewissen, aber beide nach derselben Seite verlängert, entweder einmal in endlicher Entfernung zusammentreffen oder wenigstens einander immer näher kommen.

Beweis. Aus irgend einem Punkte A von AX fälle man auf die Gerade BX das Lot AB. Wenn BA mit AX einen rechten Winkel bildet, haben wir den behaupteten Fall des gemeinsamen Lotes. Sonst aber wird diese Gerade auf einer von beiden Seiten, zum Beispiel auf der des Punktes X, einen spitzen Winkel bilden. Dann wähle man auf der genannten Geraden AX zwischen den Punkten A und X irgend welche Punkte D, H, L und fälle von diesen auf die Gerade BX die Lote DK, HK, LK. Ist einer der Winkel bei den Punkten D, H, L auf der Seite des Punktes A spitz, so giebt es (nach dem vorhergehenden Lehrsatze) sicher ein gemeinsames Lot von AX und BX. Wenn aber jeder dieser Winkel gröfser als ein spitzer ist, so ist entweder einer ein rechter, und dann haben wir wiederum den Fall des gemeinsamen Lotes, da alle Winkel bei den Punkten K als rechte angenommen sind, oder es müssen alle jene Winkel auf der Seite von A stumpf, und somit auf der Seite von X spitz sein. Dann schliefse ich wieder so:

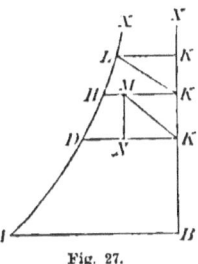

Fig. 27.

Da in dem Viereck $KDHK$ die Winkel bei den Punkten K rechte sind, der Winkel beim Punkte D aber spitz sein soll, so ist (nach Zusatz II hinter Lehrsatz III) die Seite DK gröfser als die Seite HK. Auf ähnliche Art zeigt man, dafs die Seite HK gröfser ist als die Seite LK, und so geht es immer weiter, wenn man die Lote mit einander vergleicht, die aus immer weiter hinauf liegenden Punkten von AX auf die andre Gerade BX gefällt sind. Deshalb werden sich AX und BX auf der Seite des Punktes X einander immer mehr nähern, und dies ist die zweite unter den beiden Möglichkeiten unsers Lehrsatzes.

Nach alledem ist sicher, dafs irgend zwei Gerade AX und BX, die in derselben Ebene liegen, entweder (auch bei der Hypothese des spitzen Winkels) ein gemeinsames Lot besitzen, oder, wenn man sie nach einer gewissen, aber beide nach derselben Seite verlängert, entweder einmal in endlicher Entfernung zusammentreffen oder wenigstens einander immer näher kommen müssen. Was zu beweisen war.

Zusatz I. Hiernach sind bei jedem Punkte von AX, von dem aus man das Lot auf die Gerade BX fällt, die Winkel auf der Seite der Grundlinie AB immer stumpf; sie sind immer stumpf, wiederhole ich, so oft sich jene beiden Geraden AX und BX auf der Seite der Punkte X einander immer mehr nähern. Das mufs man richtig auffassen, es sind nämlich die Lote zu nehmen, die vor dem erwähnten Zusammentreffen gefüllt sind, falls etwa die eine Gerade die andre in endlichem Abstande treffen sollte.

Anmerkung. Ich sehe freilich, dafs hier noch die Frage offen bleibt, auf welche Weise man das Vorhandensein jenes gemeinsamen Lotes zeigen soll, wenn irgend eine Gerade $PFHD$ (Fig. 28), welche die beiden Geraden AX und BX in den Punkten F und H trifft, auf derselben Seite zwei innere Winkel AHF und BFH bildet, die zwar keine rechten, aber zusammen gleich zwei Rechten sind. Hier folgt deshalb eine geometrische Herleitung dieses gemeinsamen Lotes.

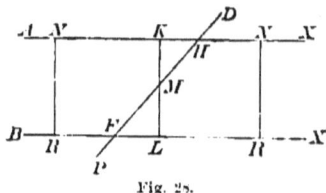

Fig. 28.

Man halbiere FH in M und fälle auf AX und BX die Lote MK und ML. Der Winkel MFL ist (nach I. 13) gleich dem Winkel MHK, der ja nach der Voraussetzung mit dem Winkel BFH zwei Rechte ausmacht. Aufserdem sind die Winkel an den Punkten K und L rechte, und endlich sind MF und MH gleich. Also sind (nach I. 26) auch die Winkel FML und HMK gleich. Deshalb ist der Winkel HMK zusammen mit dem Winkel HML gleich zwei Rechten, da (nach I. 13) der Winkel FML mit diesem zusammen gleich zwei Rechten ist. Folglich ist KML (nach I. 14) eine zusammenhängende gerade Linie und mithin für die genannten Geraden AX und BX das gemeinsame Lot. Was zu beweisen war.

Zusatz II. Hieraus kann ich wieder beweisen, dafs jene beiden Geraden AX und BX, mit denen die schneidende Gerade $PFHD$ entweder auf derselben Seite zwei innere Winkel bildet, die zusammen gleich zwei Rechten sind, oder, was daraus (nach I. 13 und 15) folgt, gleiche äufsere oder innere Wechselwinkel, oder auch, aus demselben Grunde, einen äufseren (zum Beispiel DHX), der gleich ist dem inneren gegenüberliegenden HFX, dafs, sage ich, jene beiden Geraden auch bei der Verlängerung ins Unendliche nicht zusammentreffen können.

Wenn man nämlich aus irgend einem Punkte N von AX auf BX das Lot NR fällt, so wird dieses bei der Hypothese des spitzen Winkels (die uns ja allein hinderlich sein kann) gröfser als das gemeinsame Lot KL (nach Zusatz I hinter Lehrsatz III). Daher können jene beiden Geraden AX und BX niemals mit einander zusammentreffen.

Ferner haben wir hiermit die Lehrsätze 27 und 28 des ersten Buches von Euklid bewiesen, und zwar ohne die vorhergehenden Lehrsätze 16 und 17 desselben ersten Buches in ihrer vollen Allgemeinheit zu benutzen. Bei diesen könnte nämlich eine Schwierigkeit entstehen, wenn sich über einer endlichen Grundlinie ein Dreieck mit unendlich grofsen Seiten befände, und auf ein solches Dreieck würde sich mit Recht berufen, wer glaubt, dafs jene Geraden AX und BX wenigstens in unendlich grofser Entfernung zusammentreffen, selbst wenn die Winkel bei der schneidenden Geraden $PFHD$ so beschaffen sind, wie wir sie voraussetzten.

Übrigens können wegen des Nachweises eines gemeinsamen Lotes KL die beiden Geraden KX und LX auf der Seite der Punkte X sicher nicht zusammenlaufen, da sonst (wegen einer leicht verständlichen Aufeinanderlegung) zugleich auf der andern Seite die übrigbleibenden unbegrenzten Geraden KA und LB zusammenliefen und infolgedessen die Geraden AX und BX einen Raum einschlössen, was gegen die Natur der geraden Linie ist.

Doch darauf kommen wir später zurück. Denn im Vorhergehenden habe ich I. 16 und 17 nur dann angewandt, wenn es sich augenscheinlich um ein vollständig begrenztes Dreieck handelte, wofür Sorge zu tragen ich in dem Vorwort an den Leser versprochen hatte.

Lehrsatz XXIV. *Unter denselben Voraussetzungen**) *behaupte ich, dafs die vier Winkel (Fig. 27) des der Grundlinie AB näheren Vierecks KDHK (bei der Hypothese des spitzen Winkels) zusammen kleiner sind, als die vier Winkel des von derselben Grundlinie entfernteren Vierecks KHLK, und zwar gilt das sowohl, wenn die beiden Geraden AX und BX einmal in endlicher Entfernung auf der Seite der Punkte X zusammentreffen, als auch, wenn sie einander niemals treffen, vielmehr auf jener Seite entweder einander mehr und mehr näher kommen, oder einmal ein gemeinsames Lot erhalten, von dem aus sie ja doch (nach Zusatz II zu dem vorhergehenden Lehrsatze) nach eben dieser Seite auseinanderzugehen anfangen.*

Beweis. Hier setzen wir jedoch voraus, dafs die Stücke KK einander gleich gewählt sind. Da nun (nach dem Vorhergehenden) die Seite DK gröfser ist als die Seite HK und ebenso HK gröfser ist als die Seite LK, so nehme man auf HK ein Stück MK gleich LK

---

*) [Nämlich wie beim Beweise des Lehrsatzes XXIII für den Fall, dafs die Winkel ADK, AHK, und so weiter alle stumpf sind.]

und auf DK ein Stück NK gleich HK und verbinde M mit N, M mit K und L mit K, nämlich den mittelsten Punkt K mit dem Punkte L und den B näheren Punkt K mit dem Punkte M. Jetzt verfahre ich so:

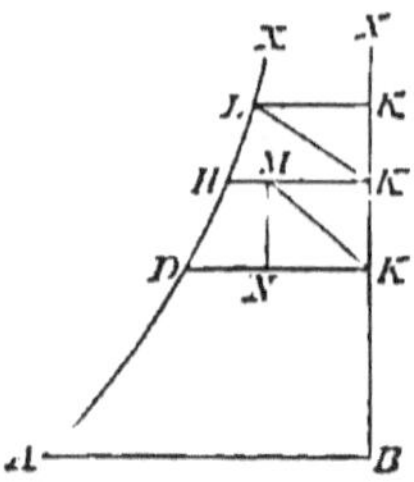

Da ja die Seiten des Dreiecks KKL (ich werde immer mit dem Punkte K beginnen, der näher an B liegt) den Seiten des Dreiecks KKM gleich sind und auch die eingeschlossenen Winkel gleich sind, nämlich rechte, so sind (nach I. 4) auch die Grundlinien LK und MK gleich,

Fig. 27

und ebenso sind die einander entsprechenden Winkel an diesen Grundlinien gleich, also der Winkel KLK dem Winkel KMK und der Winkel LKK dem Winkel MKK. Folglich sind auch die Reste NKM und HKL gleich. Da ferner ebenso die Seiten NK und KM des Dreiecks NKM den Seiten HK und KL des Dreiecks HKL gleich sind, so sind (wieder nach I. 4) auch die Grundlinien NM und HL, die Winkel KNM und KHL und endlich die Winkel KMN und KLH gleich. Es wurde aber schon bei den früheren Dreiecken nachgewiesen, dafs die Winkel KLK und KMK gleich sind. Mithin ist der ganze Winkel NMK gleich dem ganzen Winkel HLK. Deshalb folgt offenbar, da alle Winkel bei den Punkten K rechte sind, dafs die vier Winkel des Vierecks $KNMK$ zusammen den vier Winkeln des Vierecks $KHLK$ gleich sind. Weil aber (nach dem Zusatze hinter Lehrsatz XVI) die beiden Winkel an den Punkten N und M in dem Viereck $KNMK$ bei der Hypothese des spitzen Winkels zusammen gröfser sind, als die beiden Winkel des Vierecks $NDHM$ oder des Vierecks $KDHK$ bei D und H zusammen, so folgt hieraus, dafs (nach Hinzufügung der gemeinsamen rechten Winkel an den Punkten K) die vier Winkel des Vierecks $KNMK$ oder des Vierecks $KHLK$ (bei der Hypothese des spitzen Winkels) zusammen gröfser sind, als die vier Winkel des Vierecks $KDHK$ zusammen. Was zu beweisen war.

Zusatz. Es ist übrigens zweckmäfsig hier zu bemerken, dafs die angewandte Beweisführung gültig bleibt, auch wenn — bei der Hypothese des spitzen Winkels — der Winkel beim Punkte L als rechter angenommen wird. Denn das gemeinsame Lot LK wäre (nach Zusatz I hinter Lehrsatz III) immer noch kleiner, als das andre Lot HK, und deshalb könnte man auf diesem ein Stück gleich dem erwähnten Lote annehmen. Sobald aber das feststeht, kann nichts Störendes mehr eintreten.

Anmerkung. Nichtsdestoweniger könnte man zweifeln, ob eine

Senkrechte, die in irgend einem Punkte K (der auf BX vor dem Zusammentreffen von BX mit der andern Geraden AX angenommen ist) nach der Seite von AX errichtet wird, diese Gerade in einem Punkte L treffen muſs (Fig. 29), wofern man nämlich voraussetzt, daſs sich jene beiden Geraden vor dem erwähnten Zusammentreffen einander immer mehr nähern*). Ich behaupte aber, daſs es sich auf folgende Weise vollständig ergiebt.

Beweis. Man wähle auf BX einen beliebigen Punkt K und auf AX nehme man ein Stück AM an, gleich BK vermehrt um das Doppelte von AB. Dann fälle man von M aus (nach I. 12) auf BX das Lot MN. Es ist (bei der gegenwärtigen Voraussetzung) MN kleiner als AB. Deshalb ist AM (das gleich BK vermehrt um das Doppelte von AB ist) gröſser als die Summe von BK, AB und NM. Jetzt muſs gezeigt werden, daſs AM seinerseits kleiner ist, als die Summe von BN, AB und MN, damit sich hieraus ergebe, daſs BN gröſser ist als die genannte Gerade BK, und daſs deshalb der Punkt K zwischen den Punkten B und N liegt.

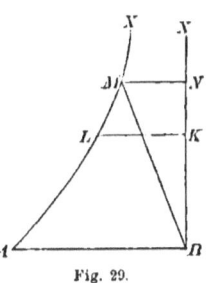

Fig. 29.

Man ziehe BM. Die Seite AM ist (nach I. 20) kleiner als die beiden übrigen Seiten AB und BM zusammen. Ebenso ist die Seite BM (wieder nach I. 20) kleiner als die beiden Seiten BN und MN zusammen. Folglich ist die Seite AM viel kleiner, als die Seiten AB, BN und NM zusammen. Das aber war zu zeigen, damit sich ergäbe, daſs der Punkt K zwischen die Punkte B und N fällt.

Hieraus folgt nun, daſs die Senkrechte, die im Punkte K nach der Seite von AX errichtet wird, diese Gerade in einem Punkte L treffen muſs, der zwischen den Punkten A und M liegt, denn sonst müſste sie (im Widerspruche mit I. 17) eine der beiden auf BX senkrechten Geraden AB oder MN schneiden. Was zu beweisen war.

Lehrsatz XXV. *Wenn zwei in derselben Ebene liegende Gerade (Fig. 30) AX und BX (und zwar soll die eine in dem Punkte A einen spitzen Winkel mit AB bilden, die andre in dem Punkte B einen rechten Winkel) auf der Seite der Punkte X einander immer näher*

---

*) [*Saccheri* will hiermit sagen, daſs die beiden Geraden AX und BX erst im Unendlichen zusammentreffen sollen. Ohne diese Voraussetzung würde man in dem folgenden Beweise nicht behaupten dürfen, daſs MN kleiner als AB sein muſs, denn M könnte dann jenseits des Schnittpunktes der beiden Geraden liegen.]

kommen, während jedoch ihr Abstand stets gröfser bleibt als eine gewisse gegebene Länge: so kommt die Hypothese des spitzen Winkels zu Falle.

Beweis. Gegeben sei die Länge R. Nimmt man nun auf BX ein Stück BK an, das ein beliebiges Vielfaches der vorgelegten Länge R ist, so wird (nach der vorhergehenden Anmerkung) das in K nach der Seite von AX errichtete Lot diese Gerade sicher in einem Punkte L treffen, und ferner ist (bei der gegenwärtigen Annahme) KL sicher gröfser als die genannte Länge R. Weiter denke man sich BK in lauter Stücke KK geteilt, von denen jedes einzelne gleich R ist, bis zuletzt auch KB gleich der Länge R wird. Endlich mögen in den Punkten K auf BX Senkrechte errichtet werden, die AX in den Punkten L, H, D, M bis zu einem Punkte N treffen, der dem Punkte A am nächsten ist. Nun verfahre ich so:

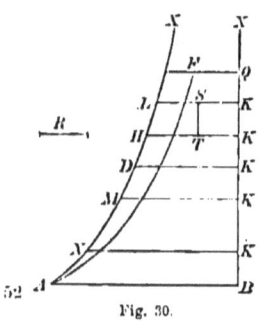

Fig. 30.

Es sind (nach dem vorhergehenden Lehrsatze) die vier Winkel des von der Grundlinie entfernteren Vierecks $KHLK$ zusammen gröfser als die vier Winkel des der Grundlinie näheren Vierecks $KDHK$, und die vier Winkel dieses Vierecks sind zusammen gröfser als die vier Winkel des Vierecks $KMDK$, das ihm in der Richtung nach der Grundlinie zu folgt. Und so geht es immer weiter bis zum letzten Viereck $KNAB$, dessen vier Winkel zusammen am kleinsten sind im Vergleich zur Summe der vier Winkel jedes der Vierecke, die weiter oben nach den Punkten X zu liegen. Da es aber solcher Vierecke, wie sie im Vorhergehenden beschrieben wurden, eben so viele giebt als man, abgesehen von der Grundlinie AB, Lote aus Punkten von AX auf die Gerade BX gefällt hat, so kann man die Gesamtsumme aller der Winkel ermitteln, die in jenen Vierecken enthalten sind.

Wir wollen annehmen, man habe neun solche Lote gefällt und habe daher auch neun Vierecke. Nun sind (nach I. 13) gleich vier Rechten die Winkel zu beiden Seiten der beiden Endpunkte jedes der acht Lote, die zwischen der Grundlinie AB und dem entferntesten Lote LK liegen. Daher ist die Summe aller dieser Winkel gleich 32 Rechten. Übrig bleiben die beiden Winkel an dem Lote LK und die beiden an der Grundlinie AB. Aber der Winkel beim Punkte K und der beim Punkte B sind der Annahme nach rechte, während der Winkel beim Punkte L (nach dem Zusatze [I] hinter Lehrsatz XXIII) stumpf ist. Mithin übertrifft (auch ohne Berücksichtigung des spitzen Winkels bei dem Punkte A) die Summe aller Winkel, die von den neun Vierecken gebildet werden, 35 Rechte. Hieraus folgt aber, daſs die Summe der vier Winkel des am weitesten von der Grundlinie entfernten Vierecks $KHLK$ sich von vier Rechten um weniger als den neunten Teil eines Rechten unterscheidet, und zwar auch dann noch, wenn jedem einzelnen jener Vierecke der gleiche Anteil an der genannten Summe aller Winkel zukäme. Mithin wird der betreffende Unterschied sogar noch kleiner sein, da gezeigt worden ist, daſs die Summe der vier Winkel jenes Vierecks $KHLK$ im Vergleich zur Summe der vier Winkel jedes der übrigen Vierecke die allergröſste ist.

Ferner aber kann man wegen der Annahme, unter der dieser Lehrsatz gültig sein soll, die Länge von BK so groſs annehmen, daſs über den Grundlinien KK, die jede für sich jener gegebenen Länge R gleich sind, soviele Vierecke gezeichnet werden können, als man nur will. Daher wird sich die Abweichung der Winkelsumme des entferntesten Vierecks $KHLK$ von vier Rechten schlieſslich kleiner herausstellen als ein Hundertstel und als ein Tausendstel und überhaupt als jeder noch so kleine angebbare Teil eines Rechten.

Weiter sind jedoch (nach der vorhergenannten Voraussetzung) LK und HK gröſser als die gegebene Länge R. Wenn man also auf KL und KH Stücke KS und KT gleich KK oder der Länge R annimmt, so ist, wenn man ST zieht, (nach dem Zusatze hinter Lehrsatz XVI) die Summe der Winkel KST und KTS (bei der Hypothese des spitzen Winkels) gröſser als in dem Viereck $THLS$ oder in dem Viereck $KHLK$ die Summe der Winkel bei den Punkten H und L, und deshalb sind (nach Hinzufügung der gemeinsamen rechten Winkel bei den Punkten K und K) die vier Winkel des Vierecks $KTSK$ zusammen gröſser als die vier Winkel jenes Vierecks $KHLK$.

Nunmehr ist einerseits unveränderlich und gegeben das Viereck $KTSK$, denn es wird gebildet von der Grundlinie KK, die gleich der gegebenen Länge R sein sollte, ferner von den beiden Loten TK und TS, die dieser Grundlinie gleich sind und endlich von der Verbindungsgeraden TS, die durchaus bestimmt ausfällt, und andrerseits ist bewiesen, daſs die Summe der vier Winkel jenes unveränderlichen und gegebenen Vierecks gröſser ist als die Summe der vier Winkel des Vierecks $KHLK$, das von der Grundlinie AB beliebig weit absteht. Folglich fällt die Summe der Winkel jenes unveränderlichen und gegebenen Vierecks $KTSK$ gröſser aus als irgend eine Summe von Winkeln, die auch noch so wenig von vier Rechten abweicht, denn es ist gezeigt worden, daſs man immer ein solches Viereck $KHLK$ angeben kann, bei dem die Winkelsumme von vier Rechten weniger abweicht als irgend ein angebbarer noch so kleiner Teil eines rechten

Winkels. Mithin ist die Summe der Winkel jenes unveränderlichen und gegebenen Vierecks entweder gleich vier Rechten oder gröfser. Dadurch aber wird (nach Lehrsatz XVI) die Hypothese des rechten Winkels oder die des stumpfen Winkels bedingt, und infolgedessen kommt (nach Lehrsatz V und VI) die Hypothese des spitzen Winkels zu Falle.

Daher wird die Hypothese des spitzen Winkels sicher zerstört, wenn zwei in derselben Ebene liegende Gerade einander immer näher kommen, während jedoch ihr Abstand stets gröfser bleibt, als eine gewisse gegebene Länge. Das aber war zu beweisen.

Zusatz I. Aber (wenn einmal die Hypothese des spitzen Winkels zerstört ist) so liegt nach Lehrsatz XIII das strittige Euklidische Axiom auf der Hand, was eben hier darzulegen, ich in der Anmerkung III hinter Lehrsatz XXI verheifsen habe, als ich den Versuch des Arabers Nassaradin besprach.

Zusatz II. Andrerseits läfst dieser Lehrsatz und der frühere dreiundzwanzigste deutlich erkennen, dafs es zur Begründung der Euklidischen Geometrie nicht genügt, wenn man die beiden folgenden Festsetzungen trifft:

Die erste besteht darin, dafs man solche Gerade parallel nennt, die in derselben Ebene liegen und ein gemeinsames Lot besitzen. Die zweite besteht darin, dafs alle Geraden, die in derselben Ebene liegen und kein gemeinsames Lot besitzen und daher nach der angenommenen Erklärung nicht parallel sind, sich einmal, sobald sie nach einer von beiden Seiten immer mehr verlängert werden, wenn nicht in endlicher, so doch in unendlicher Entfernung schneiden müssen. Es wäre nämlich erst noch zu beweisen, dafs irgend zwei Gerade, die in derselben Ebene liegen und mit denen eine schneidende Gerade auf derselben Seite innere Winkel bildet, die zusammen kleiner als zwei Rechte sind, sonst nirgends ein gemeinsames Lot erhalten können. Es wird sich aber weiter unten*) herausstellen, dafs, wenn man dieses bewiesen hat, die Euklidische Geometrie aufs Strengste begründet ist.

Lehrsatz XXVI. *Wenn die vorhergenannten Geraden AX und BX (Fig. 31) zwar zusammentreffen sollen, jedoch erst, wenn man sie nach der Seite der Punkte X ins Unendliche verlängert hat, so behaupte ich, dafs man auf AB keinen Punkt T angeben kann, bei dem die nach der Seite von AX errichtete Senkrechte diese Gerade AX nicht in einem endlichen oder begrenzten Abstande in einem Punkte F trifft.*

---

*) [Nämlich in der Anmerkung I zu Lehrsatz XXVII.]

Beweis. Es giebt nämlich (bei der obigen Annahme) auf AX einen Punkt N, der so beschaffen ist, dafs das von ihm auf BX gefällte Lot NK kleiner ist, als jede beliebige gegebene Länge, zum Beispiel als TB. Dann aber nehme man auf TB ein Stück CB gleich NK und ziehe CN. Bei der Hypothese des spitzen Winkels ist nun der Winkel NCB spitz. Mithin wird (nach I. 13) der Nebenwinkel NCT stumpf. Also wird die Gerade, die von einem Punkte T aus (der zwischen den Punkten A und C liegt) senkrecht nach der Seite von AX gezogen wird, (nach I. 17) keinen Punkt von CN treffen und deshalb (weil sie sonst mit AT oder mit TC einen Raum einschlösse) die begrenzte Gerade AN in einem Punkte F treffen.

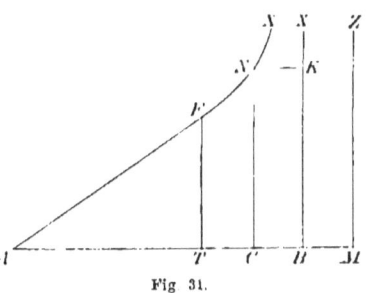

Fig 31.

Daher liegt sogar bei der Hypothese des spitzen Winkels (die, wie wir wissen, hier allein noch störend sein kann) auf AB kein angebbarer Punkt T, bei dem die nach der Seite von AX errichtete Senkrechte die Gerade AX nicht in endlicher oder begrenzter Entfernung in einem Punkte F trifft. Was zu beweisen war.

Zusatz I. Hieraus folgt aber, dafs, wenn man auf der Verlängerung von AB irgend einen Punkt M annimmt und von ihm aus nach der Seite der Punkte X die Senkrechte MZ zieht, diese, auch wenn sie ins Unendliche verlängert wird, nicht mit der genannten Geraden AX zusammentreffen kann, denn sonst müfste die andre Gerade BX (nach dem vorhergehenden Beweise) eben diese Gerade AX in endlichem Abstande treffen, was der gegenwärtigen Voraussetzung widerspricht.

Zusatz II. Daraus folgt ferner, dafs jede Senkrechte, die in einem Punkte jener, beliebig verlängerten, Geraden AB errichtet ist, aber freilich nicht in einem unendlich entfernten Punkte, die genannte Gerade AX in endlichem Abstande treffen mufs, sobald man nämlich die Annahme macht, dafs sich jede solche Senkrechte der andern immer weiter verlängerten Geraden AX immer mehr ohne jede bestimmte Grenze nähert.

Zusatz III. Hieraus folgt endlich, dafs BX von jener Geraden AX nicht geschnitten werden kann, auch wenn diese ins Unendliche verlängert wird, weil man sich sonst aus einem Punkte von AX jenseits des genannten Schnittes auf die Verlängerung von AB ein Lot ZM

gefällt denken könnte, woraus wiederum folgte, dafs BX (gegen die eben gemachte Voraussetzung) die genannte Gerade AX nicht in einem unendlichen, sondern schon in einem endlichen Abstande träfe.

Aber diese letzte Bemerkung zu machen, liegt eigentlich hier noch kein Bedürfnis vor*).

Lehrsatz XXVII. *Zieht man von dem Punkte A der Geraden AB aus unter einem beliebig kleinen Winkel eine Gerade AX (Fig. 32), und mufs diese schliefslich (wenigstens in unendlicher Entfernung) jede Senkrechte BX treffen, die man sich in irgend einer Entfernung von dem Punkte A auf der schneidenden Geraden AB errichtet denkt, so behaupte ich, dafs für die Hypothese des spitzen Winkels kein Raum mehr vorhanden ist.*

Beweis. In einem Punkte K, der in der Nähe des Punktes A

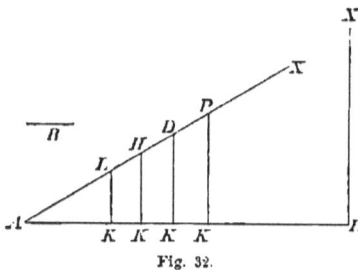

Fig. 32.

auf AB beliebig angenommen sei, errichte man auf AB das Lot KL, das (nach Zusatz II zum vorhergehenden Lehrsatze) AX stets in endlicher oder begrenzter Entfernung in einem Punkte L trifft.

Nun kann man auf KB Stücke KK annehmen, deren jedes einer gewissen gegebenen Länge R gleich ist, und deren Anzahl gröfser ist als irgend eine gegebene endliche Zahl, da ja der Punkt B, nach der gegenwärtigen Voraussetzung, in beliebiger Entfernung von dem Punkte A angenommen werden darf.

Demnach errichte man [erstens] in den andern Punkten K auf AB die Lote KH, KD, KP, die (nach dem eben erwähnten Zusatze) alle die Gerade AX in gewissen Punkten H, D, P treffen; und eben dasselbe gilt für die übrigen, in gleicher Weise gewählten Punkte K nach B hin.

Zweitens sind (nach I. 16) die Winkel bei den Punkten L, H, D, P auf der Seite der Punkte X alle stumpf, und ebenso (nach I. 13) die Winkel an den genannten Punkten auf der Seite des Punktes A alle spitz. Also ist (nach Zusatz II hinter Lehrsatz III) die Seite KH gröfser als die Seite KL, die Seite KD gröfser als die Seite KH, und so immer weiter, wenn man nach den Punkten X hin wandert.

Drittens ist die Summe der vier Winkel des Vierecks $KLHK$

---

*) [*Saccheri* behandelt hier den unendlich fernen Schnittpunkt, als ob er ein im Endlichen liegender Punkt wäre. Sein späterer Beweis für das Euklidische Axiom (Lehrsatz XXXIII) beruht auf derselben irrtümlichen Auffassung.]

gröfser als die Summe der vier Winkel des Vierecks $KHDK$, denn das ist in einem ähnlichen Falle schon in Lehrsatz XXIV bewiesen worden.

Viertens gilt dasselbe von dem Viereck $KHDK$ im Vergleich zu dem Viereck $KDPK$, und so immer, wenn man zu Vierecken übergeht, die von dem Punkte A weiter entfernt sind.

Da es nun (wie bei Lehrsatz XXV) solcher Vierecke, wie sie eben beschrieben worden sind, ebensoviele giebt als, abgesehen von dem ersten Lote LK, aus Punkten von AX auf die Gerade AB Lote gefällt sind, so ist (wenn wir annehmen, dafs aufser dem ersten neun solche Lote gefüllt sind) in gleicher Weise sicher, dafs die Summe aller Winkel, die von jenen neun Vierecken gebildet werden, 35 Rechte übersteigt, und dafs deshalb die Summe der vier Winkel des ersten Vierecks $KLHK$, das in dieser Beziehung die andern alle übertrifft, von vier Rechten um weniger abweicht, als der neunte Teil eines Rechten beträgt. Vermehrt man daher die Vierecke über jede beliebige angebbare endliche Zahl, indem man immer nach der Seite der Punkte X hin wandert, so unterscheidet sich in ähnlicher Weise (wie bei dem schon erwähnten Lehrsatze) die Summe der vier Winkel jenes festen Vierecks $KLHK$ von vier Rechten um weniger, als irgend ein beliebiger angebbarer Bruchteil eines Rechten. Also ist die Summe jener vier Winkel entweder gleich vier Rechten oder gröfser. Dadurch aber wird (nach Lehrsatz XVI) die Hypothese des rechten Winkels oder die des stumpfen Winkels bedingt, und deshalb (nach Lehrsatz V und VI) die Hypothese des spitzen Winkels zu Falle gebracht.

Daher ist sicher kein Raum für die Hypothese des spitzen Winkels vorhanden, wenn eine Gerade AX, die unter einem beliebig kleinen Winkel von dem Punkte A der Geraden AB aus gezogen ist, schliefslich (wenigstens in unendlicher Entfernung) jede Senkrechte BX treffen mufs, die man sich in irgend einer Entfernung von dem Punkte A auf der schneidenden Geraden AB errichtet denkt. Was zu beweisen war.

Anmerkung I. Grade dieses habe ich in dem Zusatze II hinter Lehrsatz XXV vorausgesagt, dafs nämlich für die Hypothese des spitzen Winkels kein Raum übrig bleibt, oder dafs die Euklidische Geometrie aufs Strengste begründet wird, wenn irgend zwei Gerade, die in derselben Ebene liegen, zum Beispiel AX und BX, und mit denen eine schneidende Gerade AB (wo der Punkt B in beliebiger Entfernung vom Punkte A angenommen ist) auf der Seite der Punkte X zwei Winkel bildet, die zusammen kleiner sind als zwei Rechte, wenn (sage ich) diese Geraden (unter der gemachten Voraussetzung) nirgends ein gemeinsames Lot besitzen. Dann kommen nämlich jene beiden Geraden AX und BX einander immer näher und zwar entweder bis zu einer gewissen bestimmten Grenze, wie in Lehrsatz XXV, oder ohne bestimmte Grenze und daher bis zum Zusammentreffen, wenigstens nach unendlicher Verlängerung, wie in diesem Lehrsatze XXVII. Wir wissen aber, dafs in jedem der beiden erwähnten Fälle die Hinfälligkeit der Hypothese des spitzen Winkels bereits erwiesen ist, und das war unsre Absicht.

Anmerkung II. Und das ist wiederum, was ich am Schlusse der Anmerkung IV hinter Lehrsatz XXI versprochen habe, wie aus meinen Worten selbst deutlich hervorgeht.

Anmerkung III. Übrigens möchte ich hier auf den Unterschied zwischen diesem Lehrsatze und dem früheren siebzehnten aufmerksam machen. Denn dort (man gehe auf Fig. 15 zurück) wurde die Hinfälligkeit der Hypothese des spitzen Winkels gezeigt, wenn (unter der Voraussetzung, dafs die Gerade AB beliebig klein ist) jede Gerade BD, die unter einem beliebigen spitzen Winkel gezogen ist, schliefslich in einem Punkte K die Verlängerung des Lotes AH treffen mufs. Hier aber wird (umgekehrt) die Wahl eines beliebigen, äufserst kleinen spitzen Winkels bei A gestattet, während das Stück AB, auf dem das unbegrenzte Lot BX zu errichten ist, von beliebiger Länge angenommen werden darf.

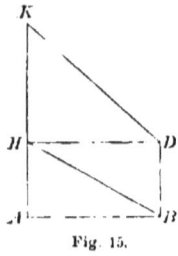

Fig. 15.

Lehrsatz XXVIII. *Wenn zwei Gerade AX und BX (die beide nach derselben Seite, die erste unter einem spitzen und die zweite unter einem rechten Winkel von einer beliebig grofsen Geraden AB aus gezogen sind) ohne jede bestimmte Grenze einander immer näher kommen, wenigstens solange man die Verlängerung nicht bis ins Unendliche erstreckt, so behaupte ich erstens, dafs alle Winkel (Fig. 33) an beliebigen Punkten L, H, D von AX, von denen man auf die Gerade BX Lote LK, HK, DK gefällt hat, auf der Seite des Punktes A durchweg stumpf werden, zweitens, dafs sie immer kleiner werden, je weiter sie von dem Punkte A entfernt sind, und endlich, dafs diese Winkel, je weiter sie von demselben Punkte A entfernt sind, sich um so mehr, ohne jede bestimmte Grenze, der Gleichheit mit dem rechten Winkel nähern.*

Beweis. Der erste Teil ist klar aus Zusatz I hinter Lehrsatz XXIII.

Der zweite Teil aber wird so erhärtet: Es sind nämlich die beiden Winkel an LK auf der Seite der Grundlinie AB (nach dem Zusatze hinter Lehrsatz XVI) zusammen gröfser als die beiden inneren gegenüberliegenden Winkel an HK, wieder auf der Seite der Grundlinie AB. Es sind aber einander gleich, nämlich als rechte, die Winkel an jedem der beiden Punkte K auf der Seite der Grundlinie AB. Also ist der stumpfe Winkel bei L auf der Seite der Grundlinie AB gröfser als der stumpfe Winkel bei H, wieder auf der Seite der Grundlinie AB. Auf ähnliche Weise zeigt man, dafs der genannte stumpfe Winkel bei H gröfser ist als der stumpfe Winkel bei dem Punkte D. Und so immer, wenn man nach den Punkten X hin wandert.

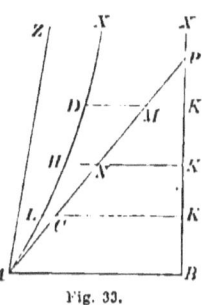
Fig. 33.

Der dritte Teil endlich erfordert eine längere Untersuchung. Wenn das möglich ist, so sei MNC (Fig. 34) ein gewisser gegebener Winkel von der Beschaffenheit, dafs der Überschufs jedes der erwähnten stumpfen Winkel über einen Rechten gröfser oder wenigstens nicht kleiner ist als dieser Winkel. Nun können (nach Lehrsatz XXI) die Seiten NM und NC, die jenen Winkel MNC einschliefsen, augenscheinlich so weit verlängert werden, dafs das Lot MC, das aus einem Punkte M von MN auf NC gefällt ist, (auch hier bei der Hypothese des spitzen Winkels) gröfser wird als irgend eine gegebene endliche Länge, zum Beispiel als die genannte Grundlinie AB.

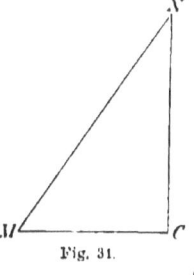
Fig. 34.

Man nehme demnach auf BX (Fig. 35) ein Stück BT gleich CN an und errichte in dem Punkte T nach der Seite von AX die Senkrechte TS, die (nach der Anmerkung hinter Lehrsatz XXIV) AX in einem Punkte S trifft. Sodann fälle man von dem Punkte S auf AB das Lot SQ. Dieses fällt (nach 1. 17) auf die Seite des spitzen Winkels SAB zwischen die Punkte A und B. Weiter ist der Winkel QST in dem Viereck $QSTB$ spitz, weil die drei übrigen Winkel rechte sind, sonst kämen wir ja (gegen Lehrsatz V und VI) auf die Hypothese des rechten Winkels oder auf die des stumpfen Winkels.

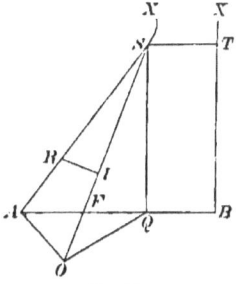
Fig. 35.

Mithin ist die Gerade SQ (nach Zusatz I hinter Lehrsatz III) gröfser als die Gerade BT oder CN, und ferner der Winkel ASQ gröfser als der Überschuſs des stumpfen Winkels AST über einen Rechten und somit gröfser als der Winkel MNC.

Man ziehe nunmehr die Gerade SF, die AQ in F schneidet und mit SA einen Winkel gleich MNC bildet. Darauf fälle man von A auf die Verlängerung von SF das Lot AO. Der Punkt O liegt (nach I. 17) unterhalb des Punktes F, da der Winkel AFS (nach I. 16) stumpf ist.

Endlich aber: Da FS (nach I. 19) gröfser ist als QS und daher viel gröfser als BT oder CN, so nehme man auf FS ein Stück IS gleich CN an und errichte auf FS in dem Punkte I die Senkrechte IR, die AS in dem Punkte R treffe. Es fällt aber der Punkt R zwischen die Punkte A und S. Fiele er nämlich in einen Punkt von AF, so hätten wir (gegen I. 17) in einem Dreieck zwei Winkel, die zusammen gröfser als zwei Rechte wären, da ja der Winkel bei dem Punkte F auf der Seite des Punktes A schon als stumpf erwiesen ist.

Nach diesen umständlichen Vorbereitungen schliefse ich so: Da in dem Viereck $AOIR$ die Winkel an den Punkten O und I rechte sind, und da der Winkel an dem Punkte A wegen des rechten Winkels AOS (nach I. 17) spitz ist, und da ferner der Winkel IRA wegen des rechten Winkels RIS (nach I. 16) stumpf ist, so folgt hieraus endlich (nach Zusatz II hinter Lehrsatz III), dafs die Seite AO gröfser als die Seite IR ist. Es ist aber (wenn man OQ zieht) wegen des stumpfen Winkels bei O die Seite AQ (nach I. 19) gröfser als die Seite AO, denn der Winkel AOS wurde ja gleich einem Rechten gemacht. Deshalb ist die Gerade AQ viel gröfser als die Gerade IR oder (nach I. 26) als die Gerade MC und mithin viel gröfser als die Gerade AB: der Teil gröfser als das Ganze, was widersinnig ist.

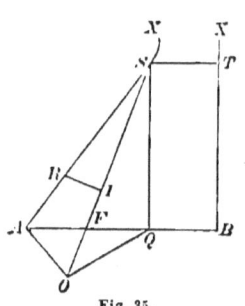

Fig. 35.

Man kann daher keinen solchen Winkel MNC angeben, dafs der Überschufs jedes der genannten stumpfen Winkel über einen rechten Winkel stets gröfser oder doch nicht kleiner als dieser ist. Folglich müssen jene stumpfen Winkel, je weiter sie vom Punkte A entfernt sind, sich um so mehr, ohne jede bestimmte Grenze, der Gleichheit mit dem rechten Winkel nähern. Was an letzter Stelle zu beweisen war.

Zusatz. Wenn aber das feststeht, was an letzter Stelle bewiesen ist, so folgt augenscheinlich, dafs jene beiden Geraden AX und BX ins Unendliche verlängert schliefslich ein gemeinsames Lot haben werden, entweder in zwei verschiedenen Punkten oder in ein und demselben unendlich weit entfernten Punkte X.

Daſs aber jenes gemeinsame Lot nicht in zwei verschiedenen Punkten vorhanden sein kann, erhellt augenscheinlich daraus, daſs sonst (nach Zusatz II hinter Lehrsatz XXIII) jene beiden Geraden alsdann anfingen sich von einander zu entfernen und daher auch nicht in unendlicher Entfernung zusammenträfen, sondern (gegen die ausdrückliche Voraussetzung) auf jener Seite überhaupt nicht einander ohne jede bestimmte Grenze immer näher und näher kämen. Daher müssen sie das gemeinsame Lot in ein und demselben unendlich entfernten Punkte X besitzen.

Lehrsatz XXIX. *Nimmt man wieder die Figur 33 des vorhergehenden Lehrsatzes, so behaupte ich, daſs jede Gerade AC, die den Winkel BAX schneidet, einmal in endlicher oder begrenzter Entfernung (auch bei der Hypothese des spitzen Winkels) BX in einem Punkte P treffen wird, sobald nämlich AC nach der Seite der Punkte X hin immer weiter verlängert wird.*

Beweis. Zunächst wird die Gerade AC (weil sie sonst mit AX einen Raum einschlösse) die Geraden LK, HK, DK in endlicher Entfernung in gewissen Punkten C, N, M treffen, wenn sie nicht vorher BX (versteht sich in endlicher Entfernung, was wir eben verlangen) in einem Punkte trifft, der zwischen B und einem der Punkte K liegt. Sodann sind (nach Zusatz I hinter Lehrsatz XXIII) die Winkel ACK, ANK und AMK stumpf.

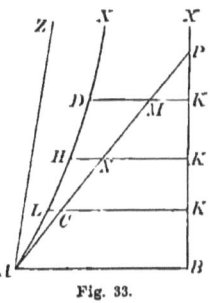

Fig. 33.

Weiter nähern sich (nach dem vorhergehenden Lehrsatze) jene Winkel, die sämtlich stumpf sind, ohne irgend eine bestimmte Grenze immer mehr der Gleichheit mit dem rechten Winkel, falls nämlich jene Gerade AC die Gerade BX erst in unendlicher Entfernung treffen sollte. Man könnte daher zu einer Ordinate KMD kommen, bei der der Überschuſs des Winkels AMK über einen rechten Winkel kleiner wäre, als der Winkel DAC beträgt. Dann aber wäre der Winkel DAC oder DAM zusammen mit dem Winkel AMD gröſser als ein Rechter, daher ergäben, wenn man den stumpfen Winkel ADM hinzufügt, die drei Winkel des Dreiecks ADM zusammen mehr als zwei Rechte, was gegen die Hypothese des spitzen Winkels ist.

Mithin muſs jede Gerade AC, die jenen Winkel BAX schneidet,

schließlich (auch bei der Hypothese des spitzen Winkels) BX in endlicher oder begrenzter Entfernung in einem Punkte P treffen. Was zu beweisen war.

Zusatz I. Wenn daher eine Gerade AZ auf der Seite der Punkte X einen spitzen Winkel bildet, der größer ist als BAX, so kann sie niemals, weder in endlicher noch in unendlicher Entfernung, BX treffen. Falls dies nämlich stattfände, so müßte AX, das ja den Winkel BAZ teilt, (gegen die vorausgeschickte Annahme) BX in endlicher Entfernung treffen, wie das für die Gerade AC bewiesen wurde, die den Winkel BAX teilt.

Zusatz II. Die spitzen Winkel, unter denen sich durch den Punkt A gerade Linien legen lassen, die BX in endlicher Entfernung treffen, haben übrigens, wie aus dem Vorhergehenden folgt, die Eigenschaft, daß es unter ihnen keinen bestimmten giebt, der der größte ist. Wenn man nämlich nach der Seite der Punkte X hin irgend einen Punkt annimmt, der oberhalb des Punktes P liegt, so bildet die Verbindungsgerade zwischen dem Punkte A und diesem höher gelegenen Punkte mit AB einen Winkel, der sicher größer ist, als der Winkel BAP. Und so immer fort ohne jede innere Grenze*). Deshalb wird der Winkel BAX (wenn nämlich AX sich zwar der Geraden BX immer mehr und mehr nähert, aber erst in unendlicher Entfernung damit zusammentrifft) die äußere Grenze**) aller spitzen Winkel sein, unter denen sich durch den Punkt A Gerade legen lassen, welche die erwähnte Gerade BX in endlicher Entfernung treffen.

Lehrsatz XXX. *Auf irgend einer begrenzten Geraden AB (Fig. 36) stehe eine unbegrenzte Gerade BX senkrecht. Dann behaupte ich erstens, daß die auf AB nach derselben Seite hin errichtete Senkrechte AY die eine Grenze, und zwar nach Innen, aller der Geraden ist, die von dem Punkte A aus nach derselben Seite gezogen (bei der Hypothese des spitzen Winkels) in zwei verschiedenen Punkten mit der andern unbegrenzten Geraden BX ein Lot gemeinsam haben***). Zweitens behaupte ich von den spitzen Winkeln, unter denen sich durch den erwähnten Punkt A gerade Linien legen lassen, die (bei der genannten Hypothese) mit BX ein Lot in zwei verschiedenen Punkten gemeinsam haben, Folgendes: es giebt unter ihnen keinen, der von allen der kleinste ist.*

---

*) [Im Original steht: sine ullo termino intrinseco. Gemeint ist, ohne jede Grenze innerhalb des Winkels BAX nach AX hin.]
**) [limes extrinsecus.]
***) [*Saccheri* betrachtet nämlich nur die Halbstrahlen, die von dem Punkte A ausgehen, und dann haben die jenseits der Senkrechten AY liegenden Halbstrahlen, wie AZ, mit BX kein Lot gemeinsam.]

Beweis des ersten Teiles. Da nämlich AY mit BX das Lot AB in den beiden verschiedenen Punkten A und B gemeinsam hat, so kann eine Gerade AZ, die nach derselben Seite unter einem stumpfen Winkel gezogen ist, auf dieser Seite mit BX sicher kein Lot in zwei verschiedenen Punkten gemeinsam haben, weil sonst ein Viereck entstände, das vier Winkel

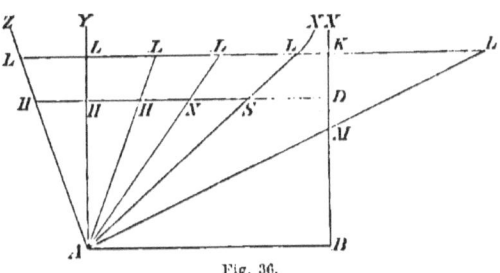

Fig. 36.

enthielte, die zusammen gröfser als vier Rechte wären, und man somit (nach Lehrsatz XVI) in Widerspruch mit der hier angenommenen Hypothese des spitzen Winkels auf die bereits widerlegte Hypothese des stumpfen Winkels stiefse. Daher ist das Lot AY auf jener Seite nach Innen die Grenze aller der Geraden, die von jenem Punkte A aus nach derselben Seite gezogen (bei der genannten Hypothese des spitzen Winkels) in zwei verschiedenen Punkten ein Lot mit der andern unbegrenzten Geraden BX gemeinsam haben. Das war das Erste.

Beweis des zweiten Teiles. Es sei AN eine Gerade, die mit BX in zwei verschiedenen Punkten ein Lot ND gemeinsam hat, und es sei, wenn das überhaupt möglich ist, der zu ihr gehörige Winkel $[BAN]$ der kleinste von allen den spitzen Winkeln, unter denen sich durch A gerade Linien von dieser Beschaffenheit ziehen lassen. Dann nehme man auf BX einen höher gelegenen Punkt K an, errichte in ihm auf BX die Senkrechte KL und fälle auf diese (nach I. 12) vom Punkte A das Lot AL. Wenn nun dieses Lot AL die Gerade ND in einem Punkte S trifft, so ist der Winkel BAL sicher kleiner als BAN, und dieser ist deshalb nicht der kleinste, unter dem gezogen AN mit BX ein Lot ND in zwei verschiedenen Punkten gemeinsam hat.

Dafs aber die genannte Gerade ND von diesem Lote AL in einem gewissen Zwischenpunkte S geschnitten wird, beweist man so:

Zunächst folgt nämlich aus I. 17 mit unbedingter Sicherheit, dafs BK von AL nicht in einem Punkte M geschnitten werden kann, weil sonst in einem und demselben Dreieck MKL in den Punkten K und L zwei rechte Winkel wären, abgesehen davon, dafs sich grade in diesem Falle unsre Behauptung über den Winkel BAN bestätigte, dafs er nämlich unter diesen Umständen nicht für den kleinsten erklärt werden darf.

Ferner aber kann die Gerade AL auch nicht die Verlängerung von AN sein, weil man sonst in dem Viereck $NDKL$ vier rechte Winkel hätte, gegen die Hypothese des spitzen Winkels. Sie kann auch nicht die Verlängerung von DN in einem jenseits von N gelegenen Punkte H schneiden, weil dann (nach I. 16) der Winkel AHN spitz wäre, da der Aufsenwinkel AND der Annahme nach ein rechter ist, und weil deshalb der Winkel DHL stumpf wäre, und man in dem Viereck $DHLK$ vier Winkel hätte, die zusammengenommen gröfser als vier Rechte wären, gegen die erwähnte Hypothese des spitzen Winkels.

Mithin wird der Winkel BAN notwendig von der Geraden $A[S]L$ geschnitten und kann daher nicht als der kleinste von allen gelten, unter denen gezogen AN mit BX ein Lot ND in zwei verschiedenen Punkten gemeinsam hat. Was an zweiter Stelle zu beweisen war.

Und so steht fest, dafs und so weiter.

Zusatz. Hieraus darf man entnehmen, dafs man bei dem kleineren Winkel BAL (bei der Hypothese des spitzen Winkels) ein gemeinsames Lot LK bekommt, das einerseits, wie die Zeichnung erkennen läfst, von der Grundlinie AB weiter entfernt ist und andrerseits kleiner ist als das nähere gemeinsame Lot ND, das man bei dem gröfseren Winkel BAN bekommt. Die zweite Behauptung wird dadurch begründet, dafs in dem Viereck $LKDS$ der Winkel an dem Punkte S bei der genannten Hypothese spitz ist, weil die drei andern der Annahme nach rechte sind. Deshalb ist (nach Zusatz I hinter Lehrsatz III) die Seite LK kleiner als die gegenüberliegende Seite SD und daher viel kleiner als die Seite ND.

Lehrsatz XXXI. *Jetzt behaupte ich, dafs es für die genannten gemeinsamen Lote in zwei verschiedenen Punkten keine bestimmte Grenze giebt, sodafs man also (bei der Hypothese des spitzen Winkels) unter einem immer kleineren spitzen Winkel mit dem Scheitelpunkte A stets zu einem gemeinsamen Lote in zwei verschiedenen Punkten gelangen kann, das kleiner ist, als irgend eine gegebene Länge R.*

Beweis. Wofern es sich nämlich anders verhielte, errichte man in einem Punkte K (man gehe auf Fig. 30 zurück), der auf BX in beliebig grofser Entfernung von dem Punkte B angenommen ist, die Senkrechte KL und denke sich auf diese (nach I. 12) von dem Punkte A das Lot AL gefällt. Dann müfste KL gröfser sein als die Länge R. Der Grund dafür ist folgender: Nimmt man wieder auf BX einen höher gelegenen Punkt Q an, errichtet in ihm auf BX die Senkrechte QF und fällt (wieder nach I. 12) auf diese das Lot AF, so darf QF wiederum nicht kleiner sein als die Länge R. Es ist aber KL (nach dem Zusatze zu dem vorhergehenden Lehrsatze) gröfser als QF. Daher wäre KL gröfser als die genannte Länge R. Und so weiter, wenn man höher hinaufgeht.

Denkt man sich nunmehr die beliebig grofse Gerade KB (wie in Lehrsatz XXV) in Stücke KK geteilt, die jener Länge R gleich sind, und errichtet man in diesen Punkten K Senkrechte, die AX in den Punkten H, D, M treffen, so sind die Winkel an diesen Punkten auf der Seite des Punktes L weder rechte noch stumpfe, weil sonst in einem Viereck, zum Beispiel in $KLMK$, die vier Winkel zusammen gleich oder gröfser als vier Rechte wären, gegen die Hypothese des spitzen Winkels, die wir zu Grunde legen. Alle diese Winkel sind also auf der Seite des Punktes L spitz, und deshalb sind wiederum alle Winkel an diesen Punkten auf der Seite des Punktes A stumpf. Somit ist (nach Zusatz I zu Lehrsatz III) KL, das am weitesten von der Grundlinie entfernt ist, unter den genannten Senkrechten die kleinste, und KM, das derselben Grundlinie am nächsten ist, die gröfste. Und von den übrigen ist die nähere immer gröfser als die entferntere. Deshalb sind (nach dem früheren Lehrsatze XXIV und dem zugehörigen Zusatze) die vier Winkel des Vierecks $KHLK$, das von der Grundlinie AB am entferntesten ist, zusammen gröfser als die Summe der Winkel jedes andern Vierecks, das der Grundlinie näher ist. Demnach würde (wie in Lehrsatz XXV) die Hypothese des spitzen Winkels hinfällig.

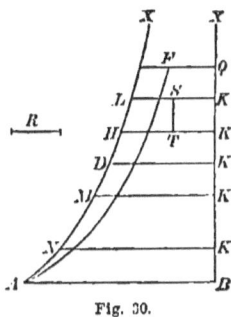

Fig. 30.

Daher giebt es sicher keine bestimmte Grenze der genannten gemeinsamen Lote in zwei verschiedenen Punkten, sodafs man also unter einem immer kleineren spitzen Winkel beim Punkte A (bei der Hypothese des spitzen Winkels) stets zu einem solchen gemeinsamen Lote in zwei verschiedenen Punkten gelangen kann, das kleiner ist als irgend eine gegebene Länge R. Was zu beweisen war.

Lehrsatz XXXII. *Jetzt behaupte ich, dafs es (bei der Hypothese des spitzen Winkels) einen bestimmten spitzen Winkel BAX giebt, unter dem gezogen AX (Fig. 33) erst in unendlicher Entfernung mit BX zusammentrifft und somit nach Innen die Grenze ist aller der Geraden, die unter kleineren spitzen Winkeln gezogen die Gerade BX in endlicher Entfernung schneiden, nach Aufsen aber die Grenze der andern, die unter gröfseren spitzen Winkeln gezogen, bis zum Rechten, diesen eingeschlossen, mit BX ein Lot in zwei verschiedenen Punkten gemeinsam haben.*

Beweis. Erstens giebt es (nach Zusatz II hinter Lehrsatz XXIX) sicher keinen bestimmten spitzen Winkel, welcher der gröfste von allen ist, unter denen eine durch A gezogene Gerade die genannte Gerade BX in endlicher Entfernung trifft.

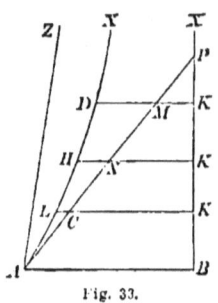

Fig. 33.

Zweitens giebt es (bei der Hypothese des spitzen Winkels) ebensowenig einen kleinsten spitzen Winkel, unter dem gezogen eine Gerade mit BX ein Lot in zwei verschiedenen Punkten gemeinsam hat, da es (nach dem vorhergehenden Lehrsatze) keine bestimmte Grenze geben kann, man vielmehr zu einem kleineren spitzen Winkel mit dem Scheitelpunkte A ein solches gemeinsames Lot in zwei verschiedenen Punkten finden kann, das kleiner als irgend eine angebbare Länge R ist.

Hieraus folgt drittens, dafs es (bei dieser Hypothese) einen gewissen bestimmten spitzen Winkel BAX geben mufs, unter dem gezogen AX sich der Geraden BX zwar immer mehr nähert, sie jedoch erst in unendlicher Entfernung trifft.

Dafs aber eben dieses AX teils nach Innen teils nach Aufsen die Grenze für jede der beiden genannten Arten von Geraden ist, das beweist man so:

Erstens nämlich hat sie mit jenen Geraden, die BX in endlicher Entfernung treffen, das gemeinsam, dafs sie selbst einmal mit BX zusammentrifft; sie unterscheidet sich aber von ihnen, weil das erst in unendlicher Entfernung geschieht.

Zweitens stimmt sie überein mit und unterscheidet sich zugleich von den Geraden, die mit BX ein Lot in zwei verschiedenen Punkten gemeinsam haben, weil sie selber mit BX ein Lot gemeinsam hat, jedoch in ein und demselben unendlich weit entfernten Punkte X. Das zweite nämlich mufs vermöge Lehrsatz XXVIII als bewiesen gelten, worauf ich in dem zugehörigen Zusatze aufmerksam gemacht habe.

Folglich giebt es (bei der Hypothese des spitzen Winkels) sicher einen bestimmten spitzen Winkel BAX, unter dem gezogen AX erst in unendlicher Entfernung mit BX zusammentrifft, und der somit teils nach Innen teils nach Aufsen die Grenze ist einerseits aller der Geraden, die unter kleineren spitzen Winkeln gezogen die Gerade BX in endlicher Entfernung treffen, andrerseits der andern, die unter gröfseren spitzen Winkeln gezogen, bis zum Rechten, diesen eingeschlossen, mit BX ein Lot in zwei verschiedenen Punkten gemeinsam haben. Was zu beweisen war.

Lehrsatz XXXIII. *Die Hypothese des spitzen Winkels ist durch und durch falsch, weil sie der Natur der geraden Linie widerspricht.*

Beweis. Wie aus den vorhergehenden Theoremen hervorgeht, führt die der Euklidischen Geometrie entgegenstehende Hypothese des spitzen Winkels schliefslich dahin, dafs wir das Vorhandensein zweier in derselben Ebene liegender Geraden AX und BX zugeben müssen, die nach der Seite der Punkte X ins Unendliche verlängert schliefslich in ein und dieselbe gerade Linie zusammenlaufen müssen, da sie nämlich in ein und demselben unendlich entfernten Punkte X ein Lot gemeinsam haben, das in derselben Ebene liegt, wie sie selbst*).

Da ich aber hier auf die allerersten Grundsätze eingehen mufs, so werde ich sorgfältig darauf achten, keinen Einwurf, selbst wenn er noch so pedantisch erscheinen möchte, zu übergehen, da dies, wie mir scheint, zu einem vollkommen strengen Beweise der richtige Weg ist.

Hilfssatz I. *Zwei gerade Linien schliefsen keinen Raum ein.*

Euklid erklärt die gerade Linie als eine solche, *die zwischen ihren Punkten auf einerlei Art liegt.* Es sei also (Fig. 37) AX irgend eine Linie, die von dem Punkte A durch beliebige Zwischenpunkte stetig bis zum Punkte X verläuft. Diese Linie heifst dann keine Gerade, wenn sie so beschaffen ist, dafs sie, während ihre beiden Endpunkte fest bleiben, um diese auf die andre Seite gedreht werden kann, zum Beispiel von der linken auf die rechte Seite. Sie heifst dann, sage ich, keine gerade Linie, weil sie nicht auf einerlei Art zwischen ihren gegebenen Endpunkten liegt; sie wird nämlich entweder nach links abweichen, wenn sie sich von dem Punkte A nach dem Punkte X durch gewisse Zwischenpunkte B erstreckt, oder sie wird nach rechts abweichen, wenn sie sich von demselben festgehaltenen Punkte A nach demselben festgehaltenen Punkte X durch gewisse Zwischenpunkte C erstreckt, die von den genannten Punkten B durchaus verschieden sind. Denn einzig und allein diejenige Linie AX darf eine Gerade genannt werden, die sich von dem Punkte A zu dem Punkte X durch solche Zwischenpunkte D erstreckt, die ihrerseits in der Anordnung, in der sie auf einander

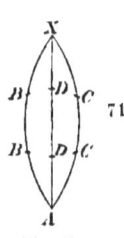

Fig. 37.

---

*) [Vergleiche die Bemerkung S. 98.]

folgen*), bei einer Drehung um jene beiden festgehaltenen Endpunkte A und X niemals neue und neue Lagen annehmen können.

In diesem Begriffe der geraden Linie liegt aber offenbar die angekündigte Wahrheit, dafs nämlich zwei gerade Linien keinen Raum einschliefsen. In der That, sind zwei Linien gegeben, die einen Raum einschliefsen und deren gemeinsame Endpunkte die beiden Punkte A und X sind, so zeigt man leicht, dafs entweder keine oder nur die eine von beiden Linien eine Gerade ist.

Von den beiden Linien, zum Beispiel $ABBX$ und $ACCX$, wird keine eine Gerade sein, wenn man sich $ABBX$ und $ACCX$ um die beiden festgehaltenen Endpunkte A und X derart gedreht denken kann, dafs ihre übrigen Zwischenpunkte dazu übergehen, immer neue Lagen anzunehmen. Nur eine, zum Beispiel $ADDX$, wird eine Gerade sein, wenn man sich $ABBX$ und $ACCX$, die mit $ADDX$ auf jeder von beiden Seiten einen Raum einschliefsen, derart um die festen Endpunkte gedreht denken kann, dafs zwar die Zwischenpunkte von $ABBX$ und $ACCX$ dazu übergehen, immer neue Lagen anzunehmen, während dagegen alle Zwischenpunkte von $ADDX$ in derselben Lage verbleiben.

Folglich ist es unmöglich, dafs zwei Linien, die dem vorher entwickelten Begriffe der Geraden entsprechen, einen Raum einschliefsen. Und das war behauptet.

Zusatz I. Hieraus folgt weiter, dafs man jene Forderung des Euklid zulassen mufs, wonach man *von einem gegebenen Punkte nach jedem beliebig gewählten Punkte eine gerade Linie ziehen kann***). Denn man erkennt deutlich, dafs sich immer ohne jede bestimmte Grenze zwei Linien mit den erwähnten Punkten A und X als Endpunkten ziehen lassen, die einander näher kommen und deshalb weniger Raum einschliefsen, während die eine nach der linken Seite, die andre auf gleiche Art nach der rechten Seite gezogen ist, oder die eine nach oben, die andre nach unten; es lassen sich, sage ich, Linien dieser Art ziehen, die ohne bestimmte Grenze einander immer näher kommen, die in ihrer Gestalt vollkommen mit einander übereinstimmen und deshalb auf einander folgen, wenn man sie um die festgehaltenen Endpunkte A und X gedreht denkt. Hieraus erkennt man ebenso deutlich, dafs (wenn diese gleichgestalteten Linien einander immer näher und näher kommen) sie sich schliefslich in eine einzige vereinigen müssen, und zwar in die Linie ADX, die eben bei einer

---

*) [Im Original heifst es: prout sic invicem continuata.]
**) [Euklid, Elemente, Buch I, Forderung 1.]

Drehung um jene festen Endpunkte keine neue Lage annehmen kann. Und das wird die geforderte gerade Linie sein.

Es giebt daher wiederum sicher nur eine einzige gerade Linie, die von einem gegebenen Punkte nach einem andern beliebig gewählten Punkte gezogen werden kann.

Zusatz II. Übrigens folgt hieraus, dafs man genau ebenso die andre Erklärung Euklids verstehen mufs, in der er sagt, eine Oberfläche sei eben, *wenn sie auf einerlei Art gegen ihre Linien liegt**).

In der That, denkt man sich eine Oberfläche, die von den vorhin genannten Linien eingeschlossen wird, nämlich [Fig. 37] von der geraden $ADDX$ und von der andern $ABBX$ (mag diese nun eine einfache oder eine zusammengesetzte krumme Linie sein oder mag sie aus zwei oder mehr geraden Linien, zum Beispiel aus AB, BB und BX zusammengesetzt sein), denkt man sich, sage ich, eine solche Oberfläche um die festgehaltene Gerade ADX gedreht, bis die Linie ABX mit der entgegengesetzt liegenden Linie ACX zum Zusammenfallen kommt, die überall vollständig gleich und ähnlich mit ABX ist und ihrerseits mit der Geraden ADX (auf derselben Seite, der obern oder der untern) eine Oberfläche einschliefst, die der vorhergenannten ganz gleich und ähnlich ist, so giebt es nur zwei Möglichkeiten: entweder deckt sich die eine Oberfläche vollständig mit der andern, oder die beiden Oberflächen schliefsen einen Raum von dreifacher Ausdehnung ein.

Tritt das Erste ein, dann heifst die Oberfläche eben. Tritt aber das Zweite ein, dann heifst die Oberfläche nicht eben, denn man kann sich Zwischenoberflächen mit denselben Begrenzungslinien eingeschaltet denken, die einander gleich und ähnlich sind und ohne jede bestimmte Grenze einander immer näher kommen und daher auch soweit, dafs jeder Zwischenraum wegfällt. Dann aber mufs man diese beiden Oberflächen eben nennen, weil sie thatsächlich auf einerlei Art zwischen ihren Begrenzungslinien liegen, ohne sich nach den verschiedenen Seiten zu heben oder zu senken.

Hilfssatz II. *Zwei gerade Linien können nicht ein und denselben Abschnitt gemeinsam haben.*

Beweis. Wenn das überhaupt möglich ist, so sei ein und derselbe Abschnitt AX (Fig. 38) den beiden in derselben Ebene über den Punkt X hinaus verlängerten Geraden AXB und AXC gemein-

---

*) [Euklid, Elemente, Buch I, Erklärung 7:
Ἐπίπεδος ἐπιφάνειά ἐστιν, ἥτις ἐξ | Plana superficies est, quaecunque ex ἴσου ταῖς ἐφ' ἑαυτῆς εὐθείαις κεῖται. | aequo rectis in ea sitis iacet.]

schaftlich. Dann beschreibe man um X als Mittelpunkt mit dem Halbmesser XB oder XC den Bogen BMC und ziehe durch X nach irgend einem seiner Punkte M die Gerade XM.

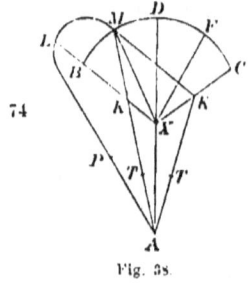

Fig. 38.

Ich behaupte erstens, dafs unter der gemachten Annahme auch die Linie AXM eine Gerade ist, die von dem Punkte A nach dem Punkte X gezogen und über X hinaus verlängert ist. Wäre nämlich diese Linie keine Gerade, so könnte man (nach Zusatz 1 des vorhergehenden Hilfssatzes) eine andre Linie AM ziehen, die ihrerseits gerade wäre. Diese wird entweder eine der beiden Geraden XB und XC in einem gewissen Punkte K schneiden oder eine von beiden, zum Beispiel XB, in den Flächenraum einschliefsen, der von AX, XM und $APLM$ begrenzt wird. Aber die erste Möglichkeit widerstreitet augenscheinlich dem vorhergehenden Hilfssatze, weil dann die beiden Linien AXK und ATK, die der Annahme nach Gerade sind, einen Raum einschlössen. Die zweite aber wird sogleich eines ebensolchen Widersinns überführt.

Die Gerade XB mufs nämlich bei ihrer Verlängerung über B hinaus $APLM$ schliefslich in einem Punkte L treffen. Infolgedessen schlössen wieder die beiden Linien $AXBL$ und APL, die der Annahme nach Gerade sind, einen Raum ein. Wollte man übrigens annehmen, dafs die Gerade XB über B hinaus verlängert schliefslich entweder die Gerade XM oder die Gerade XA in einem andern Punkte träfe, so käme man in gleicher Weise auf einen Widerspruch.

Hieraus aber folgt augenscheinlich, dafs bei der gemachten Annahme die Linie AXM selber die gerade Linie ist, die von dem Punkte A nach dem Punkte M gezogen wurde, und das war die Behauptung.

Zweitens behaupte ich, dafs die Gerade AXB, von der wir ausgingen (wofern man sich jene beliebig gewählte Verlängerung von dem Punkte A über X nach B beibehalten denkt*)), nicht noch zwei verschiedene Lagen in derselben Ebene annehmen kann derart, dafs das Stück AX bei beiden Lagen an seiner Stelle verharrt, während das andre Stück XB bei der einen der beiden Lagen (zum Beispiel) mit XC, bei der andern mit XM zusammenfällt.

Freilich leugne ich hierbei nicht, dafs man sich das Stück XB in

---

*) [*Saccheri* denkt sich AX und XB starr verbunden und dieses starre System um AX gedreht.]

seiner Ebene um den Punkt X so gedreht denken kann, dafs es nach einander (nach dem vorhergehenden Hilfssatze) nicht nur mit XM und XC genau zusammenfällt, sondern auch mit den unzählig vielen andern Geraden genau zusammenfällt, die von dem Punkte A aus nach den übrigen Zwischenpunkten des Bogens BC gezogen werden können. Ich leugne hierbei nicht, sage ich, dafs XB in jeder dieser Lagen als die geradlinige Verlängerung der festen Geraden AX angesehen werden darf, da ich ja vielmehr schon bewiesen habe, dafs dies bei AXM eintreten wird, wenn man das Vorhandensein eines gemeinsamen Abschnittes annimmt. Somit behaupte ich hier weiter nichts, als dafs XB blofs bei einer jener neuen Lagen*), nämlich wenn es mit XC zusammenfällt, dieselbe beliebig gewählte Verlängerung darstellt, wie in der ersten Lage, wo man von dem Punkte A über X nach dem Punkte B fortging.

Dies wird nun so bewiesen: Zunächst kann nämlich jene Verlängerung AXB der Verlängerung AXC nicht durchaus ähnlich oder gleich sein, sobald man beide auf derselben Seite, auf der linken oder auf der rechten, betrachtet, weil sonst AXB und AXC unter diesen Umständen mit einander zusammenfallen müfsten, was gegen die Annahme in Betreff jenes gemeinsamen Abschnittes AX ist. Sie müfsten, sage ich, zusammenfallen, sobald nämlich in Bezug auf die feste Gerade AX die Verlängerungen XB und XC in der betreffenden Ebene sich beide genau in derselben Weise entweder nach links oder nach rechts erstreckten.

Ferner hindert sicher nichts, dafs die genannte Verlängerung AXB auf der einen Seite, zum Beispiel auf der linken, betrachtet genau ähnlich oder gleich der Verlängerung AXC ist, wenn diese auf der entgegengesetzten Seite betrachtet wird, hier also auf der rechten, sodafs mithin AXB, ohne irgend eine Veränderung zu erleiden, in derselben Ebene mit der andern Geraden AXC zur Deckung gebracht werden kann.

Augenscheinlich geht es aber nicht an, dafs die Gerade AXB ohne irgend eine Veränderung ihrer Verlängerung in derselben Ebene mit der andern Geraden AXM zur Deckung gebracht werden kann, die jenen gewissen Winkel BXC bei X teilt. Denn dafs die Verlängerung AXB ganz verschieden ist von der Verlängerung AXM, wenn beide auf derselben Seite, entweder auf der linken oder auf der rechten, betrachtet werden, das ist deshalb klar, weil sonst (wie schon bei ähnlicher

---

*) [Nämlich bei der durch Drehung des starren Systems AXB um AX entstandenen neuen Lage AXC, die zu AXB symmetrisch ist.]

Gelegenheit bemerkt worden ist) unter diesen Umständen AXB und AXM zusammenfallen müfsten.

Es kann aber auch nicht aufrecht erhalten werden, dafs die Verlängerung AXB auf der einen Seite betrachtet, zum Beispiel auf der linken, ganz ähnlich oder gleich sei der Verlängerung AXM, wenn diese auf der entgegengesetzten Seite betrachtet wird, also zum Beispiel auf der rechten. Sonst wäre ja die Verlängerung AXM auf der rechten Seite betrachtet ganz ähnlich oder gleich der Verlängerung AXC, wenn diese auch auf der rechten Seite betrachtet wird, nämlich wegen der vorausgesetzten vollständigen Ähnlichkeit oder Gleichheit zwischen der eben genannten Verlängerung und der Verlängerung AXB, wenn diese auf der linken Seite betrachtet wird, unter diesen Umständen müfsten aber (wie schon vorher gesagt wurde) AXM und AXC mit einander zusammenfallen, was der gegenwärtigen Annahme widerspricht.

Aus alle dem ziehe ich den Schlufs: dafs die angenommene gerade Linie AXB (wofern man sich ihre beliebig gewählte Verlängerung von A bis B beibehalten denkt) nicht noch zwei verschiedene Lagen in dieser Ebene annehmen kann derart, dafs das Stück AX beide Male an seiner Stelle verharrt, während das andre Stück XB bei einer der beiden Lagen (zum Beispiel) mit XC, bei der andern Lage mit XM zusammenfällt. Und das war die Behauptung.

Drittens behaupte ich, dafs die angenommene Gerade AXB auf keine andre Weise ihre beliebig gewählte Verlängerung behalten kann, wenn man sich ihren Teil XB in neue und neue Lagen gebracht denkt, bis er in jener Ebene mit XC zusammenfällt, während das Stück AX inzwischen an derselben Stelle verharrt, sie kann, sage ich, ihre beliebig gewählte Verlängerung nicht bewahren, wenn man sich nicht vorstellt, dafs das Stück XB hinauf- oder herabsteigt, um mit der festgehaltenen Geraden AX in immer neuen Ebenen zu liegen, bis es zur alten Ebene zurückkehrt und dort mit der genannten Geraden XC zusammenfällt.

Dies kann in der That schon für bewiesen gelten, weil man nämlich in derselben Ebene keine andre Lage finden kann, bei der die Gerade AXB (während das Stück AX an seinem Platze verharrt) ihre beliebig gewählte Verlängerung beibehält, aufser wenn sie mit der genannten Geraden AXC zur Deckung gelangt.

Viertens behaupte ich, dafs man auf dem Bogen BC einen solchen Punkt D angeben kann, dafs, wenn XD gezogen wird, AXD nicht nur eine gerade Linie ist, sondern sich auch so verhält, dafs die Verlängerung AXD auf der linken Seite betrachtet genau gleich oder ähnlich derselben Verlängerung ist, wenn man sie auf der rechten Seite betrachtet.

Beweis. Den ersten Teil beweist man (unabhängig von der besondern Wahl des Punktes D auf dem Bogen BC) durch das Verfahren, das wir vorhin bei der Verlängerung AXM benutzt haben.

Der zweite Teil wird so erhärtet: Wir legen dabei zwei Gerade AXB und AXC mit dem gemeinsamen Abschnitte AX zu Grunde. Ferner setzen wir voraus, dafs die Verlängerung AXB auf der linken Seite betrachtet nicht vollständig ähnlich oder gleich derselben Verlängerung ist, wenn man sie auf der rechten betrachtet. Bestände nämlich eine solche vollständige Ähnlichkeit oder Gleichheit, so könnte man leicht zeigen, dafs jener Abschnitt AX keiner andern Geraden angehören kann, und zwar ebenso, wie wir es nachher für die Verlängerung AXD zeigen werden. Endlich setzen wir demzufolge voraus, dafs die Verlängerung AXB, bei Festhaltung des Abschnittes AX, in derselben Ebene eine solche Lage bekommen kann, dafs sie sich mit einer gewissen andern Geraden AXC deckt, wobei die Verlängerung AXC auf der rechten Seite betrachtet ganz ähnlich oder gleich ist der Verlängerung AXB, wenn diese auf der linken Seite betrachtet wird, und wobei wiederum die Verlängerung AXC auf der linken Seite betrachtet ganz ähnlich oder gleich ist der Verlängerung AXB, wenn diese auf der rechten Seite betrachtet wird.

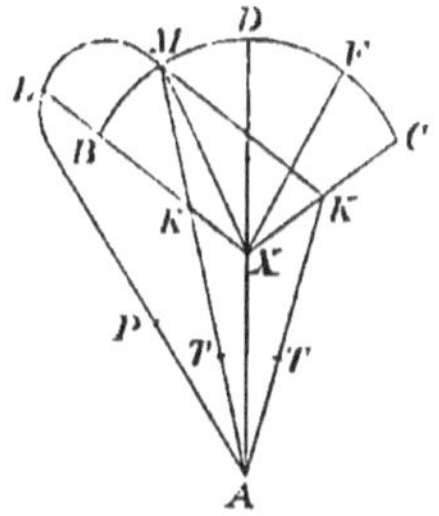

Nunmehr nehme man einen Punkt M auf dem Bogen BC an und ziehe XM. Dann ist die Verlängerung AXM entweder auf der linken und auf der rechten Seite von AX sich selbst vollkommen gleich gestaltet, oder nicht.

Fig. 38.

Tritt das Erste ein, so kann ich von AXM dasselbe beweisen, was ich sogleich von jener Verlängerung AXD beweisen werde. Tritt das Zweite ein, so kann die genannte Gerade AXM in derselben Ebene eine solche Lage bekommen, dafs AX wieder unverändert bleibt, während AXM mit einer Verlängerung AXF zusammenfällt, wobei die Verlängerung AXF auf der rechten Seite betrachtet ganz ähnlich oder gleich ist der Verlängerung AXM, wenn man diese auf der linken betrachtet, und wobei wiederum die Verlängerung AXF auf der linken Seite betrachtet ganz ähnlich oder gleich ist der Verlängerung AXM, wenn man diese auf der rechten betrachtet.

Da ferner der Punkt M näher an dem Punkte B angenommen werden kann als der Punkt C, so wird der Punkt F nicht in den

Punkt C fallen. Denn sonst wäre die Verlängerung AXM auf der linken Seite betrachtet ganz ähnlich oder gleich der Verlängerung AXF oder AXC, wenn man diese auf der rechten betrachtet, und deshalb ganz ähnlich oder gleich der Verlängerung AXB, wenn man diese auf der linken Seite betrachtet, und das ist widersinnig, da die beiden Geraden XM und XB bei der Lage, die für sie angenommen wurde, nicht zusammenfallen.

Der Punkt F liegt aber auch nicht jenseits des Punktes C in der Verlängerung des Bogens BC, weil sonst eine ähnliche Überlegung zeigte, dafs auch der Punkt M, gegen die Annahme, in der Verlängerung des Bogens CB läge, und dann teilte XM links den Winkel AXB, ebenso wie XF rechts den Winkel AXC teilen sollte. Der Punkt M, sage ich, müfste deshalb so liegen, damit AXM, während der Abschnitt AX festgehalten wird, in derselben Ebene zum Zusammenfallen mit AXF gebracht werden kann, weil die Verlängerung AXF auf der rechten Seite betrachtet ganz ähnlich oder gleich ist der Verlängerung AXM, wenn man diese auf der linken betrachtet, und wiederum die Verlängerung AXF auf der linken Seite betrachtet ganz ähnlich oder gleich ist der Verlängerung AXM, wenn man diese auf der rechten betrachtet.

Da nun der Bogen BC gröfser ist als sein Teil MF, und da man in gleicher Weise auf dem Stücke MF zwei andre Punkte mit kleinerem Zwischenraume angeben kann, ohne jede bestimmte Grenze, so mufs, weil sich die genannten Punkte einander nähern, eine der beiden folgenden Möglichkeiten eintreten: die erste besteht darin, dafs man schliefslich zu ein und demselben Zwischenpunkte D gelangt und durch Verbindung von X mit D eine solche Verlängerung AXD erhält, die (wenn man die linke und die rechte Seite vergleicht) einzig und allein die Eigenschaft besitzt, sich selbst durchaus ähnlich oder gleich zu sein. Die zweite Möglichkeit besteht darin, dafs man zwei verschiedene Punkte dieser Art, M und F, findet, und dafs, wenn man XM und XF zieht, zwei Verlängerungen vorhanden sind, die eine AXM, die andre AXF, von denen jede sich selbst ähnlich oder gleich ist, in der schon beschriebenen Art.

Dafs aber diese zweite Möglichkeit ausgeschlossen ist, beweise ich so: Aus dem Wortlaute [der Erklärung der geraden Linie] geht nämlich hervor, dafs eine gerade Linie, die von A aus gezogen über X verlängert wird, in der Ebene nur eine einzige Lage annehmen kann, sobald die hinzugefügte Gerade XF sich auf der rechten und auf der linken Seite der angenommenen Geraden AX ganz gleich verhält, oder nicht mehr nach ihrer linken als nach ihrer rechten Seite abweicht. Es wird also keine zweite Verlängerung AXM geben, die sich ebenfalls auf der linken und auf der rechten Seite von AX ganz gleich verhält. Mithin kann es sicher nicht zugleich eintreten, dafs einerseits die Verlängerung AXF auf der rechten und auf der linken Seite betrachtet sich selbst ganz ähnlich oder gleich ist, und dafs andrerseits eine andre Verlängerung AXM (die ihrer Lage wegen von der linken Seite kleiner erscheint als die Verlängerung AXF) auf der linken Seite betrachtet wiederum gleich ist derselben Verlängerung $[AXM]$ auf der rechten Seite betrachtet, während doch diese, abermals ihrer Lage wegen, von der rechten Seite gröfser erscheint als die erwähnte Verlängerung AXF.

Folglich kann man auf dem Bogen BC nicht zwei solche Punkte M und F finden, dafs die Verbindungsgeraden XM und XF zwei Verlängerungen AXM und AXF liefern, die beide auf die schon erklärte so Art sich selbst durchaus ähnlich oder gleich sind. Hieraus folgt endlich, dafs man schliefslich zu ein und demselben Punkte D gelangt, und dafs dann die Verbindungslinie XD eine solche Verlängerung AXD ergiebt, die einzig und allein die Eigenschaft besitzt, dafs sie (wenn man die linke und die rechte Seite mit einander vergleicht) sich selbst durchaus ähnlich oder gleich ist. Was an dieser Stelle zu beweisen war.

Endlich behaupte ich fünftens, dafs dieses AXD allein eine *gerade* Linie ist, nämlich die *unmittelbare* Verlängerung von A über X nach D. Wenn man nämlich auch das „*auf einerlei Art*"*) bei der Erklärung der geraden Linie zunächst auf die Zwischenpunkte gegenüber den Endpunkten anwenden mufs, woraus wir schon folgerten, *dafs zwei gerade Linien keinen Raum einschliefsen*, so mufs man es doch auch bei der *geradlinigen* Verlängerung dieser geraden Linie hinzu denken. Daher heifst allein XD (das mit AX in derselben Ebene liegt) die *geradlinige* Verlängerung der genannten Geraden AX, wenn XD weder nach der rechten noch nach der linken Seite von AX abweicht, vielmehr nach beiden Seiten *auf einerlei Art* fortgeht, sodafs jene Verlängerung AXD auf der linken Seite betrachtet vollständig ähnlich oder gleich ist derselben Verlängerung, wenn man sie auf der rechten betrachtet. Hieraus folgt nämlich, dafs AXD allein die Eigenschaft hat, wenn AX festgehalten wird, keine andre Lage in der Ebene annehmen zu können, während (nach dem schon Bewiesenen) jene andern Linien AXB und AXM ohne jedwede Änderung ihrer Verlängerungen

---

*) [Im Original heifst es: ly *ex aequo*. Die Bedeutung des Wörtchens *ly* haben wir nicht ermitteln können.]

bei festgehaltenem AX andre Lagen in derselben Ebene annehmen können, nämlich die Lagen AXC' und AXF.

Mithin ist allein AXD, dessen Verlängerung XD nicht blofs mit AX in derselben Ebene liegt, sondern sich auch auf der linken und auf der rechten Seite der genannten Geraden AX ganz gleich verhält, nach der besprochenen Erklärung eine *gerade* Linie oder die *geradlinige* Verlängerung der angenommenen Geraden AX.

Aus alle dem geht schliefslich die Unmöglichkeit hervor, dafs es einen gemeinsamen Abschnitt von zwei geraden Linien giebt. Was zu beweisen war.

Zusatz. Es ist zweckmäfsig, drei Folgerungen aus den zwei vorhergehenden Hilfssätzen anzumerken.

Die erste ist die, dafs zwei Gerade, selbst wenn sie einen unendlich kleinen Abstand von einander haben, keinen Raum einschliefsen können. Der Grund hierfür liegt darin, dafs (wie in dem ersten Hilfssatze) entweder jede von beiden, unter Festhaltung jener beiden gemeinsamen Endpunkte, durch Drehung eine neue Lage erhalten könnte, und dafs daher (nach der früher mitgeteilten Erklärung der geraden Linie) keine von beiden eine gerade Linie wäre, oder dafs nur die eine in ihrer Lage beharrte und daher allein eine gerade Linie wäre.

Dafs aber nicht beide in derselben Lage beharren können, solange sie einen, wenn auch unendlich kleinen, Raum einschliefsen, leuchtet ein, wenn man erwägt, dafs die obere und die untere Seite der Ebene, in der die beiden Geraden liegen, vertauscht werden können, während übrigens jene beiden Endpunkte an derselben Stelle verbleiben.

Die zweite Folgerung besteht darin, dafs keine gerade Linie sich bei beliebiger geradliniger Verlängerung in zwei spalten kann, auch nicht in solche mit unendlich kleinem Zwischenraume. Der Grund hiervon liegt darin, dafs (wie bei dem vorhergehenden Hilfssatze) keine andre geradlinige Verlängerung irgend einer angenommenen einfachen Geraden AX denkbar ist, als die eine XD, die *auf einerlei Art* nach beiden Seiten, sowohl nach der linken als nach der rechten Seite der genannten Geraden AX, fortgeht, woraus folgt, dafs sie bei festgehaltenem AX in dieser Ebene keine andre Lage annehmen kann, wenn sie [als Ganzes] unverändert bleiben soll.

Dafs man aber in derselben Ebene zur Linken eine andre Gerade XM angeben kann, die von XD unendlich wenig abweicht, das nützt nichts. Denn man könnte wiederum zur Rechten eine andre Gerade XF angeben, die gleichfalls unendlich wenig von XD abweicht. Deshalb ist (wie in dem schon erwähnten Hilfssatze) AXD allein eine gerade Linie, wie wir sie erklärt haben.

I. Buch, 1. Teil. — Lehrsatz XXXIII, Hilfssatz II, Zusatz. Hilfssatz III. 119

Die dritte Folgerung endlich ist die, dafs durch den zweiten Hilfssatz unmittelbar der Satz XI. 1 bewiesen wird, dafs nämlich von ein und derselben Geraden nicht ein Teil in einer unteren und ein Teil in einer oberen Ebene liegen kann.

Hilfssatz III. *Wenn zwei Gerade AB und CXD einander in einem Zwischenpunkte X treffen (Fig. 39), so berühren sie sich dort nicht, sondern schneiden einander.*

Beweis. Es liege CXD, wenn das überhaupt möglich ist, ganz auf der einen Seite von AB. Man ziehe AC. Dann fällt AC nicht mit AXC zusammen, was dann als Verlängerung [von AX] aufzufassen wäre, weil sonst (gegen den vorhergehenden Hilfssatz) zwei Gerade, erstens AXC und zweitens die von vornherein gegebene DXC, ein und denselben Abschnitt XC gemeinsam hätten.

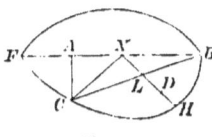

Fig. 39.

Man ziehe ebenso BC. Dann entsteht wiederum BC nicht durch Verlängerung von BA bis zum Punkte C, weil sonst zwei Gerade XAC, ein Stück von BAC, und XC, entgegen dem vorausgeschickten ersten Hilfssatze, einen Raum einschlössen. Daher wird BC entweder XD, das heifst die angenommene Gerade DXC, in einem Punkte L schneiden, und dann schlössen wieder zwei gerade Linien, nämlich LC, ein Stück von BC, und LXC, ein Stück der genannten Geraden DXC, einen Raum ein, oder einer der beiden Endpunkte, nämlich entweder A von BA oder D von CXD, wäre in dem Raume eingeschlossen, der von CX, XB und, jenachdem, von BFC oder BHC begrenzt würde.

In beiden Fällen ergiebt sich jedoch derselbe Widerspruch, sei es, dafs die Verlängerung von BA über A hinaus BFC in einem Punkte F trifft, sei es, dafs die Verlängerung von CXD über D hinaus BHC in einem Punkte H trifft. Immer kommt man auf denselben Widerspruch, dafs zwei Gerade einen Raum einschlössen, nämlich entweder die Gerade BF, ein Stück von BFC, mit der andern Geraden BAF oder die Gerade HC, ein Stück von BHC, mit der Verlängerung $CXDH$ der angenommenen Geraden CXD.

Überdies ergiebt sich derselbe oder ein noch gröfserer Widerspruch, wenn die Verlängerung von BA über A hinaus entweder CX in irgend einem Punkte, oder sich selbst in irgend einem Punkte ihres Stückes XB treffen sollte. Und dies gilt in ähnlicher Weise, wenn die Verlängerung von CXD über D hinaus entweder XB in irgend einem Punkte oder sich selbst in irgend einem Punkte ihres Stückes CX treffen sollte.

Folglich werden zwei Gerade AB und CXD, die einander in einem Zwischenpunkte X treffen, sich dort nicht berühren, sondern einander schneiden. Was zu beweisen war.

Hilfssatz IV. *Jeder Durchmesser halbiert seinen Kreis und dessen Umfang.*

Beweis. Es sei (man kehre zu Fig. 23 zurück) $MDHNKM$ ein Kreis, A sein Mittelpunkt, MN ein Durchmesser. Man denke sich das Stück $MNKM$ des Kreises um die festgehaltenen Punkte M und N so gedreht, dafs es sich schliefslich dem übrigen Stücke $MNHDM$ anfügt oder anpasst.

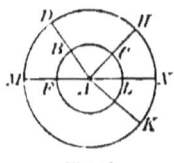

Fig. 23.

Dann bleibt erstens der ganze Durchmesser MAN mit allen seinen Punkten sicher in derselben Lage, weil sonst zwei gerade Linien (gegen den vorhergehenden ersten Hilfssatz) einen Raum einschlössen.

Zweitens fällt sicher kein Punkt K des Umfanges NKM innerhalb oder aufserhalb des Flächenraumes, der von dem Durchmesser MAN und von dem andern Teile des Umfanges, $NHDM$ eingeschlossen wird, weil sonst gegen die Natur des Kreises ein Halbmesser, zum Beispiel AK, kleiner oder gröfser als ein andrer Halbmesser desselben Kreises wäre, zum Beispiel als AH.

Drittens kann jeder Halbmesser MA sicher nur durch einen einzigen andern Halbmesser AN geradlinig verlängert werden, weil sonst (gegen den vorhergehenden zweiten Hilfssatz) zwei der Annahme nach gerade Linien, zum Beispiel MAN und MAH, ein und denselben gemeinsamen Abschnitt MA hätten.

Viertens schneiden sich (nach dem unmittelbar vorhergehenden Hilfssatze) alle Durchmesser des Kreises augenscheinlich in dem Mittelpunkte, und zwar halbieren sie dort einander wegen der bekannten Eigenschaften des Kreises.

Aus alle dem geht hervor, dafs der Durchmesser MAN seinen Kreis und dessen Umfang ganz genau in zwei gleiche Teile teilt, und man kann dasselbe auch allgemein für jeden beliebigen Durchmesser desselben Kreises behaupten. Was zu beweisen war.

Anmerkung. Bei Clavius liest man, dafs Thales aus Milet einen Beweis für diese Wahrheit gegeben habe. Aber vielleicht war dieser Beweis nicht vollkommen einwurfsfrei.

Hilfssatz V. *Unter den geradlinigen Winkeln sind alle rechten ganz genau einander gleich und zwar ohne irgend eine, wenn auch nur unendlich kleine Abweichung.*

I. Buch, 1. Teil. — Lehrsatz XXXIII, Hilfssatz IV, V.   121

Beweis. Euklid erklärt einen geradlinigen Winkel dann für
einen rechten, *wenn er seinem Nebenwinkel gleich ist**). Er verlangt
nicht, dafs man ihm das Vorhandensein eines solchen Winkels zu-
gebe, sondern er beweist es in Form einer Aufgabe in dem elften
Satze des ersten Buches. Dort lehrt er nämlich, wie man in einem
beliebig gegebenen Punkte A (Fig. 40) auf der Ge
raden BC die Senkrechte AD errichten kann, bei der
die Winkel DAB und DAC einander gleich sind.
Dafs aber jene Winkel ganz genau gleich sind ohne
jede auch nur unendlich kleine Abweichung, das ergiebt sich aus dem Zusatze hinter den beiden ersten
Hilfssätzen, die ich vorausgeschickt habe, wenn nämlich
AB und AC einander genau gleich gewählt sind.

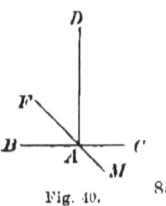

Fig. 40.

Es könnte aber ein Bedenken entstehen, wenn man zwei andre
rechte Winkel LHF und LHM (Fig. 41) an irgend einer andern
Geraden FM mit den genannten rechten Winkeln
DAB und DAC vergleicht**).

Es sei also HL gleich AD, und man denke
sich die ganze spätere Figur [41] so auf die frühere
[40] gelegt, dafs der Punkt H auf den Punkt A
fällt und der Punkt L auf den Punkt D. Nun verfahre ich so:

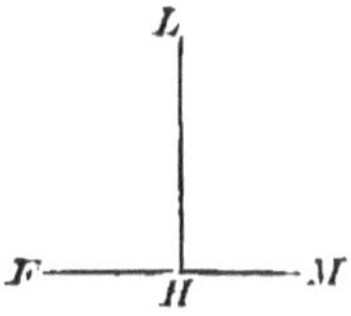

Fig. 41.

Zunächst wird FHM (nach einem früheren Hilfssatze) die Gerade
BC in dem Punkte A nicht genau berühren, also wird es entweder
genau mit BC zusammenfallen, oder es so schneiden, dafs einer der
Endpunkte, zum Beispiel F, oberhalb und der andre, M, unterhalb
fällt. Findet das Erste statt, so haben wir schon deutlich die behauptete ganz genaue Gleichheit zwischen allen geradlinigen rechten
Winkeln. Das Zweite kann aber gar nicht eintreten, weil sonst der
Winkel LHF, das ist DAF, kleiner wäre als der Winkel DAB und
als der Winkel DAC, der diesem der Annahme nach durchaus gleich
ist, und daher viel kleiner als der Winkel DAM oder LHM, was
gegen die Voraussetzung ist.

Es hilft auch nichts anzunehmen, dafs der Winkel DAF unendlich
wenig von dem Winkel DAB oder von dem ihm ganz genau gleichen
Winkel DAC abweiche, der wiederum unendlich wenig von dem Winkel
DAM übertroffen würde. Denn immer wäre, gegen die Voraussetzung,

---

*) [Euklid, Elemente, Buch I, Erklärung 10.]
**) [*Euklid* verlangt in der Forderung 4 des ersten Buches ausdrücklich,
dafs alle rechten Winkel einander gleich seien. Vermutlich hat er diese Forderung eingeführt, weil er den Begriff der Bewegung vermeiden wollte.]

der Winkel DAF oder LHF nicht ganz genau gleich dem Winkel DAM oder LHM.

Folglich müssen alle geradlinigen rechten Winkel einander ganz genau gleich sein ohne irgend eine, wenn auch nur unendlich kleine Abweichung. Was zu beweisen war.

Zusatz. Hieraus folgt, daſs die Gerade, die in einem gegebenen Punkte einer beliebigen geraden Linie in einer Ebene senkrecht zu der Geraden gezogen ist, in dieser Ebene durchaus einzig in ihrer Art ist und sich nicht in zwei spalten kann.

Nachdem ich diese fünf Hilfssätze und ihre Zusätze vorausgeschickt habe, darf ich nunmehr zum Beweise des Haupteinwandes gegen die Hypothese des spitzen Winkels übergehen.

Es ist, wie ich hier als an sich einleuchtend hinstellen darf, kein geringerer Widerspruch, daſs zwei gerade Linien (sei es bei endlicher, sei es bei unendlicher Verlängerung) schlieſslich in ein und dieselbe gerade Linie zusammenlaufen, als daſs ein und dieselbe gerade Linie (sei es bei endlicher, sei es bei unendlicher Verlängerung) sich in zwei gerade Linien spaltet, entgegen dem vorhergehenden Hilfssatze II und dem zugehörigen Zusatze. Da es also der Natur der geraden Linie (nach dem Zusatze zum letzten Hilfssatze) ebenso widerspricht, daſs zwei Gerade in ein und demselben Punkte auf einer dritten Geraden in derselben gemeinsamen Ebene senkrecht stehen, so muſs die Hypothese des spitzen Winkels, da sie der angegebenen Beschaffenheit [der geraden Linie] widerspricht, als durchaus falsch angesehen werden, weil nämlich bei ihr jene beiden Geraden AX und BX (Fig. 33) in ein und demselben gemeinsamen Punkte X senkrecht auf einer dritten Geraden stehen müſsten, die mit ihnen in derselben Ebene liegt*). Das ist aber grade der Punkt, auf dessen Beweis es mir hauptsächlich ankam.

Anmerkung. Hierbei könnte ich mich gut und gern beruhigen. Aber ich will nichts unversucht lassen, um die widerspenstige Hypothese des spitzen Winkels, die ich schon mit der Wurzel ausgerissen habe, als sich selbst widersprechend nachzuweisen. Das wird nun der einzige Zweck der folgenden Theoreme dieses Buches sein.

---

*) [Vergl. Lehrsatz XXXIII, S. 109 und die Anmerkung S. 98.]

Des ersten Buches zweiter Teil,

wo das Euklidische Axiom abermals durch Widerlegung der Hypothese des spitzen Winkels bewiesen wird.

Lehrsatz XXXIV, *in dem eine gewisse Kurve untersucht wird, die aus der Hypothese des spitzen Winkels entspringt.*

Die Gerade CD verbinde zwei gleiche Gerade AC und BD, die auf irgend einer Geraden AB senkrecht stehen. Man halbiere AB und CD in M und H (Fig. 42) und ziehe die Verbindungsgerade MH, die (nach Lehrsatz 11) auf beiden senkrecht steht. Bei der gegenwärtigen Hypothese werden ferner an der Verbindungslinie CD spitze Winkel vorausgesetzt. Deshalb ist in dem Viereck $AMHC$ (nach Zusatz I hinter Lehrsatz III) MH kleiner als AC.

Wenn man jetzt auf der Verlängerung von MH das Stück MK gleich AC annimmt, so sollen die Punkte C, K und D der hier untersuchten Kurve angehören.

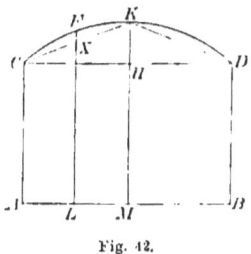

Fig. 42.

Weiter sind die Winkel an der Verbindungslinie CK (nach Lehrsatz VII) ebenfalls spitz, also ist die Gerade LX, die AM und CK halbiert und deshalb (nach Lehrsatz II) unter rechten Winkeln trifft, (nach Zusatz I hinter Lehrsatz III) ebenfalls kleiner als AC. Wenn man daher LF in der Verlängerung von LX gleich AC oder MK annimmt, so soll auch der Punkt F der Kurve angehören. Zieht man ferner CF und FK, so findet man in ähnlicher Weise zwei andre Punkte, die auch der Kurve angehören sollen. Und so immer fort. Es gilt aber die Vorschrift, nach der man Punkte zwischen C und K findet, in derselben Weise auch, wenn man Punkte zwischen K und D finden will.

Die Kurve CKD, die aus der Hypothese des spitzen Winkels entspringt, ist nämlich die Verbindungslinie der Endpunkte aller gleichen Senkrechten, die auf derselben Grundlinie nach derselben Seite errichtet sind, und die man gewöhnlich Ordinaten nennt*). Sie ist, füge ich hinzu, eine Linie, die wegen der Hypothese des spitzen Winkels, aus der sie entspringt, der gegenüberliegenden Grundlinie AB stets ihre hohle Seite zukehrt.

Grade das wollte ich an dieser Stelle darlegen und beweisen.

Lehrsatz XXXV. *Zieht man in irgend einem Punkte L der Grundlinie AB die Ordinate LF der Kurve CKD, so behaupte ich, dafs die Gerade NFX, die auf LF senkrecht steht, beiderseits ganz auf der gewölbten Seite der Kurve liegt und daher Tangente dieser Kurve ist.*

Beweis. Es liege, wenn das überhaupt möglich ist, ein Punkt X (Fig. 43) von NFX in der Höhlung dieser Kurve. Man fälle von dem Punkte X auf die Grundlinie AB das Lot XP, das über X hinaus verlängert die Kurve in einem gewissen Punkte R treffe. Dann schliefse ich so:

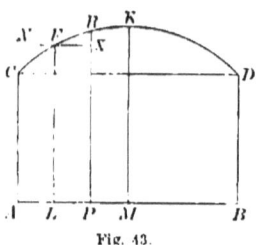

Fig. 43.

In dem Viereck $LFXP$ wird der Winkel bei dem Punkte X weder ein rechter noch ein stumpfer sein, sonst würde nämlich (nach Lehrsatz V und VI) die gegenwärtige Hypothese des spitzen Winkels hinfällig. Infolgedessen ist der genannte Winkel spitz. Deshalb wird (nach Zusatz I hinter Lehrsatz III) PX und daher um so mehr PR gröfser sein als LF. Das widerspricht aber (nach dem Vorhergehenden) der Natur unsrer Kurve. Folglich mufs die Verlängerung der Geraden NF ganz auf die gewölbte Seite fallen, und diese Gerade wird daher Tangente der Kurve sein. Was zu beweisen war.

Lehrsatz XXXVI. *Wenn irgend eine Gerade XF (Fig. 44) mit irgend einer Ordinate LF einen spitzen Winkel bildet, so liegt der Punkt X nicht aufserhalb der Höhlung der Kurve, wenn nicht XF vorher die Kurve in einem Punkte O geschnitten hat.*

Beweis. Man kann jedenfalls auf XF den Punkt X so nahe an dem Punkte F annehmen, dafs die Verbindungslinie LX die Kurve vorher in einem [von F verschiedenen] Punkte S schneidet, denn sonst läge XF entweder nicht ganz aufserhalb der Höhlung der Kurve, und dann hätten wir schon die Behauptung, oder es bildete

---

*) [Im Original: rectae ordinatim applicatae.]

sogar mit FL keinen spitzen Winkel, man müfste vielmehr schliefsen, dafs XF mit LF in eine Gerade zusammenfällt.

Man fälle demnach von dem Punkte S auf die Grundlinie AB das Lot SP, das (nach Lehrsatz XXXIV) gleich LF ist. Es ist aber SP (nach I. 19) kleiner als LS. Also ist auch LF kleiner als LS und daher viel kleiner als LX. Mithin ist in dem Dreieck LXF der Winkel bei dem Punkte X spitz, weil er (nach I. 18) kleiner ist als der Winkel LFX, der als spitz vorausgesetzt wurde.

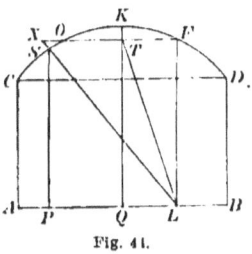

Fig. 41.

Nunmehr fälle man auf FX das Lot LT. Dieses fällt (nach I. 17) auf die Seite der beiden spitzen Winkel. Deshalb liegt der Punkt T zwischen den Punkten X und F. Darauf fälle man von dem Punkte T auf die Grundlinie AB das Lot TQ. Dann wird LF (wegen des rechten Winkels in T) gröfser als LT und dieses (wegen des rechten Winkels in Q) gröfser als QT. Also ist LF viel gröfser als QT. Nimmt man daher in der Verlängerung von QT das Stück QK gleich LF an, so gehört der Punkt K (nach Lehrsatz XXXIV) der betrachteten Kurve an, und es fällt daher der Punkt T in die Höhlung dieser Kurve.

Folglich kann die Gerade FT, welche die beiden Geraden QK und LT in T schneidet, mit der Verlängerung von LS nicht in einem Punkte X zum Schnitte kommen, der aufserhalb der Höhlung der betrachteten Kurve liegt, wenn nicht vorher die Verlängerung von FT das Stück dieser Kurve, das zwischen den Punkten S und K liegt, in einem Punkte O schneidet. Das aber war zu beweisen.

Zusatz. Hieraus geht deutlich hervor, dafs zwischen die Tangente dieser Kurve und die Kurve selbst keine Gerade [Halbstrahl] gelegt werden kann, die auf der einen oder auf der andern Seite der Tangente ganz aufserhalb der Höhlung der Kurve liegt, da ja eine so gelegte Gerade (nach dem vorhergehenden Lehrsatze) einen spitzen Winkel mit dem Lote bilden mufs, das von dem Berührungspunkte auf die gegenüberliegende Grundlinie gefällt ist.

Lehrsatz XXXVII. *Die Kurve CKD, die aus der Hypothese des spitzen Winkels entspringt, müfste der gegenüberliegenden Grundlinie gleich sein.*

Dem Beweise schicke ich folgendes *Axiom* voraus: Werden zwei Linien halbiert, dann ihre Hälften und wiederum ihre Viertel halbiert, und verführt man in derselben Weise beliebig oft bis ins Unendliche, so sind die beiden Linien sicher einander gleich, so oft es sich bei

dieser bis ins Unendliche gleichmäfsig fortgesetzten Teilung herausstellt oder beweisen läfst, dafs man schliefslich zu zwei einander entsprechenden Teilen kommen mufs, von denen feststeht, dafs sie einander
gleich sind.

Nunmehr folgt der **Beweis** der Behauptung.

Man denke sich auf der Grundlinie AB nach der Kurve CKD
hin (Fig. 45) beliebig viele Senkrechte NF, LF, PF, MK, TF,
VF, IF errichtet, und es seien die
Stücke der Grundlinie AN, NL, LP,
PM, MT, TV, VI, IB einander gleich.

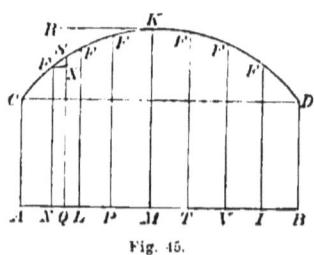

Fig. 45.

Dann ist erstens der Winkel
zwischen AC und der Kurve sicher
gleich den einzelnen Winkeln, welche
die genannten Lote mit der Kurve zu
beiden Seiten der Punkte F oder des
Punktes K oder beim Punkte D bilden.
Denkt man sich nämlich das gemischte
Viereck $ANFC$ auf das gemischte Viereck $NLFF$ gelegt, sodafs die
Grundlinie AN auf die gleiche Grundlinie NL zu liegen kommt, so
fällt AC auf NF und NF auf LF, weil jeder der Winkel bei den
Punkten A, N und L gleich einem Rechten ist. Ferner fällt (nach
Lehrsatz XXXIV) wegen der Gleichheit der Geraden AC, NF und
LF der Punkt C auf den Punkt F von NF und dieser auf den andern
Punkt F von LF. Aufserdem deckt sich die Kurve CF ganz genau
mit der Kurve FF. Käme nämlich eine von beiden, zum Beispiel CF,
innerhalb oder aufserhalb zu liegen, so könnte man irgend einen
Punkt Q zwischen den Punkten N und L annehmen und in ihm die
Senkrechte errichten, welche die eine Kurve in X, die andre in S
schnitte, und dann wären (nach der bekannten Beschaffenheit der Kurve)
QX und QS gleich, was widersinnig ist. Dasselbe gilt, wenn bei dem
erwähnten Aufeinanderlegen die Gerade NF in ihrer Lage bleibt,
und AC auf LF fällt. Dasselbe gilt ferner, wenn man sich das näm-
liche gemischte Viereck $ANFC$ in einer der beiden Weisen auf irgend
eins der übrigen Vierecke gelegt denkt, bis zum letzten Viereck $BDFI$
einschliefslich. Folglich ist der Winkel zwischen AC und der Kurve
gleich den einzelnen Winkeln zwischen den genannten Senkrechten
und derselben Kurve zu beiden Seiten der Punkte F oder des Punktes
K oder beim Punkte D.

Zweitens geht hieraus hervor, dafs die einzelnen Stücke der
Kurve, die von je zwei benachbarten Senkrechten abgeschnitten werden,
einander vollständig gleich sind.

Wenn also die Grundlinie AB in M halbiert und die Hälfte AM in L halbiert wird, dann das Viertel LM in P halbiert wird und so fort bis ins Unendliche, wobei man immer nach der Seite des Punktes M fortgeht, so wird drittens offenbar auch die Kurve CKD in K von der Senkrechten MK halbiert, ebenso die Hälfte CK wieder in F von der Senkrechten LF halbiert, das Viertel PK in F von der Senkrechten PF halbiert, und so weiter bis ins Unendliche, wenn man in derselben Weise nach der Seite des Punktes K fortgeht.

Nun können wir annehmen, dafs man bei dieser ins Unendliche fortgesetzten Teilung der Grundlinie AB schliefslich zu einem unendlich kleinen Stück von AB gelangt, das durch die unendlich kleine Breite der Senkrechten MK dargestellt wird, und dann ergiebt sich **viertens** (aus dem vorangeschickten Axiome) die behauptete Gleichheit der ganzen Grundlinie AB mit der ganzen Kurve CKD, wenn ich nur zeigen kann, dafs das unendlich kleine Stück, das die Senkrechte MK von der Grundlinie AB abschneidet, genau gleich ist dem unendlich kleinen Stück, das dieselbe Senkrechte von der Kurve CKD abschneidet. Und dieses letztere beweise ich so:

Wenn die Gerade RK auf KM senkrecht steht, so berührt sie (nach Lehrsatz XXXV) die Kurve in K, und zwar berührt sie diese in K so, dafs (nach dem Zusatze hinter Lehrsatz XXXVI) zwischen die Tangente und die Kurve auf keiner von beiden Seiten eine Gerade [Halbstrahl] gelegt werden kann, welche die Kurve nicht schneidet. Mithin ist das zur Kurve gehörige, unendlich kleine Stück K genau ebenso grofs, wie das zur Tangente gehörige, unendlich kleine Stück K. Nun ist aber das zur Tangente gehörige, unendlich kleine Stück K weder gröfser noch kleiner als das unendlich kleine, zur Grundlinie AB gehörige Stück M, vielmehr ihm vollständig gleich, weil man sich nämlich die Gerade MK dadurch beschrieben denken kann, dafs eben dieser Punkt M in beständig gleichmäfsiger Bewegung bis zu der Höhe von K hinaufrückt.

Deshalb müfste (nach dem vorausgeschickten Axiome) die Kurve CKD, die aus der Hypothese des spitzen Winkels entspringt, der gegenüberliegenden Grundlinie AB gleich sein. Was zu beweisen war.

Anmerkung I. Aber vielleicht wird manchem die eben behauptete genaue Gleichheit zwischen jenen unendlich kleinen Stücken M und K zu wenig einleuchtend erscheinen*). Um daher dieses Bedenken zu beseitigen, verfahre ich wiederum so:

---

*) [*Saccheri* scheint also selbst gefühlt zu haben, dafs der eben geführte Beweis ungenügend ist.]

Auf irgend einer Geraden AB mögen in derselben Ebene zwei gleiche Geraden AC und BD (Fig. 48) senkrecht stehen. Man denke sich in derselben Ebene einen Kreis $BLDH$ mit dem Durchmesser BD, dessen halber Umfang BLD der genannten Geraden AB gleich ist. Nunmehr stelle man sich vor, dieser Kreis rolle in seiner Ebene derart über die Gerade AB hin, dafs er in stetiger und gleichmäfsiger Bewegung mit den Punkten seines halben Umfanges die genannte Gerade BA durchmisst oder beschreibt, bis nämlich der zu jenem halben Umfange gehörige Punkt D mit dem Punkte A zusammenfällt, wobei dann der Punkt B, der andre Endpunkt desselben halben Umfanges, mit dem Punkte C zusammenfällt.

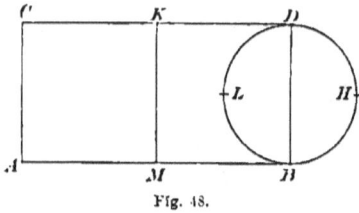

Fig. 48.

Nunmehr möge auf dem halben Umfange BLD irgend ein Punkt L gewählt werden, dem bei der Beschreibung der geraden Linie BA der Punkt M entspricht. In M errichte man in derselben Ebene die Senkrechte MK gleich BD. Dann behaupte ich, dafs dem Punkte K grade der Endpunkt H des durch L gehenden Durchmessers entspricht.

Es berührt nämlich hier die Gerade AB den genannten Kreis in dem Punkte M oder L, infolgedessen geht die Gerade MK, die auf AB senkrecht steht (nach III. 19[*]), was von dem strittigen Axiome durchaus unabhängig ist), durch den Mittelpunkt desselben Kreises. Sobald daher der Punkt L bei einem solchen Rollen des Kreises $BLDH$ mit dem Punkte M auf AB zusammenfällt, wird auch der Endpunkt H des durch den genannten Punkt L gehenden Durchmessers auf den Punkt K von MK fallen.

Weiter gilt dasselbe sicher in entsprechender Weise von den übrigen Punkten des halben Umfanges BLD und den gegenüberliegenden Endpunkten der zugehörigen Durchmesser, die auf dem andern halben Umfange BHD liegen. Daher ist die Linie, die auf diese Weise von den Punkten des halben Umfanges BHD nach und nach beschrieben wird, die schon untersuchte Linie DKC, die in allen ihren Punkten von der Geraden BA denselben Abstand hat, und die infolgedessen (bei der Hypothese des spitzen Winkels) auf der Seite von AB immer hohl ist.

---

[*]) [Wenn eine Gerade einen Kreis berührt, und man vom Berührungspunkte aus senkrecht zu der berührenden Geraden eine gerade Linie zieht, so liegt auf dieser der Mittelpunkt des Kreises.]

Hieraus aber folgt, dafs die Punkte M auf BA und K auf DKC als genau gleich anzusehen sind, weil sie nämlich den beiden Endpunkten L und H des zu ihnen gehörigen Durchmessers des Kreises $BLDH$ durchaus gleich sind. Da nun dasselbe von allen Punkten der Geraden BA gilt, die bei dem Rollen beschrieben wird, wenn man sie mit den andern, ihnen ebenso gegenüberliegenden Punkten jener angenommenen Kurve DKC vergleicht, so folgt offenbar, dafs eben diese Kurve, die aus der Hypothese des spitzen Winkels entspringt, der gegenüberliegenden Grundlinie AB gleich zu erachten ist. Aber grade das hatte ich durch diese neue Methode wiederum zu beweisen unternommen*).

Anmerkung II. Weil man sich aber die Gerade BA bei jener immer gleichmäfsigen und stetigen Bewegung nach und nach von den Punkten des halben Umfanges BLD beschrieben denkt, und weil in entsprechender Weise die Linie DKC von den zugehörigen gegenüberliegenden Punkten des andern halben Umfanges BHD beschrieben wird, so erkennt man leicht, dafs die Gerade BA durch jene immer gleichmäfsige und stetige Bewegung von einem einzigen Punkte B beschrieben wird, den man sich mit jenem halben Umfange (gewissermafsen abgewickelt) immer auf BA hinlaufend denken mufs, während inzwischen in genau derselben Zeit durch dieselbe immer gleichmäfsige und stetige Bewegung jene andre Kurve DKC von einem einzigen Punkte D beschrieben wird, nämlich von dem andern Endpunkte des zu B gehörigen Durchmessers, den man sich seinerseits (gewissermafsen abgewickelt) mit seinem andern halben Umfange BHD immer auf der genannten Kurve DKC hinlaufend denken mufs. Dann aber erkennt man leichter die behauptete Gleichheit zwischen DKC und der gegenüberliegenden Geraden BA, weil beide in gleicher Zeit und durch die gleiche Bewegung von zwei einander ganz genau gleichen Punkten oder besser unendlich kleinen Stücken beschrieben werden**). Übrigens hat die ganz genaue Gleichheit der genannten Punkte offenbar auf die neue Betrachtung gar keinen Einflufs.

Lehrsatz XXXVIII. *Die Hypothese des spitzen Winkels ist ganz und gar falsch, weil sie sich selbst zerstört.*

---

*) [Dieser Beweis leidet an genau denselben Gebrechen wie der vorhergehende.]

**) [Auch diese Betrachtungen sind nicht besser als die vorhergehenden. Der Kreis $BHDL$ rollt zwar auf der Geraden AB und wickelt sich auf ihr ab, aber er rollt nicht zu gleicher Zeit auf der Kurve DKC und wickelt sich infolgedessen auch nicht auf dieser ab.]

Beweis. Vorhin haben wir nämlich aus der Hypothese des spitzen Winkels deutlich erschlossen, dafs die aus ihr abgeleitete Kurve CKD (Fig. 46) der gegenüberliegenden Grundlinie AB gleich sein mufs. Jetzt aber erschliefsen wir aus derselben Hypothese das Gegenteil, dafs nämlich die Kurve CKD jener Grundlinie nicht gleich sein kann, weil sie unbedingt gröfser ist als diese.

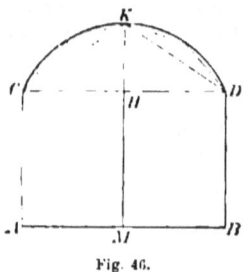

Fig. 46.

Dafs nämlich die Kurve CKD gröfser ist als die Gerade CD, die ihre Endpunkte verbindet, das zeigt die unmittelbare Anschauung. Man kann es allerdings auch mit Hilfe von I. 20 beweisen, wonach zwei Seiten eines Dreiecks zusammen immer gröfser sind als die dritte, indem man nämlich CK und KD zieht, und wiederum in ähnlicher Weise zunächst die Spitzen von zwei Abschnitten verbindet, dann von vier und so weiter ins Unendliche, wobei die Anzahl der so entstehenden Abschnitte sich immer verdoppelt, bis die ganze Kurve CKD auf diese Weise schliefslich in die unendlich kleinen Sehnen oder Tangenten zerlegt ist. Indes brauchen wir uns hier blofs auf die unmittelbare Anschauung zu berufen.

Dafs jedoch andrerseits die Verbindungslinie CD gröfser ist als die Grundlinie AB, das haben wir im dritten Lehrsatze aus der innersten Natur der Hypothese des spitzen Winkels bewiesen. Daher ist die Kurve CKD, die aus der Hypothese des spitzen Winkels entspringt, gewifs gröfser als die Grundlinie AB, denn nach der unmittelbaren Anschauung ist sie gröfser als die Gerade CD, und diese ist, wie bei der Hypothese des spitzen Winkels bewiesen werden kann, gröfser als die Grundlinie AB. Damit ist aber nicht vereinbar, dafs die Kurve CKD der Grundlinie AB gleich ist.

Mithin steht fest, dafs die Hypothese des spitzen Winkels ganz und gar falsch ist, weil sie sich selbst zerstört.

Anmerkung. Ich mufs noch bemerken, dafs auch aus der Hypothese des stumpfen Winkels eine gewisse Kurve CKD entspringt, die jedoch auf der Seite der Grundlinie AB gewölbt ist. Denn die Halbierungslinie MH (Fig. 47) von AB und CD steht (nach Lehrsatz II) auf beiden senkrecht und ist bei der Hypothese des stumpfen Winkels (nach Zusatz I hinter Lehrsatz III) gröfser als AC und BD. Deshalb

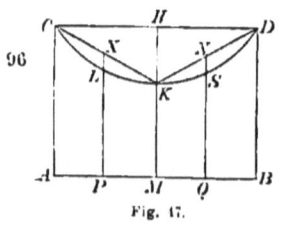

Fig. 47.

ist ein gewisses Stück MK von MH gleich AC oder BD. Zieht man jetzt CK und KD und halbiert die Geraden CK, AM, MB, KD in den Punkten X, P, Q, N, so stehen (wieder nach Lehrsatz II) die Verbindungslinien PX und QN sicher auf den durch sie geteilten Geraden senkrecht. Sie sind aber wiederum (ebenfalls nach Zusatz I hinter Lehrsatz III) gröfser als AC, MK und BD. Nimmt man daher auf ihnen Stücke PL und QS an, die den genannten Geraden gleich sind, so hat man eine aus der Hypothese des stumpfen Winkels entspringende Kurve, die durch die Punkte C, L, K, S, D hindurchgeht. Und so immer weiter, wenn man die übrigen Punkte derselben Kurve angeben will. Hieraus aber geht hervor, dafs die Kurve auf der Seite der Grundlinie AB gewölbt ist.

Nun gebe ich zu, dafs man genau auf dieselbe Weise die Gleichheit dieser Kurve mit der Grundlinie AB hätte beweisen können. Aber was wäre der Erfolg? Sicherlich gar keiner! Denn, wenn einerseits jene Kurve CKD, nach der unmittelbaren Anschauung, für gröfser gelten mufs als die Gerade CD, so wird andrerseits (in Lehrsatz III) bewiesen, dafs die Grundlinie AB gröfser ist als CD, sobald die Hypothese des stumpfen Winkels gilt. Es ist also hier kein Widersinn, wenn die Grundlinie AB der genannten Kurve gleich ist. Dafs es sich aber bei der Hypothese des spitzen Winkels ganz anders verhält, das geht aus dem vorhin Gesagten hervor.

Aus dieser Anmerkung nun und aus einer andern hinter Lehrsatz XIII ist zu ersehen, dafs wir zur Widerlegung der beiden falschen Hypothesen, der des stumpfen Winkels und der des spitzen Winkels, zwei ganz verschiedene Wege einschlagen mufsten.

Übrigens erkennt man aus dem Vorhergehenden ohne Mühe, dafs nur die gerade Linie CD in allen ihren Punkten gleichen Abstand von der Grundlinie AB haben kann.

Lehrsatz XXXIX. *Werden zwei gerade Linien von einer andern geschnitten, und sind die innern Winkel, die diese auf derselben Seite bildet, zusammen kleiner als zwei Rechte, so treffen die beiden Linien, ins Unendliche verlängert, einander auf der Seite, wo die Winkel zusammen kleiner sind als zwei Rechte.*

Das ist eben das berühmte Euklidische Axiom, das ich endlich vollständig zu beweisen unternehme.

Zu diesem Endzwecke aber genügt es, an einige der vorhergehenden Beweise zu erinnern. Ich habe in meinen Lehrsätzen bis zum siebenten einschliefslich in Bezug auf die Verbindungsgerade der Endpunkte von zwei gleich langen Geraden, die in derselben

Ebene auf einer von mir Grundlinie genannten Geraden senkrecht stehen, drei Hypothesen unterschieden. Von diesen Hypothesen (deren Kennzeichen bei mir die Beschaffenheit der Winkel ist, die an der Verbindungslinie auftreten sollen) beweise ich ferner, dafs, wenn eine von ihnen, nämlich entweder die des rechten Winkels oder die des stumpfen Winkels oder die des spitzen Winkels, auch nur in einem Falle richtig ist, dafs sie dann in jedem Falle immer allein die richtige ist. Darauf zeige ich in Lehrsatz XIII die allgemeine Giltigkeit des strittigen Axioms, sobald eine von den beiden Hypothesen des rechten oder des stumpfen Winkels besteht. Hieraus leite ich im Lehrsatze XIV ab, dafs die Hypothese des stumpfen Winkels ganz und gar falsch ist, weil sie sich selbst zerstört, weil sie nämlich die Wahrheit des genannten Axioms nach sich zieht, das, in Widerspruch mit den beiden übrigen Hypothesen, nur für die Hypothese des rechten Winkels Raum übrig läfst. Daher bleibt blofs die Hypothese des spitzen Winkels übrig, gegen die längere Zeit gekämpft werden mufste.

Aber auch von dieser zeige ich (nachdem ich bei geeigneter Gelegenheit Vieles, um nicht zu sagen Alles, geprüft habe) endlich in Lehrsatz XXXIII, dafs sie ganz und gar falsch ist, weil sie der Natur der geraden Linie widerspricht, über die ich dort viele, jedoch unentbehrliche Hilfssätze einfüge. Endlich aber beweise ich in dem vorhergehenden Lehrsatze in aller Vollständigkeit, dafs die Hypothese des spitzen Winkels sich selbst widerspricht. Da somit einzig und allein die Hypothese des rechten Winkels übrig bleibt, so folgt hieraus offenbar, dafs durch den erwähnten Lehrsatz XIII das vorhin ausgesprochene Euklidische Axiom vollständig begründet wird. Und das war die Behauptung.

Anmerkung. An dieser Stelle möchte ich einen bemerkenswerten Unterschied zwischen den vorhergehenden Widerlegungen der beiden Hypothesen zur Sprache bringen.

Bei der Hypothese des stumpfen Winkels ist nämlich die Sache heller als die Sonne im Mittag, weil sich ja, wenn man sie als wahr annimmt, aus ihr die vollständige und allgemeine Giltigkeit des strittigen Euklidischen Axioms erweisen läfst, und daraus kann nachher die vollständige Unrichtigkeit eben dieser Hypothese bewiesen werden, wie das aus Lehrsatz XIII und XIV hervorgeht.

Dagegen gelingt es mir nicht, die Unrichtigkeit der andern Hypothese, nämlich der des spitzen Winkels, nachzuweisen, ohne vorher zu zeigen, dafs die Linie, deren Punkte alle von einer angenommenen geraden Linie gleich weit abstehen, und die in derselben Ebene mit dieser liegt, eben dieser Geraden gleich ist.

Nun könnte es scheinen, als ob ich grade das nicht aus dem eigentlichen Wesen dieser Hypothese bewiesen hätte, was doch für eine tadellose Widerlegung erforderlich gewesen wäre. Ich antworte aber, dafs ich in Lehrsatz XXXVII drei Mittel gebraucht habe, um die genannte Gleichheit zu beweisen. Zunächst beweise ich in diesem Lehrsatze selbst, dafs die Kurve CKD, die ja aus der Hypothese des spitzen Winkels entspringt (und die deshalb auf der Seite jener Geraden AB immer hohl ist), dieser gleich sein mufs, und zwar, indem ich meine Beweisgründe von den Tangenten dieser Kurve hernehme. Darauf beweise ich in den beiden Anmerkungen zu demselben Lehrsatze, ohne die Giltigkeit einer besonderen der drei Hypothesen vorauszusetzen, wiederum zweimal die Gleichheit der so erzeugten Linie CD mit der Grundlinie AB, gleichgiltig welche Beschaffenheit man sonst der so erzeugten Linie CD zuschreibt.

Erkennt man nun an, dafs die Gleichheit jener Kurve CKD, wie sie aus der Hypothese des spitzen Winkels entspringt, mit der Grundlinie AB auf die erste Art wirklich bewiesen ist, so bekommt man eine überzeugende Widerlegung, denn bei derselben Hypothese läfst sich offenbar nachweisen, dafs CKD gröfser ist. Erkennt man aber an, dafs die Gleichheit auf eine der beiden andern Arten bewiesen ist, so wird auch dann die Widerlegung der Hypothese des spitzen Winkels mit nichten versagen. Der Grund liegt darin, dafs CD zwar sehr gut krumm und nichtsdestoweniger der Geraden AB gleich sein kann, wenn nur CD immer auf jener Seite gewölbt, und somit die Verbindungsgerade derselben Punkte C und D kleiner ist als die gegenüberliegende Grundlinie AB, was bei der Hypothese des stumpfen Winkels eintritt; dafs es aber durchaus ein Widerspruch ist, wenn CD auf derselben Seite immer hohl und somit die genannte Verbindungsgerade jener Punkte C und D gröfser ist als die gegenüberliegende Grundlinie AB, was bei der Hypothese des spitzen Winkels eintritt. In dieser Weise ist die Sache bereits in der Anmerkung zu dem vorhergehenden Lehrsatze auseinandergesetzt worden. Freilich leuchtet ein, dafs hieraus keine Widerlegung der Hypothese des stumpfen Winkels folgt, dafs vielmehr auf diese Art einzig und allein die Hypothese des spitzen Winkels zerstört wird.

Vielleicht könnte aber hier jemand fragen, warum ich so besorgt bin nachzuweisen, dafs die Widerlegung der beiden falschen Hypothesen unanfechtbar ist. Deshalb, erwiedere ich, weil daraus hervorgeht, dafs Euklid nicht ohne genügenden Grund jenes berühmte

Axiom als an und für sich einleuchtend angenommen hat. Denn grade darin scheint, sozusagen, der Charakter jeder Grundwahrheit zu liegen, dafs sie nur, indem die Wahrheit ihres Gegenteils gründlich widerlegt wird, in ihr altes Recht wieder eingesetzt werden kann. Und ich darf sagen, dafs mir dies von meiner Jugend an bei der Untersuchung einiger Grundwahrheiten geglückt ist, wie aus meiner Logica demonstrativa [1692, 1701] hervorgeht.

Nunmehr kann ich mich dazu wenden, auseinanderzusetzen, warum ich in dem Vorwort an den Leser gesagt habe: *gewisse Leute hätten nicht ohne einen groben Verstofs gegen die strenge Logik Paare gleichweit entfernter gerader Linien von vorn herein als gegeben angenommen.* Dabei mufs ich ausdrücklich erklären, dafs ich hiermit keinen von denen angreife, die ich in meinem Buche, wenn auch nur mittelbar, genannt habe; denn sie sind wahrhaft grofse Geometer und von diesem Verstofse unzweifelhaft frei.

Ich sage aber: *einen groben Verstofs gegen die strenge Logik*, denn was heifst: *zwei gleich weit entfernte gerade Linien* als gegeben annehmen andres, als entweder verlangen, dafs jede Linie, die in derselben Ebene von einer angenommenen Geraden gleich weit entfernt ist, wieder eine gerade Linie sei, oder wenigstens annehmen, dafs eine gewisse gleich weit entfernte Linie eine gerade Linie sein kann, sodafs man also eine solche entweder auf Grund einer Hypothese oder auf Grund einer Forderung in der betreffenden Entfernung von der andern annehmen darf? Unzweifelhaft kann man keins von beiden als an sich einleuchtend einschmuggeln, denn dafs der reine Begriff einer Linie, die in allen ihren Punkten von einer angenommenen geraden Linie gleich weit entfernt ist, mit dem ursprünglichen Begriffe der geraden Linie zusammenfällt, ist keineswegs unmittelbar klar. Zwei gerade Linien für *parallel* zu erklären, *wenn sie gleich weit von einander entfernt sind*, ist deshalb ein Fehler, den ich in meiner Logik den der *zweideutigen Erklärung* nenne; bei einer solchen ist aber jeder Versuch, zur unbedingten Wahrheit zu gelangen, nutzlos.

Ich finde jedoch, dafs noch eine Bemerkung gemacht werden mufs. Wir alle wollen zugeben, dafs die Verbindungslinie der Endpunkte aller Senkrechten, die in ein und derselben Ebene nach derselben Seite in den einzelnen Punkten einer angenommenen geraden Linie AB errichtet sind, sowohl der genannten Geraden AB gleich als auch selbst eine Gerade sein mufs. Ich behaupte aber: Wir erkennen zuerst, dafs sie gleich ist, und erst dann, dafs sie gerade ist. Da man sich nämlich vorstellen kann, dafs die einzelnen Punkte jener Geraden AB immer gleichmäfsig auf ihren Senkrechten fortschreiten, bis sie endlich jene gewisse Linie CD bilden, so muſs einleuchten, daſs die so erzeugte Linie CD, wie sie auch sonst beschaffen sei, gleich AB ist, besonders wenn man die Auseinandersetzung berücksichtigt, die in der Anmerkung II hinter Lehrsatz XXXVII enthalten ist, wo dieser Punkt auf das Deutlichste bewiesen wurde.

Indes bleibt alsdann noch eine groſse Schwierigkeit, nämlich zu beweisen, daſs die so erzeugte Kurve CD nur eine gerade Linie sein kann. Und daher kommt es, wie mir scheint, daſs man, um leichter von der Stelle zu kommen, einem allgemein verbreiteten Vorurteile nachgebend, lieber von vorn herein angenommen hat, CD sei eine gerade Linie, um daraus abzuleiten, daſs es der Grundlinie AB gleich ist, und um nachher die rechten Winkel an der Verbindungsgeraden CD einzuführen.

Ich sage aber: *eine groſse Schwierigkeit*, denn es mussten zuerst die drei Hypothesen in Betreff der Winkel an der Verbindungsgeraden CD eingeführt werden, die rechte sind, wenn CD gleich der Grundlinie AB ist, oder stumpf, wenn es kleiner, oder spitz, wenn es gröſser ist. Dann aber muſste gezeigt werden, daſs die krumme Linie, die (bei der Hypothese des spitzen Winkels) die Endpunkte jener gleichen Senkrechten verbindet, auf der Seite von AB nur hohl sein könne, und daſs wiederum die andre Kurve, die (bei der Hypothese des stumpfen Winkels) die Endpunkte derselben Senkrechten verbindet, auf der genannten Seite nur gewölbt sein könne. Nunmehr aber muſste hieraus die Unrichtigkeit der Hypothese des spitzen Winkels nachgewiesen werden, weil die Linie, welche die Endpunkte der genannten Senkrechten verbindet, der Grundlinie AB nicht gleich, sondern vielmehr (wie die Anschauung unmittelbar lehrt) gröſser ist als jene Verbindungsgerade CD, die nach der Beschaffenheit eben dieser Hypothese gröſser ist als die genannte Grundlinie AB. Daſs aber die Hypothese des stumpfen Winkels sich selbst widerspricht, muſste anderswoher gezeigt werden, so wie es in Lehrsatz XIV geschehen ist. Aber damit sei es nun genug.

Ende des ersten Buches.

Abweichungen vom Urtext.

S. 60, Z. 18 v. o. (S. 12, Z. 3 v. u.). Im Urtext steht I. 18 *statt*: l. 19.
S. 61, Z. 7 v. o. (S. 13, Z. 14 v. o.) AP statt: AD.
S. 62, Z. 10 v. u. (S. 15, Z. 11 v. o.) l. 4 statt: l. 5.
S. 72, Z. 10 v. o. (S. 25, Z. 3 v. u.) XXV statt: XXVII.
S. 74, Z. 18 v. u. (S. 28, Z. 9 v. u.) (nach Lehrsatz III) statt: (nach Lehrsatz I, VII und XVI).
S. 86, Z. 16, 25 v. o. (S. 42, Z. 17, 8 v. u.) B, D, H, P statt: B, H, D, P und YDH, YHP statt: YHD, YDP.
S. 102, Z. 9 v. o. (S. 61, Z. 18 v. u.) I. 18 statt: I. 19.
S. 102, Z. 11 v. u. (S. 62, Z. 7 v. o.) NC statt: MC.
S. 110, Z. 2 v. o. (S. 82, Z. 3 v. o.) XI. 4 statt: XI. 1
S. 125, Z. 6 v. o. (S. 80, Z. 14 v. o.) I. 18 statt: I. 19.

Druckfehler, die bereits im Druckfehlerverzeichnisse des Originals (S. XVI) angeführt sind oder die das Verständnis des Textes nicht stören, wie die häufige Vertauschung von *n* und *u*, *f* und *ſ*, *r* und *t*, haben wir hier unberücksichtigt gelassen. Die in runde Klammern eingeschlossenen Seitenzahlen beziehen sich auf die Originalausgabe.

JOHANN HEINRICH LAMBERT
1728—1777.

Mit Johann Heinrich Lambert kommen wir nach Deutschland. Wir wollen daher zunächst berichten, wie sich die Entwickelung der Parallelentheorie dort gestaltet hatte.

In der Einleitung zu Wallis ist bereits der vortreffliche Euklid-Kommentar des Jesuiten Christoph Schlüssel (1574) besprochen worden. Aber erst nach einem Zeitraume von fast zweihundert Jahren begegnet uns in Deutschland wieder eine Veröffentlichung, die erwähnt zu werden verdient; denn die scharfsinnigen Bemerkungen, die Leibniz über die Grundlagen der Geometrie gemacht hatte, sind erst in diesem Jahrhunderte aus seinem Nachlasse ans Licht gezogen worden. Das Interesse für die Parallelentheorie erwacht erst wieder in der zweiten Hälfte des achtzehnten Jahrhunderts, und zwar war es Abraham Gotthelf Kaestner (1719—1800), der die Wichtigkeit der Untersuchungen über die fünfte Forderung erkannte, die Aufmerksamkeit der Mathematiker auf diesen Gegenstand lenkte und damit eine Bewegung einleitete, die erst in diesem Jahrhunderte ihren Abschluſs gefunden hat.

In der Vorrede zu seinen weitverbreiteten Anfangsgründen der Arithmetik und Geometrie, deren erste Auflage im Jahre 1757 erschienen ist, erzählt uns Kaestner Folgendes:

„Die Schwierigkeit, welche bei der Lehre von den Parallellinien sich findet, hat mich schon viele Jahre beschäftigt. Ich glaubte, sie wäre durch Hausens Elementis matheseos [1734] völlig gehoben. Der vormahlige Prediger bei der französischen Gemeinde in Leipzig Mr. Coste benahm mir diese Zufriedenheit, als er mir einmahl bei dem Umgange, den er mir oft gönnete, anzeigte, es sey an dem angeführten Orte von Hausen ein Schluſs gemacht worden, der nicht folge. Ich entdeckte diesen Fehler bald selbst und bemühte mich von der Zeit an, die Schwierigkeit selbst zu heben oder Schriftsteller zu finden, die sie gehoben hätten, aber in beider Absicht vergebens, ob ich gleich fast eine kleine Bibliothek von einzelnen Schriften oder Anfangsgründen der Geometrie sammelte, wo dieser Gegenstand war besonders betrachtet worden. Nachdem gegenwärtige Arbeit mich veranlasset die Sache von neuem zu überlegen, so habe ich kein Verfahren finden können, das meiner Befriedigung näher käme als dasjenige, das ich in dem Zusatze des elften Satzes und im zwölften Satze gewählt habe."

Dieses Verfahren besteht darin, dafs, ähnlich wie es bei Wallis geschieht, die eine der beiden schneidenden Geraden parallel mit sich selbst verschoben wird. Liegt ihr Schnittpunkt mit der Grundlinie in der Nähe des Schnittpunktes der zweiten Geraden mit der Grundlinie, so findet ein Zusammentreffen der beiden schneidenden Geraden statt. „Man sieht aber nicht", führt Kaestner fort, „wie blofs die längere Grundlinie die Dreiecke unmöglich machen soll, man wird vielmehr urtheilen, dafs bei einer längeren Grundlinie nur die Seiten bis zum Zusammentreffen weiter müssen fortgeschoben werden."

Kaestners Interesse für die Parallelentheorie zeigte sich jedoch nicht nur darin, dafs er die betreffenden Schriften sammelte — das 1801 veröffentlichte Verzeichnis seiner Büchersammlung, die über 7000 Werke umfafste, enthält fast alles, was über diesen Gegenstand etwa bis 1770 erschienen war — vielmehr entstand auch unter seiner Beihilfe eine noch heute wertvolle Dissertation, in der zum ersten Male eine Geschichte der Parallelentheorie gegeben wurde. Ihr Titel lautet: Conatuum praecipuorum theoriam parallelarum demonstrandi recensio, quam publico examini submittent Abrah. Gotthelf Kaestner et auctor respondens Georgius Simon Klügel, Göttingen 1763. 4°. 34 Seiten, 1 Figurentafel.

Ihr Verfasser, später Professor der Mathematik in Helmstedt und in Halle, ist noch jetzt durch sein Mathematisches Wörterbuch bekannt.

Gegen dreifsig Versuche, das Parallelenaxiom zu beweisen, unter ihnen auch, wie wir schon früher erwähnten, der Versuch Saccheris, werden hier mit sehr verständiger Kritik behandelt, und immer stellt sich heraus, dafs sie als mifslungen anzusehen sind. Es ist daher erklärlich, dafs Klügel (S. 16) zu der Ansicht gelangt: „Möglich wäre es freilich, dafs Gerade, die sich nicht schneiden, von einander abweichen. Dafs so etwas widersinnig ist, wissen wir nicht in Folge strenger Schlüsse oder vermöge deutlicher Begriffe von der geraden und der krummen Linie, vielmehr durch die Erfahrung und durch das Urteil unsrer Augen", und dafs Kaestner in einem Nachworte sich dahin äufsert, ein Beweis für das Parallelenaxiom sei nur zu erhoffen durch eine genauere Ausbildung der Lehre von der Lage, die mit Leibniz untergegangen sei. Gegenwärtig bleibe nur übrig, offen, wie es Hütern der reinsten Wahrheit gezieme, die Forderung Euklids als solche auszusprechen; niemand, der bei gesunden Sinnen sei, werde sie ja bestreiten wollen.

Dieser Skeptizismus Kaestners scheint sich später fast noch verschärft zu haben, denn Schweikart berichtet 1807, „dafs Kaestner vor vielen Jahren schon, an der Möglichkeit der Lösung verzweifelnd, mit unbegreiflicher Resignation, anstatt nach der wahren Demonstration zu forschen, ein blindes Annehmen öffentlich anrieth".

Klügels Dissertation hat noch ein andres Interesse, sie scheint die Veranlassung gewesen zu sein, dafs Johann Heinrich Lambert der Parallelentheorie seine Aufmerksamkeit zuwandte (vergl. S. 155).

Indem wir zu den Untersuchungen dieses merkwürdigen Mannes übergehen, wollen wir zunächst über seinen Lebenslauf berichten. Lambert ist am 26. August 1728 in der Stadt Mühlhausen im Ober-Elsafs geboren, die seit 1506 der Schweizer Eidgenossenschaft „zugewendet" war. Diese Verbindung hat erst 1798 aufgehört, wo Mühlhausen von der französischen Republik weggenommen wurde. Lambert betrachtete sich selbst als Schweizer — er nennt sich Muelhusio-Helvetus —, und als er nach mancherlei Irrfahrten 1764 nach Berlin kam, nahm ihn die einflufsreiche schweizerische Kolonie als Landsmann auf. Bald darauf wurde er Mitglied der Akademie; in Berlin hat er dann die letzten dreizehn Jahre seines Lebens zugebracht. Genaueres über sein Leben sowie über seine hervorragenden Leistungen in der Mathematik, der Physik und der Philosophie findet man in den Schriften, die am Schlusse dieser Einleitung angeführt sind.

Lambert hat seine „Theorie der Parallellinien" nicht selbst veröffentlicht, wahrscheinlich weil sie ihn noch nicht befriedigte. Erst 1786 ist die Abhandlung aus Lamberts Nachlafs durch Johann Bernoulli, einen Enkel des bekannten Baseler Mathematikers gleichen Namens, herausgegeben worden. Bernoulli sagt in einer Anmerkung, sie sei im September 1766 aufgesetzt. Dafs sich Lambert um diese Zeit mit dem ersten Buche der Elemente eingehend beschäftigt hat, zeigt eine Stelle in einem Briefe an den Baron Georg Jonathan von Holland (1742—1784). In diesem Briefe, der vom 11. April 1765 datiert ist, äufsert sich Lambert über Euklids Verfahren in folgender Weise (Lamberts Briefwechsel, Teil I, S. 28—30):

„Ich stelle mir nun Euclidens Verfahren so vor:

1. Dafs Euclid seine Definitionen vorausschickt und aufhäuft, das ist gleichsam nur eine Nomenclatur. Er thut dabei weiter nichts als was z. B. ein Uhrmacher oder anderer Künstler thut, wenn er anfängt, seinem Lehrjungen die Namen seiner Werkzeuge bekannt zu machen.

2. Dabey ist es Eucliden genug, wenn man ihm einräumt, dafs es solche Figuren gebe, sollte es auch nur eine seyn.
3. Hingegen fordert er die unbedingte Möglichkeit gerader Linien und Circul von jeder Gröfse und Lage. Et hoc si dederis, danda sunt omnia*). Denn
4. Sogleich trägt Euclid eine Aufgabe vor, um denen, welche ihm die allgemeine und *unbedingte* Möglichkeit eines gleichseitigen △ [Triangels] in Zweifel ziehen wollten, ex concessis postulatis zu zeigen, wie sie ihn von jeder Gröfse machen können.
5. Vermittelst dieser ersten Aufgabe zeigt Euclid in der zweiten, wie man eine Linie von gegebener Länge hintragen könne, wo man will.
6. Im folgenden zeigt er sodann, dafs in jedem △ zwei Seiten gröfser seyn müssen, als die dritte, und dafs demnach *unter dieser Bedingung* Triangel von jeder Gestalt und Gröfse *möglich* sind. Dieses hätte man ihm aus der blofsen Definition des △ nicht eingeräumt.
7. In Ansehung der Parallellinien ist dieses Verfahren noch augenscheinlicher, weil die Definition von derselben Möglichkeit gar nichts angiebt. Denn man müfste sie sich gerade und beiderseits ins *Unendliche* verlängert vorstellen können.
8. In den Beweisen braucht Euclid den Ausdruck per definitionem im geringsten nicht anders als den Ausdruck per hypothesin. Denn bis die Möglichkeit des Begrifs nicht erwiesen ist, ist die Definition nur noch eine Hypothesis. Ist es für sich oder auch nur durch ein einziges Beyspiel klar, dafs es wenigstens einige solcher Figuren giebt, die die Definition anzeigt, so mag die Definition vorausgeschickt werden, und zwar als eine blofse Benennung. Die Bedingungen ihrer Möglichkeit müssen aber aus Grundsätzen und Postulatis folgen. Dies ist der Fall von dem △ (Nr. 6). Die Definition der Parallellinien ist schlechthin eine Hypothese bis ihre Möglichkeit erwiesen wird, und da wird die Definition zum Subjekt (Alethiol. § 242**)).

Dieses ist nun meines Erachtens die Art, wie Euclid mit Definitionen und Begriffen umgeht."

Trotz sorgfältiger Nachforschungen ist es uns nicht gelungen, in

---

*) [Cicero, de finibus bonorum et malorum, lib. V. 83.]
**) [Gemeint ist der Abschnitt Alethiologie aus Lamberts Werk: Neues Organon oder Gedanken über die Erforschung und Bezeichnung des Wahren und dessen Unterscheidung vom Irrthum und Schein. Riga 1764.]

den zahlreichen Schriften Lamberts weitere Bemerkungen über die Parallelentheorie aufzufinden; höchstens wäre zu erwähnen, dafs er in einem Briefe an Klügel vom 3. Juli 1773 äufsert, er besitze dessen Dissertation über die Parallellinien. Dagegen haben wir Grund zu der Vermutung, dafs in dem nicht veröffentlichten Teile des Nachlasses solche Bemerkungen enthalten waren; unsre erfolglosen Bemühungen, den Verbleib dieser Papiere zu ermitteln, werden nachher zur Sprache kommen.

Bei dem Versuche, die Bedeutung der Untersuchungen Lamberts zu kennzeichnen, werden wir naturgemäfs Saccheris Euclides ab omni naevo vindicatus zur Vergleichung heranziehen; wir möchten jedoch ausdrücklich bemerken, dafs nach unsrer Überzeugung Lambert von diesem Werke nur das Wenige gekannt hat, was Klügel in seiner Dissertation mitgeteilt hatte.

Lamberts „Theorie der Parallellinien" gliedert sich in drei Abschnitte sehr verschiedenen Inhalts. Der erste sehr klar geschriebene und noch heute nicht veraltete Abschnitt (§ 1 — 11) hat den Zweck darzulegen, was es bedeutet, wenn man von einem Beweise der fünften Forderung spricht. Grade Lambert war für solche Auseinandersetzungen mathematisch-philosophischer Art der rechte Mann, denn seine Leistungen auf dem Gebiete der Philosophie stehen den mathematischen nicht nach: Kant nennt ihn mit der gröfsten Achtung, und Lamberts Untersuchungen über Logik werden noch heute geschätzt.

In dem zweiten Abschnitte (§ 12—26) finden wir verschiedene Ansätze zu einem Beweise des Parallelenaxioms, bei deren Durchführung jedoch immer ein Rest bleibt. C. F. Hindenburg (1741—1808) hat daher im Leipziger Magazin (Jahrgang 1786, S. 361) beim Erscheinen der Lambertschen Abhandlung zu § 21 sehr richtig bemerkt:

„Was behauptet wird, der Beweis von Euklid's Grundsatze lasse sich leicht so weit treiben, dafs das, was daran noch etwa zurück bleibt, nicht nur augenscheinlich richtig ist, sondern auch allen Anschein hat, dafs es nachgeholt, und der Beweis dadurch ergänzt werden könne; habe ich, aus vielfältiger Erfahrung, etwas anders befunden, nehmlich: Das, was etwa noch zu erweisen übrig ist, scheint anfangs eine Kleinigkeit zu seyn; aber diese anscheinende Kleinigkeit, soll sie nach aller Strenge berichtigt werden, ist, wenn man genauer nachsieht, immer die Hauptsache selbst; gewöhnlich setzt sie den Satz, oder einen ihm gleichgültigen, voraus, den man eben erweisen soll."

Übrigens ist jener Rest bei Lamberts Beweisversuchen im Grunde das Axiom Bolyais: Durch drei Punkte der Ebene kann stets ein Kreis gelegt werden, das, sobald die gerade Linie eine unendliche Länge hat, mit der Euklidischen Forderung gleichbedeutend ist. Ähnlich verhält es sich mit dem Beweisversuche, den Lambert am Schlusse des dritten Abschnittes (§ 88) mitteilt, und dessen Unzulänglichkeit Hindenburg ebenfalls erkannt hatte. Wir vermuten, dafs auch Lambert die Schwäche dieses Beweises nicht entgangen ist, und sehen hierin mit Hindenburg den Grund, der ihn bewogen hat, „die Bekanntmachung seiner Theorie aufzuschieben".

Wir kommen nunmehr zu dem dritten und wichtigsten Abschnitte (§ 27—88), in dem Lambert seine eigentliche Theorie der Parallellinien entwickelt.

Während Saccheri von einem Vierecke $ABDC$ ausgeht, das in A und B rechte Winkel hat und bei dem die Seiten AC und BD einander gleich sind, geht Lambert von einem Viereck $ABDC$ aus, das in A, B und C rechte Winkel hat, also mit andern Worten, von einem der beiden Vierecke, die man erhält, wenn man in dem Saccherischen Viereck die Mitten der beiden Seiten AB und CD mit einander verbindet. Er ist nun, ebenso wie Saccheri, genötigt, jenachdem der Winkel BDC ein rechter, stumpfer oder spitzer ist, drei Hypothesen zu unterscheiden und bezeichnet diese Hypothesen der Reihe nach als erste, zweite und dritte Hypothese.

Lamberts Darstellung zeigt gegenüber der Saccheris wesentliche Vorzüge. Die drei Hypothesen werden getrennt von einander behandelt, und die Untersuchung der Hypothese des stumpfen Winkels ist wenigstens zum Teil unabhängig von dem Satze über den Aufsenwinkel (Euklid I. 16), der ja bei dieser Hypothese nicht mehr giltig ist. Lambert hatte auch erkannt, dafs in der Annahme, CD ändere sich stetig mit AC, eine neue Voraussetzung steckt, die den Euklidischen Grundsätzen fremd ist; er zeigt daher ausdrücklich, dafs die Beweise auch ohne diese Voraussetzung durchgeführt werden können, ebenso giebt er für Punkte, von denen Saccheri nur die Existenz auf Grund des Axioms der Stetigkeit erschlossen hatte, eine wirkliche Konstruktion an (§ 57). Besonders erwähnt zu werden verdient noch, dafs Lambert von dem Verfahren der Umlegung ausgiebigen Gebrauch macht, während Saccheri dieses Verfahren möglichst vermeidet (vergleiche S. 55).

Ferner hat Lambert die beiden Hypothesen des spitzen und des stumpfen Winkels noch weiter verfolgt als Saccheri und insbesondere das Verhalten von zwei sich nicht schneidenden Geraden genauer untersucht. Aus dem Aufhören der Ähnlichkeit erschliefst er, dafs, wenn eine von jenen beiden Hypothesen stattfände, ein absolutes

Maaſs der Länge vorhanden wäre. Dagegen spricht er den wichtigen Satz Saccheris, daſs jede der drei Hypothesen allgemein giltig ist, sobald sie nur in einem Falle gilt, nur für seine erste Hypothese (§ 42 und 51) ausdrücklich aus; auch die Lobatschefskijschen Grenzgeraden, die uns schon bei Saccheri begegnet sind, kommen bei ihm nicht vor.

Endlich finden sich bei Lambert sehr bemerkenswerte Betrachtungen über den **Flächeninhalt des Dreiecks**. Er erkennt, daſs dieser Flächeninhalt bei der zweiten und dritten Hypothese der Abweichung der Winkelsumme des Dreiecks von zwei Rechten proportional ist. Dies veranlaſst ihn in § 82 zu folgender Bemerkung:

„Hierbey scheint mir merkwürdig zu seyn, daſs die zwote Hypothese statt hat, wenn man statt ebener Triangel sphärische nimmt, weil bei diesen sowohl die Summe der Winkel gröſser als 180 Gr. als auch der Überschuſs dem Flächenraume des Triangels proportional ist. Noch merkwürdiger scheint es, daſs, was ich hier von den sphärischen Triangeln sage, sich ohne Rücksicht auf die Schwierigkeit der Parallellinien erweisen lasse, und keinen andern Grundsatz voraussetzt, als daſs jede durch den Mittelpunkt der Kugel gehende ebene Fläche die Kugel in zween gleiche Theile theile. Ich sollte daraus fast den Schluſs machen, die dritte Hypothese komme bey einer imaginären Kugelfläche vor. Wenigstens muſs immer etwas seyn, warum sie sich bey ebenen Flächen lange nicht so leicht umstoſsen läſst, als es sich bey der zwoten thun lieſs."

Lambert hatte also erkannt, daſs die zweite Hypothese auf der Kugel verwirklicht ist. Dieser Gedanke, die Geometrie auf der Ebene mit der Geometrie auf der Kugel zu vergleichen, ist für die neueren Untersuchungen über die Grundlagen der Geometrie von entscheidender Bedeutung geworden; es genüge hier an Riemanns Habilitationsvorlesung von 1854 zu erinnern.

Aber Lambert ist weiter gegangen, indem er die für die damalige Zeit auſserordentlich kühne Vermutung aussprach, daſs für die dritte Hypothese eine imaginäre Kugelfläche dasselbe leiste; diese Vermutung war, wie wir jetzt wissen, durchaus richtig. Überhaupt war Lambert ein wunderbarer prophetischer Blick eigen. Gab er doch 1767 den ersten Beweis für die **Irrationalität der Zahl** π und behauptete gleichzeitig die **Transcendenz** dieser Zahl, die zu beweisen erst mehr als hundert Jahre später gelungen ist.

Daſs Lambert das Imaginäre heranzieht, kann nicht überraschen, denn auch sonst hatte er, seinen Zeitgenossen vorauseilend, keine Scheu vor dem Imaginären. Bezeichnend für ihn ist die Äufserung: „Das Zeichen $\sqrt{-1}$ stellt ein nicht gedenkbares Unding dar, und doch kann es Lehrsätze zu finden gut gebraucht werden". Sie findet sich in einem Briefe an Kant aus dem Jahre 1770 (Briefwechsel, Teil I. S. 365).

Da Lambert die imaginäre Kugel im Zusammenhange mit dem Flächeninhalte des Dreiecks nennt, so scheint es nicht ausgeschlossen, dafs er in der Formel:

$$r^2(A + B + C - \pi)$$

für den Flächeninhalt eines sphärischen Dreiecks mit den Winkeln A, B, C auf einer Kugel vom Halbmesser r an die Stelle von r:

$$\sqrt{-1} \cdot r$$

gesetzt hat, denn so mufste er den Ausdruck:

$$r^2(\pi - A - B - C)$$

erhalten, der ihm zeigte, dafs auf der imaginären Kugel der Flächeninhalt des Dreiecks ebenfalls der Abweichung von zwei Rechten proportional ist, und dafs die Winkelsumme $A+B+C$ nicht gröfser als zwei Rechte ausfällt, genau ebenso, wie es die dritte Hypothese mit sich bringt.

Lobatschefskij hat 1837 seine Geometrie, die der dritten Hypothese Lamberts entspricht, Géométrie imaginaire genannt, weil ihre trigonometrischen Formeln aus denen für das sphärische Dreieck hervorgehen, wenn man die Seiten als imaginär ansieht, oder, was dasselbe ist, wie Wolfgang Bolyai 1851 hervorgehoben hat, wenn man den Halbmesser der Kugel imaginär setzt.

Gaufs sagt in einem Briefe an Schumacher vom 12. Juli 1831, in der nichteuklidischen Geometrie gelte für den Umfang eines Kreises vom Halbmesser ϱ der Ausdruck:

$$\pi r \left(e^{\frac{\varrho}{r}} - e^{-\frac{\varrho}{r}} \right),$$

in dem r eine Konstante bedeutet. Das ist aber nichts andres als der elementare Ausdruck für den Umfang eines Kreises vom Halbmesser ϱ auf einer Kugel vom Halbmesser r, nachdem man $\sqrt{-1} \cdot r$ an die Stelle von r gesetzt hat.

Hat Lambert auch von diesen Zusammenhängen etwas geahnt? Merkwürdig ist jedenfalls der Umstand, dafs grade er sich mit den Werten der trigonometrischen Funktionen für ein rein imaginäres Argument eingehend beschäftigt hat, und zwar zu einer Zeit, die der Abfassung seiner Paralleltheorie unmittelbar folgt. Im September 1766 hatte er diese Abhandlung aufgesetzt, im September 1767 (Briefwechsel, Teil 1, S. 254) las er in der Berliner Akademie seine Abhandlung: Sur quelques propriétés remarquables des quantités transcendantes circulaires et logarithmiques, und er setzte diese Untersuchungen später in den Observations trigonométriques fort.

In der ersten dieser beiden Abhandlungen zeigt Lambert, dafs die Beziehungen zwischen den trigonometrischen Funktionen einen reellen Sinn behalten, wenn die Argumente rein imaginär werden. An Stelle des Kreises tritt dann die gleichseitige Hyperbel, und man gelangt so zu einer „hyperbolischen Trigonometrie". Allerdings führte Lambert hier nur einen Gedanken aus, den bereits Vincentio Riccati und Daviet de Foncenex zu entwickeln begonnen hatten. In der zweiten Abhandlung werden die hyperbolischen Funktionen benutzt zur Lösung von Aufgaben aus der sphärischen Astronomie; sie dienen dazu, die Formeln zu vereinfachen und für die Rechnung mit Logarithmen geschickter zu machen. Freilich hat Lambert — wie wir ausdrücklich hervorheben wollen — in keiner der beiden Abhandlungen bei Formeln der sphärischen Trigonometrie den Halbmesser imaginär gesetzt, aber die Thatsache, dafs diese Formeln auch bei einer solchen Annahme einen reellen Sinn behalten, würde für ihn sicher nichts Überraschendes gehabt haben.

Als Lamberts Theorie der Parallellinien im Jahre 1786 veröffentlicht wurde, war das Interesse für diesen Gegenstand in Deutschland und Frankreich bereits sehr lebhaft. Etwa seit 1781 beginnt die Zahl der Veröffentlichungen über Parallelentheorie beständig zuzunehmen, und das Jahr 1786 weist in unserm Verzeichnis nicht weniger als sieben solcher Schriften auf; wenn auch die späteren Jahre meistens kleinere Zahlen aufweisen, so ist doch während des nächsten halben Jahrhunderts kaum ein Jahr vergangen, in dem nicht wenigstens ein neuer Beweisversuch zum Vorschein kam. Lamberts Abhandlung, das Bedeutendste, was, neben Saccheris Euclides ab omni naevo vindicatus, auf dem Gebiete der Parallelentheorie bis zu den Arbeiten von Lobatschefskij und Bolyai veröffentlicht worden ist, hat freilich auf diese Bemühungen keinen Einflufs gehabt; sie wird zwar in den Litteraturverzeichnissen wiederholt aufgeführt, ein genaueres Eingehen auf ihren Inhalt haben wir jedoch nur selten, eine Weiterführung von Lamberts Ideen überhaupt nicht angetroffen.

Zunächst kommt hier eine Abhandlung C. F. Hindenburgs in

Betracht, die sich in dem Magazin für Mathematik unmittelbar an Lamberts Parallelentheorie anschliefst; wir haben sie schon auf S. 143 ausreichend erwähnt. Dann hat C. F. A. Jacobi in seiner Dissertation vom Jahre 1824, die wir in der Einleitung zu Saccheri anführten, auf die Ähnlichkeit der Betrachtungen dieser beiden Forscher hingewiesen. Endlich verdient noch Erwähnung, dafs Bessel in einem Briefe an Gaufs vom 10. Februar 1829 sich auf Lambert beruft:

„Durch das, was Lambert gesagt hat und was Schweikard mündlich äufserte, ist mir klar geworden, dafs unsere Geometrie unvollständig ist und eine Korrektion erhalten sollte, welche hypothetisch ist, und wenn die Summe der Winkel des ebenen Dreiecks = 180° ist, verschwindet. Das wäre die wahre Geometrie, die Euklidische aber die praktische, wenigstens für die Figuren auf der Erde."

In der späteren Zeit ist Lamberts Abhandlung gänzlich in Vergessenheit geraten*).

Wir wollen jetzt noch ein paar Worte sagen über unsern Neudruck von Lamberts Theorie der Parallellinien.

Als Lambert am 25. September 1777 gestorben war, untersuchte sein Landsmann Johann Georg Sulzer, der bekannte Ästhetiker, die hinterlassenen zahlreichen Handschriften und fand so viel Wichtiges, dafs er der Berliner Akademie den Ankauf anriet, der auch gegen eine beträchtliche Summe, die den Erben ausgezahlt wurde, zu Stande kam. Die Akademie überliefs den Nachlafs Lamberts „unter annehmlichen Bedingungen" einem ihrer Mitglieder, dem damaligen Direktor der Königlichen Sternwarte zu Berlin, Johann Bernoulli (1744—1807), „damit er einen für das gelehrte Publikum nützlichen Gebrauch davon machen sollte". So erzählt uns Bernoulli in einer „Nachricht an die Gelehrten, von Johann Heinrich Lamberts hinterlassenen Schriften", die er 1781 in dem Leipziger Magazin für Naturkunde, Mathematik und Ökonomie (S. 291—292) veröffentlichte; auf diese Quelle sind wir angewiesen, da die Akten der Berliner Akademie nichts auf die Angelegenheit Bezügliches enthalten.

In dieser „Nachricht" teilt Bernoulli weiter mit, dafs er den Nachlafs Lamberts geordnet habe, und zeigt an, „zu welchen Schriften er den Gelehrten Hoffnung machen könne". Es sind dies:

---

*) Die Schrift: Théorie des parallèles par Lambert, Tours 1859 ist nicht etwa eine Übersetzung von Joh. Heinr. Lamberts Theorie der Parallellinien, sondern hat einen Colonel du génie César Lambert zum Verfasser.

1) „ein Monatsbuch oder eine Art Tagebuch, in welchem Lambert von 1752 an bis zu seinem Ende von Monat zu Monat kurz aufzuzeichnen pflegte, mit welchen gelehrten Arbeiten und Untersuchungen er sich den ganzen Monat hindurch beschäftigt hatte. Wird sehr merkwürdig und lehrreich befunden werden."

2) „Lamberts Briefwechsel mit unzähligen, zum Theil sehr berühmten Gelehrten: Philosophen, Mathematiker, Physiker, Astronomen, Litteratoren u. s. w. Wird etliche Bände betragen."

3) „Materialien zu ein Paar Bänden philosophischer und philologischer Abhandlungen."

4) „Vermischte Abhandlungen zu den mathematischen und physikalischen Wissenschaften gehörig, die etwa zwey Bände ausmachen werden und als eine Fortsetzung der bekannten in drei Theilen erschienenen Beyträge anzusehen sind."

Bernoulli eröffnete nun eine Subskription auf Lamberts Hinterlassene Schriften, aber leider fand, wie er 1783 klagt, „das Unternehmen wenige Beförderer". So sind denn „nach manchen überstandenen Hindernissen" nur die logischen und philosophischen Abhandlungen in zwei Bänden (Berlin 1781 und 1789) und der Deutsche gelehrte Briefwechsel in fünf Bänden (Berlin 1781 bis 1787) erschienen.

Die mathematischen und physikalischen Abhandlungen wären uns wohl verloren gegangen, wenn nicht Bernoulli zusammen mit C. F. Hindenburg eine Zeitschrift rein mathematischen Inhalts ins Leben gerufen hätte, wohl die erste ihrer Art, das Magazin für die reine und angewandte Mathematik, von dem das erste Stück im Dezember 1785 herauskam. Freilich erreichte diese Zeitschrift nur den dritten Jahrgang, und auch ein erneuter Versuch Hindenburgs hatte keinen dauernden Erfolg; sein Archiv für reine und angewandte Mathematik hat es von 1795 bis 1801 nur auf elf Hefte gebracht. In diesen beiden Zeitschriften wurde eine Reihe von Abhandlungen aus dem Nachlasse Lamberts abgedruckt, „indem Zeit und Umstände Herrn Bernoulli sonst noch lange hindern würden, alles das, wie anfangs beschlossen war, in einem eigenen Bande gesammelt herauszugeben."

Die erste dieser Abhandlungen ist die Theorie der Parallellinien, die man in dem zweiten Stücke des Magazins für 1786, S. 137—164 und in dem dritten Stücke S. 325—358 findet. Im Folgenden geben wir einen getreuen Wiederabdruck dieser Abhandlung; nur einige unbedeutende Druckfehler haben wir verbessert.

Die Figuren, die im Original zwei Tafeln füllen, sind in den Text aufgenommen worden.

Gern hätten wir unserm Neudruck die Urschrift Lamberts zu Grunde gelegt, und da wir überdies vermuteten, dafs der nicht veröffentlichte Teil des Nachlasses, insbesondere das Tagebuch, Bemerkungen über die Parallelentheorie enthalten könnte, haben wir uns bemüht, Genaueres über den Verbleib von Lamberts Nachlafs zu ermitteln.

Solche Nachforschungen hatte bereits 1847 Rudolf Wolf für seine Lebensbeschreibungen von Lambert und Daniel Bernoulli angestellt; es lag ihm daran, den wichtigen Briefwechsel dieser beiden Gelehrten ausfindig zu machen, der nach einer Ankündigung Bernoullis in dem ersten Bande des Französischen Briefwechsels hatte erscheinen sollen. Rudolf Wolf fand zwar auf der Berliner Sternwarte einige Handschriften Lamberts, aber sie „sind durchaus von untergeordnetem Werte und geben nicht den geringsten Aufschlufs über das Schicksal der übrigen Manuskripte"; gegenwärtig sind übrigens Handschriften Lamberts dort nicht mehr vorhanden, und dasselbe gilt von dem Archive der Königlichen Akademie der Wissenschaften zu Berlin.

Auch die Königliche Bibliothek in Berlin besitzt nur drei unwichtige Briefe Lamberts an Formey. Ebensowenig hat sich Lamberts Nachlafs in Johann Bernoullis Familie vererbt. Der einzige noch lebende Enkel, Herr Paul Bernoulli in Berlin, ist so freundlich gewesen, uns mitzuteilen, dafs ihm Briefschaften aus dem Nachlasse seines Grofsvaters überhaupt nicht überkommen sind, und dafs in den Papieren, die er besitzt, nichts auf Lambert Bezügliches zu finden gewesen ist.

Eine Möglichkeit ist allerdings noch vorhanden: Durch einen glücklichen Zufall ist es Rudolf Wolf gelungen festzustellen, dafs Bernoulli in den Jahren 1793 und 1799 Teile des „grofsartigen Briefwechsels seiner Familie" an die Grofsherzoglich Sächsische Bibliothek in Gotha verkauft hat, wo sie sich noch gegenwärtig befinden. Hat vielleicht Lamberts Nachlafs ein ähnliches Schicksal gehabt? Oder ist er 1807, als das Haus Bernoullis in Köpenick bei Berlin abbrannte, mit verbrannt?

Litteratur.

Anding, E., *Lamberts Leben und Schriften*, Anhang zu *Lamberts Photometrie*, Klassiker der exakten Wissenschaften Nr. 33.
Beez, R., *Über Euklidische und Nicht-Euklidische Geometrie*. Gymnasialprogramm, Plauen i. V. 1888. S. 18.
Bolyai, W., *Kurzer Grundrifs eines Versuches* usw. Maros Vásárhely 1851. S. 35.
Cantor, M., Artikel *Abraham Gotthelf Kaestner* in der Deutschen Biographie, Bd. 15. Leipzig 1882, S. 439—446.
Foncenex, Daviet de, *Réflexions sur les quantités imaginaires*, Miscellanea philosophico-mathematica Societatis Privatae Taurinensis. Tom. I. Turin 1759. S. 113.
Formey, *Éloge de M. Lambert*, Histoire de l'Académie royale, Année 1778, Berlin 1780, S. 72—90.
Günther, S., *Die Lehre von den Hyperbelfunctionen*. Halle 1881. S. 24—29.
Hindenburg, C. F., *Noch Etwas über die Parallellinien*. Magazin für die reine und angewandte Mathematik, Jahrgang 1786. S. 359—367.
Huber, D., *Johann Heinrich Lambert, nach seinem Leben und Wirken dargestellt*. Basel 1829, enthält:
1. Einen Vorbericht des Herausgebers über die Lambertfeier zu Mühlhausen im Jahre 1828,
2. Lamberts Leben, von *Matthias Graf*,
3. Lamberts Verdienste um die theoretische Philosophie, von *Simon Erhardt*,
4. Lamberts Verdienste in den mathematischen und physikalischen Wissenschaften, von *Daniel Huber*.

Jacobi, C. F. A., *De undecimo Euclidis axiomate iudicium, cui accedunt pauca de trisectione anguli*. Jena 1824.
Lambert, J. H., *Mémoire sur quelques propriétés remarquables des quantités transcendantes circulaires et logarithmiques*. Histoire de l'Académie royale. Année 1761. Berlin 1768. S. 265.
Lambert, J. H., *Observations trigonométriques*. Histoire de l'Académie royale. Année 1768. Berlin 1770. S. 327.
Leibniz, G. W., *Briefwechsel mit Giordano da Bitonto aus der Zeit von 1690—1700*. Leibnizens mathematische Schriften, herausgegeben von C. J. Gerhardt, Bd. 1. S. 196.
Leibniz, G. W., *In Euclidis ΠΡΩΤΑ* (handschriftlich auf der Königlichen Bibliothek zu Hannover), Leibnizens mathematische Schriften, Bd. 4. Halle 1858. S. 183.
Lepsius, Joh., *Johann Heinrich Lambert*. München 1881.
Lobatschefskij, N., *Géométrie imaginaire*, Journal für die reine und angewandte Mathematik, Bd. 17. Berlin 1837. S. 299.
Riccati, Vincentio, *Opuscula ad res physicas et mathematicas pertinentia*. Tom. I. Bologna 1757. S. 45.
Riemann, B., *Über die Hypothesen, welche der Geometrie zu Grunde liegen*, Habilitationsvorlesung, gehalten am 10. Juni 1854. Gesammelte Werke, 1. Aufl. S. 254—269.
Schweikart, F. C., *Die Theorie der Parallellinien*. Jena und Leipzig 1807. S. 6.
Wolf, R., *Biographien zur Kulturgeschichte der Schweiz*, Dritter Cyklus. Zürich 1860. S. 317—356: Joh. Heinr. Lambert von Mühlhausen; vgl. auch S. 195.

Theorie der Parallellinien,

von

Joh. Heinr. Lambert*).

1) Vorläufige Betrachtungen.

§. 1.

Gegenwärtige Abhandlung betrift eine Schwierigkeit, die in den ersten Anfängen der Geometrie vorkömmt, und schon seit *Euklid's* Zeiten denjenigen anstössig gewesen, welche die Lehren dieser Wissenschaft nicht blofs andern nachglauben, sondern aus Gründen davon überzeugt seyn, und diejenige Schärfe, die sie in den meisten Beweisen fanden, nirgends missen wollten.

Diese Schwierigkeit fällt Jedem, der *Euklid's* Elemente lieset, gleich anfangs in die Augen, weil sie sich nicht erst unter den Lehrsätzen, sondern selbst unter den Grundsätzen findet, die *Euklid* dem ersten Buche vorsetzt. Von diesen Grundsätzen nimmt der 11te als etwas für sich Klares und keines Beweises bedürftiges an,

dafs, wenn zwo Linien CD, BD (Fig. I.) *von einer dritten BC durchschnitten werden, und die beyden innern Winkel DCB, DBC zusammen genommen, kleiner als zween rechte Winkel sind, die beyden Linien CD, BD gegen*

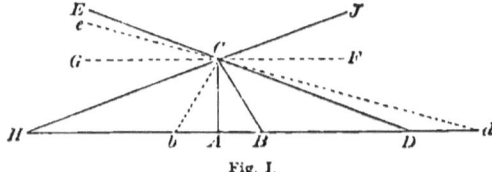

Fig. I.

D, oder auf der Seite, wo diese Winkel sind, zusammen laufen.

§. 2.

Dieser Grundsatz ist unstreitig lange nicht so klar und einleuchtend als die übrigen; und der Eindruck, den er natürlicher Weise

---

*) Aufgesetzt im Septemb. 1766. B[ernoulli]

macht, ist, dafs man nicht nur einen Beweis davon verlangt, sondern gewissermassen empfindet, dafs er eines Beweises fähig sey, oder dafs es einen Beweis davon geben müsse.

Dieses ist, soviel ich mir die Sache vorstelle, der *erste* Eindruck. Lieset man aber im *Euklid* weiter fort: so mufs man nicht nur die Sorgfalt und Schärfe seiner Beweise, und eine gewisse edle Einfalt in seinem Vortrage bewundern; sondern man wird über seinen 11ten Grundsatz noch um desto mehr stutzig, wenn man sieht, dafs *Euklid* Sätze beweist, die man viel leichter würde ohne Beweis zugegeben haben.

Man giebt zwar vor, *Euklid* habe dieses gethan, um seine Lehren auch gegen die spitzfindigsten Einwürfe der damaligen Sophisten in Sicherheit zu setzen*). Allein wenn dieses ist: so gestehe ich, dafs ich mir von diesen Sophisten keinen Begriff machen kann, wenn *Euklid* voraussetzen konnte, dafs sie ihm seinen 11ten Grundsatz würden unangefochten gelten lassen, weil mit demselben der gröfste Theil der geometrischen Lehrsätze wegfällt. Man sollte vielmehr gedenken, dafs *Euklid* und die Sophisten, wenn je diese zu *Euklid's* Zeiten nichts eingewandt haben, andre Maximen zur Beurtheilung der Grundsätze und des Vortrags der geometrischen Beweise müssen gehabt haben, als verschiedene von denen, die in den folgenden Zeiten über diese Sache gedacht, oder Schwierigkeiten wider die etwan | von andern versuchten Beweise gemacht haben.

Von diesen Schwierigkeiten oder Einwendungen sind mir solche vorgekommen, wobey ordentlich vorausgesetzt werden mufs, dafs man, um den Euklidischen Grundsatz zu beweisen, oder überhaupt die Geometrie festzusetzen, weder *sehen* noch sich *von der Sache selbst* eine *Vorstellung* machen dürfe. Es ist unstreitig, dafs man bey einer solchen Foderung den 12ten Euklidischen Grundsatz, *dafs zwo gerade Linien keinen Raum schliessen*, ebenfalls wird anfechten können.

§. 3.

Es ist aber auch eben so unstreitig, dafs die Sophisten zu *Euklid's* Zeiten minder strenge gewesen seyn, und die *Vorstellung der Sache* müfsten zugegeben haben. Mit dieser Voraussetzung aber läfst sich

---

*) [*Lambert* denkt wohl an folgende Äufserung von *Clairaut* (*Elements de Géométrie*, 1741, S. X): Dieser Geometer musste die hartnäckigen Sophisten überzeugen, die ihren Ruhm darin suchten, die augenscheinlichsten Wahrheiten anzugreifen. Deshalb musste die Geometrie damals, ebenso wie die Logik, um Böswilligen den Mund zu stopfen, zum schulgerechten Schlussverfahren greifen. Die Sache hat sich aber geändert. Weitläufige Auseinandersetzungen über Dinge, bei denen von vornherein der gesunde Menschenverstand entscheidet, sind durchaus überflüssig und dienen nur dazu, die Wahrheit zu verdunkeln und die Leser abzuschrecken.]

Euklid's Vortrag, wenigstens in Ermangelung eines andern und mindern Schwierigkeiten unterworfenen, ganz ordentlich rechtfertigen. Man kann nämlich den 11ten Grundsatz aufgeschoben seyn lassen, bis man zu der *Prop.* XXIX des ersten Buchs kömmt. Inzwischen lernt man ganz gewifs die *Sache selbst*, wovon in dem Grundsatze die Rede ist, *kennen*, und das, was an dem Grundsatze und dessen Vorstellung zu mangeln scheint, auch wenn man es nicht mit Worten ausdrücken kann, noch hinzudenken. In den beyden nächst vorhergehenden *Prop.* XXVII und XXVIII lernt man, dafs, wenn die Winkel

$$FCB + CBD = 180 \text{ Gr.}$$

oder die Winkel $FCB = CBA$ sind, die Linien AB, CF weder gegen

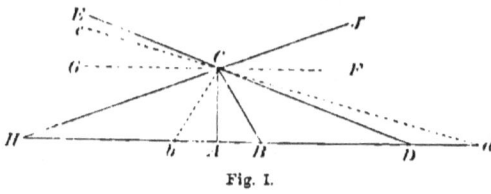

Fig. I.

F noch gegen G zusammen laufen. Man lernt dadurch, dafs die 34ste Definition*) nicht ein Unding oder leeres Hirngespinnst angiebt; sondern dafs nichtzusammenlaufende gerade Linien im Reiche der Wahrheit wirklich vorkommen. Denn bis dahin blieb diese Definition ausgestellt; und bis dahin konnte man auch den Grundsatz ausgestellt seyn lassen, weil derselbe doch mit den Parallellinien in enger Verbindung stehet, und so zu reden zwischen Parallellinien und zusammenlaufenden Linien die Gränze bezeichnet.

Was man sich nun, um sich von der Richtigkeit und *Gedenkbarkeit* des Grundsatzes zu versichern, noch ferner *vorstellt*, kömmt meines Erachtens darauf an: Man stellt sich CF, AB nach der *Prop.* XXVII oder XXVIII als nichtzusammenlaufend vor, und gedenkt sich eine jede durch den Winkel BCF gezogene *gerade* Linie CD: und so weifs man, dafs, so klein auch der Winkel DCF seyn mag, nothwendig

$$DBC + BCD < 180 \text{ Gr.}$$

ist, und demnach der Bedingung des Grundsatzes Genüge geschieht. Soll man sich nun die Folge, dafs CD, BD zusammen laufen, ebenfalls vorstellen: so wird allerdings erfordert, dafs man sich die Linien CF, CD, AD als *gerade* Linien *vorstelle*. Durch diese Vorstellung erhält man, dafs CD verlängert, sich nicht nur von CF immer weiter entfernt, sondern auch sich gegen AD dergestalt nähert, dafs sie dieselbe nothwendig in irgend einer Entfernung BD durchschneiden mufs.

---

*) [In der Ausgabe von *Heiberg* ist es die 23ste.]

1) *Vorläufige Betrachtungen.* §. 3, 4.

Wer hiebey den Einwurf macht, *CD* könnte sich vielleicht gegen *AD* auf eine asymptotische Art nähern, wie z. E. die Hyperbel und andre asymptotische krumme Linien, der ändert meines Erachtens das, was man in der Vernunftlehre *statum quaestionis* heifst, oder er weicht davon ab, dafs bey *Eukliden* nicht von *Beweisen*, sondern von der *Vorstellung* und der *Gedenkbarkeit der Sache* die Rede ist; weil man es *Eukliden* ganz sicher zutrauen kann, dafs er sonst seinen Satz nicht würde unter die *Grundsätze* gezählt oder gesetzt haben. Kömmt es aber auf die *Vorstellung der Sache* an: so sehe ich nicht, wie sich bey der Vorstellung *gerader* Linien Einwürfe von Hyperbeln hernehmen lassen, weil man auf eine ganz gleiche Art würde anstehen können, ob zwo gerade Linien nicht dergestalt könnten aneinander gelegt werden, dafs sie einen Raum einschliefsen; weil es doch mit zween gleich | grossen Cirkelbogen, wenn man ihre Hölung gegen einander kehrt, angeht.

Ich führe dieses nur an, um zu zeigen, dafs sich mit Voraussetzung von der wirklichen Vorstellung der Sache, und wenn man nicht schlechthin nur Worte fordert, *Euklid's* Verfahren rechtfertigen lasse; um so mehr, da sein Vortrag, so viel mir bekannt ist, noch bis dermalen weniger Schwierigkeiten hat, als sich bey allen seit *Euklid's* Zeiten angestellten Versuchen, die Sache anders vorzutragen, gefunden haben. Man kann hierüber eine kurze und sehr bündig geschriebene akademische Dissertation von Hrn. *Klügel* nachlesen, worin die in solchen Versuchen zurücke gebliebenen Mängel und öfters mit untergelaufene logische Cirkel, Lücken, Sprünge, Paralogismen, unrichtig gebrauchte und gratis angenommene Definitionen und Grundsätze mit vielem Scharfsinn und vieler Mäfsigung angezeigt werden.

§. 4.

Ungeachtet, wie es auch in dieser Dissertation erzählt wird, in gegenwärtigem Jahrhundert verschiedene solcher gewagten Versuche im Drucke herausgekommen: so ist doch gar kein Zweifel, dafs es, besonders in Deutschland, nicht viel mehrere sollte gegeben haben, wenn *Wolf*, welcher in einem Zeitraum von 40 und mehr Jahren, in Absicht auf die herausgekommenen geometrischen Schriften, *Dux gregis* war, und es allerdings aus vielen guten Gründen zu seyn verdiente; wenn *Wolf*, sage ich, vorbemeldte Schwierigkeit, theils besser empfunden, vornehmlich aber in seinen Anfangsgründen mehr rüge gemacht hätte. Letzteres hätte aus leicht begreiflichen Gründen eine Menge Schriften darüber zum Vorschein gebracht. Ersteres würde, so viel ich mir die Sache vorstelle, selbst auf *Wolfens* Weltweisheit einen sehr merklichen Einflufs gehabt haben.

Es liegt nicht an dem, dafs *Wolf* nicht ganz ordentlich wufste, *dafs willkürlich zusammengesetzte Begriffe müssen erwiesen werden*. Er schärft es in seinen beyden Vernunftlehren, und selbst auch in seinen Vorberichten von der mathematischen Methode, ein, und erläutert es durch Beyspiele aus der Geometrie. Ich folgere aber daraus, *Wolf* müsse seine Definition von den Parallellinien nicht als einen *willkürlich zusammengesetzten Begriff* angesehen haben, weil ich ihm zutraue, er würde sonst auf einen Beweis ihrer Möglichkeit gedacht, oder wenigstens erinnert haben, dafs noch etwas zurück bleibe; oder er hätte *Euklid's* Verfahren beybehalten, und so wäre die Schwierigkeit wie bey *Eukliden* in die Augen gefallen.

Untersuche ich aber, warum *Wolf*, ohne an etwas Willkürliches zu denken, sich begnügt habe, die Parallellinien *aequidistantes* zu nennen: so mufs ich voraussetzen, er habe diesen Begriff nach seiner andern Methode Begriffe zu finden, das will sagen, durchs *Abstrahiren aus einzelnen Beyspielen* gefunden. Von solchen Begriffen und Definitionen sagt er, dafs sie keines fernern Beweises bedürfen. Ich gebe es zu. Aber im *Vortrage* mufs man sodann allerdings auch gegen die Leser die Billigkeit haben, dafs man ihnen vorzeige, wie man den Begriff abstrahirt habe. Sonst können sich die Leser das Recht anmassen, zu vermuthen, es möchte ein *Vitium subreptionis* vorgegangen oder mit untergelaufen seyn. Denn Begriffe, die man aus Beyspielen abstrahirt, sind in soferne allemal auch *à posteriori;* und man kann sie nur alsdann *à priori* ansehen, wenn sie, nachdem man sie gefunden, für sich gedenkbar, das will sagen, *einfach* sind. Widrigenfalls mufs man die Beyspiele den Lesern vorweisen, und von allen Behutsamkeiten bey dem Abstrahiren Rechnung geben, wenn man allen Verdacht eines *Vitii subreptionis* von sich ablehnen will.

Bülfinger*) empfand die Nothwendigkeit dieses Verfahrens sehr wohl, und war eben dadurch besser als *Wolf* selbst im Stande, die wider die Wolfische Weltweisheit erregten Schwierigkeiten merklich zu vermindern. Es wäre aber zu wünschen gewesen, dafs *Wolf* selbst in den Hauptstücken seiner beyden Vernunftlehren, wo er theils vom Definiren, theils vom schriftlichen Vortrage dogmatischer Sätze handelt, die Nothwendigkeit und die Art ausführlich und mit allem Nachdrucke gezeigt hätte, wie man den Verdacht des *Vitii subreptionis*

---

*) [Georg Bernhard *Bilfinger* (1693—1740), *Dilucidationes philosophicae*, 1725. Vergleiche: *Zeller*, Geschichte der deutschen Philosophie seit Leibniz, München 1875, S. 231.]

bey Definitionen, die durchs Abstrahiren gefunden worden, im Vortrage derselben von sich ablehnen müsse.

§. 5.

Dieses wäre nun bey der Definition der Parallellinien schlechthin nicht angegangen. Denn so viel man sich auch solche vorzeichnen will: so bleiben doch zwo merkliche Unvollständigkeiten zurück. Einmal fehlt bey dem Vorzeichnen die geometrische Schärfe. Sodann ist es schlechthin unmöglich, sie beyderseits ins Unendliche fortzuziehen. Und so reicht man *a posteriori* und mit dem Abstrahiren nicht aus; und die Definition, oder besser zu sagen, die Möglichkeit der Sache mufs aus andern und einfachern Gründen erwiesen werden, die für sich gedenkbar sind.

Wolf hat unstreitig diese Betrachtungen nicht gemacht. Man findet auch bey ihm solche Spuren, woraus sich nicht undeutlich schliefsen läfst, dafs er den Definitionen zu viel eingeräumt, und aus dem Grunde, dafs er sie der Sache gemäfs einrichten wollte, die Schwierigkeiten, die in der Sache sind, in die Definitionen gebracht habe*). Dafs sie darin mehrentheils versteckter waren, als sonst in der Sache selbst, könnte man, in Absicht auf die Parallellinien, wenigstens daraus schliefsen, dafs in solchen Zeiten, wo eine allgemeine Demonstrirsucht die herrschendste Mode war, mehr Wesens wäre daraus gemacht worden, wenn *Wolf* in seinen Anfangsgründen der Mefskunst den Euklidischen Vortrag beybehalten hätte.

§. 6.

Ich sagte erst, *Wolf* habe den Definitionen zu viel eingeräumt. Dieses ist nun vielmehr in der That selbst, als mit ausdrücklichen Worten geschehen; und es wurde bey vielen unvermerkt Mode, dafs sie *von einer Sache gar keinen Begriff zu haben glaubten, dafern nicht der Name derselben definirt wurde*. Selbst allen Grundsätzen mufsten Definitionen vorgehen, ohne welche sie nicht sollten können verstanden werden. Dabey war es nun kein Wunder, wenn der Satz, dafs *eine jede Definition, ehe sie bewiesen ist, eine leere Hypothese sey*; wenn dieser Satz, den *Euklid* so genau wufste und so durchgängig beobachtete, darüber, wo nicht verloren gieng, doch sehr vergessen wurde.

Ich merke dieses hier um so mehr an, weil es in Absicht auf den Vortrag der philosophischen Wissenschaften sehr nachtheilige

---

*) [In einem Briefe *Lamberts* an *Kant* (Februar 1766) heisst es: „Wolf nahm Nominaldefinitionen gleichsam gratis an und schob oder versteckte, ohne es zu merken, alle Schwierigkeiten in dieselben" (Lamberts Briefwechsel, Teil I. S. 347.)]

Folgen hatte; ingleichem, weil es eben das ist, worin *Wolf*, als er seine Methode aus *Eukliden* abstrahirte, noch zurück geblieben; und endlich, weil eben die Parallellinien das augenscheinlichste Beyspiel geben, dafs *eine vorausgeschickte Definition, bis sie nicht selbst erwiesen ist, nichts beweise.*

§. 7.

Es ist falsch, dafs *Euklid* irgend eine seiner Definitionen, ehe er die Möglichkeit der Sache erwiesen, anders als eine *blosse Hypothese* gebrauche, oder sie als ein *categorisches Principium demonstrandi* ansehe. Der Ausdruck *per definitionem* gilt bey ihm nicht mehr als der Ausdruck *per hypothesin*. Sieht man auch genauer nach: so nimmt er das *Categorische* in seinen Lehrsätzen nicht von den *Definitionen*, sondern eigentlich und vornehmlich von den *Postulatis*. Von diesen gilt es eigentlich, wenn *Cicero* sagt: *Si dederis, danda sunt omnia*)*.

Unter den Grundsätzen finde ich vornehmlich nur den 11ten, der eine positive und die Figuren unmittelbar betreffende Categorie enthält. Aber eben derselbe ist auch der Einzige, den man nicht will gelten lassen. Das Categorische darin sollte aus den *Postulatis* durch Schlüsse herausgebracht werden. Die übrigen betreffen gröfstentheils nur den Begriff der *Gleichheit* und *Ungleichheit*, und gehören eben darum, weil sie *Verhältnifsbegriffe* betreffen, nicht zu der *Materie*, sondern eigentlich zu der *Form der Schlüsse*, die *Euklid* in seinen Beweisen macht, und in welchen sie immer nur als Obersätze vorkommen. Der 12te Grundsatz, *dafs zwo gerade Linien keinen Raum schliefsen*, ist verneinend, und wird von *Eukliden* eben so wie der 9te, *dafs das Ganze grösser ist als sein Theil*, da gebraucht, wo der Beweis *apagogisch* ist, oder die Wahrheit des Satzes aus der Unmöglichkeit des Gegentheils erwiesen wird.

§. 8.

Dieses ist nun in einem kurzen Entwurfe der Geist der Euklidischen Methode, und zugleich dasjenige, wovon ich in *Wolfs* Vernunftlehren wenig oder nichts, in seinem Verfahren und Vortrage sehr oft das Gegentheil finde.

So z. E. glaubte *Wolf* mit mehrern andern, dafs man die Schwierigkeit, die *Euklids* 11ten Grundsatz drückt, dadurch heben könne, wenn man seine Definition der Parallellinien änderte. Sie wird aber

---

*) [In geometria prima si dederis, danda sunt omnia. De finibus bonorum et malorum, lib. V. 83.]

dadurch weder gehoben, noch vermieden, noch auf eine geschickte Art umgegangen, und gleichsam von hinten her weggehoben. Sie wird vielmehr, wenn auch Alles richtig geht, nur *von dem Grundsatze weg*, und *in die Definition gebracht;* und zwar, so viel ich sehe, ohne dafs sie dadurch leichter könnte gehoben werden. In der That auch läfst sich *Euklids* Definition ohne Rücksicht auf seinen 11ten Grundsatz beweisen. *Wolfs* Definition hingegen kann entweder ohne diesen Grundsatz nicht bewiesen werden; oder wenn sie bewiesen werden kann: so ist dieser Grundsatz so gut als zugleich mit erwiesen.

Es kömmt aber eigentlich auf die Definition | gar nicht an. Man kann sie bey *Eukliden* ganz weglassen; und so wird man in der *Prop.* XXVII und XXVIII von selbst anstatt *parallelae lineae* den Ausdruck *lineae sibi non coincidentes* setzen. Man wird, aus Betrachtung, dafs dieses ein merkwürdiger Umstand ist, sodann von selbst darauf verfallen, auf eine kurze und schickliche *Benennung* zu denken, oder solchen Linien, die nicht zusammen laufen, so viel man sie auch auf beyden Seiten verlängert, einen *Namen* zu geben. Und man wird dazu noch mehr verleitet werden, wenn man im Folgenden darauf verfällt, dafs eben diese Linien noch überdies durchaus in gleicher Entfernung von einander bleiben.

Dies ist die eigentlich synthetische Art zu verfahren; und man denkt dabey erst dann auf die *Benennung*, wenn die Sache herausgebracht und erheblich genug ist, einen besondern Namen zu verdienen. Beyspiele davon kommen in der Mathematik unzählliche vor, und sollen auch in allen denen Wissenschaften, wo man *à priori* gehen kann oder zu gehen gedenkt, nicht selten seyn.

§. 9.

Proklus, welchem *Euklid's* 11ter Grundsatz ebenfalls anstössig war, fordert deswegen einen Beweis davon, *weil derselbe, wenn man ihn umkehrt, erweisbar ist.*

In der That findet sich der umgekehrte Satz in der *Prop.* XVII. *Libr.* I. erwiesen. Mir kömmt es ebenfalls ganz richtig vor, dafs es bey einem Grundsatze für sich klar seyn müsse, was es mit demselben gerade oder umgekehrt für eine Bewandtnifs habe. Denn, nach aller Schärfe betrachtet, soll ein Grundsatz aus lauter einfachen, und daher für sich gedenkbaren Begriffen bestehen; und es mufs, ob und wiefern sie mit einander verbunden werden können, unmittelbar aus der Vorstellung der Begriffe erhellen.

So z. E. ist der achte Euklidische Grundsatz, *dafs ausgedehnte Grössen, die auf einander passen, einander gleich* | *sind; (Quae sibi mutuo congruunt, sunt aequalia*) dieser Satz ist für sich gedenkbar Es ist aber auch eben so für sich gedenkbar, dafs er nur bey geraden Linien und Winkeln umgekehrt gilt, bey Figuren aber noch eine Bestimmung, und zwar die von der Aehnlichkeit, hinzu kommen müsse, wenn er dabey umgekehrt anwendbar seyn soll.

§. 10.

Um nun nach diesen allgemeinen Betrachtungen näher zu der Theorie der Parallellinien zu kommen, wodurch ich sowohl die Schwierigkeiten deutlich zu machen, als auch sie zu heben gedenke: so werde ich vorerst den eigentlichen *statum quaestionis* feste setzen.

Die *Frage selbst* betrift nehmlich erstlich *weder die Wahrheit noch die Gedenkbarkeit des Euklidischen Grundsatzes*. Es hätte um den gröfsten Theil der Geometrie bisher übel ausgesehen, wenn dieses die Frage seyn sollte. Ich habe in Absicht auf die *Gedenkbarkeit* bereits oben (§. 3.) angezeigt, nach welcher Ordnung sie bey dem Durchlesen des *Euklides* entstehe. Dafs der Grundsatz dadurch zugleich auch als *wahr* gedacht werde, ist für sich klar. Es wird aber die Wahrheit desselben auch aus allen Folgen, die in allen Absichten daraus gezogen werden, dergestalt erwiesen, einleuchtend und nothwendig, dafs man diese Folgen, zusammengenommen, als eine auf vielfache Arten vollständige *Induction* ansehen kann.

Sodann findet sich auch bey vielen Versuchen, die man anstellen kann, um diesen Grundsatz zu beweisen, dafs er, um bewiesen zu werden, fast immer sich selbst voraussetzt, und auf sehr vielerley Arten eine Folge von sich selbst ist, auf keine Art aber umgestossen wird.

Dieses mag auch ein Grund mit seyn, warum *Euklid* denselben, in Ermanglung eines Beweises, unter die Grundsätze genommen; zumal da er diejenige Definition gewählt, die ohne Rücksicht auf diesen Grundsatz erweisbar war, und sich mit demselben am | unmittelbarsten verbinden liefs. Denn man sieht ganz offenbar, dafs seine *Prop*. XXIX, wo dieser Grundsatz gebraucht wird, vornehmlich nur dient zu beweisen, dafs es, ausser denen in den beyden *Prop*. XXVII und XXVIII erwiesenen Parallellinien, keine andern mehr gebe. Und in dieser Absicht wird dadurch eine in der That sehr kleine Lücke ausgefüllt, weil man sich ohne Mühe vorstellen kann, dafs nur noch solche Linien aus der Zahl der nichtzusammenlaufenden auszuschliefsen blieben, die mit CF (Fig. I.) einen *kleinern* Winkel machen, als alle diejenigen Linien CD, Cd, deren Durchschnitt D, d gegeben werden kann, das will sagen, der eine *endliche* Entfernung von A hat. Denn,

1) Vorläufige Betrachtungen. §. 9, 10.

wenn man CF um den Punkt C herunter gegen D dreht: so merkt Hr. Prof. *Kästner* mit Recht an, dafs sich der erste Durchschnittspunkt nicht angeben lasse, weil, wo man ihn immer auf AD hinaus setzen wollte, noch ein entfernterer genommen werden kann.

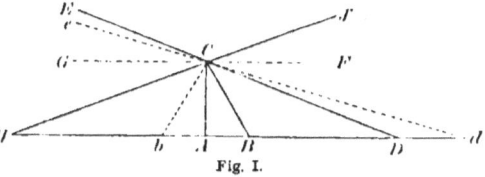

Fig. I.

Dieses hat aber meines Erachtens den Erfolg, dafs, wo die Winkel DCF, dCF sehr klein sind, die Entfernungen AD, Ad in umgekehrter Verhältnifs der Winkel DCF, dCF, oder einer davon nicht viel verschiedenen Funktion derselben, zunehmen müssen. Denn in gerader Verhältnifs der Winkel ACD, ACd, oder einer Funktion derselben, können sie deswegen nicht zunehmen, weil sonst CF, auch wo

$$DAC + ACF = 180 \text{ Gr.}$$

oder gar noch grösser ist, die Linie AD in einer endlichen Entfernung von A schneiden müfste; welches der *Prop*. XXVIII. Libr. I. des *Euklides* zuwider wäre.

Indessen glaube ich nicht, dafs sich die Sache auf diese Art erörtern lasse; ungeachtet sich's, wenn die Sache einmal berichtigt ist, leicht erweisen läfst, dafs man, um jeden Winkel DCF zu halbiren, nur $Dd = DC$ zu machen habe. So giebt es auch noch andre Arten, sich die Sache vorzustellen.

Wer z. E. die beyden nichtzusammenlaufenden Linien CF, AD so ansieht, dafs sie einen | Winkel machen, der $= 0$ ist: der wird leicht beweisen können, dafs jede Linie Cd mit Ad einen Winkel mache, der > 0 ist, und dafs demnach diese beyden Linien sich irgendwo schneiden. Der Beweis ist eben der, wodurch man zeigt, dafs $CDA > CdA$ sey (*Prop*. XVI. *Libr*. I. *Euclid*.). Denn dreht man CD um den Punkt C aufwärts: so wird der Winkel CDA immer kleiner, und endlich vollends negativ, sobald CD über CF hinauf kömmt. Er mufs demnach irgend $= 0$ werden; und dafs dieses in der Lage CF geschehe, folgt meines Erachtens aus der *Vorstellung*, dafs AD, CF gerade Linien sind, womit die Vorstellung von einer *asymptotischen Näherung* nicht bestehen kann.

Ob sich aber diese Betrachtung von negativen Winkeln, und von solchen die $= 0$ sind, in das erste Buch des *Euklides* schicke, das ist eine ganz andre Frage, die man leicht verneinen, und behaupten wird, ein solcher Vortrag sey mehr algebraisch als geometrisch.

§. 11.

Ich mag es auch gelten lassen; und merke nun ferner an, dafs es bey den Schwierigkeiten über *Euklid's* 11ten Grundsatz eigentlich nur *die Frage ist, ob derselbe aus den Euklidischen Postulatis mit Zuziehung seiner übrigen Grundsätze in richtiger Folge hergeleitet werden könne? Oder, wenn diese nicht hinreichend wären, ob sodann noch andre Postulata oder Grundsätze, oder Beydes könnten vorgebracht werden, die mit den Euklidischen gleiche Evidenz hätten, und aus welchen sein 11ter Grundsatz erwiesen werden könnte?*

Bey dem ersten Theile dieser Frage kann man nun von Allem, was ich im Vorhergehenden *Vorstellung der Sache* genennt habe, abstrahiren. Und da *Euklid's Postulata* und übrigen Grundsätze einmal mit Worten ausgedrückt sind: so kann und soll gefordert werden, dafs man sich in dem Beweise nirgends auf die | Sache selbst berufe, sondern den Beweis durchaus symbolisch vortrage — wenn er möglich ist. In dieser Absicht sind *Euklid's Postulata* gleichsam wie eben so viele algebraische Gleichungen, die man bereits vor sich hat, und aus welchen $x, y, z,$ &c herausgebracht werden soll, ohne dafs man auf die Sache selbst zurücke sehe. Da es aber nicht ganz solche Formeln sind: so kann man allerdings die Vorzeichnung einer Figur als einen Leitfaden, um den Beweis zu führen, dabey zugeben.

Hingegen würde es bey dem andern Theile der Frage ungereimt seyn, wenn man die Betrachtung und Vorstellung der Sache dabey untersagen, und fordern wollte, die neuen *Postulata* und Grundsätze müfsten, ohne an die Sache zu denken, und gleichsam aus dem Stegreife gefunden werden. Ich sehe aber auch nicht, wie man gegen *Eukliden* billiger ist, wenn man seinen Grundsatz verwirft, ohne die Frage darüber so zu stellen, wie ich sie zu Anfang des gegenwärtigen Paragraphs gestellt habe. Denn da *Euklid* seinen Satz einmal unter die Grundsätze rechnet: so setzt er unstreitig dabey die Vorstellung der Sache voraus; und man kann es ihm zutrauen, dafs er, wenigstens in Ermangelung des noch dermalen zu findenden Vortrages, den seinigen mit Bewufstseyn gewählt habe.

Ich zweifle auch nicht, dafs *Euklid* nicht selbst sollte auf Mittel gedacht haben, seinen 11ten Grundsatz unter die Lehrsätze zu bringen. Wenigstens kommen im ersten Buche seiner *Elemente* einige Spuren vor, woraus es sich nicht undeutlich abnehmen läfst. Wie leicht folgt z. E. seine *Prop.* XVII aus *Prop.* XXXII, wenn diese einmal erwiesen ist! Indessen beweist *Euklid* jene besonders, vermuthlich um zu zeigen, wie weit sich, ohne Zuziehung des 11ten Grundsatzes, etwas von den Winkeln eines Triangels bestimmen läfst.

2) Vortrag einiger Sätze,
die für sich betrachtet werden können.

[§. 12.]

Nach der Festsetzung dessen, was in Absicht auf den 11ten Euklidischen Grundsatz eigentlich die Frage ist, könnte ich nun die Theorie der Sache selbst vortragen. Ich werde aber erst den 3ten Abschnitt dieser Abhandlung dazu widmen, inzwischen aber einige Sätze beybringen, die sich, ohne Rücksicht auf diese Theorie, für sich betrachten lassen.

Ich setze dabey voraus, dafs man wisse, oder wenigstens ohne Mühe finden könne, welche Sätze in dem ersten Buche der Euklidischen Elemente von dessen 11ten Grundsatze abhängen; dafs z. E. bis auf die Proposit. XXIX, Alles ohne Zuziehung dieses Grundsatzes erwiesen sey, von da an aber bis zum Ende Alles mittelbar oder unmittelbar davon abhänge, wohin besonders die Bestimmung der Summe der 3 Winkel eines jeden Triangels, und Alles was von Parallelogrammen, Rectangeln und Quadraten gesagt wird, gehört.

In den folgenden Büchern trägt *Euklid* hin und wieder noch einige Sätze vor, die von seinem 11ten Grundsatze unabhängig sind. Es sind aber auch viele von denen, die auf diesem Grundsatze beruhen, von der Art, dafs, wenn sie für sich erwiesen werden können, sie den Beweis des Grundsatzes selbst nach sich ziehen, so, dafs man auf diese Art bey dem Aufsuchen eines Beweises für diesen Grundsatz mehr als Eine Wahl hat, wo man anfangen könne. So z. E. ist man mit dem Beweise des Grundsatzes bald fertig, wenn man, ohne Zuziehung desselben, erweisen kann, dafs in jedem Triangel die Summe der 3 Winkel zween rechten Winkeln gleich ist; dafs eine gerade Linie entweder von keiner oder von allen Parallellinien durchschnitten werde; u. s. w.

Da es unnöthig ist, das, was *Euklid* in seinem ersten Buche ohne Zuziehung des 11ten Grundsatzes erwiesen, hier von neuem zu beweisen: so werde ich dasselbe als bekannt voraussetzen, und, wo es nöthig, die Propositionen, die ich gebrauche, citiren.

§. 13.

Es sey nun (Fig. I.) ACB ein in A rechtwinklichter Triangel; und, indem man die Seite AB verlängert, ziehe man durch C jede Linie ECD, welche AB schneide: so wird die Summe der beyden spitzen Winkel des Triangels

$$ACB + ABC > ACD,$$

und

$$ACB + ABC < ACE$$

seyn. Denn erstlich mache man $FCB = CBA$, und ziehe FCG: so ist

$$ACB + ABC = ACF;$$

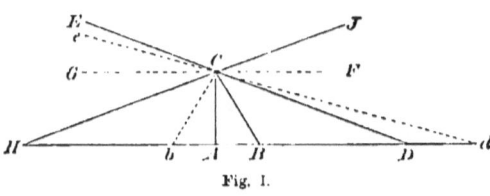

Fig. 1.

und die Linie GF läuft mit HD auf keiner Seite zusammen. (*Prop*. XXVII.) Da nun CD mit HD gegen D zusammen läuft: so ist

$$ACD < ACF;$$

demnach auch

$$ACD < ACB + ABC,$$

oder

$$ACB + ABC > ACD.$$

Ferner trage man AD aus A in H, und ziehe HCJ durch H, C gerade. Da nun JCH mit AH auf der Seite H zusammenläuft, FCG aber nicht: so ist wiederum

$$GCA > HCA;$$

und hingegen

$$JCA > ACF.$$

Nun ist

$$ECA = JCA,$$

weil, wenn man die Figur nach der Linie AC zusammenlegt, ECD auf JCH fällt. Demnach ist

$$ACF < ECA,$$

und daher auch

$$ACB + ABC < ECA.$$

§. 14.

Dieser Lehrsatz zeigt nun genauer, wie weit man mit der *Prop*. XVII. *Euclid*. in Absicht auf die Bestimmung der Summe der drey Winkel eines Triangels zurücke bleibt.

Denn einmal ist bey jedem rechtwinklichten Triangel ACB diese Summe grösser, als die Summe, welche entsteht, wenn man zu 90 Gr. jeden | spitzen Winkel ACD*) addirt. Hingegen ist sie kleiner, als

---

*) [Damit meint Lambert: jeden spitzen Winkel ACD, bei dem AB von CD geschnitten wird. Diese spitzen Winkel besitzen eine obere Grenze, von der man von vorn herein nicht weiss, ob sie gleich einem Rechten ist. Entsprechend ist im Folgenden der stumpfe Winkel ECA zu verstehen.]

die Summe von einem rechten und jedem stumpfen Winkel ECA. Eben dieses gilt von jedem schiefwinklichten Triangel bCA; jedoch mit dem Unterschied, dafs die Summe seiner drey Winkel grösser, als jeder spitze Winkel ACD doppelt genommen, und hingegen kleiner als jeder stumpfe Winkel ACE, doppelt genommen, gefunden wird.

Man kann sich auch leicht versichern, dafs das Mittel aus diesen beyden Schranken genau 180 Gr. ist, weil $ECA + ACD = 180$ Gr., demnach das Mittel davon 90 Gr. und das Doppelte von 90 Gr. = 180 Gr. ist. Ferner findet sich, dafs, wenn D weiter hinaus, z. E. in d genommen wird, die beyden Schranken einander, jede um gleich viel, näher kommen, und sich daher dem Mittel gleichförmig nähern. Endlich kann man sich leicht wenigstens *vorstellen*, dafs der Winkel DCF desto kleiner wird, je weiter man den Punkt D von A hinwegrückt. Und eben dadurch erhält man Schranken, die ungemein nahe zusammen treffen; und man kann daraus schliefsen, dafs, wenn auch die Summe der drey Winkel eines Triangels nicht genau 180 Gr. seyn sollte, sie dennoch bey jedem Triangel gar nicht viel davon verschieden seyn könne.

Dieses ist aber auch Alles, was hieraus folgt; und es wird sich dabey schwerlich weiter gehen lassen. Indessen ist der Satz eben nicht ganz unerheblich.

§. 15.

Ich werde nun noch einen andern beyfügen.

Die Summe der Winkel eines Triangels mag nun genau = 180 Gr. oder um etwas davon verschieden seyn: so können wir dieselbe z. E. (Fig. II) bey dem Triangel $ACB = 180 + a$ Grade setzen. Man ziehe nun durch einen der Winkel eine beliebige Linie AD: so entstehen zween Triangel ACD, ADB, und damit 6 Winkel. Die zween Winkel C, B bleiben wie vorhin. A wird auf beyde Triangel vertheilt; und die neu hinzugekommenen | Winkel CDA, ADB machen zusammen 180 Gr. (*Prop.* XIII) Demnach ist in beyden Triangeln die Summe aller 6 Winkel nur $180° + 180° + a$. Man hätte denken sollen, sie würde $= 180° + 180° + a + b$ seyn. Wird von diesen Triangeln wiederum Einer, z. E. DAB durch eine Linie DE getheilt: so entstehen drey Triangel; und die Summe ihrer Winkel ist wiederum nur $= 180 + 180 + 180 + a$ Grade.

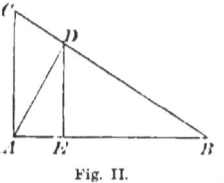
Fig. II.

Fährt man weiter fort: so kömmt zu jedem neuen Triangel nur immer wiederum 180 Gr. hinzu. Man sollte allerdings daraus die

Folge ziehen können, es müsse $a = 0$ seyn*). Denn da man die Linien AD, DE, &c nach Belieben und nach unendlich vielerley Abwechselungen ziehen kann: so kömmt es eben so heraus, als wenn man in einer Reihe

$$A = a + bx + cx^2 + dx^3 + \&c$$

A beständig, und x veränderlich setzt. Denn da werden alle Coefficienten b, c, d, &c $= 0$; und es bleibt $A = a$, das will sagen: In jedem Triangel ist die Summe der Winkel $= 180$ Gr.

Ich führe dieses nur im Vorbeygehen an, weil daraus erhellet, dafs man noch nicht alle Mittel aufgesucht hat, die Schwierigkeit der Parallellinien zu heben.

§. 16.

Ich finde ferner, dafs Hr. Prof. *Kästner* angemerkt hat, diese Schwierigkeit komme nicht so wohl auf die Winkel, als vielmehr auf die Gröfse der Linien und auf die Entfernung der Parallellinien an.

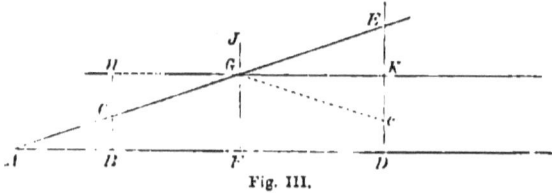

Fig. III.

Wenn z. E. (Fig. III) F ein rechter Winkel ist: so mag AGF, so wenig man will, von einem rechten Winkel verschieden, und kleiner als derselbe seyn, und es läfst sich auf GA kein Punkt angeben, aus welchem nicht sollten Perpendicularen auf GF gefällt werden können.

Ob sich aber hinwiederum durch GF keine senkrechte Linie FA ziehen lasse, die nicht auch GA in irgend einem Punkte A durchschneide, das ist allerdings eine andre Frage, welche nicht bejahet werden kann, dafern man sie nicht entweder | directe beweist, oder umgekehrt zeigt, dafs sich aus den Punkten A der Linie GA Perpendicularen AF auf GF fällen lassen, welche in jeder beliebigen Entfernung von G auffallen. Liefse sich aber für jeden Fall, wo die Summe der Winkel $AGF + GFA < 180$ Gr. ist, ohne Rücksicht auf die Gröfse der Linie GF, beweisen, der Winkel GAF sey > 0,

---

*) [Indem nämlich stillschweigend die Winkelsumme des Dreiecks als konstant, das heifst für jedes Dreieck gleich grofs, angenommen wird. Ist aber die Winkelsumme variabel, so beweist diese Schlufsweise nur, dafs es Dreiecke giebt, deren Winkelsumme beliebig wenig von 180° abweicht.]

das will sagen, in der That ein angeblicher Winkel: so sehe ich nicht, wie man an der Wirklichkeit des Durchschneidens einigen Anstand haben könnte. Denn, wie sich von selbst versteht, so fällt die Frage, ob zwo Linien sich durchschneiden, ganz weg, und findet nicht statt, sobald sich der Winkel angeben läfst, unter welchem sie sich durchschneiden. *Non entis nulla sunt praedicata.*

§. 17.

Nun kömmt, so viel ich mir die Sache vorstelle, in der *Prop.* XVI. *Libr.* III. Etwas vor, das hieher dienen kann.

Daselbst wird, ohne Rücksicht auf den controversirten 11ten Grundsatz erwiesen, dafs, wenn Ab (Fig. V.) auf den Diameter AP eines Cirkels senkrecht gezogen wird, so dafs diese Linie durch den Endpunkt des Diameters gehe, dieselbe ausser den Cirkel falle, oder den Cirkel ausserhalb in einem einigen Punkte berühre; und dafs zwischen der Linie Ab und dem Cirkelbogen AB keine andre gerade Linie könne durchgezogen werden, die nicht den Cirkel in zween Punkten, z. E. A, B, schneide, so lange der Winkel BAb nicht kleiner, als jeder vorgegebene Winkel ist. Denn in

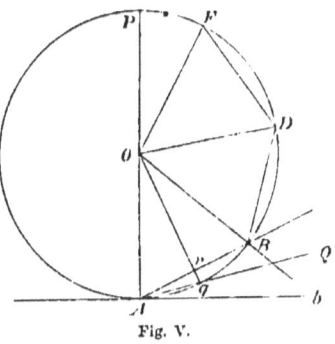

Fig. V.

diesem Fall würde er $= 0$ seyn, und daher AB auf Ab fallen, demnach nicht zwo, sondern nur eine Linie seyn.

Der Beweis, den Euklid giebt, kömmt schlechthin darauf an, dafs die aus dem Mittelpunkt O auf AB fallende Perpendiculare ausser den Cirkel fallen, und demnach grösser als AO seyn müfste; welches seiner *Prop.* XVIII. *Libr.* I. zuwider ist. Demnach setzt dieser Beweis weder die Gröfse des Diameters, noch die Gröfse von AB, noch die von der Perpendiculare, noch die Verhältnifs zwischen AB und AP, sondern schlechthin nur den Satz voraus, dafs die Perpendiculare auf die Seite des spitzen Winkels OAB falle, und dafs sie nicht grösser als AO seyn könne, sondern vielmehr kleiner seyn müsse, so grofs oder klein alle diese Linien an sich auch immer seyn mögen.

§. 18.

Nun läfst sichs weiter gehen und zeigen, dafs, so lange BAb nicht kleiner als jeder vorgegebene Winkel ist, auch AOB nicht kleiner als jeder vorgegebene Winkel seyn könne, und demnach > 0

seyn müsse. Denn da $BAb > 0$ ist: so läfst sich durch den Winkel BAb jede beliebige Linie AQ ziehen; und es wird auch $QAb > 0$ seyn. Da demnach, vermöge des erst angeführten Euklidischen Satzes, AQ nicht ausser den Cirkel fallen kann: so giebt es zwischen AB einen Durchschnittspunkt q. Dieses könnte aber nicht seyn, wenn AOB kleiner als jeder vorgegebene Winkel wäre. Demnach mufs nothwendig $AOB > 0$, das will sagen, ein Winkel von angeblicher Grösse seyn. Bey $AOB = 0$ würde BO auf AO, und demnach AB auf Ab fallen; und so wäre $BAb = 0$, der Voraussetzung $BAb > 0$ zuwider.

Man sieht ohne Mühe, dafs auch dieser Beweis von der Grösse des Diameters AP und der Chorde AB ganz unabhängig ist; und dafs demnach der Durchschnittswinkel > 0 ist, so grofs oder klein AB und der Winkel BAb immer angenommen wird, nur dafs $BAb > 0$ sey, und demnach OAB ein spitzer Winkel bleibe. Da nun $OB = OA$: so ist auch $OBA = OAB$, und demnach
$$OAB + OBA < 180 \text{ Gr.}$$
Eben so, wenn Oq auf AB senkrecht fällt, ist $Ar = rB$, und
$$OAr + OrA < 180 \text{ Gr.}$$

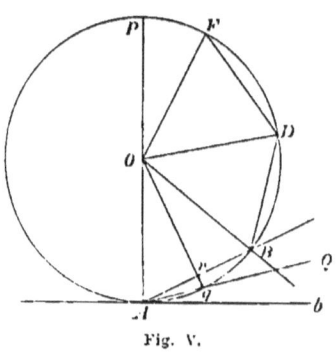
Fig. V.

Demnach mag bey dem rechten Winkel OrA der Winkel OAr, so wenig man will, kleiner als 90 Grade seyn: so wird der Durchschnittswinkel $AOr > 0$, und daher in der That ein Durchschnitt seyn.

§. 19.

Dieses ist nun zum Beweise des Euklidischen Grundsatzes meines Erachtens mehr als hinreichend, weil es sich leicht eben so allgemein machen läfst. Ich werde es aber hier nicht ausführen, sondern nur bemerken, dafs, wenn man
$$OBD = ODB = ODF = OFD = \&c = OBA = OAB,$$
und
$$BD = DF = \&c = AB$$
macht, dieses eben so viel ist, als wenn die Chorde AB aus B in D, aus D in F, und so weiter, im Cirkel herumgetragen wird. Man wird auf beyderley Arten nicht nur Einmal, sondern so vielmal man will, im Cirkel ganz herumkommen, weil $AOB > 0$ ist, demnach nothwendig auch ein Multiplum von $AOB > 360$ Grad, und, so vielmal man will, grösser als 360 Grad seyn mufs.

2) Sätze, die für sich betrachtet werden können. §. 18—21.

§. 20.

Sind demnach (Fig. IV) die Winkel aAB, bBA einander gleich und kleiner als 90 Grad: so läfst sich auf erst angezeigte Art die gleichseitige und gleichwinklichte Figur

$GECABDFH$

zeichnen; und wenn man fortfährt: so wird man damit im Kreise, so vielmal man will, herum kommen. Die Punkte G, E, C, A, B, D, F, H &c werden sämtlich in dem Umkreise eines Cirkels liegen, dessen Mittelpunkt O der

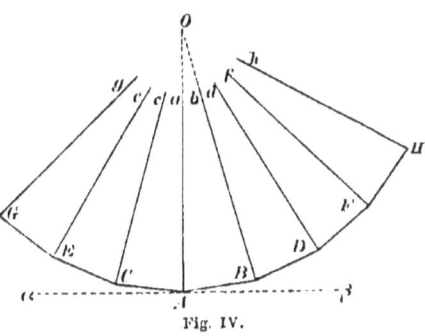

Fig. IV.

gemeinsame Durchschnittspunkt aller Linien Gg, Ee, Cc, Aa, &c seyn wird. Demnach kömmt auch hiebey die Frage, ob Aa, Bb sich durchschneiden, gleichsam zu späte und unschicklich vor.

§. 21.

Es giebt ferner mehrere Arten, einen Beweis des Euklidischen Grundsatzes so weit zu treiben, dafs das, was daran noch etwan zurücke bleibt, nicht nur augenscheinlich richtig ist, sondern auch allen Anschein hat, dafs es nachgeholt, und der Beweis dadurch ergänzt werden könne. Einige Beyspiele werden dieses ganz offenbar machen.

Es seyn (Fig. VI) die beyden Winkel aAB, bBA spitze und einander gleich: so sollen die Linien Aa, Bb zusammen laufen und sich durchschneiden. Man mache

$bBC = cCB = bBA$,

und $BC = AB$: so wird $aABb$ auf $cCBb$ passen, wenn die Figur längst der Linie bB zusammen gelegt wird. Es werde ferner AC gezogen, und

$cCD = dDC = cCA$,

und $CD = CA$ gemacht: so wird ebenfalls wiederum $aACc$ auf $dDCc$ passen, wenn man sich die Figur längst der Linie cC zusammengelegt vorstellt. Man ziehe ferner

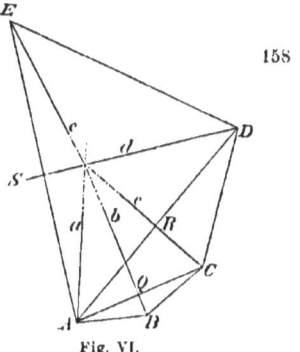

Fig. VI.

AD; und wenn man eben so fortfährt, wird $aADd$ auf $eEDd$ passen.

Man kann auch leicht beweisen, dafs bey Q, R, S, &c rechte Winkel sind. Dafs aber von den Winkeln CAB, DAC, EAD, &c jeder doppelt so grofs als der nächst vorhergehende ist, das ist zwar wahr; allein ohne die vorgängige Berichtigung des Euklidischen Grundsatzes wird es sich schwerlich erweisen lassen. Doch ich verlange hierbey nicht so viel. Es wird mir genug seyn, wenn ohne Zuziehung des Euklidischen Grundsatzes erwiesen werden kann, dafs DAC grösser als CAB, und auf gleiche Art $EAD > DAC$, &c sey. So weit fällt die Sache in die Augen; und an sich betrachtet, sollte es leichter seyn zu beweisen, dafs unter den Winkeln CAB, DAC, EAD, &c jeder folgende grösser ist, als wenn man beweisen sollte, jeder sey genau doppelt so grofs, als der nächst vorhergehende.

Sollte es sich aber, ohne Rücksicht auf die Schwierigkeit der Parallellinien, erweisen lassen, dafs die Winkel CAB, DAC, EAD der Ordnung nach immer grösser werden: so wird auch nothwendig folgen, dafs von den Linien AC, AD, AE, &c Eine anfängt ausserhalb Aa zu fallen; wie denn dieses in dem Beyspiele der Figur bereits schon bey der dritten dieser Linien, AE, geschieht. Dieses hat aber den Erfolg, dafs die Linien Aa, Bb, Cc, Dd, Ee, &c sich nothwendig in einem Punkte durchschneiden, welcher innerhalb dem Triangel ADE liegt. Denn so mufs Aa, verlängert, nothwendig die Seite ED durchschneiden; und ehe dieses geschieht, mufs sie bereits schon DdS durchschnitten haben. Dafs aber alle die Linien Aa, Bb, Cc, Dd, Ee, &c sich in Einem und eben dem Punkte durchschneiden, folgt aus der Art, wie die Figur längst den Linien bB, cC, dD, &c zusammen gelegt worden, ohne Mühe; so, dafs ich mich dabey eben nicht aufhalten werde.

Man sieht demnach, dafs hier nur noch zu beweisen bleibt, dafs wenigstens die Winkel CAB, DAC, EAD, &c immer grösser werden. Uebrigens läfst sichs eben so wie vorhin zeigen, dafs die Puncte A, B, C, D, E, &c sämtlich in dem Umkreise eines Cirkels liegen, dessen Mittelpunkt der gesuchte Durchschnittspunkt der Linien Aa, Bb, &c ist.

§. 22.

Noch ein Beyspiel. Es seyn (Fig. VII) die Winkel aAB, bBA spitze und einander gleich. Man ziehe durch den Winkel aAB jede Linie AT; und es ist, ohne Zuziehung des oft bemeldten Euklidischen Grundsatzes, zu beweisen, dafs, wenn aus der Mitte von AB die Linie Cc senkrecht aufgerichtet wird, immer der abgeschnittene Theil SR kleiner als AS sey. Kann dieses erwiesen werden: so erhält man damit so viel, dafs, wenn $ST = AS$ gemacht wird, der Punkt T

2) Sätze, die für sich betrachtet werden können. §. 21, 22.

ausserhalb der Linie Bb falle. Und daraus läfst sich sodann herleiten, dafs die Linien Aa, Bb einander nothwendig durchschneiden.

Nun läfst sich der Beweis auf folgende Art vornehmen. Man ziehe aus A mit dem Halbmesser AB einen Cirkelbogen Bd, und mit dem Halbmesser AC einen Cirkelbogen Cm. Da nun $ABb < 90$ Gr. ist: so wird Bb den erstern dieser Cirkelbogen in zween Punkten B, d schneiden. Durch Ad werde die Linie AD gezogen, und $MD = AM$ gemacht. Da nun $AC = CB$: so ist auch $Am = md$. Folglich:

$$AM = Am + mM.$$
$$Md = md - mM.$$
$$= Am - mM.$$

Demnach
$$AM > Md.$$

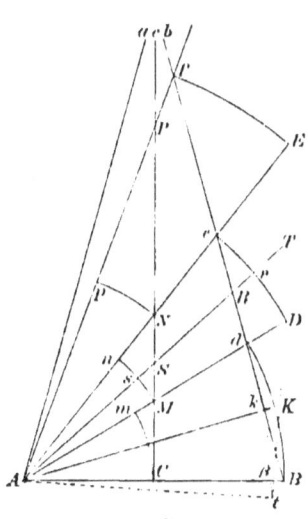

Fig. VII.

Macht man nun $MD = AM$: so fällt der Punkt D ausserhalb Bb, weil $MD > Md$ ist.

Nun beschreibt man ferner die Cirkelbogen De, Mn aus dem Mittelpunkte A. Und indem man durch e die Linie AE zieht, und $NE = AN$ macht: so wird auf gleiche Art erwiesen, dafs der Punkt E ausserhalb Bb falle, indem $NE > Ne$ gefunden wird. Auf eben diese Art läfst sich mit Ziehung neuer Cirkelbogen Ef, Np weiter fortfahren.

Dafs nun jeder andre Punkt T, wenn $ST = AS$ gemacht wird, ausserhalb Bb falle, wird leicht erwiesen. Denn es ist

$$As = sr.$$

Demnach
$$AS = As + sS.$$
$$SR = sr - sS - Rr.$$
$$= AS - 2 . sS - Rr.$$

Und folglich
$$AS > SR;$$

und damit auch
$$ST > SR.$$

Nun bleibt noch zu beweisen, dafs die, der Ordnung nach, gefundenen Linien Ad, Ae, Af, &c der Linie Aa nicht nur näher kommen, sondern dafs Eine derselben anfängt, ausserhalb Aa zu fallen. Die Sache an sich ist richtig. Aber sie mufs ohne Zuziehung des 11ten Euklidischen Grundsatzes erwiesen werden. Kann dieses geschehen: so erhält man auf allen ausserhalb Aa fallenden Linien einen Punkt, der eben so wie die Punkte D, E, &c ausserhalb Bb fällt. Und zieht man aus diesem Punkt eine Linie in B: so hat man einen Triangel, welcher die beyden Linien Aa, Bb, und zugleich ihren Durchschnittspunkt in sich schliefst oder umgibt.

Um nun aber zu beweisen, dafs die Linien Ad, Ae, Af, &c sich in der That auf vorbemeldte Art gegen Aa nähern, und endlich ausserhalb Aa fallen, ziehe man AK mitten durch den Winkel DAB; und da wird es genug seyn, wenn man zeigen kann, dafs jeder der Winkel eAd, fAe, &c grösser ist als der Winkel DAK oder KAB.

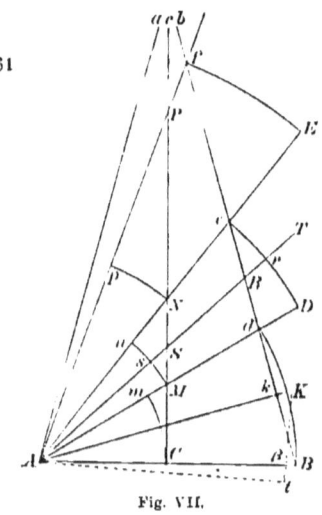

Fig. VII.

Zum Behuf dieses Beweises läfst sichs noch ferner anmerken, dafs jeder der Punkte B, D, T, E, &c von Cc gleich weit entfernt ist. Dieses kann ohne Mühe erwiesen werden, weil überhaupt $AS = ST$, $AC = CB$, und in C ein rechter Winkel ist. Ferner läfst sich aus dem Mittelpunkte A der Cirkelbogen $k\beta$ durch k ziehen; und so wird $A\beta < AB$ seyn.

Nun soll noch bewiesen werden, dafs, wenn man aus jedem der Punkte D, E, &c z. E. aus D eine Linie in β zieht, der Winkel $D\beta A$ stumpf sey, und demnach die aus D an den Cirkel $k\beta$ zu ziehende Tangente $[Dt]$ unterhalb β falle. Denn so wird man zween gleiche und ähnliche oder auf einander passende Triangel Aek, ADt erhalten, und daher die Winkel

$$eAk = DAt,$$

demnach

$$eAD = kAt,$$

und folglich

$$eAD > kAB$$

haben.

Ich habe aber nicht finden können, dafs sichs, ohne die vorgängige Berichtigung des Euklidischen Grundsatzes, erweisen liefse, dafs $D\beta A > 90$ Gr. sey; ungeachtet es ohne diesen Grundsatz erweisbar ist, dafs sich durch Cc eine Menge von Perpendikularen ziehen lassen, welche die Linie $D\beta$ unter einem schiefen Winkel schneiden, weil die aus D auf Cc fallende Perpendikulare $= CB$ und demnach $> C\beta$ ist.

§. 23.

Um dieses noch zu zeigen, so seyn (Fig. III.) in B, D rechte Winkel, und $CB < DE$. Man ziehe die Punkte C, E durch eine gerade Linie zusammen, und richte aus der Mitten von BD die Linie FG senkrecht auf. Man mache $Dc = BC$, und ziehe Gc. Wird nun die

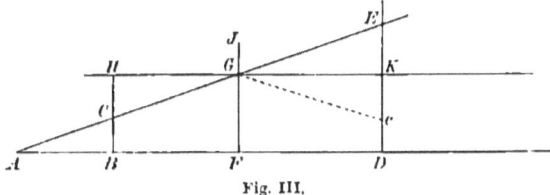

Fig. III.

Figur längst der Linie GF zusammen gelegt: so fällt B auf D, C auf c, demnach GC auf Gc; und es ist $cGF = CGF = JGE$. Da nun $EGc > 0$ ist: so sind die Winkel cGF, JGE, CGF sämtlich spitze. Demnach ist auf der Linie CE wenigstens ein Punkt G gefunden, wo dieselbe die Perpendikulare GF unter einem schiefen Winkel schneidet.

Ich merke noch im Vorbeygehen an, dafs | sich der Satz um- 162 kehren läfst, indem man, wenn $CGF < 90$ Gr. ist, leicht zeigen kann, dafs $CB < DE$ sey. Denn wird die Figur längst der Linie GF zusammen gelegt: so fällt der Winkel CGF auf cGF, und CB auf Dc. Da nun $FGC = JGE$ kleiner als 90 Gr. ist: so ist $FGC + JGE < 180$ Gr. Demnach $EGc > 0$; demnach auch $Ec > 0$, und $ED > Dc$, oder $ED > BC$.

§. 24.

Wiederum seyn (Fig. VIII.) in C, c rechte Winkel, und $CB > cb$. Man trage CB aus C in A, und cb aus c in a, und ziehe die Linien Ab, Ba, Aa, Bb: so läfst sich die Figur längst der Linie CH zusammen legen; und es wird A auf B, a auf b, demnach Ab auf Ba fallen; und so mufs der Durchschnittspunkt dieser beyden Linien E auf der Linie CH seyn.

Man mache ferner $CM = Ec$, und $CN = cb$, und ziehe NM: so werden die Winkel $NMC = bEc$ seyn; demnach auch $NMC = AEC$. Da nun auf diese Art die Linien NM, AE nicht zusammen laufen, und $CN < CA$ ist: so ist nothwendig auch $CM < CE$; demnach auch $Ec < EC$. Trägt man nun CE aus E in H, und zieht HJ auf CH

senkrecht: so wird $HJ = AC$, und $EJ = EA$ seyn. Da demnach auch $HJ = CB$ ist: so darf man nur durch E die Linie FEK senkrecht ziehen, und indem man JB zieht: so wird man in K rechte Winkel haben. Denn wird die Figur längst der Linie FK zusammen gelegt: so fällt H in C, J in B, und damit KJ in KB; und es wird $JKE = BKE$ demnach $= 90$ Gr., und so müssen die Winkel in G, so wie auch die in F, schiefe Winkel seyn. Also ist auch hierdurch wiederum ein Punkt G gefunden, wo die senkrechte Linie GE mit Bb schiefe Winkel macht. Es ist auch wiederum $HL < HJ$; folglich $HL < CB$.

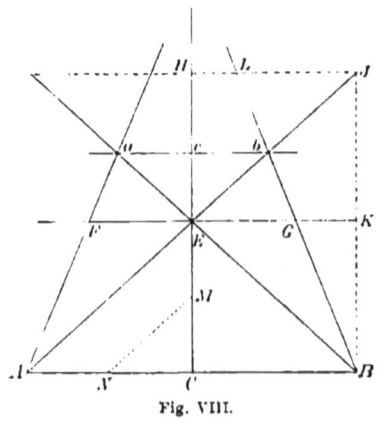

Fig. VIII.

Und so läfst sich der Beweis fortsetzen.

Man kann diesen Satz ebenfalls umkehren. Es sey nämlich $EGb < 90$ Gr. so fälle man aus jedem Punkt B auf CH die Linie BC senkrecht, und mache $CA = CB$. Aus A ziehe | man Ab durch E, und fälle aus b die Perpendikulare bc auf CH: so wird $bc < BC$ seyn. Denn setzte man $bc = BC$: so würde b in J und G in K fallen, demnach $bGE = 90$ Grad seyn. Und eben so würde $bGE > 90$ Grad gefunden werden, wenn man $bc > BC$ setzen wollte. Beydes der Bedingung $bGE < 90$ Gr. zuwider.

§. 25.

Es seyn nun (Fig. IX.) in A rechte Winkel, und $DBA < 90$ Gr. Die Linie AB werde, so viel man will, verlängert. Da nun $DBA < 90$ Gr. ist: so fällt aus jedem Punkt E die senkrechte Linie EF auf die Seite BD. Da nun in A rechte Winkel sind: so ist EGA und damit auch $FGH < 90$ Gr. Demnach fällt aus F die senkrechte Linie FH gegen C. Da nun $DFE = 90$ Gr. so ist $DFH < 90$ Gr. Wiederum, da $eBf < 90$ Gr. ist: so fällt aus jedem Punkt e die senkrechte Linie ef auf die Seite Bf, und verlängert macht sie $egA < 90$ Gr., weil in A rechte Winkel sind. Demnach fällt aus f die senkrechte fh zwischen Ag. Da nun $Bfg = 90$ Gr. so ist $Bfh < 90$ Gr.

Der Anstand, als ob ef verlängert mit Ag nicht zusammen laufe, hat hiebey nichts zu sagen. Denn da fh auf Ag trifft: so wird um desto eher noch $Bfh < 90$ Gr.

2) Sätze, die für sich betrachtet werden können. §. 24—26.   175

So viel also aus jeden Punkten der Linie cE Perpendikularen auf DI können gefällt werden, so viele schiefe Winkel DFH, Dfh finden sich auch, demnach allerdings unzählliche. Dieses war nun, in Absicht auf das zu Ende des §. 22. gesagte, zu beweisen. Ich habe übrigens nicht finden können, dafs man ohne Zuziehung des Euklidischen Grundsatzes damit ausreiche.

§. 26.

Liefs es sich aber ohne diesen Grundsatz erweisen, dafs, so oft ein Winkel $DBA < 90$ Gr. ist, auch jeder andere Winkel $DFH < 90$ Gr. sey, wo auch immer der Punkt F auf der Linie DF angenommen wird: so kann

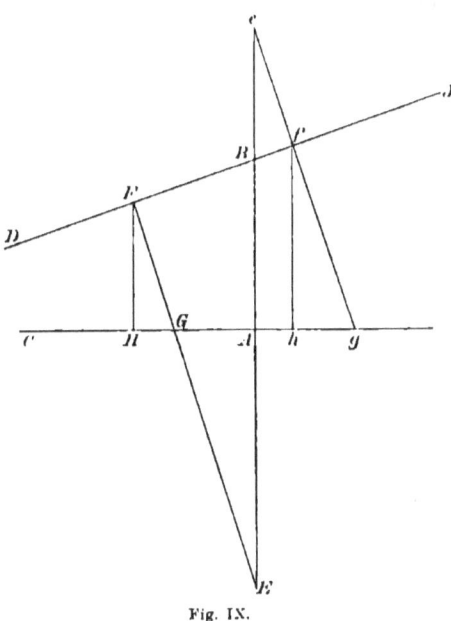

Fig. IX.

auch ohne viele Mühe erwiesen werden; dafs alle | die Winkel DFH, DBA, Dfh, &c einander gleich sind.

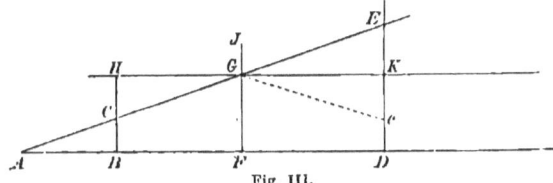

Fig. III.

Denn man setze, in der 3ten Figur in F seyen rechte Winkel, und $CGF < 90$ Gr. Man mache nach Belieben $BF = FD$, und richte in B, D, Perpendikularen auf. Oder, indem man den Punkt E nach Belieben annimmt: so fälle man aus demselben die Linie ED auf FD senkrecht, trage FD aus F in B, und richte in B die Perpendikulare BH auf. Wird nun die Figur längst der Linie FG zusammen gelegt: so wird FB auf FD, BC auf Dc fallen; und es wird

$$CGF = JGE = cGF$$

seyn. Man setze nun, die Winkel ACB, AED seyn ungleich: so sind auch GcE, GEc, und damit auch die Seiten GE, Gc ungleich. Dieses hat aber den Erfolg, dafs, wenn GK durch FG senkrecht, oder welches einerley ist, mitten durch den Winkel EGc gezogen wird, die Winkel in K schief seyn werden. Damit aber würden auch die Winkel in D schief seyn. Es sind aber vermöge der Construktion, in D rechte Winkel. Demnach geht es nicht an, dafs man die Winkel ACB, AED ungleich setze; und so mufs $ACB = AED$ seyn. Damit erhält man aber $Ge = GE = GC$; ingleichen $EKG = cKG = CHG = 90$ Grad, und $BHKD$ ist ein Rectangel $\mathfrak{r}$c.

Ich setze diesen ohnehin kurz vorgetragenen Beweis nicht weiter fort, weil man leicht sieht, dafs derselbe auf dem Satze beruhet, dafs man wo KGF, DFG rechte Winkel sind, aus dem schiefen Winkel in K auf den schiefen Winkel in D schliefsen könne. Dieses ist es aber eben, wovon noch ein von dem Euklidischen 11ten Grundsatze unabhängiger Beweis gefunden werden soll. Kann derselbe aber gefunden werden: so erhellet aus dem erstgesagten, dafs damit zugleich auch die Gleichheit der Winkel ACB, AED und die Winkel eines Rectangels $\mathfrak{r}$c bestimmt und erörtert sind.

3) Theorie der Parallel-Linien.

§. 27.

Die Theorie der Parallellinien, die ich hier zu geben mir vorgenommen, findet ihre Stelle unmittelbar nach der *Prop.* XXVIII. *Libr.* I. der Elemente des *Euklids*, weil bis dahin der 11te Grundsatz nicht gebraucht wird, und auch hier nicht gebraucht werden soll. Dieses bestimmt den Gesichtspunkt, aus welchem nachfolgende Theorie anzusehen ist; und man wird sich eben deswegen damit nicht aufhalten, wenn ich sehr bekannte Sätze, wie z. E. die durchaus gleiche Entfernung der Parallellinien $\mathfrak{r}$c als unbekannt und sehr zweifelhaft werde anzusehen haben. Auch dieses habe ich noch voraus zu erinnern, dafs ich nicht blofs gedenke, solche Sätze zu beweisen, sondern zugleich auch die dawider gemachten Schwierigkeiten deutlich ins Licht zu setzen.

Daraus wird sichs zeigen, dafs sich die ganze Sache auf eine dreyfache Hypothese reduciren läfst, von welchen jede einer besondern Theorie fähig ist, und wovon zwo nur in ihren entfernten Folgen umgestofsen werden können; so dafs auch von den unmöglichen Hypothesen eine ziemliche | Anzahl von Sätzen können und zum Theil müssen erwiesen werden, bis es sich zeigt, dafs sie nicht bestehen. Auf gleiche Art werden selbst von der wahren Hypothese mehrere Sätze *ex hypothesi* erwiesen, ehe es sich zeigen läfst, dafs sie wirklich die wahre ist.

In der Geometrie schien mir ein solches Verfahren sehr unerwartet. Da es aber darin vorkömmt: so kann es zugleich die Art, mit physischen Hypothesen umzugehen, wie durch ein Beyspiel erläutern. In dieser Absicht kann es leicht seyn, dafs ich aus den beyden irrigen Hypothesen mehrere Folgen ziehe, als es, blofs um sie umzustossen, nöthig wäre.

§. 28.

Dafs sich auf einer ebenen Fläche gerade Linien ziehen lassen, die, so viel man sie auch auf beyden Seiten verlängert, nicht zusammenlaufen, wird durch die *Prop.* XXVII und XXVIII ausser allen Zweifel gesetzt. Hingegen bleibt dabey unausgemacht, ob es ausser den daselbst angegebenen nicht noch andre giebt. Und selbst von denen in bemeldten beyden Propositionen erwiesenen bleiben noch mehrere Eigenschaften und Symptomata zu bestimmen. Hiebey werde ich nun den Anfang machen.

§. 29.

Es seyn (Fig. X.) in A und B rechte Winkel; oder, indem man AC durch AB senkrecht gezogen, werde AB nach Belieben angenommen, und der Winkel ABD ebenfalls $= 90$ Gr. gemacht: so sind, vermöge erstbemeldter *Prop.* XXVII, XXVIII; BD, AC Linien, die beyderseits, soviel man will, verlängert, nicht zusammenlaufen.

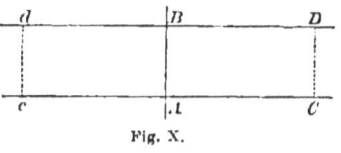

Fig. X.

Ferner läfst sichs leicht zeigen, dafs, wenn die Figur längs der Linie AB zusammengelegt wird, der Winkel dBA auf DBA, ingleichen cAB auf CAB, und demnach Bd auf BD, und Ac auf AC fällt, weil in A, B alles rechte Winkel sind. Die Linien dD, cC sind demnach auf beyden Seiten des Striches AB einander durchaus gleich und ähnlich, so dafs, was von der einen Seite erwiesen wird, mit Beybehaltung eben der Bedingungen auch auf der andern Seite statt findet.

§. 30.

So z. E. wenn man $Ac = AC$ macht, und in c, C Perpendikularen cd, CD aufrichtet: so wird $cd = CD, Bd = BD, cdB = CDB$ seyn.

§. 31.

Eben so, wenn $Bd = BD$ gemacht wird, und man fällt aus d, D senkrechte Linien dc, DC auf cC: so wird $cA = AC$, $cdB = CDB$, und $cd = CD$ seyn.

§. 32.

Wiederum, wenn man $cA = CA$, und $dB = BD$ macht: so wird man ebenfalls $cd = CD$, $Acd = ACD$, und $BDC = Bdc$ haben.

§. 33.

Wenn es demnach noch mehrere Arten von nicht zusammenlaufenden geraden Linien geben sollte: so wird diejenige, wo A, B rechte Winkel sind, immer wegen der vollkommenen Gleichheit und Aehnlichkeit auf beyden Seiten von AB etwas voraus haben.

Der Umstand, dafs dD, cC nicht zusammenlaufen, läfst noch unbestimmt, ob die Entfernungen cd, CD immer gleich sind, oder grösser oder kleiner werden. Wie dem aber auch immer sey: so weifs man, dafs es auf beyden Seiten von AB durchaus einerley Beschaffenheit damit habe.

§. 34.

Man kann aber auch vermittelst schiefer Winkel gerade Linien ziehen, die nicht zusammenlaufen; und da ist allerdings die Frage, ob diese nicht von der erst betrachteten Art verschieden sind?

Es seyn z. E. (Fig. XI.) die Winkel $BAC = ABE$, oder $FAK = EBA$, oder $EBA + FAB = 180°$: so folgt aus vorhin bemeldten Prop. XXVII und XXVIII, dafs die Linien ED, FC ebenfalls nicht zusammenlaufen, so viel oder wenig schief die Winkel in A und B seyn mögen. Wollte man nun auch hier die Figur längs der Linie AB zusammenlegen: so würde man nichts Congruirendes erhalten, weil keine | Linie auf die andre und kein Winkel auf den andern passen würde. Und man würde höchstens daraus schliessen können, dafs sich EB gegen FA eben so, wie AC gegen BD, verhalte; so dafs z. E. wenn sich EB gegen FA näherte, sich eben so AC gegen BD nähern würde ɾc.

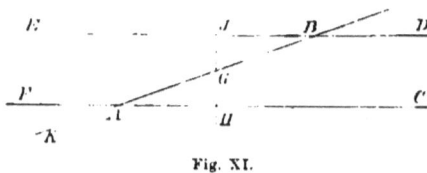

Fig. XI.

§. 35.

Man theile aber AB in zween gleiche Theile AG, GB. Aus G fälle man GH auf AC, und GJ auf BE senkrecht: so wird man $JG = GH$, und $AH = JB$, und $AGH = BGJ$ erhalten. Und da AGB eine gerade Linie ist: so werden $A\hat{G}H = B\hat{G}J$ Scheitelwinkel, und demnach JGH auch eine gerade Linie seyn. Da nun in J, H rechte Winkel sind: so läfst sich die Figur längs der Linie JH zusammenlegen; und es wird EJ auf DJ, und FH auf CH passen. Dadurch läfst sich also diese, vermittelst der schiefen Winkel A, B, gezogene Art von nicht zusammenlaufenden geraden Linien auf die vorhin betrachtete reduciren; weil hier in Absicht auf JH eben das gilt, was bey der 10ten Figur in Absicht auf AB gesagt worden.

Man kann auch den Fall umkehren. Denn man setze, dafs Anfangs ED, FC durch JH senkrecht wären gezogen worden: so darf man nur $JG = GH$ machen, und durch G jede Linie AB ziehen; so wird man allemal auch $AG = GB$, und $GAH = GBJ$ erhalten.

§. 36.

Es ist hiebey angenommen worden, dafs sich aus $AG = GB$, $GAH = GBJ$, und $H = J = 90$ Gr. auf die Gleichheit und Aehnlichkeit der beyden Triangel AGH, BGJ schliefsen lasse. Dieses hat keinen Anstand. Denn man darf nur den Winkel GBJ dergestalt auf GAH legen, dafs GB auf GA falle: so wird G auf G, B auf A, und BE auf AC passen. Nun läfst sich aus G auf AC nur eine Perpendikulare GH ziehen, weil man sonst einen Triangel mit zween rechten Winkeln erhalten würde. Demnach fällt nicht nur die Linie BE auf AC, sondern insbesondere auch der Punkt J auf den Punkt H. Und so sind die Triangel AGH, BGJ durchaus auf einander passend.

§. 37.

Uebrigens hätte in dem §. 35 auch schlechthin nur GH auf AC senkrecht gezogen und gegen J verlängert werden können. Denn so würde man $AG = BG$, $GAH = GBJ$, und $AGH = BGJ$ gehabt haben. Und damit wäre ebenfalls $GJB = GHA = 90$ Gr. und $GH = GJ$ gewesen. (*Prop.* XXVI. *Libr.* I. *Elem. Euclid.*)

§. 38.

Da demnach in Absicht auf die Linie JH eben das gilt, was in der 10den Figur in Absicht auf die Linie AB gesagt worden: so sind die Linien ED, FC (Fig. 11) in der That nicht von einer von den

Linien dD, cC (Fig. 10.) verschiedenen Art. Dadurch wird aber allerdings die Theorie der Parallellinien abgekürzt, weil die Eigenschaften und Symptomata, so sich in Absicht auf die 10de Figur erweisen lassen, ohne Mühe auf die 11te Figur angewandt werden können.

§. 39.

Ich werde demnach zu der 10den Figur zurück kehren, und die Voraussetzung, dafs in A, B rechte Winkel sind, beybehalten.

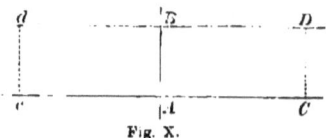

Fig. X.

Es seyn nun in C ebenfalls rechte Winkel: so laufen erstlich auch AB und CD nicht zusammen. Die Frage kömmt nun eigentlich auf die Winkel in D an; und da müssen wir nothwendig drey Hypothesen annehmen. Denn es könnte

I°. $BDC = 90$ Gr.
II°. $BDC > 90$ Gr.
III°. $BDC < 90$ Gr.

seyn.

Diese drey Hypothesen werde ich der Ordnung nach annehmen, und Folgen daraus ziehen. Es wird sich zeigen, dafs diese Folgen ziemlich weit können und theils müssen getrieben werden, ehe man auf ein *Quod est absurdum* oder *Quod est contra hypothesin* verfällt. Der dritte Ausdruck *Quod est contra Definitionem*, | oder auch *per Definitionem*, wird dabey gar nicht vorkommen, weil die Definition selbst wegbleibt, und, wenn man sie auch gebrauchen wollte, nichts beweisen würde.

Erste Hypothese.

§. 40.

Es seyn demnach (Fig. XII.) AC, BD, AB, CD gerade Linien, und A, B, C, D rechte Winkel: so wird $AB = CD$, und $AC = BD$ seyn.

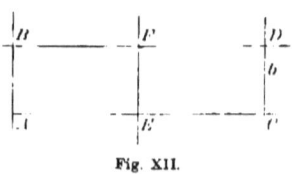

Fig. XII.

Man theile [nämlich] AC in $AE = EC$, und richte in E die Linie EF senkrecht auf: so läfst sich die Figur längs der Linie EF zusammenlegen, so dafs EA auf EC, EAB auf ECD fällt. Setzt man nun, es seyn AB, CD nicht gleich: so ist entweder $AB < CD$, oder $AB > CD$.

3) Theorie der Parallel-Linien. Allgemeines. §.38, 39. Erste Hypothese. §.40,41.

Im ersten Fall mache man $Cb = AB$, und ziehe Fb: so wird $FbC = FDC = 90$ Gr.; demnach werden in dem Triangel bFD zween rechte Winkel D, b seyn, welches ungereimt ist. (Prop. XVII.) Demnach kann nicht $AB < CD$ seyn.

Wäre nun ferner $AB > CD$: so würde b oberhalb D fallen, und wiederum einen Triangel von zween rechten Winkeln geben. Demnach kann auch nicht $AB > CD$ seyn. Demnach ist nothwendig $AB = CD$. Und so fällt b auf D; und es ist zugleich auch $BFE = DFE = 90^0$. Demnach auch $AB = EF$.

Auf eben diese Art wird erwiesen, dafs $BD = AC$ sey, wenn man durch die Mitten von AB eine senkrechte Linie zieht.

§. 41.

Es seyn wiederum (Fig. XIII. und XIV.) AC, BD, AB, CD gerade Linien, und in A, B, C, D rechte Winkel. Auf AC nehme man jeden beliebigen Punkt E, und richte aus demselben EF senkrecht auf: so wird $EF = AB = CD$, und in F werden rechte Winkel seyn.

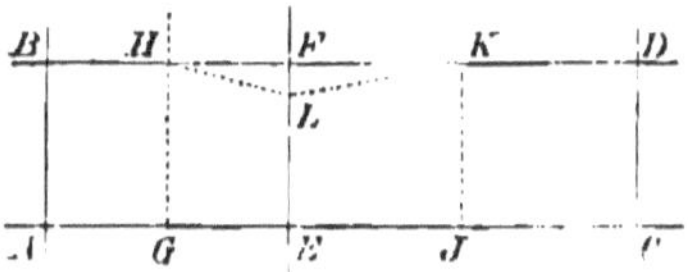

Man halbire [nämlich] AE in G, CE in J, und richte in G und J Perpendikularen GH, JK auf. Setzt man nun, es sey $EF > AB$: so mache man $EL = AB$; und so wird auch $EL = CD$ seyn (§. 40). Man ziehe HL, KL: und so ist $HLE = HBA = 90$ Gr. Ingleichem $KLE = KDC = 90$ Gr. welches klar erhellet, wenn man die Figur längs den Linien GH, JK zusammenlegt. Hieraus folgt aber, in Absicht auf die 13de Figur, dafs HLK eine gerade Linie sey. Da nun auch HK eine gerade Linie ist: so würden zwo gerade Linien einen Raum schliefsen, welches nicht angeht. Demnach kann L nicht unterhalb, und aus glei chem Grunde auch nicht oberhalb F fallen. Und so müssen nothwendig $EF = AB = CD$, und in F rechte Winkel seyn.

In Ansehung der 14ten Figur folgt eben dieses, weil sich aus Einem Punkt L nicht zwo Linien LH, LK senkrecht auf EL ziehen lassen. Demnach mufs L in F fallen; und so sind in F rechte Winkel, und es ist $EF = AB = CD$.

Fig. XIII.

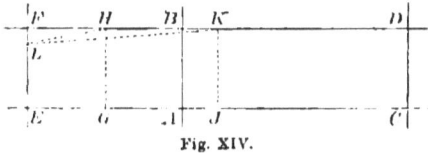

Fig. XIV.

§. 42.

Hiedurch ist nun die erste Hypothese (§. 39.) zureichend charakterisirt, weil alle Perpendikularen $FE = AB$, und in F rechtwinklicht sind, sobald irgendwo 4 rechte Winkel A, B, C, D vorkommen.

§. 43.

Es seyn nun wiederum (Fig. XV.) A, B, C, D rechte Winkel. Durch jeden Punkt K werde HKL schief gezogen. Aus K falle KE auf CA senkrecht; und es werde $EG = EF$ nach Belieben angenommen, und in G, F Perpendikularen GJ, FL aufgerichtet: so werden die beyden Triangel JHK, MLK einander gleich und ähnlich seyn. Denn in J, M sind rechte Winkel (§. 41.); und JK ist $= GE = EF = KM$; und $JKH = MKL$ (§. 36. 37.).

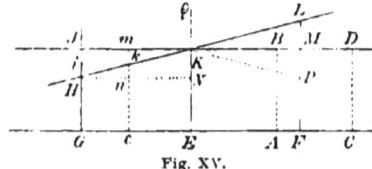

Fig. XV.

§. 44.

Da nun hierbey ferner $GJ = EK = FM$ ist (§. 41.): so sind die Linien GH, EK, FL, jede um gleich viel länger als die nächst vorhergehende. Oder es ist

$$EK = GH + HJ.$$
$$FL = EK + LM = EK + HJ.$$

Demnach

$$FL = GH + 2\ HJ.$$

§. 45.

Man ziehe ferner durch H die Linie HN auf GJ senkrecht. Da nun G, J, K, E rechte Winkel sind: so ist auch $HN = JK$, und in N sind rechte Winkel (§. 41.). Demnach ist auch $JH = KN$ (§. 40.). Und damit sind die Triangel JKH, NHK einander gleich und ähnlich. Demnach ist der Winkel $HKN = JHK = KLM$.

§. 46.

Hieraus folgt ferner, daſs, aus welchem Punkt k man auf GC eine Linie senkrecht fälle, der Winkel $Hke = HKE$ seyn werde. Denn ek, in m verlängert, durchschneidet JK rechtwinklicht; und eben so sind auch in n rechte Winkel (§. 41.). Fällt man ferner ki aus k auf JG senkrecht: so ist auch $ikn = 90$ Gr. und damit $ik = Hn$. Demnach sind die Triangel ikH, nkH einander gleich und ähnlich, und folglich der Winkel $Hke = HKE$.

3) Theorie der Parallel-Linien. Erste Hypothese. §. 42—49.   183

§. 47.

Daraus wird ohne Mühe die Folge gezogen, dafs die Linien LH, CG, gegen G verlängert, einander durchschneiden müssen. Denn weil die Linien FL, EK, GH, &c immer um einen gleichen Theil LM kürzer werden: so müssen die Punkte L, K, H, &c einmal unter CG kommen. Dafs der Durchschnittswinkel beyder Linien LH, CG jeden Winkeln JKH, ikH, &c gleich sey, folgt ebenfalls ohne Mühe.

§. 48.

Die Sache läfst sich nun folgendermassen umkehren.

Es seyn G, F, rechte Winkel, und die Winkel JHL, HLF spitze, aber einander gleich: so wird jeder Winkel
$$Hkc = JHL = HLF$$
seyn. Denn man halbire GF in E. Aus E richte man EK senkrecht auf; und durch K ziehe man JK ebenfalls senkrecht: so ist erstlich $GJK = FMK$, und $JK = MK$. (§. 30.) Da nun $JKH = MKL$, und $JHK = KLM$ ist: so sind die Triangel HJK, LMK einander gleich und ähnlich; demnach der Winkel $HJK = LMK$; demnach auch $LMK = KMF = 90$ Gr.

Da nun solchergestalt in J, M, G, F, rechte Winkel sind: so 333 folgt schlechthin und durchaus Alles was vorhin (§. 43—47.) über die Figur gesagt worden. Jede Winkel Hkc sind $= HKE$; und die Linien LH, FG, gegen G verlängert, schneiden sich unter einem Winkel, der dem Winkel JKH oder jedem Winkel ikH gleich ist.

§. 49.

Es kann ferner die Sache noch auf folgende Art umgekehrt werden.

Man setze $GE = EF$. In G, E, F, seyn rechte Winkel. Die Linie HL sey gerade; und es sey
$$FL - EK = EK - GH.$$
Man trage GH in FP, und EK in FM, und ziehe KM und KP: so werden die Winkel
$$HKE = QKL = PKE,$$
ingleichem die Winkel $EKM = FMK$, und $QKM = LMK$, und $LM = MP$ seyn.

Denn HKE, QKL sind Scheitelwinkel; demnach sind sie einander gleich. Wird ferner die Figur längs der Linie EK zusammengelegt: so fällt G auf F, GH auf FP; demnach KH auf KP, und folglich EKH auf EKP; und so ist
$$EKH = EKP = QKL.$$

Dafs ferner $EKM = FMK$, und $QKM = LMK$ sey, folgt aus dem §. 30, wenn man sich eine, mitten auf EF errichtete Perpendikulare und längs derselben die Figur zusammengelegt gedenkt. Endlich ist $PM = ML$, weil

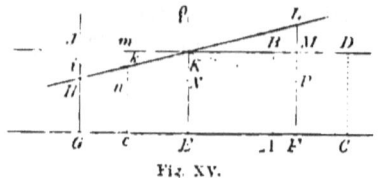
Fig. XV.

$$ML = FL - EK.$$
und
$$PM = EK - GH$$

ist, und weil vorausgesetzt worden, dafs
$$FL - EK = EK - GH$$
sey.

Nun sage ich ferner, dafs EKM, FMK rechte Winkel sind, und folglich damit Alles gilt, was vorhin (§. 43. und folg.) über die Figur gesagt worden. Der Beweis, dafs KMF ein rechter Winkel sey, gründet sich auf einen Lehnsatz, den ich im folgenden Paragraph vortragen werde, um hier die Ordnung der Gedanken nicht zu unterbrechen.

Man setze demnach, die Winkel in M seyn schief, z. E. $KMP < 90$ Gr.: so wird $KML > 90$ Gr. seyn. Daraus folgt aber, dafs, weil $KM = KM$ und $ML = MP$ ist, der Winkel $LKM < MKP$ sey. (§. seqq.) Dieses gehet aber nicht an. Denn vermöge des vorhin erwiesenen ist $QKM = LMK$, demnach > 90 Gr.; und $EKM = KMF$, demnach < 90 Gr. Da nun also
$$QKM > EKM$$
und hingegen
$$QKL = EKP$$
ist: so bleibt, wenn man abzieht,
$$LKM > PKM.$$

Setzt man hingegen $KMP > 90$ Gr.: so wird $KML < 90$ Gr. seyn. Und damit ist auch $MKE > QKM$, und folglich, wenn man $QKL = EKP$ abzieht, bleibt $PKM > MKL$. Da nun aber $KMF > KML$ gesetzt worden, und $KM = KM$, $ML = MP$ ist; so folgt hieraus, dafs der Winkel $PKM < MKL$ seyn müfste; welches aber mit dem erst gefundenen $PKM > MKL$ nicht bestehen kann.

Demnach läfst sich weder $KMP > 90$ Gr. noch $KMP < 90$ Gr. setzen; und so müssen in M rechte Winkel seyn. Da nun $EKM = FMK$ erwiesen worden: so ist auch $EKM = 90$ Gr. Und so, weil in K, M, F, E rechte Winkel sind, gilt Alles, was §. 43. und folg. von der Figur gesagt worden. LH, FG, verlängert, laufen auf der Seite G zusammen, und durchschneiden sich unter einem Winkel, der jeden Winkeln ikH, JKH, LKM, ɔc. gleich ist.

§. 50.

Der Lehnsatz, von welchem erst die Rede war, ist folgender.

Die Linien KM, PL (Fig. XVI.) durchschneiden sich in M schief; und es sey $MP = ML$. Man ziehe KL, KP: so wird, wenn $KML > 90$ Gr. ist, $LKM < PKM$ seyn.

Aus L fälle Lq auf KM senkrecht; und eben so werde aus P die Linie Pr durch KM senkrecht gezogen, und $pr = pP$ gemacht. Da nun $pMP = qML$, $PM = ML$, und in p, q rechte Winkel sind: so sind die Triangel pPM, qLM einander gleich und ähnlich. (§. 36.) Demnach ist

$$Lq = Pp = pr.$$

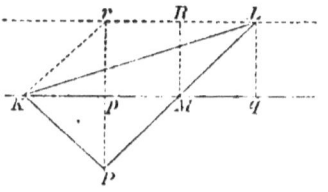

Fig. XVI.

Wird also durch rL eine gerade Linie gezogen: so läuft diese mit KM auf keiner Seite zusammen. Denn zieht man durch M die | Linie MR 335 auf KM senkrecht, und legt die Figur längs MR zusammen: so fällt p auf q, pr auf qL, und Rr auf RL. Demnach sind in R rechte Winkel. Damit ist nun $rKM > LKM$. Da aber $rKM = PKM$ ist: so ist auch $PKM > LKM$. Und dieses war zu beweisen.

§. 51.

Man sieht aus dem bisher gesagten, dafs ich nicht nur die erste Hypothese und ihre Folgen für sich betrachtet, sondern auch einige andre zugleich mitgenommen habe, welche sowohl bey derselben zugleich statt haben und eine Folge davon sind, als auch dieselbe nach sich ziehen, und in beyden Absichten, das will sagen, gerade und umgekehrt damit verbunden sind.

Man kann auch leicht voraus sehen, dafs eben dadurch die beyden andern Hypothesen sehr merklich eingeschränkt und näher bestimmt werden; weil dabey nothwendig alle die Möglichkeiten ausgeschlossen bleiben, wodurch man auf die erste Hypothese verfallen würde.

Uebrigens ist bey der ersten Hypothese besonders merkwürdig, dafs ein einziges Rectangel alle andre von jeder Grösse und Verhältnifs der Seiten nach sich zieht; und dafs ebenfalls ein einziges Trapezium $GHLF$ (Fig. XV.), wo G, F rechte Winkel sind, und $IHL = HLF$ ist, sowohl die Rectangel als jede andre Trapezia und zusammenlaufende Linien zur Folge hat; und dafs Alles dieses sich ebenfalls einfindet, wenn auch nur in Einem Fall

$$FL - EK = EK - GH$$

ist.

Zwote Hypothese.

§. 52.

Da es aber bey Allem, was über die erste Hypothese gesagt worden, unausgemacht bleibt, ob dieselbe möglich oder unmöglich, wahr oder falsch ist: so werde ich zu der andern Hypothese fortschreiten, und ihre Symptomata untersuchen.

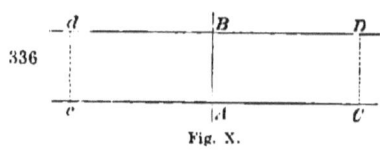

Fig. X.

Bey dieser sind in A, B, C, c (Fig. X.) rechte Winkel; BDC aber wird stumpf gesetzt. | Da nun wegen der rechten Winkel in A und B, auf beyden Seiten der Linie AB, Alles einerley Bewandtnifs hat: so wird es, überhaupt betrachtet, genug seyn, die Symptomata für die eine Seite zu beweisen, und es, wo etwan beyde Seiten in Betrachtung gezogen werden müssen, ausdrücklich anzuzeigen.

§. 53.

Es seyn nun in A, B, (Fig. XVII.) rechte Winkel; und so auch in $C, E, G,$ &c. Der Winkel D oder BDC sey stumpf: so ist erstlich

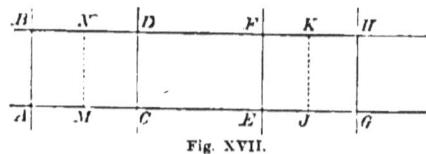

Fig. XVII.

$DC < AB$. Denn man setze $CD = AB$. Man halbire AC und richte die Perpendikulare MN auf. Wird nun nach dieser die Figur zusammengelegt: so fällt A auf C, AB auf CD; demnach NB auf ND; und so wäre $NDC = NBA$; der Voraussetzung zuwider, dafs B ein rechter, D ein stumpfer Winkel sey. Wollte man $CD > AB$ setzen: so würde auf eben die Art erhellen, dafs $NDC < NBA$ seyn müfste; welches noch mehr der Voraussetzung zuwider wäre. Demnach ist $CD < AB$.

§. 54.

Auf eben die Art erhellet, dafs auch $BD < AC$ sey, wenn man mitten durch AB eine senkrechte Linie zieht.

§. 55.

Ferner, so viel man auch auf AG senkrechte Linien EF, GH aufrichtet, oder aus BH auf AG herunterfällt, werden sie sämtlich unter sich ungleich seyn; oder man findet nicht zwo, die einander gleich wären. Es versteht sich, dafs sie auf gleicher Seite des Striches AB genommen werden. (§. 52.)

Man setze, es sey z. E. $EF = GH$. Wird demnach mitten auf EG die senkrechte Linie JK aufgerichtet, und die Figur längs derselben zusammengelegt: so wird KF auf KH fallen. Demnach werden in K rechte Winkel seyn. Damit ist aber auch D ein rechter Winkel. (§. 41.) Da nun dadurch die Voraussetzung umgestossen wird: so kann auch nicht $EF = GH$ seyn.

§. 56.

Es sind aber nicht nur die Senkstriche CD, EF, GH durchaus ungleich, (§. 55.) sondern jeder von AB entferntere ist kleiner als jeder nähere.

Man setze erstlich, es sey $EF > CD$. Da nun auch $AB > CD$ ist: so giebt es zwischen AC und zwischen CE nothwendig solche Perpendikularen, die einander gleich sind; weil sonst die Linie BF sich sprungsweise von AE entfernen müfste, um in F wiederum entfernter zu seyn, als sie in D war. Nun aber ist ein solches Entfernen der Natur der geraden Linie, die Gleichheit der Perpendikularen aber dem vorhergehenden §. 55 zuwider. Demnach kann auch nicht $EF > DC$ seyn. Da nun auch $EF = DC$ nicht angeht (§. 55.): so muss $EF < DC$ seyn.

Ist aber $EF < DC$: so wird auf eben die Art erwiesen, dafs auch $HG < EF$ sey. Denn man setze, es sey $HG > EF$: so giebt es zwischen EG und zwischen AE nothwendig solche Senkstriche, die einander gleich sind; weil sonst die Linie BH sich sprungsweise von AG entfernen müfste. Nun können aber auch nicht zween Senkstriche einander gleich seyn. Demnach geht es nicht an, dafs $GH > EF$ sey. Da nun auch nicht $GH = EF$ seyn kann (§. 55.): so ist nothwendig $GH < EF$.

§. 57.

Ich habe diesen Beweis auf das Gesetz der Continuität gegründet, weil er sich auf diese Art am kürzesten vortragen läfst. Ich glaube auch nicht, dafs er dadurch minder evident und schlüfsig sey, als wenn er auf die Euklidischen Grundsätze wäre gebaut worden. Indessen läfst er sich allerdings auch darauf gründen.

Es seyn in A, B, E, G, (Fig. XVIII.) rechte Winkel. Die Linie BH [sey] gerade; (welches sich zwar für sich verstehet, aber der Umstände wegen erinnert werden mufs) AB sey grösser als EF und GH; hingegen GH grösser als EF. Man halbire AG in N, und EG in M. Aus N, M richte man Perpendikularen Nn, Mm auf. Ferner

338 mache man $Gb = AB$, und $Gf = EF$, und ziehe nb, ingleichem fm bis in p verlängert. Endlich ziehe man aus p die Linie pP auf AG senkrecht herunter; und indem man $QN = NP$, und $RM = MP$ macht, richte man in Q, R, die Perpendikularen Qq, Rr auf.

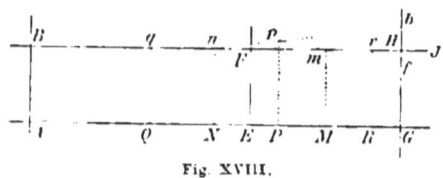

Fig. XVIII.

Ich sage, es sey $Qq = Rr$. Denn, legt man die Figur längs der Linie Nn zusammen: so fällt AB auf Gb, und Qq auf Pp. Legt man aber die Figur längs der Linie Mm zusammen: so fällt EF auf Gf, und Pp auf Rr; oder mr auf mp, wenn man MG auf ME legt. Demnach ist $Pp = Rr$. Da nun auch $Pp = Qq$ ist: so ist $Rr = Qq$. Das Uebrige des Beweises ist nun wie §. 56.

§. 58.

Was nun erst in Ansehung der Senkstriche EF, GH,&c (Fig.XVII.) erwiesen worden, gilt auch in Ansehung der Winkel F, H, &c. Sie sind sämtlich stumpf, durchaus ungleich, und jeder von B entferntere z. E. H, ist stumpfer, als jeder nähere F.

Dafs sie sämtlich stumpf sind, erhellet ohne Mühe daraus, dafs jede $GH < AB$ ist. Auf diese Art fällt AB (Fig. XVIII.) beym Zusammenlegen [längs der Linie Nn] auf Gb. In b sind, wie in B, rechte Winkel. Und so ist in dem Triangel nbH der Winkel $nHb < 90$ Gr. Demnach $nHG > 90$ Gr.

Dafs ferner alle die Winkel BFE, BHG, &c von ungleicher Grösse seyn müssen, erhellet aus dem §. 48. Denn man setze z. E. $BFE = BHG$: so sind JFE, JHG spitze und einander gleich. Damit aber laufen die Linien BH, AG gegen G zusammen; und es ist auch $JBA = JFE$. Demnach $JBA < 90$ Gr. Beydes der Voraussetzung zuwider. Demnach kann kein Winkel JFE einem andern JHG gleich seyn.

Dafs endlich jeder entferntere Winkel BHG stumpfer seyn müsse, als jeder nähere BFE, folgt wiederum aus dem Gesetze der Continuität. Denn wäre BHG weniger stumpf als BFE: so würden zwischen BF 339 und FH nothwendig Winkel vorkommen, die gleich | stumpf wären; und so würden BH, AG gegen G zusammenlaufen, und in B gleich schiefeWinkel seyn. (§.48.) Demnach mufs durchaus $BHG > BFE$ seyn.*)

(*Lamberts Zusatz* zu §. 58 auf einem besondern Blatte)
*) „Der eigentliche Beweis ist folgender:
„BFE (Fig. XVIII.) sey stumpfer als B und H. Man lege die Figur wie §. 57.
„zusammen; so fällt F in f unter H. Ferner B in b über F; (es mag nun

3) *Theorie der Parallel-Linien. Zwote Hypothese. §. 57—60.* 189

§. 59.

Man kann dieses Letztere auch auf folgende Art beweisen. Auf
HD (Fig. XIX) nehme man die Distanzen HG, GF, FE, EA, AB,

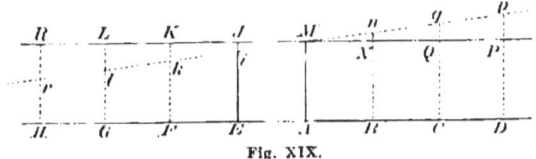

Fig. XIX.

BC, CD, &c gleich und so klein man will. Aus allen diesen Punkten
richte man Perpendikularen auf, und ziehe RP durch EJ rechtwinklicht: so werden, unsrer zwoten Hypothese zufolge, die Winkel JMA,
JNB, JQC, JPD, &c ingleichem auf der andern Seite die Winkel
JKF, $[JLG]$, JRH, &c sämtlich stumpf, und die auf beyden Seiten
von EJ gleich entfernten gleich seyn. (§. 30.) Man ziehe nun durch
M die Linie rp auf AM senkrecht: so ist ebenfalls $EiM = MnB$,
$FkM = MqC$, $GlM = MpD$, &c. Da nun MJE ein rechter
Winkel ist: so ist MiE, und damit auch MnB und MNB noch
mehr stumpf. Nun ist $MNB = MLG$; daher $MlG = MpD$ noch
mehr stumpf als MnB. Und eben so MPD noch mehr stumpf als
MpD; folglich noch viel mehr als MnB, &c. Ferner, da $MKF > 90$ Gr.
ist: so ist auch $MkF = MqC$ noch stumpfer. Und da $MQC > MqC$:
so ist auch MQC noch viel mehr stumpf, und damit auch MRH
$= MQC$, und um so mehr noch MrH, &c.

Man sieht leicht, dafs auf eben die Art immer fortgeschlossen
werden kann, und demnach die Winkel M, N, Q, P, &c desto mehr
stumpf sind, je mehr sie | von J entfernt sind. Dafs eben dieses von
jeden zwischen M, N, Q, P, &c fallenden Winkeln gelte, folgt daraus,
dafs AB, BC, CD, &c so klein angenommen werden können, als
man will.

§. 60.

Es ist ferner merkwürdig, dafs diese in Einem fortgehende Vergrösserung der stumpfen Winkel M, N, Q, P, &c nicht nur von der
absoluten Länge der Linien EA, EB, EC, ED, &c sondern auch von
der absoluten Länge der Perpendikularen EJ, AM, BN, &c abhängt.

Um dieses noch zu zeigen: so seyn in A, B, C, D, E (Fig. XX.)
rechte Winkel, und $AB = BC = AD = DE$. Demnach sind, ver-

„über oder unter H seyn.) Demnach sind (eben so wie §. 57.) $Pp = Rr = Qq$;
„welches die Hypothese umstöfst. ꝛc."
„Auf eine ähnliche Art wird §. 69. verfahren." [Es scheint, dafs *Lambert*
auch hier versucht hat, den Beweis unabhängig von dem Gesetze der Continuität
zu führen. So wie der Zusatz lautet, ist er uns freilich unverständlich geblieben.]

möge unsrer zwoten Hypothese, die Winkel G, H, F, J sämtlich stumpf; und zwar $H > G$, und eben so $J > H$; demnach um so mehr $J > G$. Nun sind J und G nur darin verschieden, dafs $AE = AC$ doppelt so grofs angenommen worden, als $AD = AB$. Man sieht daraus, wie mit jeder Verdoppelung die Winkel G, J stumpfer werden. Eben dieses gilt, wenn auch $AE = AC$ schlechthin nur grösser als $AD = AB$ genommen wird.

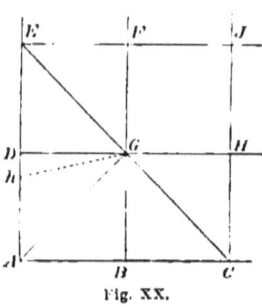

Fig. XX.

§. 61.

In dieser Figur ist ferner $AD > GB$, und $GB > CH$. (§. 56.) Man trage CH aus A in h, und ziehe Gh. Legt man nun die Figur längs der Linie BF zusammen: so fällt GH in Gh. Da nun in D rechte Winkel sind: so ist $Gh > GD$. Demnach [wegen $GD = GB$] auch $GH > GB$. Da nun $GB > CH$ ist: so ist um so mehr noch $GH > CH$.

Auf gleiche Art wird man $FJ > EF$ finden. Hingegen ergiebt sich $FJ < GF$ daraus, dafs $JF = JH$, $GF = GH$, und $FGH < FJH$ ist. So wird man auch, wenn man AG, GC zieht, die Winkel DAG, GAB, GCB einem halben rechten Winkel gleich, und hingegen $AGC = DGB > 90$ Gr. finden. etc. —

Ich halte mich aber bey solchen Folgen, die leicht noch weiter können getrieben werden, nicht mehr länger auf, sondern werde die bisher betrachtete Hypothese nun von der widersprechenden Seite zu zeigen vornehmen.

§. 62.

Diese widersprechende Seite liegt nicht blofs darin, dafs die von AB (Fig. XVII.) entferntern Senkstriche EF, GH immer kürzer werden. Denn man könnte gedenken, dafs sie auf eine asymptotenmäfsige Art

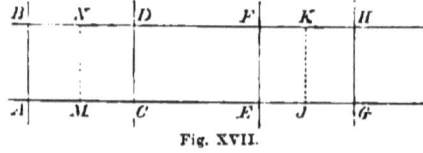

Fig. XVII.

sich verkürzen, ohne jemals $= 0$ oder gar negativ zu werden. Hingegen thun die immer stumpfer werdenden Winkel F, H mehr zur Sache. Denn daraus wird erhellen, dafs sich BH gegen AG ungefähr eben so wie ein Cirkelbogen nähern müfste, dessen Mittelpunkt unter A ist, und dessen Diameter bis in B reicht. Ein solcher Cirkelbogen nehmlich durchschneidet nothwendig die Linie AG. Eben dieses wird sich nun auch von der Linie BH erweisen lassen. Da nun wegen der rechten Winkel in B, A

kein solcher Durchschnitt statt haben kann: so folgt für sich, daſs unsre zwote Hypothese dadurch werde *ad absurdum* gebracht seyn. Die Art, wie dieses geschehen kann, ist nun folgende.

§. 63.

Es seyn in A, B, (Fig. XXI.) rechte Winkel. Auf AG nehme man nach Belieben drey Punkte E, F, G, so daſs $EF = FG$ sey, und richte aus denselben die Linien EH, FJ, GK senkrecht auf: so ist zu beweisen, daſs allemal
$$EH - FJ < FJ - GK$$
oder
$$FJ - GK > EH - FJ$$
sey, wenn die bisher betrachtete zwote Hypothese wahr ist.

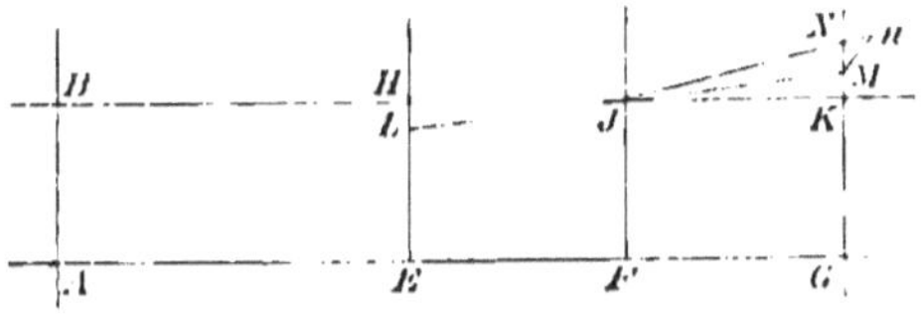

Fig. XXI.

Nun sind, dieser Hypothese zufolge, die Winkel BHE, BJF, BKG nicht nur stumpf; sondern es ist $BKG > BJF$, und $BJF > BHE$. Zieht man demnach durch J die Linie LM senkrecht auf JF: so geht sie unter H und über K durch; und es ist $EL = GM$. (§. 30.) Man mache nun $GN = EH$, und ziehe JN: so wird, wenn man die Figur längs der Linie FJ zusammenlegt, FE auf FG, EL auf GM, EH auf GN, demnach JL auf JM und JH auf JN fallen; und die Winkel HJL, MJK, NJM | werden gleich seyn. Da nun $BHE < BKG$: so ist $EHJ > JKN$. Es ist aber $EHJ = JNK$. Demnach ist $JNK > JKN$. Damit aber ist auch $JK > JN$.

Man mache $Jn = JK$, und ziehe Mn: so ist der Winkel $JMK = JMn$. Demnach ist JMK stumpf. Demnach, ebenfalls vermöge der zwoten Hypothese, $GM = EL$ kleiner als FJ. Ferner, da $JNG = JHE$ ein spitzer Winkel ist: so ist nNM stumpf; und damit ist $Mn > MN$. Es ist aber $Mn = MK$. Demnach ist auch $MK > MN$; und eben so, weil $MN = LH$ ist: so ist auch $MK > LH$. Demnach
$$GM - GK > EH - EL.$$
Nun aber ist
$$GM = EL.$$
Demnach
$$GM - GK > EH - GM.$$
Es ist aber, vermöge des erst erwiesenen,
$$FJ > GM.$$
Folglich
$$2\,FJ > 2\,GM.$$

Demnach, wenn man addirt,

$$GM + 2\,FJ \quad GK > 2\,GM + EH - GM.$$

Und folglich

$$2\,FJ \quad GK > EH;$$

Oder

$$FJ - GK > EH - FJ.$$

Und dieses war zu beweisen.

§. 64.

Die Perpendikel EH, JF, KG, &c nehmen demnach nicht etwan nur gleichförmig, sondern immer stärker ab. So klein demnach auch die Abnahme seyn mag: so mufs, wenn man fortfährt in gleichen Entfernungen EF, FG, Perpendikularen aufzurichten, die Summe der Abnahmen nothwendig einmal anfangen grösser als AB zu werden. Und da dieses nicht geschehen kann, es sey denn, dafs die Linie BK, bis dahin verlängert, sich unter die ebenfalls verlängerte AG herabsenke: so wird dadurch offenbar der Satz, dafs BK, AG wegen der rechten Winkel in A, B nicht zusammenlaufen, umgestossen. Da sich aber dieser Satz nicht umstossen läfst: so fällt die zwote Hypothese ins Unmögliche. Sie wird aber noch viel unmittelbarer dadurch ungereimt, dafs die Linie BK auf beyden Seiten des Senkstriches AB sich unter die Linie GA herabsenken, und demnach die zwo Linien BK, AG einen Raum schliefsen müfsten. —

Lafst uns nun noch sehen, was aus der dritten Hypothese werden wird.

Dritte Hypothese.

§. 65.

Man kann nun nach der Betrachtung der beyden ersten Hypothesen voraus vermuthen, dafs bey der dritten immer spitzere Winkel und immer grösser werdende Perpendikularen zum Vorschein kommen werden. Hingegen läfst es sich eben daher auch nicht voraussehen, wie diese Hypothese in Absicht auf die Möglichkeit werde geprüft werden können. Ich werde demnach die Sache beschreiben, wie ich sie gefunden habe.

§. 66.

Es seyn wiederum in A, B, C, (Fig. XVII.) und so auch in jeden Punkten E, J, G, &c rechte Winkel: so ist bey der dritten Hypothese der Winkel D oder BDC spitze. (§. 39.) Die erste Folge, die wir daraus ziehen, ist, dafs $DC > AB$ ist. Denn wäre $CD = AB$: so würde eben so wie §. 53. folgen, dafs BDC ein rechter Winkel wäre. Und dieses würde der Voraussetzung zuwider seyn. Wollte man aber $CD < AB$ annehmen: so würde, wenn man die Figur längs der mittlern Perpendikulare MN zusammenlegt, A auf C, B aber über D hinauf fallen; und damit würde $NDC > 90$ Gr. seyn; welches der Voraussetzung noch mehr zuwider wäre. Demnach ist $CD > AB$.

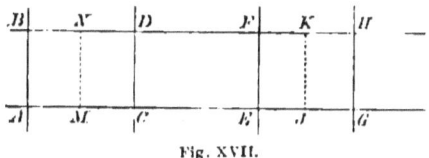

Fig. XVII.

§. 67.

Auf gleiche Art ist auch $BD > AC$.

§. 68.

Ferner sind jede andre Perpendikularen EF, GH, nicht nur grösser als AB; sondern es ist keine der andern gleich, und jede entferntere GH ist grösser als jede nähere EF.

Man setze erstlich, es sey $GH = EF$. Mitten auf EG errichte man JK senkrecht: so sind in K rechte Winkel; und damit sind auch in D rechte Winkel. (§. 41.) Nun ist aber, vermöge der Hypothese D ein spitzer Winkel. Demnach läfst sich nicht $GH = EF$ setzen.

Man kann aber ferner auch nicht $EF < DC$ setzen. Denn da $CD > AB$ ist: so würden nothwendig zwischen AC und zwischen CE Perpendikularen vorkommen, die einander gleich wären. Da nun dieses dem erst erwiesenen zuwider ist, und aus gleichem Grunde auch nicht $EF = CD$ seyn kann: so ist $EF > CD$. Auf gleiche Art folgt auch dafs $GH > EF$ seyn müsse. Und so ist auch jede zwischen A, C fallende Perpendikulare grösser als AB, und kleiner als CD. &c.

Ich habe hierbey ebenfalls wiederum wie oben (§. 56.) das Gesetz der Continuität gebraucht. Will man aber lieber den Beweis auf die Euklidischen Grundsätze bauen: so kann dieses auf eine der im §. 57. angegebenen durchaus ähnliche Art geschehen. Denn man wird finden, dafs für gegenwärtigen Fall, in der 18den Figur, b unterhalb, f aber oberhalb H, und damit auch p unter Fm kömmt, und dadurch an dem Satze $Qq = Rr$ nichts geändert wird.

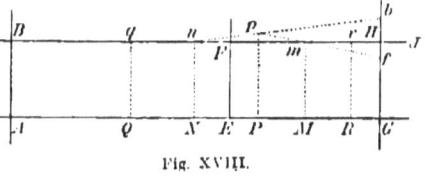

Fig. XVIII.

§. 69.

In Ansehung der Winkel D, F, H, &c (Fig. XVII.): so sind hier nicht nur alle spitze, sondern auch alle ungleich; und jeder entferntere H ist spitzer als jeder nähere F.

Dafs alle spitze sind, folgt daraus, dafs alle Perpendikularen grösser als AB sind, ohne Mühe, wenn man, z. E. in Absicht auf den Winkel F die Figur so zusammenlegt, dafs E auf A falle. Denn so wird F oberhalb D fallen; und da in B rechte Winkel sind: so mufs $BFE < 90$ Gr. seyn.

Dafs ferner nicht zween Winkel F, H gleich spitze sind, folgt aus dem §. 48, weil die Linien HF, GE, gegen A verlängert, sich durchschneiden, und in B schiefe Winkel seyn würden. Da nun dieses der Voraussetzung zuwider: so kann auch nicht $F = H$ seyn.

Endlich kann auch nicht $H > F$ seyn. Denn wo dieses wäre: so würden zwischen BF und zwischen FH Winkel vorkommen, die einander gleich wären; und damit würde auch $F = H$ seyn. (§. 48.) Demnach mufs $H < F$ seyn.

Man kann, um dieses ohne Zuziehung des Gesetzes der Continuität zu beweisen, eben so wie §. 59 verfahren, wenn man in der 19den

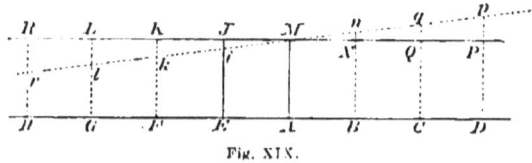

Fig. XIX.

Figur in i rechte Winkel, und $iMA < 90$ Gr., JMA aber $= 90$ Gr. setzt. Denn so wird $EJM = MNB$ spitze, und damit $MnB = MlG$ noch kleiner, und eben dadurch $MLG = MPD$ noch mehr kleiner. ɪc.

§. 70.

Aus dem aber, dafs die entferntern Winkel immer spitzer werden, folgt nun ferner, dafs die Perpendikularen mit der Entfernung von A (Fig. XVII.) nicht etwan nur gleichförmig, sondern immer mehr grösser werden, so dafs sich BH, verlängert, von AG, ebenfalls verlängert, dergestalt entfernt, dafs die Perpendikularen grösser werden, als jede gegebene Grösse.

Es seyn in A, B (Fig. XXII.) rechte Winkel. Man nehme nach Belieben die Punkte E, F, G, so dafs $EF = FG$ sey, und richte aus denselben die Perpendikularen EH, FJ, GK auf: so sind, vermöge unsrer dritten Hypothese BHE, BJF, BKG spitze Winkel, und

3) Theorie der Parallel-Linien. Dritte Hypothese. §. 69, 70.

jeder folgende spitzer als der vorhergehende. Zieht man demnach durch J die Linie LM auf FJ senkrecht: so geht LM oberhalb H und unterhalb K durch, weil $HJF < 90$ Gr. ist.

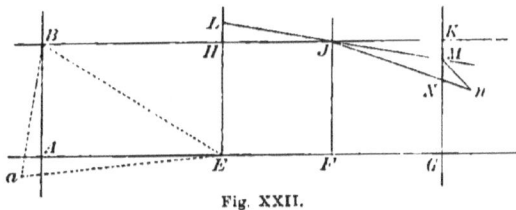

Fig. XXII.

Man mache $GN = EH$, und ziehe JNn. Da nun $EL = GM$ ist (§. 30.): so fällt N unterhalb M. Und indem man die Figur längs der Linie FJ zusammenlegt, wird JH auf JN, JL aber auf JM fallen; und die Winkel LJH, KJM, MJN werden gleich seyn. Denn LJH fällt beym Zusammenlegen auf MJN; und LJH, KJM sind Scheitelwinkel. Da nun ferner JHE auf JNG fällt: so ist $JNG = JHE$; demnach auch $JNK = BHE$. Nun aber ist $BHE > JKN$; demnach ist ebenfalls $JNK > JKN$. Daraus folgt aber $JK > JN$. Man mache also $Jn = JK$, und ziehe Mn: so ist $Mn = MK$, und der Winkel $JMK = JMn$ stumpf; demnach JMG spitze. Dadurch ist aber, ebenfalls vermöge der dritten Hypothese, $GM > FJ$, und damit auch $EL > FJ$, weil $EL = GM$ ist. Da nun ferner $JNM = BHE$ spitze ist: so ist MNn stumpf, und damit $Mn > MN$. Es ist aber $Mn = MK$, $MN = LH$; demnach $KM > LH$; und damit
$$GK - GM > EL - EH.$$

Nun aber ist
$$GM = EL.$$

Demnach
$$GK - GM > GM - EH.$$

Da nun, vermöge des erst erwiesenen,
$$GM > FJ,$$

und
$$2\,GM > 2\,FJ;$$

so ist, wenn man addirt,
$$GK + 2\,GM - GM > GM + 2\,FJ - EH.$$

Folglich
$$GK > 2\,FJ - EH;$$

oder
$$GK - FJ > FJ - EH.$$

Demnach wächst bey gleich zunehmenden Entfernungen AE, AF, AG, die Perpendikulare GK in Absicht auf FJ um ein mehrers

13*

als FJ in Absicht auf EH. Da nun dieses von jeden folgenden Entfernungen gilt: so wird die Summe aller Zunahmen oder Incrementen endlich grösser als jede gegebene Gröfse.

§. 71.

Dadurch fällt nun der Unterschied zwischen einer geraden und krummen Linie eben so weg, wie bey der zwoten Hypothese. (§. 64.) Indessen, da es sich bey der zwoten Hypothese dadurch erweisen liefs, dafs sich die Linie BK auf beyden Seiten des Senkstriches AB unter die Linie AG herabzog: so hat man bey der dritten, wo sich BK von AG auf beyden Seiten unendlich entfernt, nichts dergleichen zu befahren. Es macht aber eben dieses Entfernen, dafs, wenn man ja noch einen andern Beweis | der Unmöglichkeit der dritten Hypothese verlangt, derselbe auf eine andre Art gefunden werden mufs.

Ich merke inzwischen an, dafs vermittelst der §. 64 und 70. eine Menge von Einwendungen wegfällt, die man sonst wider die Parallellinien und deren von verschiedenen Geometern versuchte Beweise gemacht hat. Denn die ganze Sache kömmt auf die bisher betrachteten drey Hypothesen an. Nach der erstern laufen die Linien BK, AG in immer gleicher Entfernung fort. Nach der zwoten durchschneiden sie sich auf beyden Seiten von AB. Nach der dritten nimmt ihre Entfernung auf beyden Seiten immer mehr zu, und wird grösser als jede gegebene Entfernung.

Demnach fallen alle Einwendungen weg, die sich auf ein asymptotisches Annähern oder auf ein asymptotisches Entfernen gründen würden; wobey nehmlich die Entfernungen EH, JF, GK, &c sich einer gewissen Grösse immer mehr näherten, ohne sie jedoch zu erreichen.

Eben so fallen auch diejenigen Einwendungen weg, wobey die zwote Hypothese zum Grunde liegen oder vorausgesetzt würde; wie z. E. wo zu drey rechten Winkeln A, B, C der vierte H stumpf, demnach die Summe > 360 Gr. oder in einem Triangel die Summe der drey Winkel > 180 Gr. angenommen würde, ꝛc weil die zwote Hypothese an sich wegfällt.

§. 72.

In Ansehung des immer mehrern Entfernens, so bey der dritten Hypothese vorkömmt, könnte man anstehen, ob die aus jeden Puncten E, F, G, &c aufgerichteten Perpendikularen die Linie BK alle noch schneiden, so grofs man auch AE, AF, AG, &c annehmen würde. Nun sehe ich zwar nicht, wie bey diesem Anstande BK eine gerade

3) Theorie der Parallel-Linien. . Dritte Hypothese. §. 70—73.

Linie bleiben könnte. Indessen wenn es auch wäre: so hat es auf die vorhergehenden Sätze keinen Einfluſs. Die Vergrösserung, oder das Anwachsen der Perpendikularen, so weit diese nehmlich aus jeden Punkten H, J, K, &c auf AG können gefällt werden, wird dadurch nicht nur nicht angefochten, sondern noch um desto merklicher. Und eben dieses findet auch in Ansehung der Winkel H, J, K statt, welche dadurch nicht nur bis auf einen bestimmten Grad sondern vollends bis auf 0 kleiner werden würden.

§. 73.

Bey der dritten Hypothese ist in jedem Triangel die Summe der drey Winkel kleiner als 180 Gr. Da sich jeder Triangel in zween rechtwinklichte zerfällen läſst, weil bey jedem nothwendig wenigstens zween Winkel spitze sind: so werde ich diesen Satz erstlich von den rechtwinklichten Triangeln erweisen.

Es sey ein solcher BAE. Man ziehe HB auf BA, und HE auf EA rechtwinklicht: so ist $BH > AE$, und $EH > AB$. (§. 66. 67.)

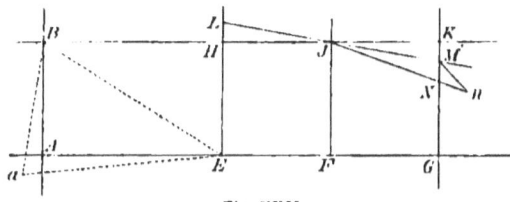

Fig. XXII.

Trägt man demnach den Triangel BHE in EaB, so daſs BH in Ea, und EH in Ba falle: so fällt aB ausserhalb ABH, und aE ausserhalb AEH. Demnach ist der Winkel

$$aBE > ABE,$$

und

$$aEB > AEB.$$

Folglich, wenn man addirt,

$$aBE + aEB > ABE + AEB.$$

Es ist aber die Summe dieser vier Winkel $= 180$ Gr. Demnach ist

$$aBE + aEB > 90 \text{ Gr.}$$

und

$$ABE + AEB < 90 \text{ Gr.}$$

Folglich

$$ABE + AEB + BAE < 180 \text{ Gr.}$$

Die Besorgniſs, als möchten BH, EH einander nicht schneiden, hat hier ebenfalls nichts zu sagen; weil, wenn es auch wäre, die

Linien Ba, Ea nur um so mehr noch ausserhalb BAE fallen würden.

§. 74.

Nun seyn in jedem Triangel AGC (Fig. XX.) die Winkel A, C spitze. Aus G falle GB auf AC senkrecht: so ist

$$AGB + GAB + ABG < 180 \text{ Gr.}$$
$$CGB + GCB + CBG < 180 \text{ Gr.}$$

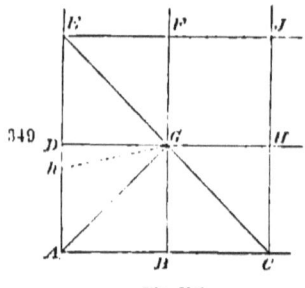
Fig. XX.

Demnach die Summe

$$AGC + GAC + GCA + ABG + CBG < 360 \text{ Gr.}$$

Es ist aber

$$ABG + CBG = 180 \text{ Gr.}$$

Demnach

$$AGC + GAC + GCA < 180 \text{ Gr.}$$

§. 75.

Da in einem gleichseitigen Triangel ABC (Fig. XXIII.) die Winkel A, B, C gleich sind: so ist, bey der dritten Hypothese, jeder derselben kleiner als 60 Gr.

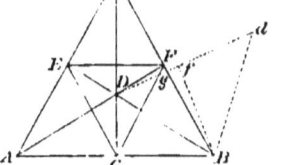
Fig. XXIII.

§. 76.

Man ziehe nun in einem gleichseitigen Triangel ABC aus jedem Winkel senkrechte Linien auf die gegenüber stehende Seite: so werden sowohl die Winkel als die Seiten halbirt; und die Perpendikularen haben einen gemeinsamen Durchschnittspunkt D. Alles dieses läfst sich durch das Zusammenlegen der Figur längs jeder Perpendikulare leicht erweisen. Und eben daraus wird auch gefolgert, dafs die Winkel in D sämtlich gleich, und demnach jeder $= 60$ Gr. ist. Ferner, da der Winkel $ACG < GAC$: so ist auch $AG < GC$, oder $GC > AG$. Hingegen wegen des rechten Winkels in G, ist $AC > GC$. Demnach ist die Perpendikulare zwar kleiner als jede Seite, aber grösser als die Hälfte einer Seite.

§. 77.

Man beschreibe nun auf BD noch einen gleichseitigen Triangel BDd. Da nun auch in diesem jeder Winkel < 60 Gr. ist; (es versteht sich bey der dritten Hypothese:) so fällt die Seite Dd innerhalb

BDF, weil $BDF = 60$ Gr. ist; und so mufs die aus B auf Dd fallende Perpendikulare Bf ausserhalb ABC fallen. Demnach ist $Df > Dg$. Es ist aber, wegen des rechten Winkels in F, $Dg > DF$; demnach, um desto mehr $Df > DF$. Da nun $Df = \frac{1}{2} Dd = \frac{1}{2} DB = \frac{1}{2} DA$ ist: so ist $\frac{1}{2} DA > DF$, und $DA > 2 DF$; demnach auch $AF > 3 DF$, oder $DF < \frac{1}{3} AF$. Dieses hat bey der dritten Hypothese statt. Denn bey der ersten läfst sichs leicht erweisen, dafs $DF = \frac{1}{3} AF$ sey. Die zwote Hypothese, | wobey $DF > \frac{1}{3} AF$ seyn 350 würde, fällt an sich weg. Und demnach kann DF wenigstens nicht grösser als $\frac{1}{3} AF$ seyn.

§. 78.

Ferner ist, bey der dritten Hypothese, in jedem Triangel KLM (Fig. XVI.) die Summe zweener Winkel $LKM + KLM$ kleiner als der aussen an dem dritten liegende Winkel LMq. Denn es ist
$LMK + LKM + KLM < 180$ Gr.
Hingegen
180 Gr. $= LMK + LMq$.
Demnach
$LKM + KLM < LMq$.

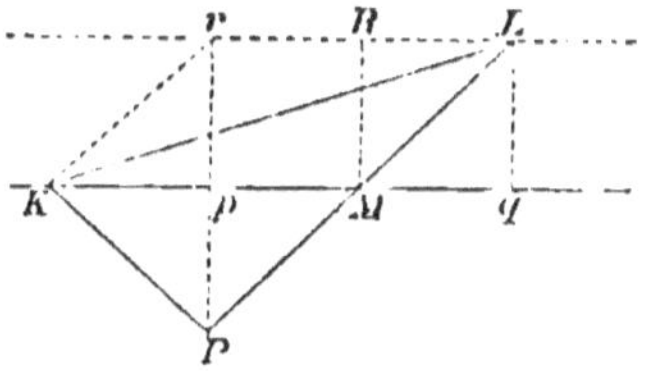

Fig. XVI.

Und wenn $KM = ML$ ist: so ist LKM kleiner als die Hälfte von LMq.

§. 79.

Man sieht leicht, dafs sich auf diese Art bey der dritten Hypothese noch weiter gehen läfst; und dafs sich ähnliche Sätze auch bey der zwoten finden lassen, doch mit ganz entgegengesetztem Erfolge. Ich habe aber vornehmlich bey der dritten Hypothese solche Folgsätze aufgesucht, um zu sehen, ob sich nicht Widersprüche äufsern würden. Aus Allem sah ich, dafs sich diese Hypothese gar nicht leicht umstossen läfst. Ich werde demnach noch einige solcher Folgsätze anführen, ohne darauf zu sehen, wiefern sie auch bey der zwoten Hypothese mit gehöriger Veränderung gezogen werden können.

Die erheblichste von solchen Folgen ist, dafs, *wenn die dritte Hypothese statt hätte, wir ein absolutes Maafs der Länge jeder Linien, des Inhalts jeder Flächenräume und jeder körperlichen Räume* haben würden. Dieses stöfst nun einen Satz um, den man ohne Bedenken unter die Grundsätze der Geometrie rechnen kann, und woran bisher noch kein Mensch gezweifelt hat, dafs es nehmlich *kein solches absolutes Maaſs gebe*. Es machte zwar *Wolf* einen Lehrsatz daraus, indem er die Definition der Grösse (*Quantitas*) so einrichtete, dafs er im Folgenden daraus herleiten konnte: *Quantitas dari sed non per se intelligi potest*. | Allein dieser Lehrsatz mufs, so wie die Definition, geändert werden, weil es unstreitig *Grössen* giebt, die für sich kenntlich sind, und eine bestimmte Einheit haben. Bey Linien, Flächen und körperlichen Räumen gilt derselbe allerdings; und da glaube ich nicht, dafs man, um ihn in der Geometrie anzubringen, erst eine Definition dazu zurechte machen müfste.

§. 80.

Um aber die erst erwähnte Folge zu beweisen; so seyn in A, B, C, D, E (Fig. XX.) rechte Winkel; und es werden, bey der dritten Hypothese, G, F, H, J spitze, und zwar $H < G$, und $J < H$; und eben so $F < G$ und $J < F$ seyn. Nun sage ich, der Winkel G sey das Maaſs des Viereckes $ADGB$, wenn nehmlich $AB = AD$ ist; und eben so sey der Winkel J das Maaſs des Vierseckes $ACJE$, wenn $AC = AE$ ist.

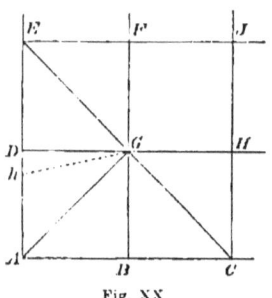

Fig. XX.

Denn, mit Beybehaltung der Gleichheit der Seiten $AB = AD$ und der rechten Winkel A, B, D, wird der spitze Winkel G bey keinem andern Vierecke passen, als bey solchen, deren Seiten AB, AD die absolute Länge von AB, AD haben. Man nehme z. E. grössere Seiten $AE = AC$, und mache in E, C rechte Winkel: so ist bey der dritten Hypothese der Winkel $J < G$. Demnach pafst G nicht auf J. Wäre $AE = AC$ kleiner als $AD = AB$ genommen worden: so würde $J > G$ herausgekommen seyn; und so würde G ebenfalls nicht auf J gepafst haben.

Demnach ist der Winkel G das absolute Maaſs des Viereckes $ADGB$. Da die Winkel ein für sich kenntliches Maaſs haben: so dürfte man z. E. wenn $AB = AD$ ein Pariser Fuſs, und dabey der Winkel $G = 80$ Gr. wäre, nur sagen, man soll das Viereck $ADGB$ so grofs machen, bis der Winkel $G = 80$ Gr. würde: so werde man die absolute Länge eines Pariser Fuſses auf $AB = AD$ haben.

Diese Folge hat etwas Reizendes, welches leicht den Wunsch abdringt, die dritte Hypothese möchte doch wahr | seyn!

Allein ich wünschte es, dieses Vortheils uneractet, dennoch

nicht, weil unzähliche andre Unbequemlichkeiten dabey mit seyn würden. Die trigonometrischen Tafeln würden unendlich weitläuftig; und die Aehnlichkeit und Proportionalität der Figuren würde ganz wegfallen; keine Figur liefse sich anders als in ihrer absoluten Gröfse vorstellen; um die Astronomie wäre es übel bestellt; u. s. w.

§. 81.

Jedoch dies sind *Argumenta ab amore & invidia ducta*, die aus der Geometrie, so wie aus allen Wissenschaften, ganz wegbleiben müssen.

Ich wende mich demnach wiederum zu der dritten Hypothese. Bey dieser ist nicht nur, wie wir vorhin gesehen haben, in jedem Triangel die Summe der drey Winkel kleiner als 180 Gr. oder zween rechte Winkel; sondern der Unterschied von 180 Gr. wächst schlechthin nach dem Flächenraume des Triangels; das will sagen: wenn von zween Triangeln der eine einen grössern Flächenraum hat, als der andre: so ist in dem erstern die Summe der drey Winkel kleiner als sie in dem andern ist.

Ich werde diesen Satz hier nicht so ausführlich beweisen, als ich ihn vortrage, sondern von dem Beweise nur so viel anführen, dafs sich das Uebrige daraus überhaupt begreifen läfst.

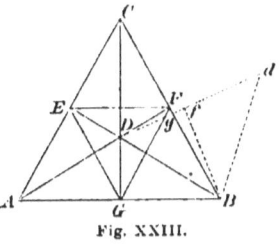

Fig. XXIII.

Es sey z. E. in dem Triangel ACB (Fig. XXIII.) der Triangel EFG, so dafs des Letztern Ecken auf die Seiten des erstern stossen. Da auf diese Art EFG ganz in ABC ist: so ist der Raum des erstern unstreitig kleiner als der Raum des Letztern. Nun ist die Summe der Winkel:

$$EFG + EGF + GEF = 180 \text{ Gr.} - a.$$
$$EGA + EAG + AEG = 180 \text{ Gr.} - b.$$
$$FGB + GBF + GFB = 180 \text{ Gr.} - c.$$
$$FCE + FEC + EFC = 180 \text{ Gr.} - d.$$

Hingegen
$$EGA + EGF + FGB = 180 \text{ Gr.}$$
$$AEG + GEF + FEC = 180 \text{ Gr.}$$
$$EFC + EFG + GFB = 180 \text{ Gr.}$$

Ziehet man die Summe dieser drey letztern Gleichungen von der Summe der vier erstern ab: so bleibt
$$CAB + ABC + BCA = 180 \text{ Gr.} - a - b - c - d.$$

Da demnach hier nicht nur a, sondern $a+b+c+d$ von 180 Gr. abgezogen werden mufs: so sieht man, dafs sich bey dem Triangel ABC alle Defecte a, b, c, d der vier Triangel AEG, ECF, FBG, GEF zusammenhäufen, und demnach die Summe seiner drey Winkel um so viel mehr kleiner als 180 Gr. ist.

Kann das kleinere Dreyeck nicht ganz in das grössere gelegt werden: so steht etwas davon voraus, und dieses wird abgeschnitten und in das hervorstehende des grössern Dreyeckes gelegt, und allenfalls so fortgefahren, bis das nunmehr in Theile zerschnittene kleinere Dreyeck ganz im grössern liegt. Der im grössern unbedeckt bleibende Raum wird in Triangel zerfällt. So viel nun die Summe aller Winkel in diesen Triangeln kleiner ist als eben so vielmal 180 Gr. um eben so viel ist die Summe der drey Winkel des grössern vorgegebenen Dreyeckes kleiner als die Summe der drey Winkel des vorgegebenen kleinern Dreyeckes.

§. 82.

Wenn es bey der dritten Hypothese möglich wäre, mit gleichen und ähnlichen Triangeln einen grössern Triangel zu bedecken: so würde es sich auch leichte darthun lassen, dafs bey jedem Triangel der Ueberschufs von 180 Gr. über die Summe seiner drey Winkel dem Flächenraume des Triangels proportional wäre. Indessen da sich dieser Ueberschufs nach dem Raume richtet: so läfst sich dennoch eine solche Proportionalität auf eine andre Art gedenken.

Man setze z. E. zween Triangel. Der eine habe doppelt so viel Flächenraum als der andre: | so wird ersterer, so viel man will, zerschnitten, doppelt auf den andern gelegt werden können. Und wenn der kleinere um a Gr. in Absicht auf die Summe seiner Winkel von 180 Gr. abgeht: so wird der grössere um $2a$ Gr. davon abgehen.

Ich werde nun noch folgende Anmerkung beyfügen. Bey der zwoten Hypothese kommen ganz ähnliche Sätze vor, nur dafs dabey in jedem Triangel die Summe der drey Winkel grösser als 180 Gr. wird. Der Ueberschufs proportionirt sich ebenfalls nach dem Flächenraume des Triangels.

Hierbey scheint mir merkwürdig zu seyn, dafs die zwote Hypothese statt hat, wenn man statt ebener Triangel *sphärische* nimmt, weil bey diesen sowohl die Summe der Winkel grösser als 180 Gr. als auch der Ueberschufs dem Flächenraume des Triangels proportional ist.

Noch merkwürdiger scheint es, dafs, was ich hier von den sphärischen Triangeln sage, sich ohne Rücksicht auf die Schwierigkeit

3) Theorie der Parallel-Linien. Dritte Hypothese. §. 81–83.

der Parallellinien erweisen lasse, und keinen andern Grundsatz voraussetzt, als dafs jede durch den Mittelpunkt der Kugel gehende ebene Fläche die Kugel in zween gleiche Theile theile.

Ich sollte daraus fast den Schlufs machen, die dritte Hypothese komme bey einer imaginären Kugelfläche vor. Wenigstens mufs immer Etwas seyn, warum sie sich bey ebenen Flächen lange nicht so leicht umstossen läfst, als es sich bey der zwoten thun liefs.

§. 83.

Was ich erst von den Triangeln sagte, gilt auch von den viereckichten Figuren. Weil jede sich in zween Triangel zerfällen läfst: so beträgt, bey der dritten Hypothese, die Summe der vier Winkel eines Viereckes weniger als 360 Gr. und der Unterschied ist dem Flächenraume des Viereckes proportional.

Es seyn nun (Fig. XIX.) in H, r, G, F, E, A, &c rechte Winkel, und $HG = GF = FE = EA =$ &c, so sind bey der dritten Hypothese die Perpendikularen $Hr, Gl, Fk, Ei, | AM, Bn$, &c nicht nur

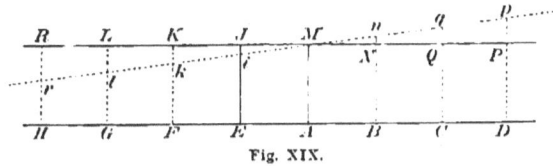

Fig. XIX.

der Ordnung nach grösser, sondern sie nehmen immer um mehr zu. Dieses macht, dafs auch der Flächenraum, die Vierecke $HrlG, GlkF, FkiE$, &c immer grösser, und eben so wie die Perpendikularen immer um mehr grösser werden. Demnach ist die Summe der 4 Winkel nicht nur immer kleiner, sondern immer um mehr kleiner als 360 Gr. Da nun die Linien rp, HD gerade sind: so lassen sich die sämtlichen Vierecke, oder so viel deren hintereinander liegend genommen werden, in Eines zusammennehmen; und da die an einander stossenden Winkel in l, k, i, &c G, F, E, &c immer zusammen = 180 Gr. sind: so werden bey jedem neu addirten Vierecke von der Summe der Winkel 360 Grade weggeworfen. Und so ist z. E. die Summe der Winkel

$H, r, l, G = 360$ Gr. $- \alpha$.

$H, r, k, F = 360$ Gr. $- 2\alpha - \beta$.

$H, r, i, E = 360$ Gr. $- 3\alpha - 2\beta - \gamma$.

$H, r, M, A = 360$ Gr. $- 4\alpha - 3\beta - 2\gamma - \delta$.

&c   &c   &c

Kann man nun damit immer fortfahren: so wird nothwendig folgen, dafs man zuletzt auf Vierecke verfällt, in welchen die Summe der vier Winkel kleiner als drey rechte Winkel sind. Es sey $HrpD$ ein solches Viereck. Da nun bereits in H, r, D drey rechte Winkel sind: so ist

$$H + r + D + p > 270 \text{ Gr.}$$

Und dieses stöfst die Folge, und mit derselben entweder die ganze dritte Hypothese, oder den Satz um, dafs die aus G, F, E, A, B, &c errichtete Perpendikularen irgend aufhören, die Linie rp zu schneiden*). Allein, wenn auch dieses wäre: so würden die Ordinaten dennoch bis ins Unendliche wachsen, und demnach der Raum des letzten Viereckes so vielmal den Raum des ersten $HrLG$ fassen, dafs die Summe der Winkel kleiner als 270 Gr. wäre.

Indessen werde ich darauf nicht bestehen, weil man allerdings vorerst die Vermuthung heben müfste, es möchten die Vierecke gerade aufhören möglich zu seyn, wo die Summe der vier Winkel = 270 Gr. würde. Es kömmt demnach vielmehr darauf an, ob die aus den Punkten G, F, E, A, B, &c errichteten Perpendikularen die Linie rp sämtlich schneiden?

Wollte man diese Frage auf die blofse *Vorstellung* der Sache ankommen lassen: so sage ich nochmals, dafs dabey der Begriff einer geraden Linie ganz wegfällt. Und ich würde, statt des 11ten Euklidischen Grundsatzes, allemal lieber als für sich evident annehmen, *dafs eine Linie, die die Perpendikulare Hr rechtwinklicht schneidet, und sich sodann z. E. längs der Perpendikulare Dp, ohne diese zu schneiden, aufwärts zieht, keine gerade Linie sein könne.*

§. 84.

Da es aber die Frage ist, ob sich, ohne Zuziehung neuer Grundsätze, die dritte Hypothese vermittelst der übrigen Euklidischen Grundsätze umstossen lasse: so bleiben bey der gegenwärtigen Betrachtung noch zween Wege zu versuchen.

Der erste, wenn sichs aus der dritten Hypothese selbst folgern liefse, dafs die Perpendikularen Gl, Fk, Ei, &c sämtlich die Linie rp schneiden müssen. Könnte dieses geschehen: so würde, vermöge des vorhin erwiesenen, die Hypothese sich selbst umstossen. Ich habe

---

* [Wir sind geneigt zu glauben, dafs *Lambert* nicht „irgend" sondern „nirgend" geschrieben hat; wenigstens giebt der jetzige Wortlaut keinen Sinn. Das Folgende bezieht sich ja offenbar auf den Fall, dafs die Perpendikularen aufhören, rp zu schneiden; man vergleiche dazu §. 72.]

3) Theorie der Parallel-Linien. Dritte Hypothese. §. 83—86.   205

es nicht versucht, weil es mir sehr wenig wahrscheinlich vorkam, und dabey immer Ausflüchte bleiben.

Der andre Weg ist, wenn sich erstbemeldtes Durchschneiden aus den übrigen Euklidischen Grundsätzen herleiten läfst. Auch hierüber habe ich nichts gefunden, das mir völlig Genügen gethan hätte; ungeachtet sich die Sache vielfältig auf solche Sätze reduciren läfst, die ganz augenscheinlich wahr sind.

Es seyn z. E. in A, D, C (Fig. XX.) rechte Winkel; und man steht an, ob CH, DH sich schneiden. Es sey $AC > AD$: so trage man AC aus A in E, und ziehe EJ auf AE senkrecht: so ist | erstlich für sich klar, dafs, wenn EJ, CJ sich schneiden, der Durchschnitt H nothwendig auch statt habe. Setzt man nun auf EC einen gleichseitigen Triangel, wovon jede Seiten = EC sind: so wird EJC allemal innerhalb dem gleichseitigen Triangel fallen.

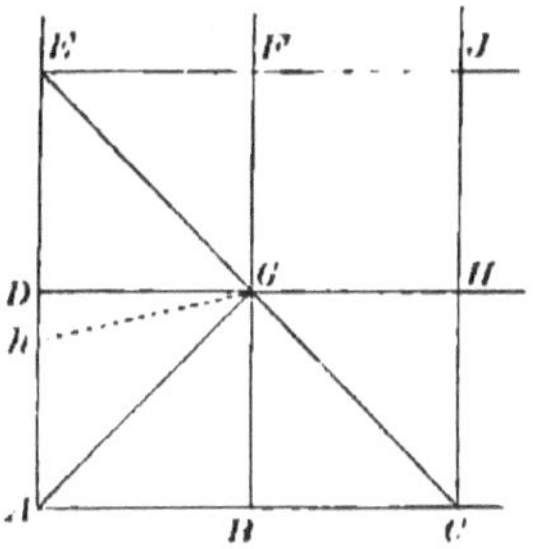

Allein den Beweis dazu habe ich nicht finden können.

Fig. XX.

Hingegen liefs es sich beweisen, dafs, wenn man den gleichseitigen Triangel umlegt, EAC ganz in denselben fällt, weil man weifs, dafs A ein rechter Winkel ist.

§. 85.

Wiederum sey $AB = AD$; in A, D, B rechte Winkel; und man steht an, ob DG, BG sich schneiden? Trägt man nun AD aus D in E, und beschreibt auf AE einen gleichseitigen Triangel: so wird allemal der Durchschnittspunkt G in denselben fallen.

Hier wäre nun nur zu beweisen, dafs in jedem gleichseitigen Triangel jeder Winkel grösser als 45°, das will sagen, grösser als der Winkel $GAD = GAB$ ist. Dafs jeder grösser sey als der Winkel GEA, wenn nehmlich $AC = AE$ gemacht wird, das kann bey der dritten Hypothese leicht erwiesen werden.

§. 86.

Wiederum, wenn man ansteht, ob EJ, CJ sich schneiden: so darf man nur AG mitten durch A ziehen, so dafs $GAD = GAB$ = 45 Gr. sey. Fällt man nun aus jedem Punkt G eine senkrechte GD auf AE, und man kann beweisen, dafs AD grösser als die

Hälfte, oder auch nur grösser als $\frac{1}{3}$, $\frac{1}{4}$, x von AG sey: so wird der Durchschnitt J ebenfalls erwiesen seyn, weil AJ kleiner als das 2, 3, 4, x fache von AE seyn wird. Dafs es Fälle giebt, wo $AD > \frac{1}{2} AG$ ist, wird leicht erwiesen.

§. 87.

In dem Cirkel AC (Fig. XXIV.) seyn AE, EB, BF, FC, &c Octanten. Man ziehe die Vierecke $ABCD$, $EFGH$: so werden die Durchschnittspunkte J, K, L ebenfalls in einem concentrischen Cirkel herumliegen, | und die Winkel JMK, KML, &c Octanten seyn. Man ziehe nun JL: so wird leicht bewiesen, dafs $MP > PK$, demnach $MP > \frac{1}{2} MK$ oder $MP > \frac{1}{2} MJ$ ist. Denn $ERK = 90$ Gr. Demnach $EKR < 90$ Gr. Folglich $JKL > 90$ Gr.; $JKM > 45$ Gr. Da nun JMK 45 Gr. ist: so ist $PM > PK$.

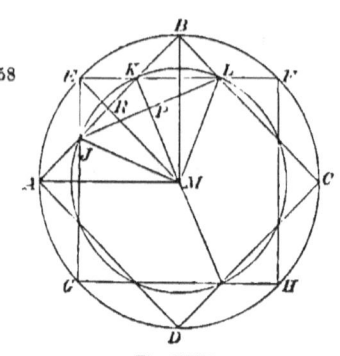

Fig. XXIV.

Auf diese Art läfst sichs von jedem Cirkel auf einen kleinern schliessen. Man müfste nur auch beweisen können, dafs, wenn man jenen, so viel man will, vergrössert, dieser nicht zurücke bleibe. Und dieses wird man erhalten, sobald man erweisen kann, dafs entweder $ER = RK$, oder auch nur $ER < JK$, oder $ER < RM$, oder, ohne Rücksicht auf den äussern Cirkel, der Winkel JKL stumpf ist.

§. 88.

Man sieht aus Allem diesem, dafs, so leicht die zwote Hypothese umzustossen war, es noch ganz im Gegentheil mit der dritten viel härter halte. Ich übergehe noch mehrere solcher Versuche; und werde nun

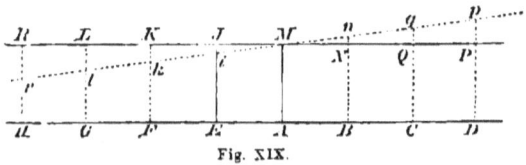

Fig. XIX.

(Fig. XIX.) $AB = BC = CD =$ &c und in A, B, C, D &c rechte Winkel, und $AM = BN = CQ = DP =$ &c setzen. Dabey sind nun die Winkel $AMN = MNB = BNQ = NQC = CQP = QPD =$ &c, zufolge der dritten Hypothese, sämtlich spitze, und $MN = NQ = QP =$ &c. Das will nun sagen: $MNQP$ ist nicht eine gerade Linie, sondern ein Theil eines regulären Vieleckes, das sich in einen Cirkel beschreiben läfst, dessen Mittelpunkt unterhalb M auf jeder der Linien MA, NB, QC, PD, &c ist. (§. 20.) Da nun damit B, C, D, &c nicht mehr rechte Winkel seyn können: so wird dadurch die Voraussetzung und mit derselben die dritte Hypothese umgestossen.

Abweichungen vom Original.

S. 157, Z. 4 v. u. (S. 144, Z. 15 v. o.). Im Urtext steht nach „Vortrag" ein Komma.
S. 165, Z. 8 v. u. (S. 154, Z. 2 v. o.) (Prop. XIV) statt: (Prop. XIII).
S. 172, Z. 22, 21, 18, 17, 16, 15, 3 und 1 v. u., Seite 173, Z. 2 v. o (S 161, Z. 5, 5, 8, 8, 9, 10, 18, 21 und 23 v. o.) b statt β.
S. 174, Z. 19 v. u. (S. 163, Z. 1 v. o.) aus B statt: aus b.
S. 175, Z. 2 v. o. (S. 163, Z. 11 v. u.) DFh statt DFH.
S. 181, Z. 6 v. u. (S. 334, Z. 16 v. o.) K statt M.
S. 187, Z. 6 v. o. (S. 336, Z. 4 v. u.) H statt K.
S. 188, Z. 12 v. o. (S. 338, Z. 9 v. u.) GF statt Gf.
S. 199, Z. 8 v. o. (S. 350, Z. 1 v. o.) $AF < \frac{1}{3} DF$ statt: $DF > \frac{1}{3} AF$.
S. 204, Z. 4, 6, 12 v. o. (S. 355, Z. 11, 10, 3 v. u.) R statt r.
S. 205, Z. 15 v. o. (S. 357, Z. 4 v. o.) Seite statt: Seiten.

In Figur V ist b für β gesetzt worden, um sie mit dem Texte in Übereinstimmung zu bringen; ferner ist der Buchstabe O ergänzt.
In Figur VII des Originals ist $D\beta t$ eine gerade Linie, während nach dem Texte $K\beta t$ ein Cirkelbogen ist, der die Gerade Dt in t berührt; dem entsprechend mußte die Figur geändert werden.
In Figur XIII ist der Punkt zwischen A und E, dem Texte entsprechend, mit G statt mit C bezeichnet.

Die in runde Klammern eingeschlossenen Seitenzahlen beziehen sich auf die Originalausgabe im Leipziger Magazin für Mathematik, Jahrgang 1786.

CARL FRIEDRICH GAUSS
1777—1855.

In der Einleitung zu Lamberts Theorie der Parallellinien hatten wir berichtet, dafs etwa vom Jahre 1780 an die Frage nach dem Beweise der fünften Forderung die Aufmerksamkeit der Mathematiker immer mehr und mehr zu fesseln beginnt. Nunmehr wollen wir diese Bewegung in grofsen Zügen darstellen.

Während bisher nur wenige französische Forscher erwähnt werden konnten, wird es am Ende des achtzehnten Jahrhunderts ganz anders: fast alle die grofsen französischen Mathematiker dieser Zeit haben den Grundlagen der Geometrie ihr Interesse zugewendet.

„Die Erklärung und die Eigenschaften der geraden Linie, sowie der parallelen Geraden, sind die Klippe und sozusagen das Ärgernifs der Elementargeometrie", hatte d'Alembert in einem bemerkenswerten Aufsatze über die Elemente der Geometrie 1759 ausgerufen und hatte hinzugefügt, man könne allerdings parallele Gerade als solche erklären, die auf einer dritten Geraden senkrecht stehen, dann aber sei unbedingt erforderlich, zu beweisen, dafs der Abstand der beiden Geraden immer gleich dem gemeinsamen Lote sei. In ähnlicher Weise äufserte sich d'Alembert in dem Artikel Parallèle der Encyclopédie; der betreffende Band ist erst nach seinem Tode, 1789, erschienen.

Fourier schlug 1795 neue Erklärungen der Geraden und der Ebene vor, bei denen er von dem Begriffe der Bewegung ausging und mit der Kugel begann; es ist das ein Gedanke, der sich in neueren Untersuchungen über die Grundlagen der Geometrie als sehr fruchtbar erwiesen hat.

Dafs auch Lagrange die fünfte Forderung beweisen wollte, wissen wir aus einer Mitteilung von Lefort, die Hoüel in seinen Essai critique (1867) aufgenommen hat: „Lagrange hatte erkannt, dafs die Formeln der sphärischen Trigonometrie von dem elften Axiome unabhängig sind, und hoffte hieraus einen Beweis dieses Axioms zu gewinnen. Alle andern Beweisversuche betrachtete er als ungenügend. So hat er sich in seinen Unterhaltungen mit Biot ausgedrückt."

Auf diesen Beweisversuch dürfte sich wohl folgende Erzählung de Morgans beziehen:

„Lagrange verfaßte am Ende seines Lebens eine Abhandlung über die Parallellinien. Er begann sie in der Akademie zu lesen, aber plötzlich hielt er inne und sagte: Il faut que j'y songe encore; damit steckte er seine Papiere wieder ein."

In engem Zusammenhange mit der Parallelentheorie stehen auch Untersuchungen über das Parallelogramm der Kräfte, die Daviet de Foncenex 1759 veröffentlichte; ihre Grundgedanken hatte wahrscheinlich der junge Lagrange seinem Freunde mitgeteilt.

In der Einleitung zu Wallis haben wir darauf hingewiesen, daß Laplace sich ebenfalls mit der Begründung der Euklidischen Geometrie beschäftigt hat; die betreffenden Bemerkungen in der Exposition du système du monde stammen aus dem Jahre 1824.

Am folgenreichsten für die Geschichte der Parallelentheorie wurden jedoch die Arbeiten von Adrien Marie Legendre (1752—1833).

In der ersten Auflage seiner Elemente der Geometrie vom Jahre 1794 zeigte Legendre, daß die fünfte Euklidische Forderung gleichbedeutend ist mit dem Lehrsatze, daß die Winkelsumme des Dreiecks zwei Rechte beträgt, und gab für diesen Lehrsatz einen analytischen Beweis, dessen wir schon in der Einleitung zu Wallis gedacht haben. Dieser Beweis geht davon aus, „daß die Wahl der Längeneinheit für die Richtigkeit des zu beweisenden Lehrsatzes gleichgiltig ist", an Stelle des Parallelenaxioms tritt also, wie bei Wallis, das Axiom von der Existenz ähnlicher Figuren.

Aber Legendre erkannte bald, daß dieser analytische Beweis für Anfänger zu schwer sei, und ließ ihn deshalb fallen. In der dritten Auflage findet man daher an dessen Stelle einen rein geometrischen Beweis des Satzes, daß die Winkelsumme des Dreiecks nicht größer sein kann als zwei Rechte; das Beweisverfahren erinnert lebhaft an das von Saccheri und Lambert für denselben Zweck angewandte. Später ersetzte Legendre diesen Beweis abermals durch einen andern. Dieser beruhte auf wiederholter Anwendung der Konstruktion, deren sich Euklid in I. 16 bedient, um zu zeigen, daß der Außenwinkel größer sein muß als jeder der gegenüberliegenden inneren Winkel. Dagegen gelang es Legendre nicht, in entsprechender Weise zu zeigen, daß die Winkelsumme nicht kleiner sein kann als zwei Rechte, und er kehrte daher in der neunten Auflage zu der Darstellung Euklids zurück.

In der zwölften Auflage von 1823 behauptete er, endlich auch diesen bisher vermißten Beweis geben zu können. Er gebrauchte jedoch dabei ein Axiom, das im Grunde mit dem zu beweisenden Satze gleichbedeutend ist, es soll nämlich, wenn innerhalb eines Winkelraums irgend ein Punkt gegeben ist, stets möglich sein, durch ihn Gerade zu ziehen, welche die beiden Schenkel des Winkels schneiden. Dieses Axiom war übrigens nicht neu, bereits 1791 hatte es Lorenz in seinem vortrefflichen Grundrifs der reinen Mathematik zum Beweise der fünften Forderung benutzt.

Eine zusammenfassende Darstellung seiner Untersuchungen über die Parallelentheorie hat Legendre im Jahre 1833 gegeben. Hier hat er auch gezeigt, dafs die Winkelsumme des Dreiecks stets zwei Rechte beträgt, sobald das bei einem einzigen Dreieck der Fall ist. Wir wissen, dafs dieser Satz bereits hundert Jahre früher von Saccheri bewiesen worden ist, und bemerken noch, dafs auch die Art des Beweises bei Legendre im Wesentlichen dieselbe ist wie bei Saccheri.

Wenn Legendre am Schlusse der Abhandlung von 1833 sagt, dafs die Parallelentheorie durch seine Untersuchungen nach zweitausend Jahren vergeblicher Bemühungen endlich zu einem befriedigenden Abschlufs gekommen sei, so war er in einem verzeihlichen Irrtume befangen: weder die Ergebnisse seiner Untersuchungen noch die Methoden, die ihn zu diesen Ergebnissen führen, können als ein wesentlicher Fortschritt gegenüber den Leistungen von Wallis, Saccheri und Lambert bezeichnet werden. Andrerseits mufs hervorgehoben werden, dafs die grofse Verbreitung, deren sich Legendres Elemente — und gewifs mit Recht — in Frankreich wie in Deutschland erfreut haben, wesentlich dazu beigetragen hat, das Interesse für die Parallelentheorie zu beleben, und dafs Legendre insofern in der Geschichte der Parallelentheorie eine hervorragende Rolle spielt; rein äufserlich zeigt sich das schon darin, dafs in den zahlreichen Parallelentheorien der ersten Hälfte dieses Jahrhunderts immer wieder auf Legendre Bezug genommen wird, während jene älteren Versuche ganz in Vergessenheit geraten waren.

Während desselben Zeitraumes waren auch England und Italien der Schauplatz ähnlicher Bestrebungen, wie das unser Litteraturverzeichnis am Schlusse des Werkes nachweist; Genaueres können wir freilich nicht mitteilen, weil uns die betreffenden Schriften gröfstenteils unzugänglich geblieben sind.

Wie stand es unterdessen in Deutschland? Auch hier begegnen wir angestrengter Bemühung, das Parallelenaxiom zu beweisen, finden wir die innige Überzeugung, das erlösende Wort gesprochen zu haben, aber daneben sehen wir, dafs Klügels Skepticismus und Kaestners Resignation Nachfolge gefunden hatten. Sehr bezeichnend für diesen Standpunkt ist eine Besprechung in dem Stück der Göttingischen gelehrten Anzeigen vom 9. März 1801 (S. 407—408), die wir wortgetreu wieder abdrucken:

„Hamburg. Demonstratio theorematis parallelarum. Ex officina Schniebesiana 1799. 30 S. in Octav.

Der uns unbekannte Verfasser schlägt den von Mehreren vor ihm betretenen Weg ein, das XI. Axiom des Euklides zu beweisen. Natürlich bedarf es auch bey ihm eines neuen Axioms, das er zu Hülfe nimmt. Es ist dieses: Recta linea et curva nequeunt esse aeque distantes. Diesem Axiom gehet begreiflich die Definition von lineis aequidistantibus voran. Bey der Definition der Parallel-Linien, die nach dem Axiome folgt, liegt der Begriff von Bewegung zu Grunde. Die Begriffe von Distanz, von Bewegung, von krummen Linien, gehören nicht in die reine Elementar-Geometrie; aber, abgesehen von diesem, so ist auch dieses Axiom kein für sich selbst einleuchtender Satz, und bedarf gar sehr eines Beweises. Die beiden Simpson, Robert und Thomas, haben sich schon dieses Axioms mit vielem Scharfsinn, aber mit wenig Glück, bedient, wenn gleich diese beiden Versuche, als Versuche, oben an stehen. Also mit diesem Axiom das XI. Axiom des Euklides begründen oder beweisen zu wollen, scheint dem Rec. ungeometrisch, so schön und strenge auch die Theoreme und Beweise der Schrift sind, die darauf gebauet werden. Dafs dieses aber, ohne ein neues Axiom zu Hülfe zu nehmen, überhaupt nur möglich sey, scheint wohl mehr als zweifelhaft zu werden, wenn man alle Versuche, von dem des Ptolemäus an bis auf Franceschini's (Professors in Bologna: „La Teoria delle parallele rigorosamente dimostrata", gedruckt zu Bassano), betrachtet. Das rigorosamente des letztern ist ein wahres desideratum, auch wenn man seine Theorie gelesen hat: denn in dem Beweise seines Fundamental-Theorems liegt ein offenbarer Paralogismus, von dem es unbegreiflich ist, wie er einem in der Schule der Alten gebildeten Geometer verborgen bleiben konnte."

Für den Verfasser dieser anonymen Besprechung halten wir K. F. Seyffer (1762—1822), der von 1789 bis 1804 aufserordentlicher Professor der Astronomie und Direktor der Sternwarte in Göttingen war. Das unmittelbar vorhergehende Stück der Anzeigen vom 7. März 1801 enthält nämlich auf S. 377—387 eine sehr interessante Besprechung des Tentamen novae parallelarum theoriae von Schwab, die mit der vom 9. März desselben Jahres nach Stil und Inhalt die gröfste Ähnlichkeit hat. Dafs aber die Anzeige vom 7. März Seyffer zum Verfasser hat, erzählt Voit in seiner 1802 zu Göttingen erschienenen Dissertation: Percursio conatuum demonstrandi parallelarum theoriam de iisque judicium, die vermutlich einer Anregung Seyffers ihre Entstehung verdankt. Übereinstimmend mit Seyffer kommt Voit zu dem Ergebnis, dafs der Beweis des Parallelenaxioms noch ein frommer Wunsch sei, und läfst dahingestellt, ob die Schwierigkeiten überhaupt beseitigt werden können.

Ähnliche Ansichten über den Beweis der fünften Forderung scheint Pfaff gehabt zu haben; er meinte, wie Hessling 1818 berichtet, das einzige, was sich noch thun liefse, sei, das Parallelenaxiom durch ein einfacheres zu ersetzen, es zu „simplificieren."

Von diesem Skepticismus zu einem thatkräftigen Handeln überzugehen, sich von der zweitausendjährigen Autorität Euklids zu emancipieren und eine Geometrie unabhängig vom Parallelenaxiom aufzubauen: das war auch nach den Vorarbeiten von Saccheri und Lambert immer noch ein gewaltiger Schritt. Diesen Schritt gewagt zu haben, ist das Verdienst von Carl Friedrich Gaufs.

Gaufs hat sich, wie er in Briefen an Bessel und Schumacher aus den Jahren 1829 und 1831 erzählt und wie durch einen Brief an seinen Jugendfreund Wolfgang Bolyai aus dem Jahre 1799 bestätigt wird, seit 1792 mit der Theorie der Parallellinien beschäftigt, er hat jedoch darauf verzichtet, seine ausgedehnten Untersuchungen über diesen Gegenstand öffentlich bekannt zu machen. Andeutungen über seine Ansichten finden sich allerdings in zwei Besprechungen, die 1816 und 1822 in den Göttinger gelehrten Anzeigen ohne Nennung des Verfassers erschienen sind. Hier spricht Gaufs die Überzeugung aus, „dafs alle bisherigen Versuche, die Theorie der Parallellinien streng zu beweisen, oder die Lücke in der Euklidischen Geometrie auszufüllen, uns diesem Ziele nicht näher gebracht haben", und läfst durchblicken, dafs seine eignen Untersuchungen über das Bekannte hinausgehen.

Wie Gaufs an Schumacher schreibt, hat er erst im Jahre 1831 einiges über seine Untersuchungen aufzuschreiben angefangen: „ich wünschte nicht, dafs es mit mir unterginge", und als ihm sein Jugendfreund Wolfgang Bolyai das „Tentamen" übersandt hatte, in dessen Appendix die nichteuklidische Geometrie von Wolfgangs Sohn, Johann Bolyai enthalten war, antwortet Gaufs 1832 in einem leider noch nicht veröffentlichten Briefe*), „dafs er überrascht war,

---

*) So erzählt *Wolfgang Bolyai* in seinem Kurzen Grundriss von 1851.

gethan zu sehen, was er begonnen hatte, um es unter seinen Papieren zu hinterlassen."

Gaufs hatte nicht nur die Erfolglosigkeit aller bisherigen Bemühungen, die fünfte Forderung zu beweisen, erkannt, sondern er wufste auch, dafs es notwendig so sein mufste, weil sich eine von dem Parallelenaxiom unabhängige, in sich folgerichtige Geometrie aufbauen lässt. Aber alles das hat man erst nach seinem Tode erfahren.

Zuerst veröffentlichte im Jahre 1856 Sartorius von Waltershausen, Professor der Mineralogie in Göttingen, der in persönlichem Verkehr mit Gaufs gestanden hatte, Äufserungen, die Gaufs über die „Antieuklidische" Geometrie gemacht habe:

„Die Geometrie betrachtete Gaufs nur als ein consequentes Gebäude, nachdem die Parallelentheorie als Axiom an der Spitze zugegeben sei; er sei indefs zur Überzeugung gelangt, dafs dieser Satz nicht bewiesen werden könne, doch wisse man aus der Erfahrung, zum Beispiel aus den Winkeln des Dreiecks Brocken, Hohenhagen, Inselsberg, dafs er näherungsweise richtig sei. Wolle man dagegen das genannte Axiom nicht zugeben, so folge daraus eine andere, ganz selbständige Geometrie, die er gelegentlich ein Mal verfolgt und mit dem Namen Antieuklidische Geometrie bezeichnet habe."

Eine wichtige Ergänzung dieser kurzen Mitteilung lieferte dann der Briefwechsel zwischen Gaufs und Schumacher, dessen zweiter, 1860 erschienener Band einige Briefe aus dem Jahre 1831 enthielt, die zeigten, dafs Gaufs damals im Besitze einer weit ausgebildeten nicht-euklidischen Geometrie war. Ein weiterer Brief aus dem Jahre 1846, der im fünften Bande des Briefwechsels 1863 erschien, war insofern von Wichtigkeit, als darin Lobatschefskijs Geometrische Untersuchungen zur Theorie der Parallellinien (1840) erwähnt und als meisterhafte Leistung bezeichnet werden. Wenn wir noch hinzufügen, dafs 1877 zwei Briefe von Gaufs an Bessel aus den Jahren 1829 und 1830 veröffentlicht worden sind, so haben wir wohl alles erschöpft, was bis jetzt von Gaufs'schen Äufserungen über das Parallelenaxiom durch den Druck bekannt ist.

Der Nachlafs von Gaufs ist Eigentum der Königlichen Gesellschaft der Wissenschaften zu Göttingen. —

Im Folgenden geben wir eine, wie wir hoffen, vollständige Sammlung aller bis jetzt gedruckten Äufserungen von Gaufs über die Parallelentheorie. Wir haben geglaubt, sie nach der Zeit ihrer Entstehung ordnen zu sollen; nicht als ob es dadurch möglich wäre, ein Bild von dem Entwickelungsgange der Gaufs'schen Ideen zu gewinnen — dazu reicht das vorliegende Material nicht aus, es ist jedoch auf diese Weise immerhin erleichtert, die Bedeutung der Gedanken von Gaufs gegenüber den gleichzeitigen Arbeiten in der Parallelentheorie zu würdigen.

Wir geben also im Folgenden:
I. Einen Brief von Gaufs an Wolfgang Bolyai vom Jahre 1799 nach dem Abdruck in den Abhandlungen der Königlichen Gesellschaft der Wissenschaften zu Göttingen, Bd. 22, 1877.
II. Eine Besprechung in den Göttinger gelehrten Anzeigen vom 20. April 1816 (S. 617—622); wieder abgedruckt in Gaufs' Werken, Bd. IV, Göttingen 1873, S. 364—368.
III. Eine Besprechung ebendaselbst in dem Stück vom 28. Oktober 1822 (S. 1725—1728); wieder abgedruckt in den Werken Bd. IV, S. 368—370.
IV. Zwei Briefe von Gaufs und einen von Bessel aus den Jahren 1829 und 1830 nach dem Abdruck in dem Briefwechsel zwischen Gaufs und Bessel, herausgegeben auf Veranlassung der Königlich Preufsischen Akademie der Wissenschaften, Leipzig 1880, S. 490—497. Die beiden Briefe von Gaufs waren bereits 1877 im 22. Bande der Göttinger Abhandlungen, jedoch ungenau, veröffentlicht worden.
V. Einige Briefe von Gaufs und Schumacher, die wir dem Briefwechsel zwischen C. F. Gaufs und H. C. Schumacher, herausgegeben von C. A. F. Peters, entnehmen, und zwar finden sich die Briefe vom Jahre 1831 im Bande 2, Altona 1860, S. 255—262, 266—272 und der Brief von Gaufs vom Jahre 1846 im Bande 5, Altona 1863, S. 246—247.

Zwei noch nicht gedruckte Äufserungen von Gaufs über die Parallelenfrage, die aus den Jahren 1820 und 1824 stammen, werden wir in dem letzten Abschnitte unsers Werkes mitteilen.

Litteratur.

d'Alembert, *Mélanges de Littérature, d'Histoire et de Philosophie*, 4ième éd. t. V. Amsterdam 1767. S. 200—219.
d'Alembert, Artikel *Parallèle* in: *Dictionnaire encyclopédique des Mathématiques*, t. II. Paris 1789. S. 519.
Bolyai, W., *Tentamen juventutem studiosam in elementa matheseos ... introducendi.* Bd. I. Maros Vásárhely 1832.
Bolyai, W., *Kurzer Grundrifs eines Versuches* usw. Maros Vásárhely 1851.
Bunjakofskij, *Considérations sur les démonstrations principales de la théorie des parallèles*, lu le 27. oct. 1848, *Nouvelle théorie des parallèles*, lu le 12. déc. 1845. Mémoires de l'Académie impériale des Sciences de Saint-Pétersbourg, 6ième série. Sciences mathématiques et physiques. t. IV. Petersburg 1850. S. 87—108 und S. 207—232.
Erdmann, B., *Die Axiome der Geometrie*, eine philosophische Untersuchung der Riemann-Helmholtzschen Raumtheorie. Leipzig 1877. Kapitel 1.
Foncenex, Daviet de, *Sur les principes fondamentaux de la méchanique.* Miscellanea Taurinensia. t. 2. Année 1760—61. Turin 1761. S. 299—322.
Fourier, *Séances des Écoles normales.* Débats. t. I. Nouvelle édition. Paris 1800. S. 28. (Séance An III, Pluviose II.)
Genocchi, *Sur un mémoire de Daviet de Foncenex et sur les géométries non euclidiennes.* Memorie dell' Accademia di Torino. Serie II. t. 29. 1878. S. 365.
Günther, S., *Die Lehre von den Hyperbelfunktionen.* Halle 1881. Kapitel VI.
Günther, S., Artikel *Seyffer* in der Allgemeinen Deutschen Biographie, Bd. 34, Leipzig 1892. S. 107.
Halsted, George Bruce, *The Non-euclidean Geometry inevitable.* The Monist. Vol. 4. Chicago 1894. S. 483—493.
Hessling, C. W., *Versuch einer Theorie der Parallelen.* Halle 1818. S. XXX.
Hoüel, J., *Essai critique sur les principes fondamentaux de la géométrie élémentaire.* 1. éd. Paris 1867. S. 76; 2 éd. Paris 1883. S. 84.
Laplace, S., *Exposition du système du monde.* Oeuvres t. V. S. 445.
Legendre, A. M., *Réflexions sur différentes manières de démontrer la théorie des parallèles ou le théorème sur la somme des trois angles du triangle.* Mémoires de l'Académie royale des Sciences. t. XII. Paris 1833. S. 365—410.
Lorenz, J. F., *Grundriss der reinen und angewandten Mathematik.* Helmstedt 1791.
Mansion, P., *Sur la Géométrie non euclidienne*, Annales de la Société scientifique de Bruxelles, 13ième année, Brüssel 1888,89. I. S. 57—61.
Morgan, Augustus de, *Budget of Paradoxes.* London 1872. S. 173.
Sartorius. W., von Waltershausen, *Gauss zum Gedächtnifs.* Leipzig 1856. S. 81.

I.
Gaufs an Wolfgang von Bolyai in Klausenburg. Ende 1799.

Es thut mir sehr leid, dafs ich unsere ehemalige gröfsere Nähe*) nicht benutzt habe, um *mehr* von Deinen Arbeiten über die ersten Gründe der Geometrie zu erfahren; ich würde mir gewifs dadurch manche vergebliche Mühe erspart haben und ruhiger geworden sein als jemand, wie ich, es sein kann, solange bei einem solchen Gegenstande noch so viel zu wünschen übrig ist.

Ich selbst bin in meinen Arbeiten darüber weit vorgerückt (wiewol mir meine anderen ganz heterogenen Geschäfte wenig Zeit dazu lassen) allein *der* Weg, den ich eingeschlagen habe, führt nicht so wol zu dem Ziele, das man wünscht, als vielmehr dahin, die Wahrheit der Geometrie zweifelhaft zu machen. Zwar bin ich auf manches gekommen, was bei den meisten schon für einen Beweis gelten würde, aber was in meinen Augen so gut wie *nichts* beweiset.

Zum Beispiel, wenn man beweisen könnte, dafs ein geradlinigtes Dreieck möglich sei, dessen Inhalt gröfser wäre, als eine jede gegebene Fläche, so bin ich im Stande, die ganze Geometrie völlig streng zu beweisen.

Die meisten würden nun wol jenes als ein Axiom gelten lassen; ich nicht; es wäre ja wol möglich, dafs, so entfernt man auch die drei Eckpunkte des Dreiecks im Raume von einander annähme, doch der Inhalt immer unter einer gegebenen Grenze wäre.

Dergleichen Sätze habe ich mehrere, aber in Keinem finde ich etwas Befriedigendes.

---

*) [*Bolyai* hat von 1796 bis 1799 in Göttingen studiert; am 5. Juni 1799 reiste er von Göttingen nach seiner Heimat ab. *Gaufs* hatte Göttingen bereits 1798 verlassen und sich dann teils in Braunschweig, teils in Helmstedt aufgehalten.]

II.
Göttingische gelehrte Anzeigen. 63. Stück. Den 20. April 1816.

Stuttgardt.

Typis J. F. Steinkopf: Commentatio in primum elementorum Euclidis librum, qua veritatem geometriae principiis ontologicis niti evincitur, omnesque propositiones, axiomatum geometricorum loco habitae, demonstrantur. Auctore J. C. Schwab, Regi Württembergiae a consiliis aulicis secretioribus, academiae scientiarum Petropolitanae, Berolinensis et Harlemensis Sodali. 1811. 65 Seiten in Octav.

Maynz.

Auf Kosten des Verfassers und in Commission bey Florian Kupferberg: Vollständige Theorie der Parallel-Linien. Nebst einem Anhange, in welchem der erste Grundsatz zur Technik der geraden Linie angegeben wird. Herausgegeben von Matthias Metternich, Doctor der Philosophie, Professor der Mathematik, Mitglied der gelehrten Gesellschaft nützlicher Wissenschaften zu Erfurt. 1815. 44 Seiten in Octav.

Es wird wenige Gegenstände im Gebiete der Mathematik geben, über welche so viel geschrieben wäre, wie über die Lücke im Anfange der Geometrie bei Begründung der Theorie der Parallellinien. Selten vergeht ein Jahr, wo nicht irgend ein neuer Versuch zum Vorschein käme, diese Lücke auszufüllen, ohne dafs wir doch, wenn wir ehrlich und offen reden wollen, sagen könnten, dafs wir im Wesentlichen irgend weiter gekommen wären, als Euklides vor 2000 Jahren war. Ein solches aufrichtiges und unumwundenes Geständnifs scheint uns der Würde der Wissenschaft angemessener, als das eitele Bemühen, die Lücke, die man nicht ausfüllen kann, durch ein unhaltbares Gewebe von Scheinbeweisen zu verbergen.

Der Verfasser der erstern Schrift hatte bereits vor 15 Jahren in einer kleinen Abhandlung: „Teutamen novae parallelarum theoriae notione situs fundatae" einen ähnlichen Versuch gemacht, indem er Alles auf den Begriff von Identität der Lage zu stützen suchte. Er definirt Parallellinien als solche gerade Linien, die einerlei Lage haben, und schliefst daraus, dafs solche Linien von jeder dritten geraden Linie nothwendig unter gleichen Winkeln geschnitten werden müssen, weil diese Winkel nichts anders seien, als das Maafs der Verschiedenheit der Lage dieser dritten Linie von den Lagen der beiden Parallellinien.

Diese Beweisart ist in der vorliegenden neuen Schrift wiederholt, ohne dafs wir sagen könnten, dafs sie durch die eingewebten philosophischen Betrachtungen an Stärke gewonnen hätte. Der Behauptung S. 24: „Notionem situs e geometria adeo non excludi posse, ut potius notionibus ejus fundamentalibus annumeranda sit, *dudum omnes agnovere geometrae*" muſs in dem Sinne, in welchem der Verf. den Begriff Lage in seinem Beweise gebraucht, jeder Geometer widersprechen. Wenn wir von des Verfassers Definition: „Situs est modus, quo plura coëxistunt vel juxta se existunt in spatio" ausgehen, so ist Lage ein bloſser Verhältniſs-Begriff, und man kann wohl sagen, daſs zwei gerade Linien A, B eine gewisse Lage gegen einander haben, die mit der gegenseitigen Lage zweier andern C, D einerlei ist. Aber der Verfasser gebraucht das Wort Lage in seinem Beweise als absoluten Begriff, indem er von Identität der Lage zweier nicht coincidirenden geraden Linien spricht. Diese Bedeutung ist offenbar so lange leer und ohne Haltung, bis wir wissen was wir uns bei einer solchen Identität denken und woran wir dieselbe erkennen sollen. Soll sie an der Gleichheit der Winkel mit *einer* dritten geraden Linie erkannt werden, so wissen wir ohne vorangegangenen Beweis noch nicht, ob eben dieselbe Gleichheit auch bei den Winkeln mit einer vierten geraden Linie Statt haben werde: soll die Gleichheit der Winkel mit *jeder* andern geraden Linie das Criterium sein, so wissen wir wiederum nicht, ob gleiche Lage ohne Coincidenz möglich ist. Wir stehen mithin *nach* des Verf. Beweise noch gerade auf demselben Puncte, wo wir *vor* demselben standen.

Ein groſser Theil der Schrift dreht sich um die Behauptung gegen Kant, daſs die Gewiſsheit der Geometrie sich nicht auf Anschauung, sondern auf Definitionen und auf das Principium identitatis und das Principium contradictionis gründe. Daſs von diesen logischen Hülfsmitteln zur Einkleidung und Verkettung der Wahrheiten in der Geometrie fort und fort Gebrauch gemacht werde, hat wohl Kant nicht läugnen wollen: aber daſs dieselben für sich nichts zu leisten vermögen, und nur taube Blüthen treiben, wenn nicht die befruchtende lebendige Anschauung des Gegenstandes selbst überall waltet, kann wohl niemand verkennen, der mit dem Wesen der Geometrie vertraut ist. Herrn Schwabs Widerspruch scheint übrigens zum Theil nur auf Miſsverständniſs zu beruhen: wenigstens scheint uns, nach dem 16ten Paragraph seiner Schrift, welcher von Anfang bis zu Ende gerade das Anschauungsvermögen in Anspruch nimmt, und am Ende beweisen soll, „postulata Euclidis in generaliora resolui posse, non sensu et *intuitione*, sed *intellectu* fundata", daſs Hr. Schwab sich bei diesen Benennungen verschiedener Zweige des Erkenntniſsvermögens etwas anderes gedacht haben müsse, als der Königsberger Philosoph.

Obgleich der Verfasser der zweiten Schrift seinen Gegenstand auf eine ganz andere und wirklich mathematische Art behandelt hat, so können wir doch über das Resultat derselben nicht günstiger urtheilen. Wir haben nicht die Absicht, hier den ganzen Gang seines versuchten Beweises darzulegen, sondern begnügen uns, dasjenige hier herauszuheben, worauf im Grunde alles ankommt.

Man denke sich zwei im Puncte N unter rechten Winkeln einander schneidende gerade Linien, und fälle von einem Puncte S, der aufserhalb dieser geraden Linien aber in derselben Ebne liegt, senkrechte auf dieselben ST und SM. Es kommt nun darauf an zu beweisen, dafs MST ein rechter Winkel wird. Der Verf. sucht diefs apagogisch zu beweisen; zuvörderst nimmt er an, MST sei spitz, fällt von T auf MS das Perpendikel Tp, und beweiset, dafs p zwischen S und M fallen mufs. Hierauf fällt er wieder aus p auf 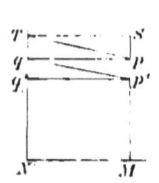 NT das Perpendikel pq, wo q zwischen T und N fallen wird. Dann fällt er abermals aus q auf MS das Perpendikel qp', wo p' zwischen p und M liegen wird. Sodann abermals aus p' auf NT das Perpendikel $p'q'$ u. s. w.

Diese Operationen lassen sich ohne Aufhören fortsetzen, und so werden von der Linie MS nach und nach die Stücke Sp, pp' u. s. w abgeschnitten, die jedes eine angebliche Gröfse haben, und deren Zahl unbegrenzt ist. Der Verfasser meint nun, dafs diefs widersprechend sei, weil auf diese Weise nothwendig MS zuletzt erschöpft werden müfste. Es ist kaum begreiflich, wie er sich auf eine solche Weise selbst täuschen konnte. Er macht sich sogar selbst den Einwurf, dafs die Summe der Stücke Sp, pp' u. s. w., wenn diese Stücke immer kleiner und kleiner werden, doch, ungeachtet ihre Anzahl ohne Aufhören zunehme, nicht über eine gewisse Grenze hinaus wachsen könnte, und meint diesen Einwurf damit zu heben, dafs jene Stücke, auch wenn sie immer kleiner und kleiner werden, doch immer gröfser bleiben, als *eine angebliche Gröfse*; nämlich jene Stücke sind Katheten von rechtwinkligten Dreiecken, und folglich immer gröfser als der Unterschied zwischen Hypotenuse und der anderen Kathete. Fast scheint es, dafs eine grammatische Zweideutigkeit den Verf. irre geleitet hat, nämlich der zwiefache Sinn des Artikels *eine* angebliche Gröfse. Der Schlufs des Verf. würde nur dann richtig sein, wenn sich zeigen liefse, dafs die Stücke Sp, pp' u. s. w. immer gröfser bleiben, als *Eine bestimmte* angebliche Gröfse, z. B. als der Unterschied zwischen der Hypotenuse pT und der Kathete ST. Aber das läfst sich nicht beweisen, sondern nur, dafs jedes Stück immer gröfser bleibt, als eine angebliche Gröfse, die aber selbst für jedes Stück eine andere ist, nämlich Sp gröfser als der Unterschied zwischen pT und ST, ferner pp' gröfser als der Unterschied zwischen qp' und qp u. s. w. Hiemit verschwindet nun aber die ganze Kraft des Beweises.

Auf dieselbe Art, wie er seinen Beweis führen zu können geglaubt hat, könnte er auch beweisen, dafs in einem ebnen Dreiecke ABC, worin B ein rechter Winkel ist, C nicht spitz sein könne; er brauchte nur aus B ein Perpendikel BD auf die Hypotenuse AC zu fällen, dann wieder das Perpendikel DE auf AB und so ohne Aufhören die Perpendikel EF, FG, GH u. s. w. wechselsweise auf AC und AB. Die Stücke CD, DF, FH u. s. w. sind immer gröfser als der angebliche Unterschied zwischen Hypotenuse und einer Kathete desjenigen rechtwinkligten Dreiecks, worin jede der Reihe nach die andere Kathete ist, demungeachtet erschöpft ihre Summe offenbar die Hypotenuse, AC nie, so grofs auch ihre Anzahl genommen wird.

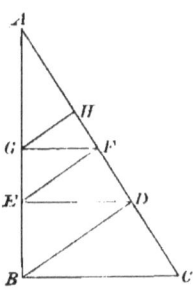

Wir müfsten fast bedauren, bei so bekannten und leichten Dingen so lange verweilt zu haben, wenn nicht diese Schrift, deren Verf. es übrigens wirklich um Wahrheit zu thun zu sein scheint, durch die Art wie sie schon vor ihrer Erscheinung in öffentlichen Blättern angekündigt wurde, eine mehr als gewöhnliche Aufmerksamkeit auf sich gezogen hätte. Wir bemerken daher hier nur noch, dafs der Verf. nachher auf eine ganz ähnliche, und daher eben so nichtige Art beweisen will, dafs der Winkel MST nicht stumpf sein kann: allein hierbei ist doch ein wesentlicher Unterschied, weil in der That die Unmöglichkeit dieses Falles in aller Strenge bewiesen werden kann, welches weiter auszuführen aber hier nicht der Ort ist.

III.
Göttingische gelehrte Anzeigen. 172. 173. Stück. Den 28. Oct. 1822.

Marburg.

Theorie der Parallelen, von Carl Reinhard Müller, Doctor der Philosophie, aufserordentlichem Professor der Mathematik u. s. w. 1822. 40 S. in 4.

Rec. hat bereits vor sechs Jahren in diesen Blättern seine Überzeugung ausgesprochen, dafs alle bisherigen Versuche, die Theorie der Parallellinien streng zu beweisen, oder die Lücke in der Euklidischen Geometrie auszufüllen, uns diesem Ziele nicht näher gebracht haben, und kann nicht anders, als dies Urtheil auch auf alle späteren ihm bekannt gewordenen Versuche ausdehnen. Inzwischen bleiben doch manche solcher Versuche, obgleich der eigentliche Hauptzweck verfehlt ist, wegen des darin bewiesenen Scharfsinns den Freunden der Geometrie lesenswert, und Rec. glaubt in dieser Rücksicht die vorliegende bei Gelegenheit einer Schulprüfung bekannt gemachte kleine Schrift besonders auszeichnen zu müssen. Den ganzen sinnreichen Ideengang des Verf. hier ausführlich darzulegen, wäre für unsre Blätter zu weitläuftig und auch überflüssig, da die Schrift selbst gelesen zu werden verdient; aber sie hat ihre schwache Stelle, wie alle übrigen Versuche, und diese herauszuheben, ist der Zweck dieser Anzeige.

Wir finden diese schwache Stelle S. 15 in dem Beweise des Lehrsatzes des 15. Artikels. Dieser Lehrsatz ist der wahre Nerv der ganzen Theorie, welche fällt, so bald jener nicht streng bewiesen werden kann. Wir führen daher zuvörderst diesen Lehrsatz hier auf; die dazu gehörige Figur wird jeder leicht selbst zeichnen können.

Wenn jeder Winkel an der Grundlinie ON eines gleichschenkligen Dreiecks größer ist, als der Winkel an der Spitze A, und man

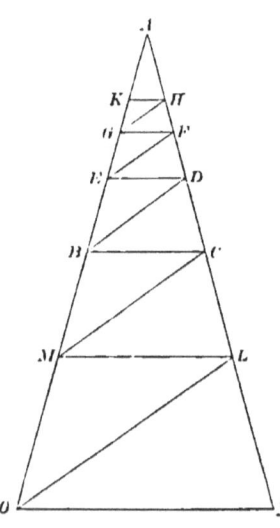

setzt in O an die Seite OA einen Winkel von der Größe des Winkels A, dessen anderer Schenkel OL die AN in dem Puncte L zwischen A und N trifft, schneidet alsdann von AO ein Stück $OM = NL$ ab und zieht ML; wenn man ferner in M an MA abermals einen Winkel von der Größe des Winkels A setzt, dessen anderer Schenkel MC die AN in dem Puncte C zwischen A und L trifft, hierauf von AM ein Stück $MB = LC$ abschneidet und BC ziehet, und sodann diese Construction auf ähnliche Art fortsetzt, so daß auf der Linie OA die Puncte O, M, B, E, G, K u. s. w., auf der Linie NA hingegen die Puncte N, L, C, D, F, H u. s. w. liegen, so wird behauptet, daß die Stücke OM, MB, BE, EG, GK u. s. w. oder die ihnen resp. gleichen NL, LC, CD DF, FH u. s. w. eine abweichende Progression bilden.

Den Beweis dieses Lehrsatzes sucht der Verfasser apagogisch so zu führen, daß er die übrigen möglichen Fälle, wenn der Lehrsatz

nicht wahr wäre, aufzählt, und die Unstatthaftigkeit eines jeden zu erweisen versucht. Der Verf. behauptet nemlich, dafs unter jener Voraussetzung einer von folgenden fünf Fällen Statt finden müfste. Die auf einander folgenden Stücke, von OM an gerechnet, wären
1) alle einander gleich, oder
2) jedes nachfolgende gröfser als das vorhergehende, oder
3) einige einander gleich und das darauf folgende gröfser oder kleiner, oder
4) einige auf einander folgende nähmen fortschreitend ab, und die darauf folgenden fortschreitend zu oder
5) sie würden abwechselnd gröfser und kleiner.

In dieser Aufzählung ist der mögliche Fall übergangen, dafs die Stücke aufangs fortschreitend zu und dann fortschreitend abnähmen, und nach Rec. eigener Überzeugung (deren tiefer liegende Gründe hier aber nicht angeführt werden können) wäre dessen Erledigung gerade die Hauptsache und die eigentliche Auflösung des Gordischen Knotens. Inzwischen kann man zugeben, dafs diese Auslassung hier in so fern wenig auf sich hat, als die Beweisart des Verf. für die Unstatthaftigkeit des dritten Falles, wenn sie zulässig wäre, auch auf diesen Fall von selbst erstreckt werden könnte. Allein eben diesem angeblichen Beweise der Unstatthaftigkeit des dritten Falls können wir keine Gültigkeit zugestehen. Der Verf. stellt die Sache so vor.

Wenn z. B., in dem dritten Falle angenommen wird, die beiden ersten Stücke seien gleich, das dritte aber gröfser, so wäre DC also gröfser als CL. Da nun aber AML gleichfalls ein gleichschenkligtes Dreieck ist, dem dieselbe Grundbedingung zukommt, wie dem ursprünglichen Dreieck AON, so müfste, wenn jener dritte Fall mit seiner angenommenen Unterabtheilung der gültige wäre, $DC = CL$ sein, in Widerspruch mit dem vorher gefundenen.

Wir haben, wie wir glauben, bei diesem Moment des Beweises, das worauf es ankommt, noch etwas klarer und bestimmter nach der Ansicht des Verf. angedeutet, als er es selbst gethan hat, wodurch dann aber auch die Schwäche desselben, wie uns scheint, leichter erkannt wird. Denn offenbar ist hier ganz willkürlich angenommen, dafs bei allen gleichschenkligen Dreiecken mit dem Winkel A an der Spitze und gröfsern Winkel an der Basis, wenn mit ihnen die im Lehrsatz angezeigte Construction vorgenommen wird, die Folge der abgeschnittenen Stücke in Rücksicht auf ihr Gleichbleiben, gröfser oder kleiner werden, allemal, unabhängig von der Gröfse der Seiten, nothwendig dieselbe sein müsse, eine Annahme, die doch unmöglich als von selbst evident betrachtet werden darf. Da sich nun aber hierauf allein der versuchte Beweis der Unstatthaftigkeit des dritten (wie auch vierten und fünften) Falls stützt, und der ganze Artikel auch keine andere Ressourcen zum Beweise der Unstatthaftigkeit des übergangenen Falls darbietet, so glauben wir hierdurch das oben ausgesprochene Urtheil hinlänglich gerechtfertigt zu haben, wobei wir aber gern der ganzen übrigen sinnreichen Durchführung in den folgenden Artikeln volle Gerechtigkeit widerfahren lassen.

IV.
Gaufs und Bessel.

1. **Aus einem Briefe von Gaufs an Bessel, vom 27. Januar 1829.**
(Briefwechsel S. 490.)

Auch über ein anderes Thema, das bei mir schon fast 40 Jahr alt ist, habe ich zuweilen in einzelnen freien Stunden wieder nachgedacht; ich meine die ersten Gründe der Geometrie; ich weifs nicht, ob ich Ihnen je über meine Ansichten darüber gesprochen habe. Auch hier habe ich manches noch weiter consolidirt, und meine Überzeugung, dafs wir die Geometrie nicht vollständig *a priori* begründen können, ist wo möglich noch fester geworden. Inzwischen werde ich wohl noch lange nicht dazu kommen, meine *sehr ausgedehnten* Untersuchungen darüber zur öffentlichen Bekanntmachung auszuarbeiten, und vielleicht wird diefs auch bei meinen Lebzeiten nie geschehen, da ich das Geschrei der Boeoter scheue, wenn ich meine Ansicht *ganz* aussprechen wollte. — Seltsam ist es aber, dafs *aufser* der bekannten Lücke in Euklid's Geometrie, die man bisher umsonst auszufüllen gesucht hat, und nie ausfüllen wird, es noch einen andern Mangel in derselben gibt, den meines Wissens niemand bisher gerügt hat, und dem abzuhelfen keineswegs leicht (obwohl möglich) ist. Diefs ist die Definition des *Planum* als einer Fläche, in der die *irgend zwei* Puncte verbindende gerade Linie *ganz* liegt. Diese Definition enthült *mehr*, als zur Bestimmung der Fläche nöthig ist, und involvirt tacite ein *Theorem*, welches erst bewiesen werden mufs*).

---

*) [*R. Baltzer* sagt in seinen *Elementen der Mathematik* (Bd. 2, zweite Auflage, Leipzig 1867, S. 5):
„*Deahna* (*Demonstratio theorematis, esse superficiem planam*. Dissertatio inauguralis, Marburg 1837) konstruiert die Ebene durch Rotation eines Winkels um einen seiner Schenkel mit der Bedingung, dafs eine concentrische Kugelfläche in zwei congruente Teile zerschnitten werde. *Gaufs* ist der Meinung gewesen, dafs Deahna's Darstellung von einigen Mängeln, die in ihr anzutreffen sind, sich

2. Aus einem Briefe von Bessel an Gaufs, vom 10. Februar 1829.
(Briefwechsel S. 493.)

Ich würde sehr beklagen, wenn Sie sich „durch das Geschrei der Bocoter" abhalten liefsen, Ihre geometrischen Ansichten aus einander zu setzen. Durch das was Lambert gesagt hat, und was Schweikardt mündlich äufserte, ist mir klar geworden, dafs unsere Geometrie unvollständig ist, und eine Correction erhalten sollte, welche hypothetisch ist, und wenn die Summe der Winkel des ebenen Dreiecks = 180° ist verschwindet. Das wäre die *wahre* Geometrie, die Euklidische die *praktische*, wenigstens für Figuren auf der Erde.

3. Aus einem Briefe von Gaufs an Bessel, vom 9. April 1830.
(Briefwechsel S. 497.)

Wahre Freude hat mir die Leichtigkeit gemacht, mit der Sie in meine Ansichten über die Geometrie eingegangen sind, zumal da so wenige offenen Sinn dafür haben. Nach meiner innigsten Überzeugung hat die Raumlehre zu unserm Wissen a priori eine ganz andere Stellung wie die reine Gröfsenlehre; es geht unserer Kenntnifs von jener durchaus *diejenige* vollständige Überzeugung von ihrer Nothwendigkeit (also auch von ihrer absoluten Wahrheit) ab, die der letzteren eigen ist; wir müssen in Demuth zugeben, dafs wenn die Zahl *blofs* unseres Geistes Product ist, der Raum auch aufser unserm Geiste eine Realität hat, der wir a priori ihre Gesetze nicht vollständig vorschreiben können.

V.
Gaufs und Schumacher.

1831.

1. Schumacher an Gaufs. Copenhagen, 1831. Mai 3.
(Briefwechsel, Bd. 2, S. 255.)

Ich bin so frei Ihnen anbei einen Versuch zu senden, ohne Parallellinien und ohne [ihre] Theorie zu gebrauchen, den Satz zu beweisen,

befreien lasse; in seinem Nachlasse befindet sich ein diesen Gegenstand betreffender (auch heute, 1895 noch nicht veröffentlichter) Aufsatz. Auf ähnliche Art haben Crelle (Journ. 45, p. 15), Gerling (Crelle J. 20, p. 332), Erb (die Probleme der Geraden u. s. w. Heidelberg 1846) das Axiom von der Ebene zu beseitigen gesucht."]

dafs die Summe aller drei Winkel eines gradlinichten Dreyeckes = 180° sey, aus dem dann der Beweis des Euclidischen Axioms folgen würde. Ich setze nichts voraus, als dafs die Summe aller um einen Punct liegenden Winkel = 360° = 4 R, und dafs die Scheitelwinkel sich gleich sind.

Da ich aus Erfahrung weifs, wie sonderbar blind man (ich wenigstens) mitunter in Bezug auf eigene Arbeiten ist, so fürchte ich sehr, dafs eine petitio principii dabei zum Grunde liegt. Ich bin aber jetzt nicht im Stande sie zu entdecken, und erwarte Belehrung von Ihnen.

[Beilage.] Man verlängere die Seiten eines gradlinichten Dreiecks ABC unbestimmt, oder man betrachte ein System von drei graden Linien in einer Ebene, deren Durchschnitte das Dreyeck ABC bilden, so geben die drei Winkelpuncte uns die Gleichungen:

$$2a + 2\alpha = 4R,$$
$$2b + 2\beta = 4R,$$
$$2c + 2\gamma = 4R,$$

also

$$\alpha + \beta + \gamma = 6R - (a + b + c).$$

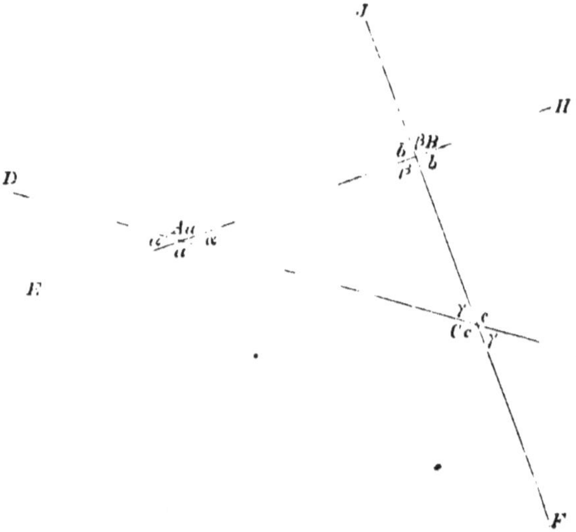

[Fig. 1.]

Da diese Relationen bestehen wie auch die Puncte A, B, C liegen mögen oder, was einerley ist, wie auch die drei Linien im Raume [in der Ebene] gezogen sind, so lasse man die Linien DG, EH, unverrückt, und ziehe JF durch den Punct A, so dafs sie denselben Winkel als in ihrer vorigen Lage mit EH macht oder, da dieser Winkel beliebig ist, überhaupt nur so, dafs sie innerhalb des Winkel a fällt, so haben wir

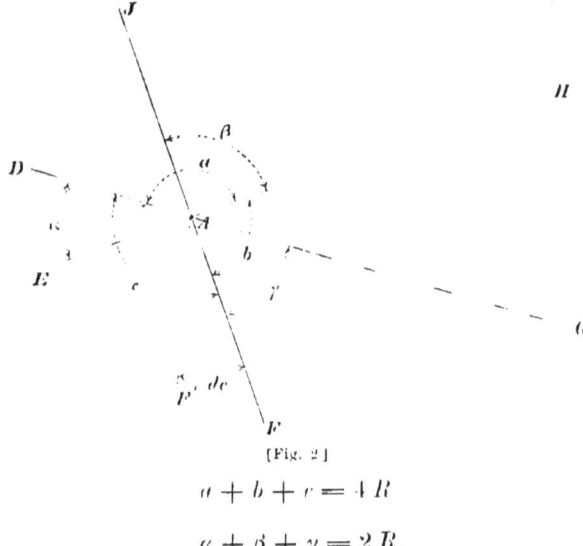

[Fig. 2]

$$a + b + c = 4R$$

also
$$\alpha + \beta + \gamma = 2R.$$

Kann man dagegen sagen, dafs freilich
$$b \text{ (1ste Figur)} = b \text{ (2te Figur)}$$
nach der Annahme, dafs aber der Satz
$$c \text{ (1ste Figur)} = c \text{ (2te Figur)}$$
dann bewiesen werden müsse?

Mir scheint bei der Willkührlichkeit der Winkel dieser Beweis nicht nothwendig.

Dies sind die Grundzüge des Beweises und ich erwarte Ihre Entscheidung. Ich füge nur, um meinen Beweis zu rechtfertigen, hinzu, dafs freilich durch die zweite Operation das Dreyeck ABC verschwindet, aber nicht die Winkel des Dreyecks. Wie die Linien auch liegen, so ist immer

$$J\hat{B}H = \beta, \quad G\hat{C}F = \gamma, \quad D\hat{A}E = \alpha$$

im endlichen, so wie im verschwindenden Dreyeck, mitunter die Summe

$$JAH + GAF + DAE$$

immer gleich der Summe der Winkel eines gradlinichten Dreyecks.

Soll man also den Satz von einem beliebigen Dreyecke (dessen Winkel A, B, C) beweisen, so zieht man die Linien DG, EH, so dafs

$$\alpha = A,$$

man nimmt ferner den Winkel $J\hat{A}H = B$, $G\hat{A}F = C$.

Ist dann JAF keine grade, sondern eine gebrochene Linie JAF'', so ist freilich der Winkel c dadurch um dc kleiner, der Winkel b aber um ebensoviel gröfser geworden, mithin ihre Summe unverändert geblieben, oder wir haben was zur Bringung des Beweises gehört

$$b + c \text{ (Fig. 1)} = b + c \text{ (Fig. 2)}.$$

2. Gaufs an Schumacher. Göttingen, den 17. Mai 1831.
(Briefwechsel, Bd. 2, S. 260.)

Bei dem, was Sie über die Parallellinien schreiben, haben Sie, genau besehen in Ihren Syllogismen einen Zwischensatz gebraucht, ohne ihn ausdrücklich auszusprechen, der so lauten müfste:

Wenn zwei einander schneidende gerade Linien (1) und (2) mit einer dritten (3), von der sie geschnitten werden, respective die Winkel A', A'' machen, und dann eine vierte (4) in derselben Ebne liegende Gerade von (1) gleichfalls unter dem Winkel A' geschnitten wird, so wird (4) von (2) unter dem Winkel A'' geschnitten werden.

Allein dieser Satz ist nicht blofs eines Beweises bedürftig, sondern man kann sagen, dafs er im Grunde der zu beweisende Satz selbst ist*).

Von meinen eignen Meditationen, die zum Theil schon gegen 40 Jahre alt sind, wovon ich aber nie etwas aufgeschrieben habe, und daher manches drei- oder viermal von neuem auszusinnen genöthigt gewesen bin, habe ich vor einigen Wochen doch einiges aufzuschreiben angefangen. Ich wünschte doch, dafs es nicht mit mir unterginge**).

3. Schumacher an Gaufs. Lübeck, 1831. Mai 25.
(Briefwechsel Bd. 2, S. 261.)

Ich falle Ihnen, mein theuerster Freund! noch einmal mit der Parallelentheorie beschwerlich.

Man verlängere die Seiten des gradlinichten Dreyecks unbestimmt, und nehme einen Radius R so grofs, dafs $\frac{a}{R}, \frac{b}{R}, \frac{c}{R}$, kleiner, als jede gegebene Gröfse werden. Mit diesem Radius beschreibe man

---

*) [Er besagt nämlich, dafs in dem Viereck (1), (2), (3), (4) die Winkelsumme gleich vier Rechten ist.]
**) [*Hoüel* machte zu dieser Stelle im Jahre 1867 folgende Anmerkung, die wir im Jahre 1895 nur wiederholen können:
„Als wir das Verzeichnis der Gegenstände durchsahen, die der vierte Band der Ausgabe der Werke von *Gaufs* enthalten soll, welche gegenwärtig von der Akademie zu Göttingen veröffentlicht wird, haben wir keinen Artikel angezeigt gefunden, der sich auf den hier von dem grofsen Geometer angekündigten Plan bezieht. Es wäre sehr bedauerlich, wenn diese so tiefen und originalen Untersuchungen *mit ihm untergegangen wären*."]

aus C den Halbkreis $DEFG$. Weil in Bezug auf diesen Halbkreis
a, b, c als verschwindend zu betrachten sind, also die Puncte $A, B,$

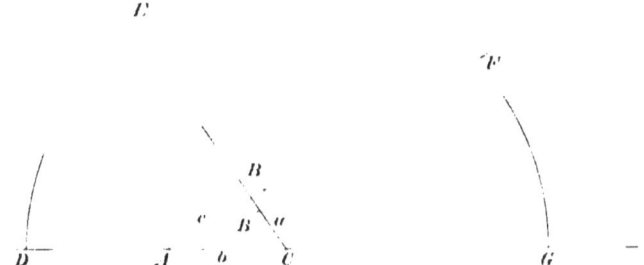

als in C fallend, so ist dieser Halbkreis das Maafs der drei Winkel des Dreiecks, die mithin weniger als jede gegebene Gröfse von 180^0 differiren*).

Mir scheint, wenn man den Begriff des endlos wachsenden nicht ausschliefst, so zeigt dieser Beweis sehr einfach, dafs in jedem endlichen gradlinichten Dreyecke die Summe der Winkel $= 180^0$ ist, oder eigentlich, dafs die Constante die, wenn Euclid's Geometrie nicht wahr wäre, zu der Summe der Winkel kommt, um die Gleichheit mit 180^0 zu bewürken, kleiner als jede gegebene Gröfse ist, und da sich dies für jedes Dreieck beweisen läfst, so kann diese Constante ebensowenig von der Gröfse des Dreiecks abhängen.

4. Schumacher an Gaufs. Altona, 1831. Junius 29.
(Briefwechsel Bd. 2, S. 267.)

Nur etwas habe ich in Ihrem Briefe vermifst — Ihr Urtheil über meinen Beweis, dafs die Summe der Winkel in einem gradlinichten Dreiecke nur um eine Gröfse, die kleiner als jede gegebene ist, von 180^0 verschieden sey. Sie können leicht denken, dafs mir Ihr Urtheil sehr wichtig ist, da Sie jede Schwäche eines Beweises so leicht entdecken. Aufser Ihnen, meinen Gehülfen, und Professor Hansen vom Seeberg habe ich noch Niemanden etwas mitgetheilt. Keiner von uns kann einen Paralogismus entdecken.

Sollte jemand den Satz, dafs man die Winkelpuncte eines Dreiecks als coincidirende Mittelpuncte eines Kreises von unendlichem (brevitatis causa unendlich genannt) Halbmesser betrachten könne,

---

*) [Dasselbe Beweisverfahren hat bereits der Theologe *Antoine Arnaud* (1612—1694) angewandt (vergl. *A. Transon*, Comptes rendus, t. 73. 1871. S. 368). Später haben es *Bertrand* (1778) und *Schulz* (1784) benutzt.]

eines Beweises bedürfend halten, obgleich ich dies nicht glaube, so läfst sich dieser Beweis strenge führen.

Mir scheint, wenn zwei Puncte eine endliche Entfernung von einander haben, so wird diese Entfernung in Bezug auf eine unendliche Linie $= 0$ zu setzen seyn, sie coincidiren mithin in Bezug auf diese unendliche Linie betrachtet.

5. Gaufs an Schumacher. Göttingen, den 12. Julius 1831.
(Briefwechsel, Bd. 2, S. 268.)

Was die Parallellinien betrifft, so würde ich Ihnen mein Urtheil sehr gern schon auf Ihren ersten Brief geschrieben haben, wenn ich nicht hätte voraussetzen müssen, dafs Ihnen mit demselben ohne vollständige Entwickelungen wenig gedient sein würde. Zu solchen vollständigen Entwickelungen, wenn sie wahrhaft überzeugend sein sollen, würden aber vielleicht bogenlange Auseinandersetzungen in Erwiederung auf das, was Sie in wenigen Zeilen im Grunde nur angedeutet haben, nöthig sein, zu welchen Auseinandersetzungen mir aber gegenwärtig die erforderliche Geistesheiterkeit fehlt*). Um Ihnen jedoch meinen guten Willen zu bethätigen, will ich folgendes hersetzen.

Die eigentliche Pointe richten Sie sogleich auf jedes Dreieck; allein Sie würden im Grunde Ihr nemliches Raisonnement anwenden, wenn Sie das Geschäft zuerst auf den einfachsten Fall anwendeten und den Satz aufstellten:

1) In jedem Dreieck, dessen eine Seite endlich, die zweite und folglich auch die dritte hingegen unendlich ist, ist die Summe der beiden Winkel an jener $= 180°$.

Beweis nach Ihrer Manier: Der Kreisbogen CD ist eben so gut das Maafs des Winkels CAD als CBD, weil bei einem Kreise von unendlichem Halbmesser eine endliche Verrückung des Mittelpunkts für 0 zu achten ist. Also $CAD = CBD$,

$$CAD + CBA = CBD + CBA = 180$$

Das Übrige ergiebt sich leicht von selbst. Es ist nemlich: nach diesem Lehrsatze:

$$\alpha + \beta + \delta = 180$$
$$180 = \varepsilon + \delta$$
$$\gamma + \varepsilon = 180$$

Also addendo
$$\alpha + \beta + \gamma = 180.$$

---

* [Gaufs' Frau war damals krank. Sie ist im September des Jahres gestorben.]

Was nun aber Ihren Beweis für 1) betrifft, so protestire ich zuvörderst gegen den Gebrauch einer unendlichen Gröfse als einer Vollendeten, welcher in der Mathematik niemals erlaubt ist. Das Unendliche ist nur eine Façon de parler, indem man eigentlich von Grenzen spricht, denen gewisse Verhältnisse so nahe kommen als man will, während anderen ohne Einschränkung zu wachsen verstattet ist. In diesem Sinne enthält die Nicht-Euclidische Geometrie durchaus nichts Widersprechendes, wenn gleich diejenigen viele Ergebnisse derselben anfangs für paradox halten müssen, was aber für widersprechend zu halten nur eine Selbsttäuschung sein würde, hervorgebracht von der frühern Gewöhnung, die Euklidische Geometrie für streng wahr zu halten.

In der Nicht-Euclidischen Geometrie gibt es gar keine ähnliche Figuren ohne Gleichheit, zum Beispiel die Winkel eines gleichseitigen Dreiecks sind nicht blofs von $\frac{2}{3}R$, sondern auch nach Maafsgabe der Gröfse der Seiten unter sich verschieden und können, wenn die Seite über alle Grenzen wächst, so klein werden, wie man will. Es ist daher schon an sich widersprechend, ein solches Dreieck durch ein kleineres zeichnen zu wollen, man kann es im Grunde nur bezeichnen.

Die Bezeichnung des unendlichen Dreiecks in diesem Sinne wäre am Ende*)

In der Euklidischen Geometrie gibt es nichts absolut grofses, wohl aber in der Nicht-Euklidischen, dies ist gerade ihr wesentlicher Karakter, und diejenigen, die dies nicht zugeben, setzen eo ipso schon die ganze Euklidische Geometrie, aber wie gesagt, nach meiner Überzeugung ist dies blofse Selbsttäuschung.

Für den fraglichen Fall ist nun durchaus nichts widersprechendes darin, dafs wenn die Punkte A, B und die Richtung AC gegeben sind, während C ohne Beschränkung wachsen kann, dafs dann obgleich so DBC dem DAC immer näher kommt, doch der Unterschied nie unter eine gewisse endliche Differenz heruntergebracht werden könne.

---

*) [Die Figur soll wohl andeuten, dafs die Winkel gleich Null sind.]

Ihr Hineinziehen des Bogens CD macht allerdings den Schluſs um viel captiöser, allein wenn man, was Sie nur angedeutet haben, klar entwickeln will so müſste es so lauten:

Es ist:
$$CAB : CBD =$$
$$= \frac{CD}{ECD} : \frac{CD'}{ECD'}$$

und indem AC in's unendliche wächst, kommen CD und CD' einerseits und ECD, ECD' andererseits der Wahrheit immer näher.

Beides ist in der Nicht-Euklidischen Geometrie nicht wahr, wenn man darunter versteht, daſs ihre geometrischen Verhältnisse der Gleichheit so nahe kommen, wie man will. In der That ist in der Nicht-Euklidischen Geometrie der halbe Umfang eines Kreises, dessen Halbmesser $= r$:
$$= \frac{1}{2}\pi k \left(e^{\frac{r}{k}} - e^{-\frac{r}{k}}\right)$$

wo k eine Constante ist, von der wir durch Erfahrung wissen, daſs sie gegen alles durch uns meſsbare ungeheuer groſs sein muſs. In Euklid's Geometrie wird sie unendlich.

In der Bildersprache des Unendlichen würde man also sagen müssen, daſs die Peripherien zweier unendlichen Kreise, deren Halbmesser um eine endliche Gröſse verschieden sind, selbst um eine Gröſse verschieden sind, die zu ihnen ein endliches Verhältniſs hat.

Hierin ist aber nichts Widersprechendes, wenn der endliche Mensch sich nicht vermiſst, etwas Unendliches als etwas Gegebenes und von ihm mit seiner gewohnten Anschauung zu Umspannendes betrachten zu wollen.

Sie sehen, daſs hier in der That der Fragepunkt unmittelbar an die Metaphysik streift.

6. Schumacher an Gauſs. Altona, 1831, Julius 19.
(Briefwechsel Bd. 2, S. 272.)

Meinen herzlichsten Dank statte ich Ihnen, mein theuerster Freund, für Ihren letzten Brief ab. Ich kann nicht sagen, daſs er mich schon überzeugt hätte. Ich glaube die unendliche Gröſse nicht als geschlossen gebraucht zu haben. Mir scheint man kann zeigen, daſs mit dem Wachsen des Halbmessers die Differenz der Winkelpuncte des Dreyecks immer mehr verschwindet, und sich der Gränze des Zusammenfallens, so viel man immer will, nähert. Sagt man also, der Kürze halber, sie fallen für einen unendlichen Radius würklich zusammen, so wird dies ebenso wie gewöhnlich verstanden, und es folgt daraus, dafs in Bezug auf die Peripherie, die von den graden Linien intercaptirten Bögen, sich ohne Gränze dem Maafse der Winkel nähern. Indessen gebe ich gern zu, dafs ich mich täusche, und werde theils selbst die Sache reiflicher durchdenken, theils und vorzüglich den Augenblick erwarten, wo mündliche Belehrung von Ihrer Seite möglich wird. Warum man bei Linien nicht, wie bei allgemeinen Gröfsen, Schlüsse brauchen soll, die sich auf ohne Ende wachsende Linien gründen, sehe ich nicht ein, vorausgesetzt, dafs man die Gränzen bestimmen kann, denen man sich dabei, so weit man will, nähert.

1846.

7. Gaufs an Schumacher. Göttingen, den 28. Nov. 1846.
(Briefwechsel Bd. 5, S. 246.)

Ich habe kürzlich Veranlassung gehabt, das Werkchen von Lobatschefski (Geometrische Untersuchungen zur Theorie der Parallellinien. Berlin 1840, bei G. Funcke. 4 Bogen stark) wieder durchzusehen. Es enthält die Grundzüge derjenigen Geometrie, die Statt finden müfste und strenge consequent Statt finden könnte, wenn die Euclidische nicht die wahre ist. Ein gewisser Schweikardt[*]) nannte eine solche Geometrie Astralgeometrie, Lobatschefsky imaginaire Geometrie. Sie wissen, dafs ich schon seit 54 Jahren (seit 1792) dieselbe Überzeugung habe (mit einer gewissen späteren Erweiterung, deren ich hier nicht erwähnen will). Materiell für mich Neues habe ich also im Lobatschefsky'schen Werke nicht gefunden, aber die Entwickelung ist auf anderem Wege gemacht, als ich selbst eingeschlagen habe, und zwar von Lobatschefsky auf eine meisterhafte Art in ächt geometrischem Geiste. Ich glaube Sie auf das Buch aufmerksam machen zu müssen, welches Ihnen gewifs ganz exquisiten Genufs gewähren wird.

*) Früher in Marburg, jetzt Professor der Jurispr. in Königsberg. [Diese Anmerkung rührt von *Gaufs* her.]

Abweichungen von den Originalabdrücken.

S. 220, Z. 1 v. u. (Gött. gel. Anz. 1816, S. 618, Z. 5 v. u.). Im Urtext steht „Die" statt „Der".

S. 221, Z. 3 v. o. (a. a. O. S. 618, Z. 1 v. u.) „welchen" statt „welchem".

S. 222, Z. 14 v. u. (a. a. O. S. 621, Z. 12 v. o.) „ihre" statt „ihrer".

S. 223, Z. 6 v. o. (a. a. O. S. 622, Z. 1 v. o.) „in einen ebnem" statt „in einem ebnen".

S. 224, Z. 11 v. u. (Gött. gel. Anz. 1822, S. 1726, Z. 15 v. u.) „NB" statt „MB".

Die Figuren auf Seite 222 und 224 sind den von Gaufs besprochenen Abhandlungen entnommen, die auf Seite 223 ist neu gezeichnet. Die Rechtschreibung der Gött. gel. Anz. ist beibehalten, ausgenommen in Wörtern wie Dreyeck, gleichschenklicht, mehrmals und dergleichen. In einem Briefe an Schumacher, vom 6. Januar 1833 (Briefwechsel Bd. 2, S. 320) sagt Gaufs: „Ich schreibe nicht beynahe, drey, interpoliren, &c., sondern beinahe, drei, interpoliren."

S. 227, Z. 16 v. o. (Briefwechsel zwischen Gaufs und Bessel, S. 497, Z. 7 v. o.) „in" statt „zu". Diese Abweichung, die der Sinn des Textes erfordert, findet sich bereits in dem S. 217 erwähnten ersten Abdruck des Briefes.

S. 228, Z. 4 u. 13 v. o. (Briefwechsel zwischen Gaufs und Schumacher, Bd. 2, S. 256, Z. 4 v. o. und 6 v. u.) „Wechselwinkel" statt „Scheitelwinkel" und „und" statt „uns".

S. 235, Z. 18 v. o. (ebenda Bd. 5, S. 247, Z. 1 v. o.) „Parallellinie" statt „Parallellinien".

Die Figuren auf Seite 229 und 231 sind gegenüber den Originalfiguren etwas verändert: bei der ersten ist c im Original kein Kreisbogen mit dem Mittelpunkte A, bei der zweiten fällt der Mittelpunkt des Kreises im Original nicht in den Punkt C, was doch nach dem Texte der Fall sein mufs.

In einem Briefe an Schumacher, vom 2. Januar 1836 (Briefwechsel Bd. 2, S. 431) berührt Gaufs einen Beweisversuch von Lübsen, der sich wohl auch auf die Parallelentheorie bezog. Die Stelle ist jedoch an und für sich kaum verständlich und auch zu unbedeutend, um mitgeteilt zu werden.

Ebensowenig haben wir es für nötig gehalten, solche Äufserungen von Gaufs mitzuteilen, die sich blofs auf den Raumbegriff im Allgemeinen beziehen, ohne auf die Parallelentheorie insbesondere Licht zu werfen.

FERDINAND KARL SCHWEIKART
1780—1857.

FRANZ ADOLPH TAURINUS
1794—1874.

Als nach Gaufs' Tode bekannt wurde, dafs der „princeps mathematicorum" von der Möglichkeit und der Berechtigung einer nichteuklidischen Geometrie überzeugt gewesen war, da wandte sich die Aufmerksamkeit der Mathematiker dem Probleme der Parallelentheorie wieder zu.

In der Periode von 1780 bis 1830 waren alle Beweisversuche gescheitert, und man war schliefslich dahin gelangt, die Beschäftigung mit der „berüchtigten" fünften Forderung als Vorrecht unklarer Köpfe anzusehen und mit den Bemühungen um die Quadratur des Kreises und um das Perpetuum mobile auf eine Stufe zu stellen. Dieses Vorurteil war so stark, dafs, um mit Ho üel zu reden, selbst ein Mann von so imposanter Autorität wie Gaufs mit seinen Untersuchungen nicht hervortrat, „weil er das Geschrei der Bœoter scheute."

Jetzt wurde es anders, und zwar war es R. Baltzer, der in der zweiten Auflage seiner Elemente auf Gaufs' Ansicht über die Parallelentheorie hinwies und die bis dahin nicht beachteten Untersuchungen von Nikolaus Lobatschefskij und Johann Bolyai nach Verdienst würdigte.

Durch Baltzer angeregt gab Hoüel 1866 Lobatschefskijs „Geometrische Untersuchungen zur Theorie der Parallellinien" (1840) und 1867 Johann Bolyais „Appendix scientiam spatii absolute veram exhibens" (1832) in französischer Übersetzung heraus und machte so diese seltenen Schriften einem gröfsern Kreise zugänglich. Der Übersetzung von Lobatschefskijs Abhandlung war als Anhang eine Übersetzung der schon mitgeteilten Briefe von Gaufs und Schumacher beigefügt. Es folgte die italienische Übersetzung des Appendix von Battaglini (1868) und die deutsche Bearbeitung von Frischauf (1872). In jüngster Zeit sind diese Schriften von Lobatschefskij und Bolyai auch ins Englische übertragen worden (Halsted 1891).

Da Lobatschefskij und Bolyai als die eigentlichen Begründer der nichteuklidischen Geometrie anzusehen sind, wollen wir über ihre Arbeiten einiges mitteilen. Genauer auf deren Inhalt einzugehen, ist an dieser Stelle nicht möglich; wohl aber können wir auf Grund neuerer Forschungen des Baumeisters Fr. Schmidt in Budapest und des Professors A. Wassiljef in Kasan eine geschichtliche Darstellung geben, die über das bis jetzt Bekannte hinaus geht.

Nikolaus Lobatschefskij (1793—1856) hat bereits in den Jahren 1815 und 1816 an der Universität zu Kasan Vorlesungen über Geometrie gehalten. Ein von Wassiljef Anfang 1894 gefundenes Heft enthält drei verschiedene Versuche, die Parallelentheorie zu verbessern. „In dem einen wird der Begriff der Richtung als der fundamentale vorausgesetzt; im zweiten werden die Betrachtungen über die unendlichen Zweiecke eingeführt [Bertrand 1778, Schulz 1784]; der dritte Beweis schliefst sich an den Legendre'schen Beweis an, dafs die Summe der Winkel des Dreiecks nicht gröfser und nicht kleiner als zwei Rechte ist. Man sieht also, dafs bei Lobatschefskij eine langjährige Denkarbeit der Veröffentlichung von 1826 seiner eigentümlichen Anschauungen über die Parallelentheorie vorausgegangen ist." Soweit Wassiljef.

Wir müssen hierzu Folgendes bemerken. Am 11. Februar 1826 (alten Stiles) legte Lobatschefskij der physisch-mathematischen Abteilung der Universität Kasan eine Abhandlung vor: Exposition succincte des principes de la Géométrie avec une démonstration rigoureuse du théorème des parallèles. Diese Abhandlung ist jedoch niemals veröffentlicht worden. Ein Auszug aus ihr ist die russisch geschriebene Abhandlung: Über die Anfangsgründe der Geometrie, die im Jahre 1829 im Kasaner Boten erschienen ist (Lobatschefskijs Gesammelte geometrische Werke, Bd. 1, S. 1—67).

In dieser Veröffentlichung von 1829 hatte Lobatschefskij die Möglichkeit einer vom Parallelenaxiom unabhängigen Geometrie bewiesen. Eine ausführliche Darstellung der Untersuchungen, die er über diesen Gegenstand angestellt hat, enthalten die „Neuen Anfangsgründe der Geometrie mit einer vollständigen Theorie der Parallelen", die 1835—1838 in den Schriften der Universität Kasan erschienen sind. Ein Auszug aus diesen in russischer Sprache geschriebenen Abhandlungen ist die Géométrie imaginaire, die Lobatschefskij im Jahre 1837 in Crelles Journal veröffentlichte. Seine Geometrischen Untersuchungen zur Theorie der Parallellinien von 1840 haben wir bereits erwähnt. Eine zusammenfassende Bearbeitung aller seiner Untersuchungen, die Pangeometrie, ist 1855 gleichzeitig in russischer und in französischer Sprache erschienen.

Alle diese Schriften sind jetzt in den Gesammelten geometrischen Werken vereinigt; der erste Band (1883) enthält die in russischer Sprache, der zweite (1886) die in deutscher und französischer Sprache verfaßten Schriften; ihnen geht eine Lebensbeschreibung voraus.

Wolfgang Bolyai (1775—1856) aus Bolya in Siebenbürgen, ein Jugendfreund von Gaufs, mit dem zusammen er in Göttingen studiert hat, veranlaßte seinen Sohn Johann (1802—1860) sich mit der Parallelentheorie zu beschäftigen, der er selbst schon früh sein Interesse zugewandt hatte. Am 3. November 1823 berichtet Johann seinem Vater:

„Ich habe mich entschlossen, sobald die Sachen geordnet sind, eine Arbeit über die Parallelen herauszugeben. Es ist noch nicht abgeschlossen, aber der Weg, den ich eingeschlagen, verspricht gewifs die Erreichung des Zieles, wenn es überhaupt erreichbar ist. Es ist noch nicht erreicht, aber ich habe Sachen herausgebracht, dafs ich selbst darüber erstaunte. Es wäre ewig schade, wenn sie verloren gingen. Sie werden dieselben erkennen. Ich kann nur sagen: dafs ich aus nichts eine andre neue Welt geschaffen habe. Was ich Ihnen bishero gesendet habe, verhält sich wie ein Kartenhaus zu einem Thurme."*)

In einer nicht veröffentlichten Selbstbiographie, deren Abfassungszeit Fr. Schmidt in die fünfziger Jahre setzt, schreibt Johann Bolyai:

„Erst im Jahre 1823 habe ich dem Wesen nach das Problem durchdrungen, obschon auch nachher noch Vervollkommnungen hinzukamen. Ich theilte im Jahre 1825 meinem einstmaligen Lehrer Herrn Johann Walter von Eckwehr (später k. k. General) einen schriftlichen Aufsatz mit, der sich noch in seinen Händen befindet. Auf Veranlassung meines Vaters habe ich meinen Aufsatz in lateinische Sprache übersetzt, wo selber als Appendix zum Tentamen 1832 erschienen ist."

Dieses gegenwärtig recht selten gewordene Tentamen war ein zweibändiges Lehrbuch der Mathematik, dessen vollständiger Titel lautet: Tentamen juventutem studiosam in elementa matheseos purae, elementaris ac sublimioris, methodo intuitiva, evidentiaque huic propria, introducendi. Cum appendice triplici. Band I; Maros Vásárhely 1832. 8°. In dem dritten Anhange, der nur 28 Seiten umfaßt, hat Johann Bolyai seine neue Geometrie entwickelt; der Titel lautet:

Appendix scientiam spatii absolute veram exhibens: a

---

*) Der Brief *Johanns* ist ursprünglich in magyarischer Sprache geschrieben; die deutsche Übersetzung, die wir mitteilen, verdanken wir Herrn Baumeister *Fr. Schmidt* in Budapest.

veritate aut falsitate Axiomatis XI Euclidei (a priori haud unquam decidenda) independentem; adjecta ad casum falsitatis, quadratura circuli geometrica. Auctore Iohanne Bolyai de eadem, Geometrarum in Exercitu Caesareo Regio Austriaco Castrensium Capitaneo.

Die ungarische Akademie der Wissenschaften hat mit der Herstellung eines Neudrucks begonnen, der hoffentlich bald zu Ende geführt sein wird.

Einen Auszug aus dem Tentamen giebt das 1851 zu Maros Vásárhely erschienene, ebenfalls recht seltene Werkchen Wolfgang Bolyais:

Kurzer Grundrifs eines Versuchs

I. Die Arithmetik, durch zvekmässig konstruirte Begriffe, von eingebildeten und unendlich-kleinen Grössen gereinigt, anschaulich und logisch-streng darzustellen.

II. In der Geometrie, die Begriffe der geraden Linie, der Ebene, des Winkels allgemein, der winkellosen Formen, und der Krummen, der verschiedenen Arten der Gleichheit u. d. gl. nicht nur scharf zu bestimmen; sondern auch ihr Seyn im Raume zu beweisen: und da die Frage, ob zwey von der dritten geschnittene Geraden, wenn die summe der inneren Winkel nicht $= 2R$, sich schneiden oder nicht? niemand auf der Erde ohne ein Axiom (wie Euklid das XI) aufzustellen, beantworten wird; die davon unabhängige Geometrie abzusondern; und eine auf die Ja-Antwort, andere auf das Nein so zu bauen, dafs die Formeln der letzten, auf einen Wink auch in der ersten gültig seyen.

Nach einem lateinischen Werke von 1829.[*]) M. Vásárhely, und eben daselbst gedruckten ungrischen.

Maros Vásárhely 1851. 8⁰, 88 Seiten.

Was endlich das Verhältnis von Lobatschefskij und Bolyai zu Gaufs betrifft, so sagt F. Klein in seinen Vorlesungen über Nicht-euklidische Geometrie (1889/90): „Es ist keinem Zweifel unterworfen, dafs Gaufs durch seinen Einflufs die Untersuchungen von Lobatschewsky und Bolyai angeregt hat." Er beruft sich dabei auf die Thatsache, dafs Gaufs und Wolfgang Bolyai Universitätsfreunde waren, und zwischen Gaufs und Lobatschefskij will er einen Zusammenhang daraus herleiten, dafs Lobatschefskij Schüler von Bartels (1769—1836) gewesen ist, über dessen freundschaftliche Beziehungen zu Gaufs uns Sartorius von Waltershausen berichtet hat.

---

[*]) Gemeint ist das Tentamen, dessen Druckerlaubnis vom 12. Oktober 1829 datiert, dessen I. Band jedoch erst 1832 erschienen ist.

Eine Entscheidung über die Richtigkeit dieser Vermutungen wird kaum möglich sein, solange der Nachlafs von Gaufs der Forschung unzugänglich ist.

Aufser Lobatschefskij erwähnt Gaufs in seinem Briefe an Schumacher vom 28. Nov. 1846 noch einen andern Namen: „Ein gewisser Schweikardt ... nannte eine solche Geometrie Astralgeometrie"; auf Unterhaltungen mit demselben Schweikardt hatte sich schon Bessel im Jahre 1829 berufen und mit ihm zugleich Lambert genannt. Es schien uns von Interesse zu sein, etwas Genaueres über diesen bis jetzt nicht beachteten Mann zu ermitteln, und wir haben Folgendes feststellen können:

Ferdinand Karl Schweikart (1780—1857) studierte von 1796 bis 1798 in Marburg Rechtswissenschaften; daneben hörte er mathematische Vorlesungen bei J. K. F. Hauff, der seit 1793 verschiedene Schriften über die Parallelenfrage veröffentlicht hat. Von 1812 ab war Schweikart in Charkow, von 1816 ab in Marburg und zuletzt, seit 1820, in Königsberg Professor der Rechtswissenschaften.

Schweikarts einzige Veröffentlichung mathematischen Inhalts ist die 1807 erschienene Schrift: Die Theorie der Parallellinien nebst dem Vorschlage ihrer Verbannung aus der Geometrie. Jena und Leipzig 1807. 8°. 138 S. mit 5 Tafeln.*) Sie enthält nicht etwa, wie der Titel vermuten lassen könnte, den Versuch einer vom Parallelenaxiom unabhängigen Geometrie, vielmehr steht Schweikart hier durchaus auf dem Boden der Euklidischen Elemente, die er nur auf Grund philosophischer Erwägungen formal umgestalten will: statt von Parallelen soll nur von Parallelogrammen die Rede sein.

Später hat Schweikart Untersuchungen angestellt, die mit denen von Saccheri und Lambert auf eine Linie zu stellen sind, und ist schliefslich unabhängig von Gaufs zur Entwickelung einer nicht-euklidischen Geometrie gelangt.

Als Beleg für die eben ausgesprochenen Behauptungen kann zunächst ein Brief dienen, den Gerling (1788—1864), ein Schüler von Gaufs, seit 1817 Professor der Astronomie in Marburg, am 31. Oktober 1851 an Wolfgang Bolyai zum Dank für die Übersendung des Kurzen Grundrisses geschrieben hat. In diesem bemerkenswerten Briefe, von dem wir eine Abschrift der Güte des Baumeisters Fr. Schmidt in Budapest verdanken, sagt Gerling:

---

*) Diese seltene Schrift besitzen von den gröfseren Büchersammlungen Deutschlands nur die Königliche Universitätsbibliothek in *Kiel* und die Königliche Hof- und Staatsbibliothek in *München*.

„Meine früheren Beschäftigungen mit der Parallelentheorie erwähne ich nicht, denn schon im Jahre 1810—1812 hatte ich bei Gaufs, sowie früher 1809 bei J. F. Pfaff einsehen gelernt, wie alle bisherigen Versuche das Euklidische Axiom zu beweisen mifslungen waren. Ich hatte dann auch vorläufige Kenntnifs von Ihren Arbeiten erhalten, und so schon, als ich zuerst 1820 etwas von meiner Ansicht darüber drucken lassen mufste, es genau ebenso geschrieben, wie es S. 187 der neuesten Ausgabe noch zu lesen steht."

Gerling meint hier die Bearbeitung des Lorenzschen Grundrisses der reinen Mathematik, die er 1820 besorgt hatte; die im Briefe erwähnte neueste Ausgabe war 1851 erschienen. An der betreffenden Stelle heifst es: „Dieser Beweis [des Parallelenaxioms] ist auf mannigfaltige Weise von scharfsinnigen Mathematikern versucht, aber bis jetzt noch nicht vollkommen genügend aufgefunden worden. Solange er fehlt, bleibt der Satz, sowie alles, was sich auf ihn stützt, eine Hypothese, deren Gültigkeit für unser Leben freilich hinlänglich durch die Erfahrung dargethan wird, deren allgemeine, nothwendige Richtigkeit aber ohne Absurdität bezweifelt werden könnte."

Gerling fährt fort:

„Wir hatten gegen diese Zeit [1819] hier einen juristischen Professor Schweikart, welcher ehemals in Charkow gewesen war, und auf ähnliche Ideen gekommen war, indem er ohne Hilfe der euklidischen Axiome eine Geometrie, die er Astralgeometrie nannte, in ihren Anfängen entwickelte. Was er mir darüber mittheilte, schickte ich Gaufs, der dann mittheilte, wieviel weiter man schon auf diesem Wege gekommen und später auch sich über den grofsen Gewinn erklärte, der in dem Appendix zu Ihrem Buche den wenigen Sachkennern dargeboten ist."

Dieser Brief von Gerling zeigt, dafs der noch nicht veröffentlichte Briefwechsel zwischen Gaufs und Gerling wertvolle Aufschlüsse über die Geschichte der nichteuklidischen Geometrie enthalten mufs.

Glücklicherweise ist uns von jenem Gaufs'schen Briefe an Gerling, der sich auf die Astralgeometrie bezog und der wegen seiner frühen Abfassungszeit, stammt er doch aus dem Jahre 1819, von hervorragender Bedeutung ist, ein Bruchstück erhalten, und zwar in einem Schreiben, das Schweikart im Jahre 1824 seinem Neffen Taurinus zugehen liefs. Wir verdanken dieses Schreiben der Güte des Herrn Pastor A. Fürer in Merseburg, der uns auch einen weiteren Brief von Schweikart an Taurinus, sowie einen Brief von Gaufs an Taurinus zur Verfügung gestellt hat. Auch diese beiden Briefe werden hier zum ersten Male zur Veröffentlichung gelangen.

Am 18. November 1824 schreibt Schweikart von Königsberg aus an seinen Neffen Taurinus in Köln:

„Sehr richtig hast Du den Grundfehler meiner Demonstrationen*) in dem Postulat von Quadraten gefunden. Deiner Auflösung, welche Dir alle Ehre macht (wiewohl sie schon mehrere auf ähnliche Art versucht haben) würde ich unbedingt beytreten, wenn nicht ein kleiner Umstand im Wege stünde.

„Du nimmst an, dafs $bd = df = fh$, das wäre mir unbedenklich, wenn Du von d, f, h Lothe auf die entgegengesetzte Linie fallen liefsest; allein Du läfst von c, e, g Lothe auf bh fallen, — wie willst Du es nun machen, dafs diese gerade nach d,f kommen? Du bedarfst eines Axioms,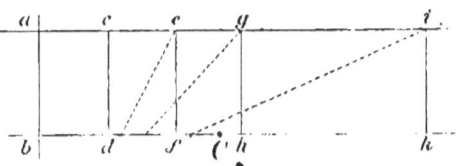
das auf gleiche Art eines Beweises bedarf, wie das Euclidische, nämlich entweder das: wenn man in einem Punkt**) d, der Linie bh ein Loth errichtet, so muss es hinlänglich verlängert die ag schneiden; oder das: wenn man auf der Linie ag einen überaus entfernten Punkt i annimmt & von da eine Linie ik unter einem rechten Winkel auf die bh fallen läfst, so ist bk gröfser, als eine gegebene Linie bh. Allein es ist möglich, dass die Punkte f, h, k, ob sie gleich alle hinter d kommen einem gewifsen Punkte z. B. C sich immer mehr nähern, ohne ihn jemals zu erreichen.

„Nach der neuen Geometrie, die ich, wie ich Dir einst nach Göttingen schrieb, gefunden habe, verhält sich die Sache wirklich so. Es gibt eine gewisse constante Linie bC, welche alle Lothe von der, noch so weit verlängerten ag auf bh, nicht überschreiten können. Die Winkel im Dreyeck sind immer kleiner als $2R$ und um so kleiner, je gröfser das Dreyeck ist. Aus der Summe der Winkel läfst sich jedenfalls der Inhalt des Dreyecks bestimmen und umgekehrt. Der Satz, dafs ac & bd verlängert zusammentreffen müfsen, wenn $bac + abd < 2R$, ist unwahr. Es hängt davon ab, wie gros ab ist. Eben so giebt es eine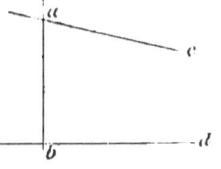
Constante für den Flächeninhalt geradliniger Figuren, die sie, man mag ihre Seiten noch so gros machen, nie erreichen können.

„Auf eine Notiz hierüber, die ich vor länger als 5 Jahren meinem

---

*) [In der Schrift über die Theorie der Parallellinien, vom Jahre 1807.]
**) [Im Original steht „auf einen Punkt."]

Freunde Gerling in Marburg & dieser Gaufsen mitgetheilt hatte, antwortete letzterer unter andern:

„„Die Notiz von H_r Pr. Schw. hat mir ungemein viel Vergnügen gemacht, und ich bitte ihm darüber von mir recht viel Schönes zu sagen. Es ist mir fast alles aus der Seele geschrieben.

„„Nur blos bey dem einen Artikel, der so anfängt: ist diese Constante für uns die halbe Erdaxe & — & — &.

„„Ich vermuthe, dafs H_r Schw. mit allem diesem einverstanden seyn wird, was mich bey dem gänzlichen Zusammentreffen seiner Ansicht mit der meinigen sehr freuen wird. *Ich will hinzufügen, dass*[*]) ich die Astralgeometrie (so hatte ich sie zum Unterschiede *genannt*) so weit ausgebildet habe, dafs ich alle Aufgaben *vollständig lösen kann*, sobald die Constante $= C$ gegeben wird. &—&. Die Gränze für den Inhalt eines jeden Dreyecks ist dann: $\dfrac{\pi CC}{(\log. \text{hyp.} (1 + \sqrt{2}))^2}$, & also *für das* Polygon $\dfrac{(n-2)\pi CC}{(\log. \text{hyp.} (1 + \sqrt{2}))^2}$.""

Das ist freilich Alles, was wir über Schweikart mitteilen können, denn dieser hat — ebenso wie Gaufs — seine Untersuchungen über die Astralgeometrie nicht veröffentlicht, und unsre Bemühungen, in den Besitz von Aufzeichnungen aus seinem Nachlasse zu gelangen, sind bis jetzt ohne Erfolg geblieben. Dagegen haben unsre Nachforschungen in Betreff jenes Neffen Schweikarts, des Taurinus, zu dem überraschenden Ergebnis geführt, dafs auch Taurinus für die Vorgeschichte der nichteuklidischen Geometrie von Bedeutung ist: zuerst angeregt durch seinen Oheim Schweikart, dann beeinflufst durch Gaufs hat er bemerkenswerte selbständige Untersuchungen angestellt und in den Jahren 1825 und 1826 veröffentlicht. Er ist darin schliefslich zur Entwickelung einer nichteuklidischen Trigonometrie gelangt und hat somit einen wichtigen Teil der Ergebnisse von Lobatschefskij und Bolyai vorweg genommen.

Über das Leben von Taurinus haben wir Folgendes ermittelt: Franz Adolph Taurinus ist am 15. November 1794 zu König im

---

*) [Das *cursiv* Gedruckte ist unsre Ergänzung, da der Originalbrief leider an der betreffenden Stelle beschädigt ist. Sollten wir auch den *Wortlaut* der *Gaufs*'schen Äufserungen nicht genau getroffen haben, so kann doch über ihren *Sinn* kein Zweifel bestehen. — Die Bemerkung in runden Klammern ist offenbar ein Zusatz von *Schweikart*.]

Odenwalde geboren: seine Eltern waren Julius Ephraim Taurinus, gräflich Erbach-Schönbergischer Hofrat, und Luise Juliane, geborene Schweikart. Nachdem er in Heidelberg, Giefsen und Göttingen Rechtswissenschaften studiert hatte, lebte er von 1822 an in Köln ohne Amt und Beruf und fand Mufse, sich mannigfachen wissenschaftlichen Interessen zu widmen. In Köln ist er auch hochbetagt am 13. Februar 1874 gestorben.

Veröffentlicht hat Taurinus nur wenig: 1825 erschien seine Theorie der Parallellinien, Köln am Rhein, 102 S. 8^0. 4 Tafeln und im folgenden Jahre als Fortsetzung die Schrift: Geometriae prima elementa, Coloniae Agrippinae, 76 S. 8^0. 2 Tafeln.

In dem Vorwort zu den Elementa hat Taurinus auf Seite IV—VI den Ursprung und Verlauf seiner Untersuchungen über die Parallelentheorie folgendermafsen geschildert:

„Der erste, der mich auf das neue System der Geometrie aufmerksam gemacht hat, war ein mit mir verwandter und eng befreundeter Mann, Schweikart, Professor der Rechte an der Universität zu Königsberg. Dieser schrieb mir vor vier Jahren ungefähr folgendermafsen: Durch emsiges Studium der Geometrie sei er zu der Überzeugung gelangt, dass es eine gewisse neue Geometrie gebe — er nannte sie Astralgeometrie —, bei der die Winkelsumme im Dreieck kleiner als zwei Rechte sei, und er habe zu seiner Freude erfahren, dass der berühmte Gaufs, dem seine Entdeckung mitgeteilt worden war, schon lange mit demselben Gegenstande beschäftigt gewesen und darin noch weiter gekommen sei.

„Da jedoch unser Briefwechsel nicht fortgesetzt wurde, und da ich selbst damals keine Zeit zur Beschäftigung mit der Geometrie hatte, so kam es, dass ich meine Aufmerksamkeit diesem Gegenstande nicht eher wieder zuwendete, als bis mir die 1807 in Jena erschienene Schrift desselben Schweikart über die Parallellinien in die Hände fiel.

„Dieses Buch war mir deshalb höchst willkommen, weil ich daraus den Sinn und die Schwierigkeit des Problems gründlich kennen lernte, sowie auch alle die Methoden zum Beweise der Parallelentheorie, die bis dahin bekannt geworden waren.

„Bei der Ausarbeitung der von mir bereits herausgegebenen Theorie habe ich nämlich, wie ich gestehen muss, nur sehr wenige Bücher benutzt, hatte ich doch ausser der Ausgabe des Euklid von Lorenz*)

---

*) [Johann Friedrich Lorenz hatte 1773 das erste bis sechste sowie das elfte und zwölfte Buch der Elemente in deutscher Übersetzung herausgegeben; diese

kaum das eine oder andere Elementarbuch gelesen. Was ich daher aus Camerers Ausgabe der Elemente*) kennen lernte — einem Werke, das ich hochschätze —, das war mir zum Teil neu, besonders, dass ich, ohne es zu wissen, auf Gedanken gekommen war, welche denen, die man dem Italiener Saccheri und unserm Landsmanne Lambert zuschreibt, sehr ähnlich sind. Ich für meine Person hatte diese Beweismethode von vorn herein für die beste, ja für die einzige gehalten, die es ermöglicht, die Schwierigkeit zu überwinden, und habe deshalb kein Bedenken getragen, einige meiner Beweise Gaufs selber mitzuteilen. Dieser hat mir sogleich aufs freundlichste geantwortet und einiges über den Gegenstand hinzugefügt, woraus ich freilich seine Ansicht über die Sache nicht vollständig habe erraten können. Möchte daher dieser ausgezeichnete Mann seine Gedanken über die ganze Frage, die bei einem solchen Geiste von unschätzbarem Werte sein müssen, baldigst veröffentlichen! Mit mir werden alle Geometer ihn immer von Neuem inständigst darum bitten.

„Zur Abfassung des vorliegenden Büchleins bin ich um so lieber geschritten, als meine Theorie, der ich nur ziemlich wenig Zeit gewidmet hatte, noch nicht öffentlich besprochen worden ist**), und ausserdem vieles enthält, was mir selbst bereits nicht mehr gefällt. Übrigens ging meine Absicht besonders dahin, die Analogien zwischen den verschiedenen Geometrien deutlicher hervortreten zu lassen. Ob mir das einigermassen gelungen ist, das zu entscheiden überlasse ich dem Urteile erfahrener Männer, die, wie ich zuversichtlich hoffe, wenigstens meine eifrigen Bemühungen, die Wissenschaft der Geometrie zu fördern, anerkennen und mir gewogen sein werden.

„Köln am Rhein, den 1. December 1825."

Dafs Taurinus zu seinen Untersuchungen über die Parallelentheorie durch Schweikart angeregt worden ist, bestätigt einmal eine Stelle seiner Theorie der Parallellinien, die wir S. 261 mitteilen werden, noch deutlicher jedoch ein Brief, den Schweikart am 1. Oktober 1820 aus Marburg an Taurinus abgehen liefs, der damals in Göttingen Jura studierte. In diesem Briefe heifst es:

„Was die Mathematik betrifft, so überzeugte mich das, was Du

Euklid-Übersetzung ist wiederholt neu aufgelegt worden und war in Deutschland sehr verbreitet.]

*) [*Euclidis Elementa graece et latine*, ed. *Camerer et Hauber*. Bd. I. Berlin 1824. Der *Excursus ad Elementorum I. 29* enthält eine wertvolle Geschichte der Versuche, die fünfte Forderung zu beweisen; für das Folgende kommen besonders die Ausführungen auf S. 423—426 in Betracht.]

**) [Eine wohlwollende Besprechung der Parallelentheorie von *Taurinus* ist im September 1827 in der *Allgemeinen Deutschen Litteraturzeitung* erschienen.]

schriebst, dafs ich mich auch in diesem Punkte nicht in Dir geirrt hatte. —
„Durch meine vieljährigen Studien bin ich zuletzt zu der Einsicht gelangt, dafs unsere Geometrie nur eine relative Wahrheit habe, und dafs es eine höhere, welche ich die Astralgeometrie nenne, gebe, nach welcher z. B. die Winkel im Dreyecke kleiner als 2 rechte sind und immer mehr abnehmen, jemehr der Inhalt wächst, ja dafs mit der Gröfse der Winkel auch der Inhalt und umgekehrt gegeben ist.

„Zu meiner Freude erfuhr ich, dass der berühmte Gaufs schon lange auf demselben Wege und darauf schon weit vorgeschritten ist. In kurzer Zeit würde ich Dich in diese Ansicht einführen können und Deinem Erfindungstriebe ein weites Feld eröffnen."

Es folgt eine Einladung an Taurinus, nach Königsberg zu kommen, die jedoch abgelehnt wurde.

Erst seit dem Jahre 1824 scheint Taurinus sich eingehender mit der Parallelentheorie beschäftigt zu haben. Die Ergebnisse, zu denen er kam, hat er dann Schweikart und Gaufs vorgelegt. Das Antwortschreiben Schweikarts vom 18. November 1824 ist schon auf Seite 245—246 mitgeteilt. Wir lassen nunmehr auch das Schreiben von Gaufs folgen:

„Ewr. Wohlgeboren

gefälliges Schreiben vom 30 Oct. nebst dem beigefügten kleinen Aufsatz habe ich nicht ohne Vergnügen gelesen, um so mehr, da ich sonst gewohnt bin, bei der Mehrzahl der Personen, die neue Versuche über die sogenannte Theorie der Parallellinien [machen,] gar keine Spur von wahrem geometrischen Geiste anzutreffen.

„Gegen Ihren Versuch habe ich nichts (oder nicht viel) anderes zu erinnern als dafs er unvollständig ist. Zwar lässt Ihre Darstellung des Beweises, dafs die Summe der drei Winkel eines ebnen Dreiecks nicht grösser als 180^0 seyn kann in Rücksicht auf geometrische Schärfe noch zu desideriren übrig. Allein dies würde sich ergänzen lassen, und es leidet keinen Zweifel dafs jene Unmöglichkeit sich auf das allerstrengste beweisen läfst. Ganz anders verhält es sich aber mit dem 2^n. Theil, dafs die Summe der Winkel nicht kleiner als 180^0 seyn kann; dies ist der eigentliche Knoten, die Klippe woran alles scheitert. Ich vermuthe, dafs Sie sich noch nicht lange mit diesem Gegenstande beschäftigt haben. Bei mir ist es über 30 Jahr, und ich glaube nicht, dafs jemand sich eben mit diesem 2^n. Theil mehr beschäftigt haben könne als ich obgleich ich niemals etwas darüber bekannt gemacht habe. Die Annahme, dafs die Summe der 3 Winkel kleiner sei als 180^0, führt auf eine eigne von der unsrigen (Euclidischen) ganz verschiedene Geometrie, die in sich selbst durchaus consequent ist, und die ich für mich selbst ganz befriedigend ausgebildet habe, so dafs ich jede Aufgabe in derselben auflösen kann mit Ausnahme der Bestimmung einer Constante, die sich a priori nicht ausmitteln läfst. Je grösser man diese Constante annimmt, desto mehr nähert man sich der Euclidischen Geometrie und ein unendlich grofser Werth macht beide zusammenfallen. Die Sätze jener Geometrie scheinen zum Theil paradox, und dem Ungeübten ungereimt; bei genauerer ruhiger Überlegung findet man aber, dafs sie an sich durchaus nichts unmögliches enthalten. So z. B. können die drei Winkel eines Dreiecks so klein werden als man nur will, wenn man nur die Seiten grofs genug nehmen darf, dennoch kann der Flächeninhalt eines Dreiecks, wie grofs auch die Seiten genommen werden, nie eine bestimmte Grenze überschreiten, ja sie nicht einmahl erreichen. Alle meine Bemühungen einen Widerspruch, eine Inconsequenz in dieser Nicht-Euclidischen Geometrie zu finden sind fruchtlos gewesen, und das Einzige was unserm Verstande darin widersteht, ist dafs es, wäre sie wahr, im Raum eine an sich bestimmte (obwohl uns unbekannte) Lineargrösse geben müfste. Aber mir deucht, wir wissen, trotz der Nichts Sagenden Wort-Weisheit der Metaphysiker eigentlich zu wenig oder gar nichts über das wahre Wesen des Raumes, als dafs wir etwas uns unnatürlich vorkommendes mit **Absolut Unmöglich** verwechseln dürfen. Wäre die Nicht-Euclidische Geometrie die wahre, und jene Constante in einigem Verhältnifse zu solchen Grössen die im Bereich unsrer Messungen auf der Erde oder am Himmel liegen, so liefse sie sich a posteriori ausmitteln. Ich habe daher wohl zuweilen im Scherz den Wunsch geäufsert, dafs die Euclidische Geometrie nicht die Wahre wäre, weil wir dann ein absolutes Maass a priori haben würden.

„Von einem Manne, der sich mir als einen denkenden Mathematischen Kopf gezeigt hat, fürchte ich nicht, dafs er das Vorstehende misverstehen werde: auf jeden Fall aber haben Sie es nur als eine Privat-Mittheilung anzusehen, von der auf keine Weise ein öffentlicher oder zur Oeffentlichkeit führenkönnender Gebrauch zu machen ist. Vielleicht werde ich, wenn ich einmahl mehr Mufse gewinne, als in meinen gegenwärtigen Verhältnifsen, selbst in Zukunft meine Untersuchungen bekannt machen.

„Mit Hochachtung verharre ich

Göttingen den 8 November
1824.

Ewr Wohlgeboren
ergebenster Diener
CFGaufs."

Wir glauben nicht fehlzugehen, wenn wir annehmen, dafs der Aufsatz, den Taurinus an Schweikart und Gaufs gesandt hat, im Wesentlichen das enthielt, was die ersten 87 Seiten der Theorie der Parallellinien ausmacht. Diese Untersuchungen bezwecken, die Euklidische Geometrie als die einzig zulässige nachzuweisen. Dafs es möglich sei, diesen Nachweis zu führen, sobald man nur das Axiom der geraden Linie voraussetzt, das heifst fordert, dafs die Gerade durch zwei Punkte vollständig und eindeutig bestimmt ist, davon ist Taurinus fest überzeugt gewesen. Freilich zeigt die Nachschrift (S. 88—93) und noch mehr der Nachtrag (S. 95—102) zu seiner Theorie der Parallellinien, dafs er schon 1825 nicht umhin konnte, die innere Konsequenz des „dritten Systems der Geometrie" anzuerkennen, das heifst, des Systems, bei dem die Summe der Dreieckswinkel weniger als zwei Rechte beträgt. Aber er suchte die Euklidische Geometrie auch jetzt noch zu retten, indem er an der unendlichen Menge derartiger geometrischer Systeme Anstofs nahm, denn diese Systeme sind ja eben so zahlreich, wie die Systeme sphärischer Geometrien.

Auch die 1825 verfassten und 1826 veröffentlichten Geometriae prima elementa bedeuten in dieser Hinsicht keinen Fortschritt: Taurinus stellt sich auch hier noch durchaus auf den Boden der Euklidischen Geometrie. Dies ist um so wunderbarer, als er die Widerspruchslosigkeit des dritten Systems oder, wie er jetzt sagt, der logarithmisch-sphärischen Geometrie, klar erkannt und sogar die zugehörige Trigonometrie entwickelt und auf eine Reihe von elementaren Aufgaben mit Erfolg angewandt hatte. So tiefe Wurzeln hatte die zweitausendjährige Autorität Euklids!

Was die Einzelheiten betrifft, so verweisen wir auf die Auszüge aus den Schriften von Taurinus, die wir im Folgenden mitteilen werden. Wir haben uns dabei auf das Wichtigste beschränkt und bemerken noch, dafs die Theorie der Parallellinien von 1825 in den Königlichen Bibliotheken zu Berlin und Dresden, sowie in den Universitätsbibliotheken zu Bonn und Jena vorhanden ist, während die Geometriae prima elementa nur im Besitze der Universitätsbibliothek zu Bonn sind. Die Elementa gehören zu den seltensten Schriften, welche die Bücherkunde aufzuweisen hat. Man findet sie in keinem der bis jetzt veröffentlichten Verzeichnisse von Schriften über die Parallelentheorie und die Grundlagen der Geometrie aufgeführt. Wir haben von dem Vorhandensein der Elementa erst durch Herrn Pastor A. Fürer Kunde erhalten; wie dieser mitteilt, hat Taurinus einige wenige Exemplare der auf eigene Kosten gedruckten Elementa an Freunde verschenkt sowie mathematischen Autoritäten übersandt und hat später aus Unmut darüber, dafs seine Bestrebungen keine Anerkennung fanden, den Rest der Auflage den Flammen überliefert.

Fassen wir schliefslich die Ergebnisse unsrer Nachforschungen zusammen, so können wir sagen, dafs Schweikart und Taurinus ein bis jetzt nicht beachtetes, jedoch sehr beachtenswertes Mittelglied bilden zwischen Saccheri und Lambert einerseits und Gaufs, Lobatschefskij und Bolyai andrerseits.

Schweikarts Leistung besteht darin, dafs er selbständig die Möglichkeit und die Berechtigung einer nichteuklidischen Geometrie klar erkannt und ausgesprochen hat, und in dieser Beziehung ist er mit Gaufs gleichberechtigt. Da er jedoch in der Ausbildung seiner neuen Geometrie nicht über die Anfänge hinaus gekommen zu sein scheint, so können wir ihn nicht mit Gaufs, Lobatschefskij und Bolyai in eine Linie stellen.

Taurinus konnte sich nicht zu der Freiheit der Auffassung erheben, durch die sich Gaufs und Schweikart auszeichnen; er war ebenso wie Saccheri und Lambert von der unbedingten Wahrheit der Euklidischen Geometrie überzeugt. Aber während schon Saccheri den Kampf gegen die widerspenstige Hypothese des spitzen Winkels nur mühsam durchgeführt hatte, und Lambert diesen Kampf, wie wir annehmen dürfen, abgebrochen hat, so sah sich Taurinus genötigt, die Widerspruchsfreiheit des „dritten Systems" anzuerkennen, versuchte aber die Alleinherrschaft der Euklidischen Geometrie dadurch zu retten, dafs er sich auf die Vielheit der Geometrien des dritten Systems berief und diese für unzulässig erklärte. Das sind, um mit Lambert zu reden, „argumenta ab amore et inuidia ducta", die aus der Wissenschaft zu verbannen sind. Jedoch ist Taurinus vermöge seiner Erkenntnis von der Widerspruchsfreiheit der neuen Geometrie in der Ausbildung dieser Geometrie viel weiter vorgedrungen als Saccheri und Lambert und ist sogar durch einen genialen Gedanken, dem Lambert schon sehr nahe gewesen war, zu einer nichteuklidischen Trigonometrie gelangt, wie sie später Lobatschefskij und Bolyai auf systematischem Wege ausgebildet haben. Endlich war sich Taurinus, ebenso wie Lambert, darüber vollkommen klar, dafs das geometrische System, das aufser dem Euklidischen und dem logarithmisch-sphärischen noch möglich ist, auf der Kugel seine Verwirklichung findet, eine Einsicht, der man erst bei Riemann wieder begegnet.

Litteratur.

Baltzer, R., *Elemente der Mathematik.* Bd. 2. Zweite Auflage. Leipzig 1867. S. III. S. 13—17. S. 146.

Bartels, J. M. C., *Vorlesungen über mathematische Analysis.* Herausgegeben von F. G. W. Struve. Dorpat 1837. (Enthält eine Biographie von Bartels.)

Battaglini, *Sulla Scienza dello Spazio assolutamente vera, ed indipendente della verità o della falsità dell' assioma XI di Euclide, giammai da potersi decidere a priori par Giovanni Bolyai* (versione dal latino). Giornale di Matematiche ad uso degli studenti delle università italiane pubblicato per cura del Prof. G. Battaglini. Vol. VI. 1868.

Frischauf, J., *Absolute Geometrie nach Johann Bolyai.* Leipzig 1872.

Grunert, J., *Über den neuesten Stand der Frage von der Theorie der Parallelen.* Grunerts Archiv. Teil 47. Greifswald 1867. S. 307—327.

Halsted, Georg Bruce, *Geometrical Researches on the theory of parallels by Nicholaus Lobatschevsky.* Austin [1891].

Halsted, Georg Bruce, *Science Absolute of Space of Johann Bolyai.* Austin [1891.]

Hoüel, *Etudes géométriques sur la théorie des parallèles par J. N. Lobatschewsky, traduit de l'Allemand.* Suivie d'un extrait de la Correspondance de Gauss et Schumacher. Paris 1866. Zuerst veröffentlicht in den Mémoires de la Société des sciences physiques et naturelles de Bordeaux. Tome IV. S. 83—128. Bordeaux 1866.

[Hoüel] *La science absolue de l'espace indépendante de la vérité ou de la fausseté de l'Axiome XI d'Euclide* (que l'on ne pourra jamais établir a priori); suivie de la quadrature géométrique du cercle, dans le cas de la fausseté de l'Axiome XI. Par Jean Bolyai, Capitaine au Corps du Génie dans l'armée autrichienne. [Traduit du Latin par J. Hoüel]. Précédé d'une notice sur la vie et les travaux de W. et J. Bolyai par M. Fr. Schmidt, Architecte à Temesvár. Paris 1868. Zuerst veröffentlicht in den Mémoires de la Société des sciences physiques et naturelles de Bordeaux. Tome V. Bordeaux 1867.

Justi, K. W., *Grundlage zu einer Hessischen Gelehrten-, Schriftsteller- und Künstlergeschichte vom Jahre 1806 bis zum Jahre 1830.* Marburg 1831. S. 622.

Klein, F., *Nicht-Euklidische Geometrie.* Vorlesung gehalten im Wintersemester 1889—90. Autographirt. Göttingen 1893.

Lobatschefskij, N. J., *Polnoje sobranije sotschinenij po geometrii.* Bd. I, die russisch geschriebenen Arbeiten enthaltend, Kasan 1883. Bd. II, die deutsch und die französisch geschriebenen Arbeiten enthaltend, Kasan 1886. Bd. II führt auch den Titel: *Collection complète des œuvres géométriques de N. J. Lobatscheffsky.*

Poggendorff, Artikel *Schweikart* in dem Biographisch-litterarischen Handwörterbuch. Leipzig 1863. 4°. Bd. 2. S. 876.

Sartorius, W., von Waltershausen, *Gauß zum Gedächtniß.* Leipzig 1856.

Schmidt, F., *Aus dem Leben zweier ungarischer Mathematiker. Johann und Wolfgang Bolyai von Bolya.* Grunerts Archiv. Bd. 48. 1868. S. 217.
  Die unter [Hoüel] erwähnte *Notice Sur la vie et les travaux de W. et. J. Bolyai* ist eine Übersetzung dieser Mitteilungen. Ferner giebt es eine italienische Übersetzung (A. Forti): *Intorno alla vita ed agli scritti di Wolfgang e Giovanni Bolyai di Bolya matematici ungheresi* in dem Bulletino di Bibliografia e di storia delle scienze matematiche et fisiche. t. I. Rom 1868.

Scriba, H. E., *Biographisch-literärisches Lexicon der Schriftsteller des Großherzogthums Hessen im ersten Viertel des neunzehnten Jahrhunderts.* Erste Abtheilung. Darmstadt 1831. S. 382 (Schweikart), S. 403 (Taurinus).

Wassiljef, A., *Nicolái Ivánovich Lobachévsky*, Address pronounced October 22, 1893. Translated by G. B. Halsted. Austin, Texas. 1894. S. 9. Eine von F. Engel bearbeitete Übersetzung des russischen Originals wird im Laufe des Jahres 1895 bei B. G. Teubner in Leipzig erscheinen.

Winter, Artikel *Schweikart* in der Allgemeinen Deutschen Biographie. Bd. 33. Leipzig 1891. S. 388.

THEORIE

DER

PARALLELLINIEN

VON

F. A. TAURINUS.

Quid verum curo et rogo.
HORAT.

MIT DREI STEINTAFELN.

KOELN AM RHEIN.
GEDRUCKT UND ZU HABEN BEI JOHANN PETER BACHEM.

1 8 2 5.

Was die hier aufgestellte Theorie der Parallellinien betrifft, so giebt gleich der 51. Satz zu einer äufserst interessanten Bemerkung Anlafs. In diesem Satze wird bewiesen, dafs, unter der Voraussetzung, die Summe der Winkel eines Vierecks könne gröfser sein, als vier Rechte (oder, was auf eins hinausläuft, die Summe der Dreieckswinkel gröfser, als zwei Rechte) alle Linien, die auf einer andern senkrecht stehen, sich in zwei Puncten in gleicher Entfernung zu beiden Seiten schneiden. Daraus ergiebt sich der offenbarste Widerspruch mit dem Axiom der geraden Linie†), und ein solches geometrisches System kann nicht geradlinig sein: weiter aber erstreckt sich auch die Unmöglichkeit nicht: man gelangt vielmehr zu der klarsten Ueberzeugung, dafs ein consequentes System der Art nichts anderes ist und nichts anderes sein kann, als *ein System von gröfsten Kreisen auf der Oberfläche einer Kugel* oder eine sphärische Geometrie.

Wenn es ein Mittel gäbe, sich zu überzeugen, dafs die Linien, die man zeichnet oder sich denkt, alle gerade und in einer Ebene befindlich wären, so müfste nach unserer Einsicht sich ohne Mühe ergeben haben, dafs die Euklidische Geometrie die einzige *ebene geradlinige* Geometrie sein kann und die Theorie der Parallellinien würde nie die mindeste Schwierigkeit gemacht haben. Allein es ist nicht möglich, bei allen denkbaren Constructionen die Anschauung der Ebene festzuhalten, und so kann es geschehen, dafs man der geraden Linie Eigenschaften beilegt, die sie nicht hat, und der Widerspruch sich nicht sogleich an den Tag legt. Bogen eines und desselben Kreises haben alle Eigenschaften gerader Linien; sie sind sich ähnlich in allen ihren Theilen und bringen ähnliche Erscheinungen hervor, ob sie sich gleich nicht in jeder Lage decken. In der That wird man sich leicht überzeugen, dafs zu der Möglichkeit eines consequenten geometrischen Systems nichts gehört, als ein System von gleichen Linien in einer zusammenhängenden ebenen oder gekrümmten Fläche.

Es wäre zu wünschen, dafs in dem entgegengesetzten Falle, wenn die Winkel des Dreiecks zusammen weniger als zwei Rechte aus-

†) [S. 22: „*Besonderer Grundsatz der Geometrie.* Zwischen zwei Puncten ist nur *eine* gerade Linie möglich."]

machen — und wenn diefs bei einem einzigen statt fände, so könnte es bei allen Dreiecken nicht anders sein — der Widerspruch mit dem Axiom der geraden Linie sich eben so leicht aufdecken liefse: allein diefs scheint mit weit gröfserer Schwierigkeit verbunden. Wir wollen indessen den Weg nachzeigen, der unserer Einsicht nach zu dem gewünschten Ziele führen könnte.

[Taurinus führt (S. 83—86) folgende Gründe an:

1) Es wäre alsdann die Folge, dafs {gerade} „Linien theilweise zusammenfallen und dann auseinanderlaufen würden, was bei geraden Linien doch gewifs nicht der Fall sein kann"; es ist das genau die Widerlegung der Hypothese des spitzen Winkels, die man bei Saccheri (Seite 122) findet.

2) „Es giebt {in der Ebene} nur zwei Arten von Linien, die sich in allen ihren einzelnen Theilen gleich und ähnlich sind: die geraden Linien und Bogen eines und desselben Kreises: eine solche Aehnlichkeit der Linien wird aber zur Möglichkeit eines geometrischen Systems nothwendig vorausgesetzt." Nun können es keine Kreisbogen sein, „und sind sie gerade Linien, so folgt unwidersprechlich, dafs das Euklidische System das einzige ebene und geradlinige, jedes andere aber uneben und krummlinig sei."]

Eine tiefere Untersuchung über die wahre Natur des dritten Systems (in welchem die Winkel eines Dreiecks noch keine zwei Rechte zusammen ausmachen) liegt aufserhalb dem Zweck dieser Darstellung und wir gestehen, dafs sie unsere Kräfte übersteigen möchte.

Dafs in einem geradlinigen Viereck die Summe der Winkel gröfser als vier Rechte sei, ist absolut unmöglich: dagegen können in einem unebenen geradlinigen Vierecke sehr wohl drei rechte und ein spitzer Winkel sein, aber man überzeugt sich sogleich, dafs ein solches unebenes Viereck nicht die Grundlage eines geometrischen Systems sein kann, dafs dazu wenigstens eine regelmäfsige zusammenhängende Fläche gehört.

Wir haben gegen die Annahme eines solchen Systems als geradlinig noch folgendes einzuwenden:

1. Es widerspricht aller Anschauung. Es ist wahr, ein solches System würde im Kleinen die nemlichen Erscheinungen darbieten können, wie das Euklidische: allein, wenn die Vorstellung des Raumes als die blofse Form der äufsern Sinne betrachtet werden darf, so ist unstreitig das Euklidische System das wahre und es läfst sich nicht annehmen, dafs eine beschränkte Erfahrung eine sinnliche Täuschung erzeugen könne.

2. Das Euklidische System ist die Gränze des ersten (wo die Dreieckswinkel mehr als zwei Rechte ausmachen): mit dieser Gränze

hört der Widerspruch, der sich mit dem Axiom der geraden Linie findet, auf.

3. Wäre das dritte System das wahre, so gäbe es überhaupt keine Euklidische Geometrie, da doch ihre Möglichkeit nicht geläugnet werden kann.

4. Es findet sich bei der Voraussetzung eines solchen Systems als geradlinig kein stetiger Uebergang: die Winkel eines Dreiecks könnten nur mehr oder weniger, als zwei Rechte ausmachen.

5. Dieses System würde ganz paradoxe Folgen haben, die allen Vorstellungen geradezu widersprechen: man wird geneigt, dem Raum Eigenschaften beizulegen, die er nicht haben kann.

6. Alle vollkommene Aehnlichkeit der Flächen und Körper fällt weg, und doch scheint dieser Begriff in der Anschauung gegründet und ein wahres Postulat zu sein.

7. Das Euklidische System ist auf jeden Fall das vollkommenste und schon deshalb spricht die höchste Wahrscheinlichkeit dafür, dafs es auch das wahre sei.

8. Die innere Consequenz des dritten Systems ist kein Grund, es als ein geradliniges zu betrachten: es findet sich in demselben nur bis jetzt kein Widerspruch mit dem Axiom der geraden Linie, wie in dem andern†).

Was das dritte System nun eigentlich sei, ob etwa ein System von Linien auf der Oberfläche einer Kugel, die durch ebene Schnitte entstehen — ob es Linien enthalte, die gleich sein können, ohne dabei allemal ähnlich zu sein und sich zu | decken — oder ob es vielleicht auf etwas Unmögliches führe††), lassen wir dahin gestellt sein und sprechen zum Schlusse unsere Ueberzeugung dahin aus, dafs es ein solches System allerdings gebe; dafs wir aber zweifeln, ob es eine *geradlinige* und eine *ebene* Geometrie sein werde.

[*Aus der Nachschrift* teilen wir folgende Stelle mit:]

Es läfst sich sehr leicht zeigen, dafs ein geometrisches System, in welchem weniger als zwei Rechte im Dreieck enthalten sind, an sich nicht bestimmt ist, sondern eine besondere Bestimmungsgröfse oder Constante erfordert. Hieraus ergiebt sich sogleich, dafs es *a priori* gar keine andere Geometrie, als die | Euklidische für uns

---

†) [Diesen Einwand hat Taurinus später fallen lassen; vergleiche S. 96 seiner Theorie der Parallellinien, hier S. 264 unten.]
††) [Man erinnere sich an Lamberts imaginäre Kugel (S. 145 dieses Werkes.)]

giebt, weil eine solche Constante ganz willkührlich angenommen werden kann†).

Man denke sich im Raum drei feste Puncte, die nicht in gerader Linie liegen, durch Linien verbunden. Einer jeden willkührlichen Annahme der Winkelsumme in dem so entstandenen Dreieck entspricht auch eine besondere Natur der drei Linien; denn die Winkel hängen durchaus von der Natur der Linien ab und die Constante, die dem geometrischen System zum Grunde liegt, hat unmittelbar nur auf die Beschaffenheit der Linien Einfluſs. Die Linien des Dreiecks sind also, so lange es noch einer Constante bedarf, durch die zwei Puncte, zwischen welchen sie liegen, nicht bestimmt; daher sind sie, wenn sie auch gerade Linien sein könnten, doch nicht von der Art, wie diejenige, die die Grundlage unserer Geometrie ausmacht: denn diese soll durch zwei Puncte vollkommen bestimmt sein. Nun bedarf es nur in dem Falle keiner Constante, wenn die Dreieckswinkel zwei Rechte ausmachen; also kann auch nur in diesem Falle die gerade Linie schon durch zwei Puncte bestimmt sein oder die Euklidische Geometrie entspricht allein unserm Axiom von der geraden Linie.

In derselben ist die Summe der Winkel von der Gröſse der Seiten unabhängig und in allen Dreiecken gleich groſs.

Darf man voraussetzen, daſs ein consequentes System, in welchem weniger als zwei Rechte im Dreieck enthalten sind, nur *einer* Constante bedürfe, wie die sphärische Geometrie, so könnte man daraus schlieſsen, daſs es nur ein System von Bogen eines Kreises sein könne: denn durch eine Constante kann auſser den zwei Puncten, zwischen welchen eine Linie liegt, nur noch ein dritter Punct bestimmt werden: drei Puncte aber bestimmen einen Kreis. Allein eine solche Voraussetzung scheint sich nicht rechtfertigen zu lassen††).

In der sphärischen Geometrie hat man

$$C = f\left(A, B, \frac{m}{2\,p\,r}\right),$$

wo A, B, C die drei Tangenten-Winkel, m die von den Winkeln A, B eingeschlossene Seite, p die Ludolphische Zahl, r den Halbmesser bezeichnet. Da man für ein geometrisches System, in welchem weniger als zwei Rechte im Dreieck enthalten sind, die Gröſsen A, B, m, r die nemlichen sein lassen kann, so wären für C bei gleichen Be-

---

†) [Dies wird von Taurinus auf S. 101, hier S. 265 genauer ausgeführt.]
††) [In der That wird nach Ausschluſs der Hypothese des stumpfen Winkels, wie W. Bolyai gezeigt hat, durch das Axiom: *Drei Punkte bestimmen einen Kreis* die Euklidische Geometrie bedingt.]

stimmungsgröfsen zweierlei Werthe möglich, welches doch dem widerspricht, dafs C eine determinirte Function von A, B, m, r sein soll.

Die Idee einer Geometrie, in welcher die Summe der Dreieckswinkel kleiner als zwei Rechte wäre, ist mir schon vor vier Jahren mitgetheilt worden;*) ich habe mich aber nicht damit befreunden können und kann es jetzt noch viel weniger. Wenn es ein solches System gäbe, so wäre unter den unzählig vielen möglichen nur eines das wahre: allein es ist mir viel wahrscheinlicher, dafs alle diese Systeme zugleich existiren, so wie es unzählig verschiedene sphärische Geometrieen giebt, weil man sich Kugeln von unzählig verschiedenen Halbmessern denken kann.

[*Aus dem Nachtrag:*]

Der Satz, bei welchem die Eigenschaft der geraden Linie [durch zwei Puncte eindeutig bestimmt zu sein] am meisten in Betracht kommt, dessen Beweis daher der ganzen Geometrie die eigentliche Gestalt giebt, ist der Satz von der Summe der in einer ebenen geradlinigen Figur enthaltenen Winkel. Die gründlichste Methode, den Beweis zu führen, ist ohne Widerrede die, wenn man die drei möglichen, ganz verschiedenen, geometrischen Systeme hinreichend entwickelt, um die Uebereinstimmung oder den Widerspruch mit dem Axiom der geraden Linie aufzudecken. Eine Geometrie, in welcher mehr als zwei Rechte im Dreieck enthalten sind, führt auf einen offenbaren Widerspruch mit dem Axiom der geraden Linie; denn in jedem System der Art würden die geraden Linien sich in zwei Puncten schneiden, ohne zusammenzufallen.

In dem umgekehrten Falle scheint sich auf den ersten Blick eine grofse Schwierigkeit zu erheben: allein die Wahrheit liegt meiner Einsicht nach doch bei weitem nicht so tief, als man zu glauben geneigt sein möchte und ich mich anfangs selbst überredet habe. Jede Geometrie, in welcher die Winkelsumme im Dreieck kleiner, als zwei Rechte, angenommen wird, enthält *in sich selbst* — dem Begriff nach — keinen Widerspruch mit dem Axiom der geraden Linie und ich nehme meine Vermuthung, dafs ein solcher sich möchte auffinden lassen, ganz zurück. Es ist diefs eine nothwendige Folge des Axioms, dafs zwischen zwei Puncten nur *eine* gerade Linie möglich sei, welches eine solche Geometrie gewissermafsen nicht ausschliefst. Der Widerspruch mufs darin gesucht werden, dafs es nicht ein, sondern eine

---

*) Von meinem Oheim Prof. S[chweikart] in K[önigsberg], damals noch in M[arburg]. [Brief vom 1. October 1820, Seite 248 f. dieses Buches.]

unendliche Menge von Systemen der Art giebt, von welchen jedes auf Gültigkeit gleichen Anspruch haben würde; dafs es daher zwischen zwei Puncten im Raume unendlich viele gerade Linien gäbe, da es doch nach unserm Axiom nur eine einzige, durch zwei Puncte vollkommen bestimmte geben soll. Die Linien eines Dreiecks, das weniger als zwei Rechte enthält, sind also nicht gerade und können sich nicht in jeder Lage decken; höchstens dürfte man voraussetzen, dafs diefs in gewissen Lagen statt finden möchte.

97) Indessen läfst sich ein System der Art vielleicht vollständig entwickeln und bietet immer einen interessanten Gegenstand der Untersuchung dar. Ich vermuthe, dafs es auch nicht ohne Bedeutung in der Mathematik sein werde.

Wenn in einem ebenen geradlinigen Vierecke drei rechte und ein spitzer Winkel sein können, so läfst sich folgendes beweisen:

98) 1. In jedem Dreiecke sind weniger, als zwei rechte Winkel.

Fig. II.

Denn es seien in dem $\triangle\ abc$ (Fig. II.) zwei Rechte, oder mehr als zwei Rechte. Fälle (22.)†) von a auf bc das Loth ad, so müssen, da in den $\triangle\triangle\ abd$, adc die Summe der Winkel bei d um zwei Rechte vermehrt ist, in dem einen oder dem andern gleichfalls zwei, oder mehr als zwei Rechte sein. Es sei diefs in $\triangle\ adc$ der Fall: beschreibe (34.) demselben über ac ein gleiches aec, so dafs $ae = dc$: alsdann ist $cac = acd$, $ecu = dac$, daher $cad = ecd$ und da a[ngenommener] M[afsen] $dac + acd = R$ oder $> R$, so ist auch $ead\ (= ecd) = R$ oder $> R$. Errichtet man daher (16.) in a, c Lothe, so würden sie im ersten Fall mit ae, ce zusammenfallen und es entstände ein Rechteck $aedc$: allein alsdann würden auch alle Linien, die auf einer andern senkrecht stehn, parallel††) sein. Denn verlängere (21.) ad nach f, dc nach g, errichte (16.) in f, g Lothe, die sich in h schneiden, verlängere auch ec nach i, ae nach k, so ist, weil $aedc$ ein Rechteck (46.) $fi = ac$, folglich (41.) $fiae$ ein Recht-

---

†) [Diese Zahlen bedeuten hier und im Folgenden die Nummern der Lehrsätze aus *Taurinus'* System der ebenen Geometrie, das unter dem Namen: *Die ersten Elemente der Geometrie* den gröfsten Teil seines Buches (S. 17—72) ausmacht. Es schien uns nicht erforderlich, diese Lehrsätze jedesmal anzuführen.]

††) [Von *Euklid* abweichend erklärt *Taurinus* (S. 17) als parallel „Linien, die beständig einerlei Entfernung von einander behalten."]

eck, daher auch *ihck* ein Rechteck oder $fhg = R$, also auch $fhdg$ ein Rechteck, dessen Seiten parallel sind und es ist einleuchtend, dafs diefs Verhältnifs allgemein statt finden würde, gegen die Voraussetzung.

Im letzten Fall würden die Lothe innerhalb des △ *ace*, z. B. in *l* sich schneiden, es wäre (23.) $alc > amc$, $amc > acc$, folglich $alc > acc > R$ und in der Figur *alde* wären bei *a, d, e* rechte Winkel, dagegen $alc > R$, folglich (51.) alle Linien, die auf einer andern senkrecht stehen, convergirend und nicht gerade, was der Voraussetzung widerspricht.

2. Wenn von einem Puncte aus nach einer Linie andere Linien gezogen werden, so können die Winkel, die die letztern mit der erstern machen, kleiner als jede angebliche Gröfse werden.

Denn es sei *a* (Fig. III.) ein Punct, aus welchem nach der *bc* Linien *ad, ae* gezogen sind. In dem △ *ade* sind die Winkel zusammen $< 2 R$. Mache (7.) $ef = ae$, ziehe *af*, so ist (8.) $eaf = afe$ und $(eaf + afe + aef) < 2 R$. Aber (17.) $aef + aed = 2 R$, daher $aed > (eaf + afe)$ und $afe < \frac{1}{2} aed$. Da man

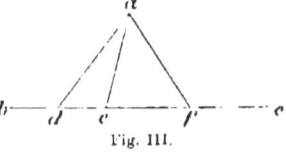

Fig. III.

von der *bc* Stücke, so grofs wie man nur will und ohne Ende nehmen kann, weil sich für ihre Verlängerung keine Gränze absehen läfst, so mufs man (wie die Arithmetik lehrt) einmal auf einen Winkel kommen können, der kleiner ist, als jeder angebliche.

3. Wenn zwei Linien von einer dritten unter gleichen Wechselwinkeln geschnitten werden, so giebt es eine andere, die auf den beiden ersten lothrecht steht, welche sich alsdann nicht schneiden können.

Denn es seien *ab, cd* (Fig. IV.) zwei Linien, die von der *cf* so geschnitten werden, dafs $bef = efc$. Halbire (13.) *cf* in *g*, fälle (22.) *gh, gi*. In den △△ *egi, ghf* ist a[ngenommener] M[afsen] $iey = yfh$, d[urch] C[onstruction] $eg = gf$, $eiy = ghf$, daher (33.) △ egi = △ ghf: $egi = hgf$. Aber (17.) $egi + igf$ $= 2 R$, daher auch $igf + fgh = 2 R$, folglich (20.) *ig, gh* in gerader Linie, die sowohl auf *ab* als *cd* senkrecht steht: daher (48.) *ab, cd* zu beiden Seiten von *ih* divergirend.

Fig. IV.

4. Zwei Linien schneiden sich oder eine dritte kann auf beiden senkrecht stehn.

Es seien ab, cd (Fig. V.) zwei Linien, die sich nicht schneiden, ef ein Loth auf cd und $bef < R$: ziehe cg. Wäre $beg > egf$, so wird es immer eine Linie ch von der Lage geben, dafs $bch = chf$, alsdann giebt es nach dem vorigen Beweis auch eine Linie, die auf ab und cd senkrecht steht. Wäre $beg < cgf$, so giebt es | eine Lage ei, in welcher die von e aus gezogenen Linien die cd nicht mehr treffen werden. Allein die von e nach der cd gezogenen Linien können, nach dem obigen Beweis, mit derselben Winkel bilden, für deren Abnahme es keine Gränze giebt, während der Winkel bei immer eine angebliche Gröfse behalten wird: daher giebt es gewifs eine Linie zwischen e und der cd, die die Lage hat, dafs sie mit ab, cd gleiche Wechselwinkel bildet, folglich auch eine andere, die auf beiden lothrecht steht.

5. Nun seien ab, ac (Fig. VI.) zwei Linien, die unter dem spitzen Winkel bac zusammentreffen. Errichte (16.) in dem beliebigen Punct e

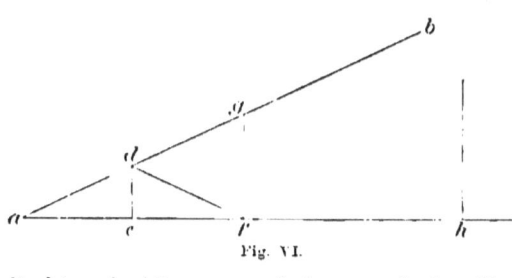
Fig. VI.

das Loth ed, so sind in dem $\triangle$ ade weniger, als zwei Rechte. Mache (7.) $ef = ac$, ziehe df, so ist (6.) $\triangle def = \triangle dac$. Errichte in f das Loth fg. Da in dem $\triangle$ gdf höchstens zwei Rechte sein können, so sind, wenn D den Unterschied zwischen zwei Rechten und den im $\triangle$ dac enthaltenen Winkeln bezeichnet, in den $\triangle\triangle$ dac, def, gdf höchstens $6R - 2D$, und, wenn $2R$ bei d, $2R$ bei e abgezogen werden, in $\triangle$ gaf höchstens $2R - 2D$. Aber $\triangle$ gaf hat mit $\triangle$ dac den Winkel bac und einen Rechten gleich; folglich ist es nur der Winkel agf, der um den Unterschied D abgenommen hat. Wird dem $\triangle$ gaf ein gleiches verzeichnet, indem man $fh = af$ macht, so ist es einleuchtend, dafs das in h aufgerichtete Loth, bis zur ab verlängert, mit dieser einen Winkel bilden würde, der wenigstens um den doppelten Unterschied D kleiner wäre, als *agf*, und da man die Construction gleicher Dreiecke ohne Ende fortsetzen kann, weil es für die Verlängerung der *ac* keine Gränze giebt, so wird zuletzt die Summe der Winkel, wie gering auch der Unterschied D gedacht werden | mag, so klein als man will und $= 0$ 101 werden können. Diefs ist aber, da allen Dreiecken der Winkel *bac* und der rechte Winkel, den das auf *ac* aufgerichtete Loth bildet, gemein ist, gar nicht möglich. Daher bleibt nichts übrig, als anzunehmen, dafs es auf der *ac* einen Punct 'gebe, wo das aufgerichtete Loth die *ab* nicht mehr trifft.

6. Schliefsen die geraden *ba*, *ac* (Fig. VII.) einen rechten Winkel *bac* ein, der durch die *ad* in zwei gleiche Theile getheilt wird, so giebt es nach den vorigen Beweisen immer eine auf *ad* senkrechte Linie *feg*, welche die Asymptote sowohl von *ab* als *ac*, oder die Gränze ist, welche *ab*, *ac* nie erreichen können, obgleich sie sich derselben ohne

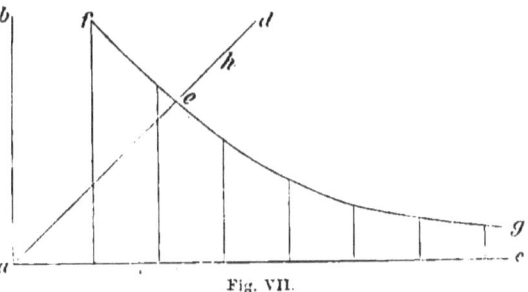

Fig. VII.

Ende bis zu einer unangeblichen Entfernung nähern. Man wird aber auch *eg* als die letzte Linie betrachten können, die durch den Punct *e* geht, ohne die *ac* zu treffen: alsdann giebt es nach dem obigen Beweis eine Linie, die auf *eg* und *ac* zugleich senkrecht steht: ebenso darf *ef* für die letzte Linie genommen werden, die durch den Punct *e* gehend, die *ab* noch schneidet, folglich mit derselben einen Winkel von nicht mehr angeblicher Gröfse bildet. Werden daher von der *feg* Lothe auf die *ac* herabgefällt, so werden sie mit der erstern jeden möglichen Winkel, von einem rechten durch alle Zwischenstufen hindurch bis zum kleinsten bilden können, die Figur *bacgef* stellt also die Asymptoten für jeden Winkel, unter welchem Linien zusammentreffen können, dar.

Die Linie *ac* kann die Bestimmungsgröfse (Parameter, Axe, Potenz) des geometrischen Systems genannt werden und es erhellt von selbst, dafs man sie willkührlich annehmen kann.

Wäre *ac* als Grundlinie | eines Dreiecks und $gca = R$, $cac = \frac{1}{2}R$ 102 gegeben, so würde die Summe der Winkel des $\triangle$ *age*, da der Winkel bei *g* verschwindet, $= \frac{3}{2}R$ sein: aber für den Parameter *ah* würde die Summe, weil das in *l* errichtete Loth die *ac* noch träfe und einen angeblichen Winkel mit derselben machte, gröfser sein.

Da aber (31.) ein Dreieck durch die Grundlinie und die anliegenden Winkel bestimmt ist, so könnte, wenn ein geometrisches System, das weniger als zwei Rechte im Dreiecke enthält, das geradlinige sein sollte, von allen möglichen nur eines das wahre sein, es müfste irgend eine absolute Linie demselben zu Grunde liegen und von dieser würde dann, wenn drei Puncte als Eckpuncte eines Dreiecks gegeben wären, die Summe der Winkel desselben, also auch die Gestalt der Linien abhängen. Aber es läfst sich gar kein Grund einsehen, dem einen System vor allen andern eine ausschliefsliche Gültigkeit beizulegen, man mufs vielmehr die gleichzeitige Möglichkeit aller Systeme annehmen und es wären also, wenn man sie als geradlinig betrachten wollte, zwischen zwei Puncten unendlich viele gerade Linien denkbar.

Aber zwischen zwei Puncten soll es überhaupt nur 'eine einzige gerade Linie geben: daher können die Linien einer Geometrie, in welcher alle Dreiecke weniger, als zwei Rechte enthalten, nicht gerade Linien sein.

Anmerkung. Wenn man das Axiom der geraden Linie so ausdrücken will, dafs die gerade Linie durch zwei Puncte *absolut* bestimmt sei, so kann keine Geometrie, in welcher weniger als zwei Rechte im Dreiecke sind, geradlinig sein, weil die Linien derselben aufser den zwei Puncten, zwischen welchen sie liegen, ihrer Gestalt nach auch noch von dem Parameter des geometrischen Systems abhängen würden. Man sieht daraus, dafs es auf keinen Fall nöthig ist, wie manche glauben, entweder das Euklidische 11. Axiom beizubehalten, oder ein anderes an dessen Stelle zu setzen.

GEOMETRIAE

PRIMA ELEMENTA.

RECENSUIT

ET NOVAS OBSERVATIONES ADJECIT

FRANC. ADOLPH. TAURINUS.

CUM TABULA LITHOGRAPHICA.

COLONIAE AGRIPPINAE.
TYPIS J. P. BACHEMII.

MDCCCXXVI.

Es bleibt mir noch übrig, einiges Wenige über die neue Geometrie hinzuzufügen, die uns bei Gelegenheit dieses Satzes*) entgegentritt.

Der Flächeninhalt der Dreiecke wird, ebenso wie in der sphärischen Geometrie, durch die Winkelsumme bestimmt. Hat man nämlich ein Dreieck, das eine beliebige Winkelsumme besitzt, und zerlegt es durch im Innern gezogene Linien in lauter Dreiecke, so wird die Summe der Winkel aller so entstehenden Dreiecke, vermindert um so viel mal zwei Rechte, als die Anzahl dieser Dreiecke weniger eins beträgt, gleich der Winkelsumme des ganzen Dreiecks sein. Haben daher zwei Dreiecke gleichen Flächeninhalt, so werden sich entweder beide in eine gleiche Anzahl gleicher Dreiecke zerlegen lassen, und es wird auch die Winkelsumme in beiden gleich sein, oder, wenn das nicht angeht, wird man doch in beiden Dreiecken eine gleiche Anzahl gleicher Dreiecke annehmen können, und die überschiessenden Flächenräume werden so klein sein, dafs man sie vernachlässigen darf. Ebenso wird jedes sehr kleine Dreieck fast genau zwei Rechte enthalten, da es ja eine um so gröfsere Winkelsumme hat, je kleiner es ist. Mithin wird man behaupten dürfen, dafs gleiche Dreiecke gleiche Winkelsumme haben, und dafs sich die Inhalte der Dreiecke so verhalten wie die Unterschiede zwischen zwei Rechten und den jeweiligen Winkelsummen der einzelnen Dreiecke.

Hieraus folgt eine allgemeine Formel für den Flächeninhalt des Dreiecks. Es seien a und A die Flächeninhalte zweier Dreiecke, d und D die Unterschiede ihrer Winkelsummen von zwei Rechten, dann ist:
$$a : A = d : D$$
und daher:
$$a = \frac{d}{D} A.$$

---

*) [Gemeint ist der *Satz 24*: *Die drei Winkel jedes geradlinigen Dreiecks sind zusammen gleich zwei Rechten*, den *Taurinus* S. 30—36 zu beweisen versucht hatte. Die Seiten 53 bis 68 enthalten Bemerkungen zu Satz 24, von denen wir hier einen Teil in deutscher Übersetzung wiedergeben.]

Aus dieser Formel lassen sich verschiedene Folgerungen herleiten. Zum Beispiel müssen die Unterschiede entweder beide positiv oder beide negativ sein, damit $\frac{d}{D}$ positiv wird, denn sonst hat die Proportion oder die Gleichung gar keinen Sinn. Ist aber bei ungleichen Oberflächen beide Male der Unterschied gleich Null, so wird $\frac{d}{D}$ gleich $\frac{0}{0}$, das heifst, a ist unbestimmt, was in der ebenen Geometrie eintritt. Sind dagegen beide Unterschiede negativ, so kann keiner von ihnen grösser als zwei Rechte werden, und es ist somit das Dreieck, dessen Winkelsumme gleich Null ist, die Grenze aller Dreiecke oder das gröfste von allen. Demnach kann die Fläche des Dreiecks ein bestimmtes Mafs des Inhaltes nicht überschreiten, und dasselbe gilt auch für jede geradlinige Figur, die man als aus solchen Dreiecken zusammengesetzt anzusehen hat.

58   Dafs es übrigens unmöglich ist, der Geometrie, bei der im Dreieck weniger als zwei Rechte sind, einen Widerspruch mit dem Axiome der geraden Linie nachzuweisen, geht daraus hervor, dafs man, um zu einem solchen Nachweise zu gelangen, erhärten müfste, dafs zwei gerade Linien einander in zwei Punkten schneiden, ohne zusammenzufallen; so oft nämlich zwei Linien einander [in dieser Weise] schneiden, hat, wie wir gezeigt haben, jedes Dreieck mehr als zwei Rechte. Mithin besteht, soweit es auf die Begründung der Parallelentheorie ankommt, zwischen der sphärischen Geometrie und dieser Geometrie der Unterschied, dafs die erste dem Axiom der geraden Linie durchaus widerstreitet, während hingegen bei der zweiten der Widerspruch nur eine Folge der Vielheit der [möglichen] Systeme ist*).

61   Dies war bereits gedruckt, und es blieb mir nur noch übrig, meine Ansicht über das wahre Wesen dieser Geometrie vorzubringen, da gelangte ich endlich zu der Gewifsheit, dafs sich diese meine Ansicht wirklich beweisen läfst. Von Anfang an hatte ich nämlich die Vermutung gehegt, dafs eine solche Geometrie gewissermafsen die Umkehrung der sphärischen sei, dafs sie Logarithmen mit sich bringe und sich aus der allgemeinen Formel der sphärischen Geometrie herleiten lasse, und ich würde mich darüber wundern, dafs ich eine Sache, die so klar ist und die für jedermann auf der Hand

---

*) [Es folgt ein Versuch, für die *neue Geometrie* eine *Trigonometrie* aufzubauen, der jedoch als mifsglückt anzusehen ist.]

liegt, nicht früher durchschaut habe und so grofse Weitläufigkeiten nötig hatte, wenn ich mich nicht erinnerte, dafs gerade Dinge, die ganz selbstverständlich scheinen, oft sogar bedeutenden Männern lange verborgen geblieben sind. Übrigens habe ich geglaubt, an alle dem, was vorher aus analytischen Formeln hergeleitet wurde, nichts ändern zu sollen, da sich das nur auf das Verständnis jener Geometrie bezieht und bei blofser Änderung der Formeln vollständig gültig bleibt.

Betrachten wir also die allgemeine geometrische Formel*)
$$A = \text{arc cos} \frac{\cos\alpha - \cos\beta \cos\gamma}{\sin\beta \sin\gamma}$$
oder auch die folgende einfachere für das gleichseitige Dreieck:
$$A = \text{arc cos} \frac{\cos\alpha}{1 + \cos\alpha}.$$

Wird hierin $\alpha = 0$ gesetzt, so ist der ganze Cosinus gleich $\frac{1}{2}$, und daher der Winkel A gleich $\frac{\pi}{3}$, denn die drei Winkel können [hier] nicht kleiner als zwei Rechte sein. Aber α kann nicht gröfser als $\frac{2\pi}{3}$ sein, denn wäre es ein gröfserer Bogen, so würde der Cosinus des Winkels A kleiner als -1, das heifst unmöglich.

Man setze jedoch**):
$$\frac{\cos\alpha}{1 + \cos\alpha} = y.$$

Dann ist
$$d\alpha = \frac{dy}{\sqrt{1 - 4y + 5y^2 - 2y^3}} \left[= \frac{dy}{(1-y)\sqrt{1-2y}} \right]$$
und
$$d\alpha \cdot \text{arc cos} \frac{\cos\alpha}{1 + \cos\alpha} = \frac{dy \cdot \text{arc cos } y}{\sqrt{1 - 4y + 5y^2 - 2y^3}}.$$

Diese Differentialfunktion ist integrabel, auch wenn y kleiner als -1 ist, denn sie geht in die folgende über:
$$dy \cdot \log \frac{y - \sqrt{y^2 - 1}}{y + \sqrt{y^2 - 1}}.$$
$$2\sqrt{2y^3 - 5y^2 + 4y - 1}$$

Wenn dagegen y gröfser als $\frac{1}{2}$ ist, dann scheint die Formel weder Kreisbogen noch Logarithmen auszudrücken.

Setzt man jedoch
$$\cos\alpha = 1 + x,$$

---

*) [A bedeutet einen Winkel, und α, β, γ sind den Seiten des Dreiecks proportional.]
**) [Der Zweck der folgenden Differentiation ist uns nicht verständlich.]

wobei ich mir x positiv denke, so wird der Winkel A kleiner als $\frac{\pi}{3}$, und zwar um so kleiner, je gröfser $\cos \alpha$ ist. Man setze daher an Stelle des Bogens α den imaginären Bogen $\alpha]\overline{-1}$, dessen Cosinus gröfser als die Einheit ist, so hat man nach einer den Analytikern wohl bekannten Formel:

$$\alpha]\quad 1 = \frac{1}{2]-1} \log \frac{\cos(\alpha]'-1) + \sqrt{\cos^2(\alpha]'-1) - 1}}{\cos(\alpha]-1) - \sqrt{\cos^2(\alpha]-1) - 1}}$$

oder:

$$\alpha = \frac{1}{2} \log \frac{\cos(\alpha]-1) - \sqrt{\cos^2(\alpha]-1) - 1}}{\cos(\alpha]-1) + \sqrt{\cos^2(\alpha]-1) - 1}},$$

und diese Formel[*)] enthält nichts Unmögliches, da man für den Cosinus des imaginären Bogens $\alpha]-1$ jede Zahl einsetzen darf, die gröfser als die Einheit ist.

Aus dieser Gleichung geht hervor:

$$\cos(\alpha]-1) = \frac{1}{2}(e^\alpha + e^{-\alpha}).$$

$$\sin(\alpha]-1) = \frac{1}{2}(e^\alpha - e^{-\alpha})]-1,$$

und da sich diese Formeln von den in der Geometrie schon längst gebräuchlichen nur dadurch unterscheiden, dafs hier α an die Stelle des Exponenten $\alpha]-1$ gesetzt ist, so gilt offenbar Alles, was man von den trigonometrischen Linien zu beweisen pflegt, eben so gut auch für die hier auftretenden imaginären. Zum Beispiel wird sein:

$$\sin(\varphi]-1 + \psi]-1) = \sin(\varphi]-1)\cos(\psi]-1) + \sin(\psi]-1)\cos(\varphi]-1),$$

und ebenso bei allen übrigen Formeln.

Mithin wird die Formel[**)]:

$$A = \mathrm{arc}\cos \frac{\cos(\alpha]-1) - \cos(\beta]-1)\cos(\gamma]-1)}{\sin(\beta]-1) \cdot \sin(\gamma]-1)}$$

oder:

$$A = \mathrm{arc}\cos \frac{\cos(\beta]-1)\cos(\gamma]-1) - \cos(\alpha]-1)}{\sqrt{\cos^2(\beta]-1) - 1}\ \sqrt{\cos^2(\gamma]-1) - 1}}$$

[*)] [Sie läfst sich auch in der Form
$$\alpha = \log\left(\cos\alpha]'-1 - \sqrt{\cos^2\alpha]-1} - 1\right)$$
schreiben, die im Folgenden ebenfalls benutzt wird.]

[**)] [Hierzu heifst es im Druckfehlerverzeichnis Seite 76:
„Es hätte bemerkt werden sollen, dass, wenn die Cosinus negativ und kleiner als -1 werden, die allgemeine Formel S. 65 umgekehrt wird und die Seite durch die Winkel, jedoch negativ, ausdrückt. Dies scheint den Sinn zu haben, dass die Winkel, die hier grösser als $120°$ sind, nicht die Winkel des Dreiecks, sondern ihre Ergänzungen zu zwei Rechten bedeuten."]

eine Geometrie bestimmen, bei der alle Dreiecke weniger als zwei Rechte enthalten, wenn nämlich für den imaginären Cosinus oder besser den Cosinus des imaginären Bogens irgend eine Zahl gesetzt wird, die gröfser als die Einheit ist. Dabei müssen jedoch von den Zahlen α, β, γ je zwei zusammen gröfser als die dritte sein: ich denke mir nämlich, dafs diese Zahlen die durch eine gewisse konstante Linie R geteilten Seiten eines Dreiecks sind*). Gleichzeitig erhellt, dafs es unzählig viele Systeme giebt, da ja, wenn die Linien a, b, c, die Seiten des Dreiecks, gegeben sind, die Zahlen α, β, γ gröfser oder kleiner ausfallen, je nachdem man R kleiner oder gröfser annimmt.

Da ferner bei einem sphärischen Dreieck die Abweichung der Winkelsumme von zwei Rechten gleich:

$$2 \text{ arc cos} \frac{1 + \cos\alpha + \cos\beta + \cos\gamma}{4 \cos\tfrac{1}{2}\alpha \cdot \cos\tfrac{1}{2}\beta \cdot \cos\tfrac{1}{2}\gamma}$$

ist: so wird in der logarithmisch-sphärischen Geometrie der Unterschied — der von zwei Rechten abzuziehen ist — gleich:

$$2 \text{ arc cos} \frac{2 + e^{\alpha} + e^{-\alpha} + e^{\beta} + e^{-\beta} + e^{\gamma} + e^{-\gamma}}{(e^{1/2\alpha} + e^{-1/2\alpha})(e^{1/2\beta} + e^{-1/2\beta})(e^{1/2\gamma} + e^{-1/2\gamma})}.$$

Setzt man also α, β, γ gleich $\frac{1}{\infty}$, so wird der Unterschied gleich Null sein, denn in einem sehr kleinen Dreieck ist die Winkelsumme gleich π. Sind dagegen α, β, γ gleich ∞, so ist der Unterschied gleich π, denn die Winkelsumme des gröfsten Dreiecks ist gleich Null. Wenn endlich α und β gleich ∞ gesetzt werden, γ aber sehr klein ist, so wird der Unterschied, wie es sein mufs, gleich Null. Auf diese Weise leitet man leicht noch vieles Andre her.

Läfst man diese Geometrie zu, so zeigt sich bei der Winkelsumme des Dreiecks eben die ununterbrochene Stetigkeit, welche die Wissenschaft der Geometrie zu erfordern scheint. Geht man nämlich von dem gröfsten Dreieck der logarithmisch-sphärischen Geometrie aus, so ist diese Summe gleich Null, und je kleiner der Inhalt des Dreiecks wird, um so mehr wächst die Summe, bis sie den asymptotischen Wert, nämlich zwei Rechte, erreicht. Wenn andrerseits die Summe volle zwei Rechte beträgt, so entsteht die ebene Geometrie, bei der alle Dreiecke zwei Rechte enthalten. Diese liegt in der Mitte zwischen den sphärischen Geometrien. Wenn in dem Dreieck mehr als zwei Rechte sind, so nimmt die Summe mit wachsendem Flächeninhalte zu, bis sie gleich 3π wird, und die Seiten in eine Linie, näm-

---

*) [Die Konstante R nennt *Taurinus* später die *Basis* des Systems.]

lich in einen [gröfsten] Kreis zusammenfallen; dies tritt ein, wenn der Inhalt gleich der halben Kugeloberfläche ist.

Auf einen Punkt mufs ich noch zum Schlusse die Geometer aufmerksam machen: sie dürfen bei dem Beweise der Parallelentheorie fernerhin keine Schwierigkeit mehr suchen, denn eine solche ist meiner Ansicht nach ganz und gar nicht vorhanden. Eine Linie sehen wir nämlich als gerade an, wenn sie durch zwei Punkte bestimmt ist, und zum Beweise des elften Euklidischen Axioms ist aufser dieser Erklärung nichts erforderlich; die Beweise, die ich in der von mir früher herausgegebenen Theorie veröffentlicht habe (einige unwesentliche Punkte sind darin freilich noch zu verbessern), genügen mir auch heute noch.

Die Untersuchung der Frage, was nun das wahre Wesen der logarithmisch-sphärischen Geometrie ist, ob sie etwas Mögliches enthält oder ob sie nur imaginär ist, wäre zwar für die höchste Gelehrsamkeit eine würdige Aufgabe, überschreitet jedoch sicher die Grenzen der Elemente.

Anhang
mit den Lösungen für die bemerkenswertesten Aufgaben der logarithmisch-sphärischen Geometrie.

1. *Gegeben ist das gröfste Dreieck ABC (Fig. I.); zu finden ist das von [einem Punkte] der einen Seite AB auf die andre BC gefällte Lot, zum Beispiel DE, wenn der Winkel EDB gegeben ist.*

In dem Dreieck DEB ist der Winkel DEB oder α*) gleich R [$90°$], gegeben ist der Winkel EDB oder β, und DBC oder γ ist gleich Null, denn BC ist Asymptote der Linie AB. Wird noch DE mit C und die Basis des geometrischen Systems mit k bezeichnet, und

$$k\}-1 = c$$

 gesetzt, so ist nach der Formel:

$$\cos c = \frac{\cos\gamma + \cos\alpha \cdot \cos\beta}{\sin\alpha \cdot \sin\beta}$$

[bei dem Dreieck DEB]:

$$\cos c = \frac{1}{\sin\beta}.$$

---

*) [Man beachte, dafs hier und im Folgenden abweichend von der früheren Bezeichnung α, β, γ für die Winkel, A, B, C für die Seiten des Dreiecks gebraucht werden.]

Es ist aber
$$\cos c = \tfrac{1}{2}\left(e^{c\sqrt{-1}} + e^{-c\sqrt{-1}}\right)$$
und daher*)
$$c = \frac{1}{\sqrt{-1}} \log \cotang \tfrac{1}{2}\beta.$$

Es sei zum Beispiel $\beta = 90^0$, dann ist $\cot \tfrac{1}{2}\beta = 1$ und $c = 0$; in der That mufs die Linie C verschwinden, wenn sie auf BC und auf AB senkrecht stehen soll.

Es sei $\beta = 0$, dann ist $C = \infty$, denn das Lot AF wird unendlich grofs.

Setzt man $\beta = 45^0$ so wird

$$C = R \log\left(1 + \sqrt{2}\right).$$

Diese Linie FG haben wir den Parameter genannt, da von ihr das ganze geometrische System abhängt**). Wenn also P der Parameter ist, so ist die Basis:

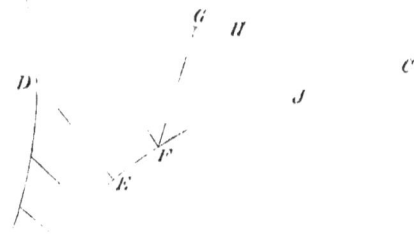

Fig. I.

$$R = \frac{P}{\log\left(1 + \sqrt{2}\right)}.$$

Umgekehrt ist:
$$\cotang \tfrac{1}{2}\beta = e^{c\sqrt{-1}},$$
und wenn man $c = -\sqrt{-1}$ setzt, $\cotang \tfrac{1}{2}\beta = e$ und $C = R$. Die Basis R, oder besser $R\sqrt{-1}$, hat man sich übrigens im Mittelpunkte x des gröfsten Dreiecks ABC (Fig. II. [S. 278]) senkrecht zu dessen Ebene oder zu der im Punkte x berührenden Ebene vorzustellen.

---

*) [Es ist (vergleiche die erste Anmerkung auf Seite 272):
$$c = \sqrt{-1} \log\left(\cos c - \sqrt{\cos^2 c - 1}\right),$$
woraus für
$$\cos c = \frac{1}{\sin \beta}$$
der angegebene Wert von c hervorgeht. Mithin ist:
$$C = R \log \cotang \tfrac{1}{2}\beta.]$$

**) [*Taurinus* bezieht sich hier auf seine *Theorie der Parallellinien* von 1825, S. 101, bei uns S. 265.]

In gleicher Weise ist jede Linie, zum Beispiel HJ (Fig. I.), welche die beiden Seiten $[AC$ und $BC]$ des gröfsten Dreiecks unter den Winkeln $CHJ = \alpha$ und $CJH = \beta$ schneidet, gleich:
$$R \log \cot \tfrac{1}{2}\alpha \cot \tfrac{1}{2}\beta.$$

Diese Formel ist für den Beweis des elften Euklidischen Axioms von Wichtigkeit. Es mögen nämlich zwei Linien mit einer dritten sie schneidenden A auf derselben Seite der letzteren die Winkel α und β bilden. Nun hat man, wenn $\alpha + \beta = 180^0$ ist:
$$\log \cot \tfrac{1}{2}\alpha \cdot \cot \tfrac{1}{2}\beta = 0,$$

sollten also die Linien einander schneiden, so müfste $A = 0$ sein, und zwar bei beliebiger Gröfse der Konstanten R. Mithin schneiden die Linien einander nicht, auch nicht in der ebenen oder Euklidischen Geometrie; wenn nämlich $R = \infty$ ist, geht die logarithmisch-sphärische Geometrie in die Euklidische über.

Ist aber $\alpha + \beta < 180^0$, so wird
$$\cot \tfrac{1}{2}\alpha \cdot \cot \tfrac{1}{2}\beta > 1$$
und daher
$$A = R \log (\cot \tfrac{1}{2}\alpha \cdot \cot \tfrac{1}{2}\beta)$$
um so grösser, je grösser die Constante R ist. Mithin schneiden die Linien einander, wenn die schneidende kleiner als
$$R \log \cot \tfrac{1}{2}\alpha \cdot \cot \tfrac{1}{2}\beta$$
ist, und in der Euklidischen Geometrie, wenn sie beliebig grofs ist.

Ist dagegen $\alpha + \beta > 180^0$, so wird der Logarithmus negativ, und die Linien treffen auf der andern Seite zusammen.

Auch die Hypotenuse $[A]$ und die andre[*] Kathete $[B]$ eines rechtwinkligen Dreiecks, bei dem ein Winkel gleich Null ist, findet man aus der Formel
$$\cos a = \frac{\cos \alpha + \cos \beta \cdot \cos \gamma}{\sin \beta \cdot \sin \gamma},$$

[*] [Die Kathete, die dem verschwindenden Winkel gegenüberliegt, ist ja schon in Nr. 1 des Anhangs bestimmt.]

indem man $\gamma = 0$ und $\alpha = 90°$ setzt. Es wird nämlich [wegen

$$a = \frac{A}{R\sqrt{-1}}$$

und wegen $\alpha = 90°$] die Hypotenuse:

$$A = R \log \left(\cot\beta \cot\gamma + \sqrt{\cot^2\beta \cot^2\gamma - 1} \right),$$

oder, da $\cot\gamma = \infty$ sein soll:

$$= R \log (2 \infty \cot\beta) = R (\log 2 + \log \infty + \log \cot\beta).$$

Ebenso wird die andre Kathete

$$B = R (\log 2 + \log \cos\beta + \log \infty),$$

und mithin der Unterschied zwischen Hypotenuse und Kathete gleich:

$$- R \log \sin\beta \,^*).$$

Wenn daher $\beta = 90°$ ist, so verschwindet der Unterschied, und die Hypotenuse wird ebenso wie die andre Kathete gleich Null; demnach wird eine Linie, die auf zwei von den Seiten des gröfsten Dreiecks senkrecht steht, in das Ende dieser Seiten fallen, die freilich unendlich sind.

Setzt man $\beta = 45°$, so wird der Unterschied zwischen der Hypotenuse A und der Kathete B gleich $R \frac{1}{2} \log 2$, und, wenn $\beta = 0$ ist, wird der Unterschied gleich ∞.

Aus solchen Unterschieden kann man auch die Linien finden, die von zwei Loten abgeschnitten werden**).

---

*) [Das Ergebnis ist richtig. Um es in aller Strenge herzuleiten, hat man in den Formeln:

$$A = R \log \left(\cot\beta \cot\gamma + \sqrt{\cot^2\beta \cot^2\gamma - 1} \right)$$

und

$$B = R \log \left(\frac{\cos\beta}{\sin\gamma} + \sqrt{\frac{\cos^2\beta}{\sin^2\gamma} - 1} \right)$$

den Winkel γ als sehr klein anzunehmen und $A - B$ nach Potenzen von γ zu entwickeln. Dann wird

$$A - B = - R \log \sin\beta + (\gamma),$$

wo (γ) für $\gamma = 0$ verschwindet.]

**) [Wahrscheinlich hat Taurinus hier Folgendes gemeint: Werden von zwei Punkten D und D' der Seite AB des gröfsten Dreiecks ABC die Lote DE und $D'E'$ auf die Seite BC gefällt, so entstehen zwei rechtwinklige Dreiecke BED und $BE'D'$, die beide in B den Winkel Null haben. Die beiden Lote schneiden also von AB eine Linie DD' ab, die gleich dem Unterschiede der beiden Hypotenusen BD' und BD, also gleich

$$R \log \frac{\cot BD'E'}{\cot BDE}$$

ist. Ebenso ist

$$R \log \frac{\cos BD'E'}{\cos BDE}$$

der Ausdruck für die Länge der Linie EE'. Von dieser Formel wird später, am Ende der Seite 72 des Originals (hier S. 280), Gebrauch gemacht.]

2. *Man soll die Seiten und die Winkel des gleichseitigen Dreiecks finden, das innerhalb des gröfsten Dreiecks so gezeichnet ist, dafs seine Ecken auf dessen Seiten liegen.*

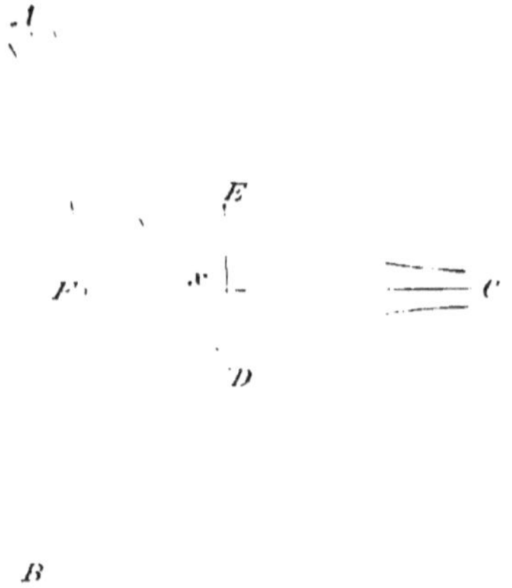

In dem gröfsten Dreieck ABC (Fig. II.) seien AD, BE, CF die Lote, die einander in dem Mittelpunkte x des Dreiecks schneiden. Man ziehe FE, FD, ED, sodafs das gleichseitige Dreieck FED entsteht. Da für jedes gleichseitige Dreieck die Formel gilt:

$$\cos a = \frac{\cos \alpha}{1 + \cos \alpha}$$

$$\left[a = \frac{A}{R] - 1} \right],$$

Fig. II.

und da der Winkel EDC gleich $90^0 - \tfrac{1}{2}\alpha = \text{arc cos}(\sin \tfrac{1}{2}\alpha)$ ist, so wird*)

$$\cos a = \frac{3 - \cos \alpha}{1 + \cos \alpha} = \frac{3 + 2\cos a}{1 + 2\cos a},$$

und aus dieser Gleichung ergiebt sich die Seite des Dreiecks

$$A = R \log\tfrac{1}{2}\overline{5 + 3};$$

ferner ist $\cos a = \tfrac{3}{5}$ und $\cos \alpha = 0{,}6$.

3. *Man soll den Inhalt eines Dreiecks finden, wenn dessen Seiten gegeben sind.*

Der Inhalt des gröfsten Dreiecks sei gleich M. Wir haben schon bewiesen, dafs sich die Flächeninhalte von Dreiecken wie die Unterschiede ihrer Winkelsummen von zwei Rechten verhalten. Nun ist der

---

*) [Das Dreieck EDC hat nämlich die Winkel 0^0, $90^0 - \tfrac{\alpha}{2}$, $90^0 - \tfrac{\alpha}{2}$, und es ist $DE = A$. Folglich hat man nach der allgemeinen Formel S. 274, Z. 6 v. u.

$$\cos a = \frac{1 + \sin^2 \tfrac{\alpha}{2}}{\cos^2 \tfrac{\alpha}{2}} = \frac{3 - \cos \alpha}{1 + \cos \alpha}.$$

Wird hierin für $\cos \alpha$ sein Wert

$$\frac{\cos a}{1 + \cos a}$$

eingesetzt, so ergiebt sich die Gleichung des Textes.]

Unterschied, wenn die Seiten a, b, c gegeben sind*), deren halbe Summe gleich S sei, gleich:

$$2 \text{ arc sin} \sqrt{\frac{\sin\frac{S}{R}\cdot \sin\frac{S-a}{R}\cdot \sin\frac{S-b}{R}\cdot \sin\frac{S-c}{R}}{2\cos\frac{1}{2}\frac{a}{R}\sqrt{-1}\cdot \cos\frac{1}{2}\frac{b}{R}\sqrt{-1}\cdot \cos\frac{1}{2}\frac{c}{R}\sqrt{-1}}}$$

und diese Formel hat man, um den Inhalt zu finden, mit M zu multiplicieren und durch π zu dividieren.

Wenn aber das Dreieck gleichseitig ist und sehr kleine Seiten hat, so sind die Winkel ungefähr gleich zwei Rechten, und der Inhalt des Dreiecks ist gleich dem Inhalte des ebenen Dreiecks, das von denselben Seiten gebildet wird. Nun ist:

$$\sin\frac{S}{R}\sqrt{-1} = \frac{1}{2\sqrt{-1}}\left(e^{\frac{S}{R}} - e^{\frac{S}{R}}\right)$$

und so weiter, man erkennt daher leicht, dafs der Inhalt des Dreiecks dem Werte:

$$\frac{a^2\sqrt{3}}{4\pi}\cdot \frac{M}{R^2}$$

sehr nahe kommt**), der seinerseits dem Werte [für das ebene Dreieck]:

$$\frac{a^2\sqrt{3}}{4}$$

gleich sein mufs. Mithin ist:

$$M = \pi R^2;$$

oder, da der Parameter

$$P = R \log(1 + \sqrt{2})$$

ist:

$$M = \frac{\pi P^2}{(\log 1 + \sqrt{2})^2}.$$

Zu derselben Gleichung kann man auch auf folgende Art unmittelbar gelangen:

Es mögen AB, CD (Fig. III.) zwei Lote sein, die man in einem gröfsten Dreieck von einer Seite auf die andre gefällt hat, und zwar seien sie so klein, dafs der Winkel ECD einem Rechten nahe kommt. Alsdann darf man den Flächenraum $ABCD$ dem Inhalt der ebenen

---

*) [Folgerichtig müfsten die Seiten A, B, C genannt werden.]
**) [Ist $a = b = c$ und a sehr klein, so darf man in der Formel für den Dreiecksinhalt die Cosinus durch 1, die Sinus durch ihre Bogen ersetzen. Dann erhält man

$$\frac{2M}{\pi}\cdot \frac{1}{2}\sqrt{3}\cdot \frac{a}{R\sqrt{-1}}\left(\frac{1}{2}\frac{a}{R\sqrt{-1}}\right)^3 = \frac{a^2\sqrt{3}}{4\pi}\cdot \frac{M}{R^2}$$

als Wert für den Inhalt des gleichseitigen Dreiecks.]

Figur gleich setzen, die von denselben Linien eingeschlossen wird, und dasselbe gilt für den ganzen Raum zwischen den unendlichen Linien CE und DE, die sich auf der Seite von E einander immer mehr nähern. Ist aber BD sehr klein, so ist es gleich

$$R \cdot d \log \cos ECD$$

oder, wenn ECD mit φ bezeichnet wird, gleich*)

$$- R \frac{\sin \varphi}{\cos \varphi} d\varphi.$$

Fig. III.

Ferner ist**)

$$CD = R \log \frac{\cos \varphi + 1}{\sin \varphi}.$$

Folglich ist der ganze Flächeninhalt bis zum Lote CD gleich:

$$S = R^2 d\varphi \frac{\sin \varphi}{\cos \varphi} \log \frac{\cos \varphi + 1}{\sin \varphi}.$$

Solange nun φ beinahe ein Rechter ist oder $\sin \varphi$ nahezu gleich Eins, ist der Logarithmus gleich

$$\log (\cos \varphi + 1)$$

und, da $\cos \varphi = \frac{1}{\infty}$ ist, gleich

$$\cos \varphi,$$

mithin die ganze Differentialfunktion gleich $- R^2 d\varphi$ oder der ganze Inhalt gleich

$$(90^0 - \varphi) R^2,$$

und das gröfste Dreieck gleich***)

$$\pi R^2.$$

4. *Man soll den Umfang eines Kreises finden, dessen Halbmesser gegeben ist.*

Wir denken uns ein Dreieck, das von zwei Halbmessern a und von der Sehne b des zwischen beiden liegenden Winkels φ gebildet wird. Nach der Formel:

---

*) [Setzt man in der zweiten Anmerkung auf S. 277

$$BD'E' = \varphi + d\varphi, \ BDE = \varphi,$$

so erhält man für die gesuchte Linie:

$$R \log \frac{\cos (\varphi + d\varphi)}{\cos \varphi} = R \cdot d \log \cos \varphi.]$$

**) [In Nr. 1 des Anhangs war ja gefunden: $C = R \log \cot \frac{1}{2} \beta$.]
***) [Da das Dreieck ECD den Flächeninhalt $(90^0 - \varphi) R^2$ besitzt, während seine Winkelsumme $90^0 + \varphi$ beträgt, so gilt die Gleichung:

$$(90^0 - \varphi) R^2 : M = (90^0 - \varphi) : \pi,$$

und es wird daher, wie im Texte richtig angegeben ist: $M = \pi R^2$.]

wird:
$$\cos\left(\frac{b}{R\sqrt{-1}}\right) = \sin^2\left(\frac{a}{R\sqrt{-1}}\right)\cos\varphi + \cos^2\left(\frac{a}{R\sqrt{-1}}\right)$$

$$\cos\left(\frac{b}{R\sqrt{-1}}\right) = (1-\cos\varphi)\cos^2\left(\frac{a}{R\sqrt{-1}}\right) + \cos\varphi.$$

Wenn daher der Winkel φ sehr klein ist, und man für $\cos\varphi$:
$$1 - \frac{1}{2}\sin^2\varphi$$
setzt, so ist:
$$\frac{e^{\frac{2b}{R}}+1}{2e^{\frac{b}{R}}} = \frac{1}{2}\sin^2\varphi\left(\cos^2\left(\frac{a}{R\sqrt{-1}}\right)-1\right)+1$$

und:
$$b = R\log\left(\sqrt{\frac{1}{4}\sin^4\varphi\left(\cos^2\left(\frac{a}{R\sqrt{-1}}\right)-1\right)^2 + \sin^2\varphi\left(\cos^2\left(\frac{a}{R\sqrt{-1}}\right)-1\right)} + \right.$$
$$\left. + \frac{1}{2}\sin^2\varphi\left(\cos^2\left(\frac{a}{R\sqrt{-1}}\right)-1\right)+1\right).$$

Man setze $\sin\varphi$ gleich seinem Bogen, gleich $\frac{\pi}{n}$, wo $n=\infty$. Vernachlässigt man sodann die Glieder, die $\sin^2\varphi$ enthalten, so wird der Logarithmus gleich:
$$\log\left(\frac{\pi}{n}\sqrt{\cos^2\left(\frac{a}{R\sqrt{-1}}\right)-1}+1\right)$$
oder, da $n=\infty$ ist, gleich
$$\frac{\pi}{n}\sqrt{\cos^2\left(\frac{a}{R\sqrt{-1}}\right)-1}.$$

Mithin wird der ganze Umfang gleich*):
$$2n R\frac{\pi}{n}\sqrt{\cos^2\left(\frac{a}{R\sqrt{-1}}\right)-1} = 2\pi R\sqrt{\cos^2\left(\frac{a}{R\sqrt{-1}}\right)-1}.$$

Man setze zum Beispiel $\cos\left(\frac{a}{R\sqrt{-1}}\right)=\sqrt{2}$ oder $a=R\log(1+\sqrt{2})$,

---

*) [Setzt man in diesem Ausdruck an die Stelle von $\cos\left(\frac{a}{R\sqrt{-1}}\right)$ seinen Wert
$$\frac{1}{2}\left(e^{\frac{a}{R}}+e^{-\frac{a}{R}}\right),$$
so erhält man für den Umfang genau den Ausdruck:
$$\pi R\left(e^{\frac{a}{R}}-e^{-\frac{a}{R}}\right),$$
den Gaufs 1831 in dem einen seiner Briefe an Schumacher angegeben hat (s. S. 234).]

so ist der Umfang gleich $2R\pi$. Oder, wenn $\cos\left(\frac{a}{R\sqrt{-1}}\right) = 1 + d$, wo d sehr klein ist, so ist der Umfang gleich $2\pi R\sqrt{2d}$, und der Halbmesser $[a]$ gleich

$$R \log\left(1 + d + \sqrt{(1+d)^2 - 1}\right) = R\sqrt{2d}.$$

Bei sehr kleinen Kreisen verhält sich daher der Umfang zum Halbmesser ebenso, wie in der Euklidischen Geometrie. Ist dagegen

$$\cos\left(\frac{a}{R\sqrt{-1}}\right) = \infty,$$

so ist der Umfang im Verhältnis zum Halbmesser unendlich grofs.

Auf ähnliche Weise findet man den Inhalt des Kreises, wenn der Halbmesser a gegeben ist. Er ist nämlich gleich*):

$$2\pi\left(\cos\left(\frac{a}{R\sqrt{-1}}\right) - 1\right) R^2$$

oder, da

$$a = R \log\left(\cos\left(\frac{a}{R\sqrt{-1}}\right) + \sqrt{\cos^2\left(\frac{a}{R\sqrt{-1}}\right) - 1}\right)$$

ist, gleich

$$\frac{2\pi\left(\cos\left(\frac{a}{R\sqrt{-1}}\right) - 1\right) a^2}{\left[\log\left(\cos\left(\frac{a}{R\sqrt{-1}}\right) + \sqrt{\cos^2\left(\frac{a}{R\sqrt{-1}}\right) - 1}\right)\right]^2}.$$

Ist zum Beispiel $\cos\left(\frac{a}{R\sqrt{-1}}\right) = \sqrt{2}$, so ist der Inhalt des Kreises gleich:

$$\frac{2\pi(\sqrt{2} - 1) a^2}{(\log 1 + \sqrt{2})^2},$$

während der Umfang desselben Kreises gleich:

$$\frac{2\pi a}{\log(1 + \sqrt{2})}$$

ist.

Die Oberfläche*) der Kugel findet man gleich:

---

*) [In seiner Géométrie imaginaire (Crelleschen Journal Bd. 17, S. 307 und 309, Geometrische Werke Bd. 2, S. 596 und 598) findet *Lobatschefskij* für den Flächeninhalt des Kreises vom Halbmesser r den Wert

$$\pi\left(e^{1/2\,r} - e^{-1/2\,r}\right)^2$$

und für Oberfläche und Rauminhalt der Kugel vom Halbmesser r die Werte:

$$\pi\left(e^r - e^{-r}\right)^2 \text{ und } \tfrac{1}{4}\pi\left(e^{2r} - e^{-2r} - 4r\right);$$

die von *Taurinus* angegebenen Ausdrücke gehen für $R = 1$, $a = r$ in die *Lobatschefskij*schen über.]

Stücke aus den Geometriae prima elementa. 1826.

$$4\pi \left(\cos^2\left(\frac{''}{R\sqrt{-1}}\right) - 1\right) R^2$$

und ihren Rauminhalt gleich:

$$4\pi R^3 \cdot \frac{1}{2}\left(\sqrt{\cos^2\left(\frac{''}{R\sqrt{-1}}\right)} - 1 \cdot \cos\left(\frac{''}{R\sqrt{-1}}\right)\frac{''}{R}\right);$$

und ebenso beweist man mit leichter Mühe noch vieles Andre.

Zum Schlufs sei noch Folgendes bemerkt: In der logarithmisch-sphärischen Geometrie sind zwar die Sinus alle unmöglich, aber die trigonometrischen Formeln enthalten trotzdem nichts Unmögliches, da die Sinus immer in solchen Verbindungen vorkommen, dafs ihr Produkt möglich wird. Das ist auch gar nicht wunderbar, weil alle Verbindungen der trigonometrischen Linien aus der Ähnlichkeit von Dreiecken hergeleitet werden, und daher Alles, was von den wahren trigonometrischen Linien bewiesen wird, ebenso auch von den imaginären gilt.

Abweichungen vom Urtext.

S. 271, Z. 17, 10 v. u. (S. 65, Z. 9, 4 v. u.). Im Urtext steht: >-1 statt: <-1. Das wiederholt sich auch im Druckfehlerverzeichnis S. 76, Z. 6 v. u., bei uns S. 272, Z. 5, 4 v. u.

S. 271, Z. 11 v. u. (S. 65, Z. 6 v. u.). $d\alpha$ arc. cos. $\dfrac{1+\cos.\alpha}{\cos.\alpha}$ statt $d\alpha$ arc. cos. $\dfrac{\cos.\alpha}{1+\cos.\alpha}$.

S. 271, Z. 7 v. u. (S. 65, Z. 2 v. u.) $y < \tfrac{1}{2}$ statt: $y > \tfrac{1}{2}$, was übrigens schon *Taurinus* selbst im Druckfehlerverzeichnis (S. 76, Z. 8 v. u.) verbessert hat.

S. 272, Z. 6, 8 v. o. (S. 66, Z. 7, 8 v. o). *Taurinus* hat diese Formeln offenbar aus der vorher benutzten richtigen Gleichung:

$$\text{arc cos } y = \frac{1}{2\sqrt{-1}} \log \frac{y-\sqrt{-1}\sqrt{y^2-1}}{y+\sqrt{-1}\sqrt{y^2-1}}$$

durch die Substitution: $y = \cos\left(\alpha\sqrt{-1}\right)$ abgeleitet; bei den so entstehenden Formeln muſs aber:

$$\sqrt{\cos^2\left(\alpha\sqrt{-1}\right)-1} = -\sqrt{-1}\sin\left(\alpha\sqrt{-1}\right)$$

gesetzt werden, was unbequem ist und zu Verwechselungen Anlaſs giebt. Wir haben deshalb in beiden Formeln der rechten Seite das entgegengesetzte Vorzeichen erteilt, als bei *Taurinus*.

S. 272, Z. 5—1 v. u. (S. 76, Z. 7—1 v. u.). Die Anmerkung lautet im Urtext folgendermaſsen:

„pag. 66. notandum erat, si cosinus fierent negativi, >-1, formulam generalem p. 65. converti eaque etiam exprimi latus per angulos, negative tamen; quod eum sensum habere videtur, ut anguli (qui hic sunt $> 120^\circ$.) non sint anguli trianguli, sed eorum complementa ad duos rectos."

S. 274, Z. 18—16 v. u. (S. 69, Z. 1—4 v. o.). Die Überschrift lautet im Urtext: „Additamentum | solutiones problematum geometriae logarithmo- | sphaericae insigniorum continens. | (Cum adjecta tabula.)"

S. 275, Z. 2—4 v. o. (S. 69, Z. 15 v. o.). Im Urtext steht: „sed $\cos.c = \dfrac{e^c + e^{-c}}{2}$, itaque $c = \log.\cotang.\tfrac{1}{2}\beta$", während nachher für $\beta = 45^\circ$ richtig: $C = R \log.\left(1 + \sqrt{2}\right)$ angegeben ist.

S. 275, Z. 14, 13 v. u. (S. 70, Z. 1 v. o.). „Vice versa $\cotang.\tfrac{1}{2}\beta$ est $= e^{c}$ et posito $c = 1$".

S. 276, Z. 4 v. o. (S. 70, Z. 8 v. o.). Der Faktor R fehlt im Urtext, während er nachher, bei der Betrachtung des Falles $\alpha + \beta < 180°$, angegeben ist.

S. 276, Z. 6, 5 v. u. (S. 70, Z. 5, 4 v. u.) „Hypotenusae quoque et alteri catheti trianguli rectanguli ... inveniuntur."

S. 277, Z. 10 v. o. (S. 71, Z. 5 v. o.). Der Faktor R fehlt.

S. 278, Z. 14, 15 v. o. (S. 71, Z. 7 v. u.). „angulus $EDC = 90° - \frac{1}{2}\alpha$, $= \text{arc. sin.} \frac{1}{2}\alpha$".

S. 279, Z. 3 v. o. (S. 72, Z. 5 v. o.). Im Urtext fehlt bei S, a, b, c der Faktor

$$\frac{1}{R\sqrt{-1}},$$

den wir hier wie im Folgenden überall hinzugefügt haben.

Man könnte allerdings annehmen, daſs *Taurinus* wie früher auch hier unter a, b, c die durch $R\sqrt{-1}$ dividierten Seiten versteht, aber selbst dann hätte eine ganze Anzahl von Formeln geändert werden müssen. *Taurinus* hat offenbar den ganzen Anhang sehr schnell geschrieben und sich dabei gewisser Abkürzungen bedient, wie man das in Aufzeichnungen für den eignen Gebrauch zu thun pflegt; zum Beispiel hat es ganz den Anschein, daſs er die Zeichen $\cos c$ und $\sin c$ in ähnlicher Bedeutung benutzt, wie man heutzutage den hyperbolischen cosinus und sinus benutzt. Da er immer den richtigen Weg angiebt und auch zu richtigen Endergebnissen gelangt, so unterliegt es keinem Zweifel, daſs die Ungenauigkeiten des Urtextes durch das Gesagte zur Genüge erklärt sind. Wir haben uns bestrebt, alle diese Ungenauigkeiten zu beseitigen und den Text unmittelbar verständlich zu machen, werden aber im Folgenden, wie immer, von jeder, auch noch so kleinen Abweichung vom Urtext Rechenschaft geben.

S. 279, Z. 9, 10 v. o. (S. 72, Z. 11, 12 v. o.). „Et cum sit sin . $S = \frac{e^S - e^{-S}}{2}$. etc."

S. 279, Z. 13 v. o. (S. 72, Z. 13 v. o.). Im Nenner fehlt der Faktor R^2, während nachher richtig: $M = \pi R^2$ gefunden wird.

S. 280, Z. 5, 8, 10 v, o. (S. 72, Z. 3, 2, 2 v. u.). Bei allen drei Formeln fehlt der Faktor R.

S. 280, Z. 12, 18 v. o. (S. 73, Z. 1, 4 v. o.). Bei den Differentialausdrücken fehlt beide Male der Faktor R^2, während er in der endgültigen Formel für den Flächeninhalt: $(90° - \varphi)R^2$ angegeben ist.

S. 280, Z. 14 v. u. (S. 73, Z. 7 v. o.). „3." statt: „4."

S. 281, Z. 1, 3 v. o. (S. 73, Z. 11, 12 v. o.). Bei a und b fehlt wiederum der Faktor

$$\frac{1}{R\sqrt{-1}}.$$

S. 281, Z. 7, 9, 10, 14, 16, 18 v. o. (S. 73, Z. 11, 10, 9, 6, 5, 4 v. u.). Dem Vorhergehenden entsprechend stehen im Urtext a und b statt:

$$\frac{a}{R\sqrt{-1}} \text{ und } \frac{b}{R}.$$

S. 281, Z. 8 v. u. (S. 73, Z. 4 v. u.). In beiden Ausdrücken fehlt der Faktor R.

S. 281, Z. 7 v. u. und S. 282, Z. 1, 2 v. o. (S. 73, Z. 3, 2, 1 v. u.). „Ponatur v. g. $\cos . \alpha - \sqrt{2}$, vel $\alpha = \log . (1 + \sqrt{2})$, peripheria erit $= R\pi$: vel si $\cos . \alpha$ sit. $= 1 + d$, ubi d exiguum sit, circumferentia erit $= \sqrt{2d}$".

S. 282, Z. 4, v. o. (S. 74, Z. 1, 2 v. o.) fehlt in beiden Ausdrücken der Faktor R.
S. 282, Z. 7, 11, 13, 15, 16 v. u. (S. 74, Z. 3, 7, 8, 9, 10 v. o.). Überall $\cos.a$ statt $\cos\left(\frac{a}{R}-1\right)$.

S. 283, Z. 1, 3 v. o. (S. 74, Z. 12, 11 v. u.). $\cos.a$ und a statt:
$$\cos\left(\frac{a}{R}\right) \text{ und } \frac{a}{R}.$$

Die in runde Klammern eingeschlossenen Seitenzahlen beziehen sich auf die Originalausgabe der Geometriae prima elementa. Köln 1826.

VERZEICHNIS

VON

SCHRIFTEN ÜBER DIE PARALLELENTHEORIE,

DIE BIS ZUM JAHRE 1837 ERSCHIENEN SIND.

Bei der Aufstellung des folgenden Verzeichnisses von Schriften über die Parallelentheorie haben wir eine Reihe wertvoller Vorarbeiten benutzen können, die am Ende dieser Einleitung in chronologischer Reihenfolge aufgezählt sind.

Wir haben geglaubt, eine Pflicht der Gerechtigkeit zu erfüllen, indem wir hinter den Schriften, die wir von unsern Vorgängern übernommen haben, den Namen des Autors nannten, bei dem sie zuerst erwähnt werden. Hiermit haben wir zugleich einen andern Zweck erreicht. Da wir uns bald überzeugten, dafs viele unter diesen Angaben unvollständig und ungenau waren, sind wir bemüht gewesen, die Schriften, die wir anführen, soweit das irgend möglich war, selbst einzusehen. Die Schriften, die wir uns verschaffen konnten, sind mit einem (*) bezeichnet; wo uns nur eine spätere Auflage zu Gebote stand, ist ein (†) angewandt worden. Nur für den so gekennzeichneten Teil unsers Verzeichnisses können wir die volle Verantwortlichkeit übernehmen. Wo wir uns auf unsre Vorgänger verlassen mufsten, ist auf die soeben erwähnte Art immer ein Gewährsmann, in Fällen, wo die Angaben einander widersprechen, sind mehrere angeführt.

Obgleich die Anzahl der Schriften unsers Verzeichnisses bis auf 253 angewachsen ist, können wir keinen Anspruch auf unbedingte Vollständigkeit machen. Wir hoffen indes, nichts Wesentliches übersehen zu haben. Damit man erkennt, was wir als wesentlich ansehen, wollen wir die Grundsätze darlegen, die uns bei der Aufstellung des Verzeichnisses geleitet haben.

Eine grofse Schwierigkeit lag darin, dafs es unmöglich ist, eine scharfe Grenze zwischen den Schriften zu ziehen, welche die Parallelentheorie im engern Sinne und denjenigen, welche die Grundlagen der Geometrie überhaupt behandeln. Von der überaus grofsen Zahl der Euklid-Kommentare haben wir daher nur die aufgenommen, in denen die Parallelentheorie ausführlicher behandelt wird. Dasselbe gilt von den ebenso zahlreichen Lehrbüchern der elementaren Geometrie. Wir verkennen nicht, dafs die Entscheidung über die Aufnahme oft recht schwer war, und dafs subjektives Ermessen dabei ins Spiel gekommen sein mag. Übrigens hat Riccardi 1887—1890 in den Memorie di Bologna eine sehr sorgfältige und vollständige Aufzählung der Euklid-Ausgaben und Euklid-Kommentare gegeben, und eine grofse Anzahl von Lehrbüchern ist von Schotten besprochen worden.

Ebenso haben wir darauf verzichtet, Besprechungen von Werken über Parallelentheorie, die sich in kritischen Zeitschriften — wie den Göttingischen gelehrten Anzeigen, der Jenaer Literaturzeitung, den Heidelberger Jahrbüchern — finden, in unser Verzeichnis aufzunehmen; nur in einigen wichtigen Fällen sind wir von diesem Grundsatze abgewichen. Endlich ist zu bemerken, dafs neue Auflagen nur dann besonders angeführt worden sind, wenn sie von den älteren erheblich abweichen.

Hinter dem chronologisch geordneten Verzeichnisse der Schriften über die Parallelentheorie findet man die Autoren, so weit das möglich war mit Angabe ihrer Lebenszeit, in alphabetischer Folge angegeben.

Das Jahr 1837, mit dem wir unser Verzeichnis abbrechen, ist für die Geschichte der nichteuklidischen Geometrie von besonderer Bedeutung: 1837 erschien im siebzehnten Bande von Crelles Journal für die reine und angewandte Mathematik Lobatschefskijs Géométrie imaginaire, und damit erfuhr zum ersten Male die ganze mathematische Welt etwas von dem Vorhandensein einer nichteuklidischen Geometrie. Die in den Jahren von 1837 bis zum Tode von Gaufs erschienenen Arbeiten über Parallelentheorie sind zum gröfsten Teil so unbedeutend, dafs wir nicht für nötig gehalten haben, sie vollständig aufzuführen; die wirklich wichtigen unter ihnen haben wir ja bereits in der Einleitung zu dem Abschnitte über Schweikart und Taurinus erwähnt.

Zum Schlusse richten wir an die Leser unsers Buches die Bitte, Lücken oder Ungenauigkeiten, die sie in unserm Verzeichnis bemerken, der Verlagsbuchhandlung mitteilen zu wollen; jede, auch die kleinste Verbesserung werden wir mit Dank entgegennehmen.

Bibliographische Quellen
in chronologischer Folge.

Hinter jeder dieser Quellenschriften ist in kleiner Schrift das *Stichwort* angegeben, durch das sie im Folgenden bezeichnet wird.

Klügel, G. S., *Conatuum praecipuorum theoriam parallelarum demonstrandi recensio.* Dissertation. Göttingen 1763. 4⁰. *Klügel.*

Murhardt, F. W. G., *Litteratur der mathematischen Wissenschaften.* Band 1, Leipzig 1797, Band 2, 1798. 8⁰. *Murhardt.*

Voit, P. Chr., *Percursio conatuum demonstrandi parallelarum theoriam de iisque judicium.* Dissertation. Göttingen 1802. 8⁰. *Voit.*

Hoffmann, J. J. J., *Critik der Parallelentheorie.* Erster Teil. Jena 1807.
Hoffmann, Critik.

Schweikart, F. C., *Die Theorie der Parallellinien nebst dem Vorschlage ihrer Verbannung aus der Geometrie.* Leipzig und Jena 1807. 8". S. 2—6. *Schweikart.*

Müller, J. W., *Auserlesene Mathematische Bibliothek.* Nürnberg 1820. 8⁰. S. 229—234. *Müller.*

Müller, J. W., *Repertorium der mathematischen Literatur.* Augsburg und Leipzig. 3 Teile. [1822 bis 1825]. 8⁰. *Müller, Repertorium.*

Wahl, F. W. L., *Dissertatio mathematica symbolas ad epicrisin theoriarum parallelas spectantium continens.* Particula I. Insunt IV theoriae earumque censura. Jena 1823. 4⁰. *Wahl.*

Ersch, Joh. Sa., *Literatur der Mathematik, Naturwissenschaft und Gewerbekunde mit Inbegriff der Kriegskunst.* Neue fortgesetzte Ausgabe von F. W. Schweiger. Band 3 der zweiten Abteilung von: Ersch, Handbuch der deutschen Literatur. Zweite Ausgabe. Leipzig 1828. 8⁰. Spalte 49—51. *Ersch.*

Rogg, J., *Handbuch der mathematischen Literatur,* Erste Abteilung. Tübingen 1830. 8⁰.
Rogg.

Hill, C. J., *Conatuum theoriam linearum parallelarum stabiliendi praecipuorum brevis recensio.* Pars 1. Lund 1835. 4⁰. *Hill.*

Sohnke, L. A., Artikel *Parallel* in der Allgemeinen Encyclopädie der Wissenschaften und Künste von Ersch und Gruber. Dritte Section. Bd. 11. Leipzig 1838. 4⁰. S. 368—384. *Sohnke.*

Sohnke, L. A., *Bibliotheca mathematica. Verzeichniss der Bücher über die gesammten Zweige der Mathematik, welche in Deutschland und dem Auslande vom Jahre 1830 bis Mitte des Jahres 1854 erschienen sind.* Leipzig 1854. 8⁰.
Sohnke, Bibliotheca.

Hoffmann, J. J. J., *Das eilfte Axiom der Elemente des Euclides,* neu bewiesen, mit erläuternden und erweiternden Bemerkungen versehen. Halle a. S. 1859. 8⁰.
Hoffmann.

Poggendorff, J. C., *Biographisch-literarisches Handwörterbuch.* 2 Bände. Leipzig 1863. 4°. *Poggendorff.*

Riccardi, P., *Biblioteca matematica italiana dalla origine della stampa ai primi anni del secolo XIX.* Vol. I. P. 1. Modena 1870. P. 2. Modena 1876. 8°.
Riccardi, Biblioteca.

Riccardi, P., *Saggio di una bibliografia euclidea.* Memorie della R. Accademia di Bologna, serie 4, t. VIII. 1887, S. 401—523; t. IX, 1888, S. 321—343; serie 5, t. I, 1890, S. 27—64. *Riccardi, Saggio.*

Riccardi, P., *Elenco cronologico di una serie di monografie attinenti al quinto postulato di Euclide, alla teoria delle parallele ed ai principj della geometria euclidea.* Memorie della R. Accademia di Bologna, serie 5, t. I. 1890, S. 65—84.
Riccardi.

Schotten, H., *Inhalt und Methode des planimetrischen Unterrichts.* 2 Bände. Leipzig 1890 und 1893. 8°. *Schotten.*

1482.
*Euklid, Preclarissimus liber elementorum Euclidis etc. Venedig (Erhard Ratdolt). fol. (*Erster Druck.*)

1533.
*Proklos, Εὐκλείδου στοιχείων βίβλ. ιε' ἐκ τῶν Θεῶνος συνουσιῶν. Εἰς τοῦ αὐτοῦ τὸ πρῶτον ἐξηγημάτων Πρόκλου βίβλ. δ'. Basel (Joh. Herwag). fol. (*Editio princeps.*)

1557.
*Peletier, Jacques. In Euclidis Elementa Geometrica Demonstrationum libri sex. Leyden. fol. *Wild 1795, Schweikart.*

1560.
*Barozzi, Francesco, Procli Diadochi Lycii philosophi platonici et mathematici probatissimi in primum Euclidis Elementorum librum commentariorum ad universam mathematicam disciplinam principium eruditionis tradentium libri IIII summa opera a Francisco Barocio Patritio Veneto expurgati Scholiis et Figuris aucti primum iam romanae linguae venustate donati et nunc recens editi. Padua. fol. *Poggendorff 1, 194 hat 1565.*

1569.
*Ramus, Petrus, Scholarum mathematicarum libri XXXI. Lib. V. S. 41. Lib. VII. S. 165. Basel. 4°. *Sohnke.*

um 1570.
Belli, Silvio, Gli Elementi Geometrici.
In seinem Trattato della proportione et proportionalità communi passioni del quanto libri tre, Venedig 1573 sagt Belli (Blatt 5), dafs er am Ende seiner Elementi Geometrici einen Beweis der fünften Forderung gegeben habe. Diese Elemente werden jedoch weder bei Poggendorff noch bei Riccardi angeführt, noch sind sie auf den uns zugänglichen Bibliotheken vorhanden.

1574.
†Clavius, Christoph, Euclidis elementorum libri XV. Accessit XVI. de solidorum regularium comparatione. Omnes perspicuis demonstrationibus, accuratisque scholiis illustrati. Rom. 8°. (*Opera, t. 1. Mainz 1591.) *Riccardi, Saggio, t. IX, S. 326.*

1587.

*Patricio, Francesco, Della nuova geometria libri XV. Ferrara. 4⁰.
Riccardi, Biblioteca 2, 252.

1594.

*Nasir-Eddin, Euclidis elementorum libri XIII studio Nassiredini Tusini primum arabice impressi. Rom. fol. Klügel.

1603.

*Cataldi, Pietro Antonio, Operetta delle linee rette equidistanti, et non equidistanti. Bologna. 4⁰. 36 S. Klügel.

*Dasselbe lateinisch:
Opusculum de lineis rectis aequidistantibus, et non aequidistantibus. Bologna. 4⁰. 36 S. Klügel.

1604.

Cataldi, Pietro Antonio, Aggiunta all' operetta delle linee rette equidistanti, et non equidistanti. Bologna. 4⁰.
Riccardi, Biblioteca 1, 303.

†Kepler. Johann, Ad Vitellionem paralipomena, quibus astronomiae pars optica traditur. Frankfurt. 4⁰. (*Opera omnia ed. Frisch. Vol. II. S. 185—188.) Hagen, Synopsis, 2, 7.

Oliver of Bury, Thomas, De rectarum linearum parallelismo et concursu doctrina geometrica. Wallis, Opera, t. II, S. 669.

um 1613.

Valerio, Luca, Trattato sulla quinta dimanda del primo d'Euclide.
Von Valerio in einem Briefe an Galilei vom 31. August 1613 erwähnt: La deduzione si estende per molte proposizioni e passi difficili, ma però con facilità e chiarezza dimostrati. (Le Opere di Galileo Galilei, prima edizione completa, t. VIII. Firenze 1851. S. 283.) Ein solcher Trattato wird jedoch weder bei Poggendorff noch bei Riccardi angeführt, noch ist er auf den uns zugänglichen Bibliotheken vorhanden.

1621.

*Savile, Henry, Praelectiones tresdecim in principium Elementorum Euclidis habitae 1620. Oxford. 4⁰.

1637.

Gestrin, Martin, In geometriam Euclidis demonstrationum libri sex.
Upsala. Enström, bibliotheca matematica, Bd. 1. Stockholm 1884. S. 79.

1639.

†Desargues, Girard, Brouillon project d'une atteinte aux événemens des rencontres d'un cone avec un plan. (*Oeuvres de Desargues. Paris 1864. Bd. 1. S. 104.) R. Baltzer, Elemente I. Aufl. Bd. 2, S. 13, 1862.

1641.
*Guldin, Paul, Centrobaryca seu de centro gravitatis trium specierum quantitatis continuae. Lib. IV. Wien. fol. *Borelli 1658.*

1654.
†Tacquet, Andrea, Elementa geometriae planae et solidae, quibus accedunt selecta ex Archimede theoremata. Antwerpen. 4°. (*Amsterdam 1701.) *Riccardi, Saggio, t. IX, S. 329.*

1655.
†Hobbes, Thomas, Elementorum philosophiae sectio prima. London. (*The english Works of Thomas Hobbes, edited by Sir William Molesworth, Vol. I. London 1839. 8°. S. 189—190.)

1656.
†Hobbes, Thomas, Six lessons to the professors of the mathematics, one of geometry, the other of astronomy, in the chairs set up by the noble and learned Sir Henry Savile, in the university of Oxford. London. (*The english Works of Thomas Hobbes, edited by Sir William Molesworth, Vol. VII. London 1845. 8°. S. 205—206.)

1658.
*Borelli, Jo. Alphons, Euclidis restitutus sive prisca geometriae elementa brevius et facilius contexta. Pisa. 4°. *Saccheri 1733.*

1667.
†[Arnauld, Antoine], Nouveaux Éléments de Géométrie. Paris. 4°. (*Haag, 1690. 8°).

1671.
*Guarini, Guarino, Euclides adauctus et methodicus. Turin. fol.
*Pardies, Ignace Gaston, Élémens de Géométrie. Paris. 12°.
Klügel.

1680.
*Giordano, Vitale da Bitonto, Euclide restituto overo gli antichi elementi geometrici ristaurati, e facilitati. Libri XV. Rom. fol.
Klügel.

1686.
Giordano, Vitale da Bitonto, Euclide restituto overo gli antichi elementi geometrici ristaurati e facilitati. Libri XV. Seconda impressione con nuove Additioni. Rom. fol.
Murhardt 2, 36. Riccardi, Biblioteca I, 603.

1693.

*Nasir-Eddin, Nasaraddini Demonstratio. (Von Wallis vorgetragen 1651. Opera t. II. Oxford. 1693. fol. S. 669.) Saccheri 1733.

*Wallis, John, Demonstratio Postulati Quinti. (Vorgetragen 1663. Opera t. II. Oxford. 1693. fol. S. 674—678.) Saccheri 1733.

*Wallis, John, De Postulato quinto; et definitione quinta Lib. 6. Euclidis: disceptatio geometrica. Opera t. II. Oxford. fol. S. 665—669. Saccheri 1733.

1710.

*Wolff, Christian, Die Anfangsgründe aller mathematischen Wissenschaften. Erster Theil. Halle. 8°.

1715.

†Malezieu, Nicolaus de, Élémens de Géométrie pour Monseigneur le Duc de Bourgogne. (*2. éd. 1722.)
Klügel. Poggendorff 2, 25. Murhardt 1, 248 hat 1705.

*Wolff, Christian, Elementa Matheseos Universae. t. 1. Halle 1715. 4°.
Klügel erwähnt die Ausgabe von 1730.

1731.

Varignon, Pierre, Élémens de Mathématiques. Paris. 4°.
Klügel. Poggendorff 2, 1173 hat 1732.

1733.

*Saccheri, Girolamo, Euclides ab omni naevo vindicatus; sive conatus geometricus quo stabiliuntur prima ipsa geometriae principia. Mailand. 4°. Klügel.

1734.

*Hausen, Christian August, Elementa matheseos. Leipzig. 4°.
Klügel.

1739.

†Segner, Johann Andreas, Elementa arithmeticae geometriae et calculi geometrici. Göttingen. 8°. (*Halle 1756. 8°.)

1741.

*Clairaut, Alexis Claude, Éléments de Géométrie. Paris. 8°. Klügel.

1744.

Strömer, Mårten, Euclidis elementa eller grundeliga inledning till geometrien. Första delen som innehåller de sex första böckerna. Upsala. 8°. Hill. Poggendorff 2, 1029 hat 1769.

1746.

*La Chapelle, de, Institutions de géométrie. 2 vol. Paris. 8⁰.
*Poggendorff I, 1338. Veit erwähnt die [vierte] *Ausgabe von 1765.*

1747.

*Segner, Johann Andreas, Deutliche und vollständige Vorlesungen über die Rechenkunst und Geometrie. Lemgo. 4⁰.   *Klügel.*
†Simpson, Thomas, The elements of Geometry. London. 8⁰. (*London 1821.)

1750.

Camus, Charles Etienne Louis, Cours de mathématiques. II. partie: Élémens de Géométrie. Paris.   *Klügel. Poggendorff I, 368 hat 1766.*

1751.

Hanke, F. G., Principia theoriae de infinito mathematico et demonstrationem possibilitatis parallelarum publice eruditorum examini subjiciunt Fredericus Gottlob Hanke et Benjamin Gottlob Binder. Breslau. 4⁰. 19 S.   *Klügel.*

1752.

†Boscovich, Ruggiero Giuseppe, Elementorum universae mathescos ad usum studiosae juventutis Tomus 1. Rom. 8. (Die Königliche Bibliothek zu Berlin besitzt Ausgaben von *1754 und *1759.)
Riccardi, Biblioteca I, 177.
*Kraft, G. W., De numero pari, rectis parallelis et principio actionis minimae. Tübingen.   *Poggendorff I, 1309 hat 1753.*

1753.

*Kraft, Georg Wolfgang, Institutiones geometriae sublimioris. Tübingen. 4⁰.
Sauveur, Joseph, Géométrie élémentaire et pratique du feu M. Sauveur M. le Blond. Paris. 4⁰.
Klügel. Poggendorff hat unter le Blond I, 1398 die Jahreszahl 1753.

1756.

†Simson, Robert, The Elements of Euclid, viz. The first six books, together with the eleventh and twelfth. In this Edition Errors by which Theon, or others, have long ago vitiated these books are corrected and some of Euclid's Demonstrations are restored. Glasgow. 4⁰. (*2. edition, Glasgow 1762. 8⁰.)   *Veit.*

1758.

*Kaestner, Abraham Gotthelf, Anfangsgründe der Arithmetik, Geometrie, Trigonometrie und Perspective. Göttingen. 8⁰. *Klügel.*

Karsten, Wenceslaus Johann Gustav, Praelectiones matheseos theoreticae elementaris. Rostock und Wismar. 8⁰. *Klügel.*

Koenig, C. G., Élémens de Géometrie, contenant les six premiers livres d'Euclide mis dans un nouvel ordre et à la portée de la jeunesse. Haag. *Klügel. Riccardi, Saggio.*

*Montucla, Jean Étienne, Histoire des Mathématiques. t. I. Paris. 4⁰.

1759.

*[Alembert, Jean le Rond d'], Mélanges de Littérature, d'Histoire et de Philosophie. Nouvelle edition. t. V. Amsterdam. 8⁰.
Voit erwähnt die [vierte] Ausgabe von 1767.

1760.

*Karsten, Wenceslaus Johann Gustav, Mathesis theoretica elementaris et sublimior. Rostock und Greifswald. 8⁰. *Klügel.*

1761.

Hagen, Johann Jacob von, Dissertatio mathematica sistens linearum parallelarum proprietates nova ratione demonstratas, quam publicae eruditorum disquisitioni subjiciunt Fredericus Daniel Behn et respondens Johann Jacob de Hagen. Jena. 4⁰. 28 S. *Klügel.*

1763.

*Klügel, Georg Simon, Conatuum praecipuorum theoriam parallelarum demonstrandi recensio, quam publico examini submittent Abrah. Gotthelf Kaestner et auctor respondens Georgius Simon Klügel, Göttingen. 4⁰. 30 S. 1 Tfl. *Lambert 1766.*

1770.

*Bezout, Étienne, Cours de mathématiques à l'usage du corps royal d'artillerie. 4 Vol. Paris 1770—1772. 8⁰. *Sohnke.*

*Scherffer, Karl, Institutionum geometricorum pars prior sive geometria elementaris. Wien. 4⁰. *Hauff 1793.*

1771.

Boehm, Andreas, De rectis parallelis dissertatiuncula. Acta philosophico-medica societ. acad. scient. Hassiacae. Jahrgang 1771. S. 1. Frankfurt und Leipzig. *Murhardt 2, 79.*

1772.
*Luino, Francesco, Lezioni di matematica elementare. Mailand. 8⁰.
Riccardi, Biblioteca 2, 57.

1775.
*Bossut, Charles, Traité élémentaire de Géométrie. Paris. 8⁰.
Sohnke. Poggendorff 1, 249 hat 1774.

*Büsch, Johann Georg, Encyclopaedie der historischen, philosophischen und mathematischen Wissenschaften. Hamburg. 8⁰.
Poggendorff 1, 336. Hill hat 1795.

Simson, Robert, The elements of Euclid etc. To this fifth Edition also annexed Elements of plain and spherical trigonometry. Edinburg. 8⁰. *Riccardi, Saggio.*

1778.
*Bertrand, Louis, Développement nouveau de la partie élémentaire des mathématiques. Genf. 4⁰. t. II. S. 19.
Hindenburg 1786. Poggendorff 1, 171 hat 1774.

*Karsten, Wenceslaus Johann Gustav, Versuch einer völlig berichtigten Theorie der Parallelen. Halle a. S. 4⁰. 20 S. *Voit.*

Kesaer, Franz Xaver von, Abhandlung über die Lehre von den Parallellinien. Wien. 8⁰. 27 S. 1 Tfl. *Murhardt 2, 79.*

1780.
Hauser, Matthias, Theorie der Parallelen. Abhandlungen der Anfangsgründe der Mathematik zum Gebrauche der k. k. Ingenieur-Academie. Wien. 2. Teil. S. 34. *Hill.*

Schultz, Johann, Vorläufige Anzeige des entdeckten Beweises für die Theorie der Parallellinien. Königsberg. 8⁰. *Poggendorff 2. 860.*

1781.
Austin, William, An examination of the first six books of Euclid's elements. London. *Murhardt 2, 44.*

Felkel, Anton, Neu eröffnetes Geheimniss der Parallellinien. Wien. 8⁰. 6 Bogen. 1 Tfl. *Murhardt 2, 80.*

*Hindenburg, Karl Friedrich, Ueber die Schwierigkeiten bei der Lehre von den Parallellinien. Magazin für Naturkunde, Mathematik und Oekonomie. Leipzig. 8⁰. Jahrgang 1781. S. 145—168, 342—371. *Sohnke.*

1783.
[Pagnini, Joseph Maria], Theoria rectarum parallelarum ab omni scrupulo vindicata. Auctore J. M. P. C. P. Parma. 8⁰. *Riccardi.*

1784.

Schultz, Johann, Entdeckte Theorie der Parallelen, nebst einer Untersuchung über den Ursprung ihrer bisherigen Schwierigkeit. Königsberg. 8°. 144 S. 2 Tfl. Murhardt, 2, 80.

Venturi, Giambattista, Memoria intorno alle linee parallele. (In seinem Lehrbuche: Proposizione di geometria piana.) Modena. 4°.
Riccardi.

1786.

*****Bendavid,** Lazarus, Über die Parallellinien. Schreiben an Herrn Hofrath Karsten. Berlin. 8°. 16 S. 1 Tfl. Murhardt 2, 80.

*****Eichler,** Caspar, De theoria parallelarum Schulziana. Dissertation Leipzig. 4°. 25 S. 4 Fig. Ersch. Hill.

Gensichen, J. F., Bestätigung der Schulze'schen Theorie der Parallelen und Widerlegung der Bendavid'schen Abhandlung über die Parallelen. Königsberg. 8°. Ersch. Rogg S. 330.

*****Hindenburg,** Karl Friedrich, Noch etwas über die Parallellinien. — System der Parallellinien. Magazin für reine und angewandte Mathematik, herausgegeben von Bernoulli und Hindenburg. Leipzig. 8°. Jahrgang 1786. 3. Stück. S. 359—404. Voit.

Hofmann, Berichtigung der ersten Gründe der Geometrie nebst dem Beweise, dass ein einzelnes Körpertheilchen einen Raum einnimmt. Mainz. Hindenburg 1786, S. 396.

*****Karsten,** Wenceslaus Johann Gustav, Über die Parallellinien. Mathematische Abhandlungen, zweite Abhandlung. Halle a. S. 4°.
Murhardt 2, 81.

*****Lambert,** Johann Heinrich, Theorie der Parallellinien (aufgesetzt Sept. 1766). Magazin für die reine und angewandte Mathematik, herausgegeben von Bernoulli und Hindenburg. Leipzig. 8°. Jahrgang 1786. 2. Stück, S. 137—164, 3. Stück, S. 325—358. Voit.

Schultz, Johann, Darstellung der vollkommenen Evidenz und Schärfe seiner Theorie der Parallelen. Königsberg. 8°. 60 S. Ersch. Sohnke.

1787.

*****Franceschini,** Francesco Maria, Teoria delle parallele rigorosamente dimonstrata. Opuscoli matematici. Bassano. 8°. Voit.

1788.

Schübler, Christian Ludwig, Versuch der Einrichtung unseres Erkenntnissvermögens durch die Algebra nachzuspüren. Leipzig. Wahl.

1789.

*****Alembert,** Jean le Rond d', Artikel: Parallèle in dem Dictionnaire encyclopédique des Mathématiques. Paris. 4°. t. II. S. 511.

†**Bonnycastle**, John, Elements of Geometry containing the principal propositions in the first six and the eleventh and twelfth book of Euclid, with notes critical and explanatory. London. (*5. edition. London 1811. 8⁰.)   *Rogg. S. 303.*

Lindquist, Johann Hendrik, Dissertatio sistens theoriam linearum parallelarum. Aboe. 16 S. 1 Tfl.   *Hill. Murhardt 2, 80 unter Rosenbach.*

Voigt, Johann Heinrich, Dissertatio mathematica exhibens tentamen ex notione distincta et completa lineae rectae axiomatis XI Euclidis veritatem demonstrandi. Jena. 4⁰. 34 S. 1 Tfl.   *Hoffmann, Critik*

1790.

Cagnazzi, Lucca, Memoria sulle curve parallele. Neapel.   *Sohnke.*

***Kaestner**, Abraham Gotthelf, Was heisst in Euclids Geometrie möglich? Philosophisches Magazin herausgegeben von J. A. Eberhardt. Halle a. S.   *Murhardt 2, 45.*

***Schötteringk**, M. W. von, Demonstratio theorematis parallelarum. Hamburg. 8⁰. 30 S.   *Murhardt 2, 81.*

***Swinden**, Jan Hendrik van, Grondbeginsels der Meetkunde. Amsterdam. 8⁰.

1791.

***Lorenz**, Johann Friedrich, Grundriss der reinen und angewandten Mathematik. Helmstedt. 8⁰. 2 Teile.   *Hill.*

Voigt, Johann Heinrich, Die Grundlehren der reinen Mathematik. Jena. 8⁰. 2 Tfln.   *Wahl.*

1792.

***Castillon** (Castiglione), Giovan, Sur les parallèles d'Euclide. Nouveaux mémoires de l'Académie royale de Berlin. Années 1786/87. Berlin 1792. S. 233—254, Années 1788/89. Berlin 1793. S. 171—202. Berlin. 4⁰.   *Schweikart.*

***Ebert**, Johann Jacob, Programma academicum de lineis rectis parallelis. Wittenberg. 4⁰. 14 S. 1 Tfl.   *Murhardt 2, 81.*

1793.

***Hauff**, Johann Karl Friedrich, Programma academicum quo duas vexatissimas matheseos purae elementaris theorias enodare inque luce dudum desiderata collocare conatur. Marburg. 4⁰. 33 S.
   Müller.

1794.

***Legendre**, Adrien Marie, Éléments de géométrie. Paris. 8⁰.
   Hoffmann, Critik.

Pagnini, Joseph Maria, Epistola in qua continentur castigationes ac supplementa libelli Parmae anno MDCCLXXXIII editi. Parma. 8⁰.
1795. *Riccardi.*

*****Fourier,** Jean Baptiste Joseph, Séance de l'Ecole normale du 25 pluviose an III. Séances des Ecoles normales. Débats. Tome I. Nouvelle édition, Paris 1800. S. 28. (Wieder abgedruckt Mathésis, t. IX. 1889. S. 137—141.)
Mansion, Annales de la Société scientifique de Bruxelles, Année 1888/89. S. 57.

*****Rehbein,** J. H. E., Versuch einer neuen Grundlegung der Geometrie. Göttingen. 8⁰. *Müller.*

[Saladini, Girolamo], Trattato delle parallele. *Riccardi.*

Wildt, Johann Christian Daniel, Systematis matheseos proxime vulgandi specimen. Theses quae de lineis parallelis respondent. Habilitationsschrift. Göttingen. 8⁰. 35 S. 1 Tfl. *Murhardt 2, 82.*

1796.

*****[Anders],** Bemerkungen über die Theorie der Parallelen des Herrn Hofprediger Schulz und der Herrn Gensichen und Bendavid. Libau. 8⁰. 207 S. 2 Tfl. *Schweikart.*

*****Kaestner,** Abraham Gotthelf, Geschichte der Mathematik. Bd. I. S. 269. *Schweikart.*

1797.

*****Langsdorf,** Karl Christian, Theorie der Parallellinien in: Ch. v. Wolf's neuer Auszug aus den Anfangsgründen aller mathematischen Wissenschaften. Mit Zusätzen von Joh. Tob. Mayer und Karl Chr. Langsdorf. Marburg. *Hauff 1799.*

Playfair, Elements of geometry, containing the first six books of Euclid. Edinburgh und London. 8⁰. *Rogg. S. 324. Poggendorff 2, 470 hat 1796.*

*****Schmidt,** Georg Gottlieb, Anfangsgründe der Mathematik zum Gebrauche auf Schulen und Universitäten. Frankfurt a. M. 8⁰. Bd. 1. S. 131. *Sohnke.*

1798.

*****Gilbert,** Ludwig Wilhelm, Die Geometrie nach Legendre, Simpson, van Swinden, Gregorius a S! Vincentio und den Alten ausführlich dargestellt. Teil 1. Halle a. S. 8⁰.

1799.

*****Hauff,** Johann Karl Friedrich, Neuer Versuch einer Berichtigung der Euklidischen Theorie der Parallelen. Archiv der reinen und angewandten Mathematik, herausgegeben von Hindenburg. Leipzig. 8⁰. Heft 9, S. 74. Heft 10, S. 178. *Hoffmann, Critik.*

*Hindenburg, Karl Friedrich, Bemerkungen zu dem Aufsatz von Hauff. Archiv der reinen und angewandten Mathematik, herausgegeben von Hindenburg. Leipzig. 8°. Heft 9, S. 75.
*Montucla, Jean Étienne, Histoire des Mathématiques. 2. édition. t. I. Paris. 4°. An VII. S. 209. *Schweikart.*
[? Schötteringk, M. W. von], Demonstratio theorematis parallelarum. Hamburg. 8°. 30 S. *Voit.*

1800.

*Wildt, Johann Christian Daniel, Drei Beweise des elften Grundsatzes im ersten Buche von Euclids Elementen. Göttingische gelehrte Anzeigen. Stück 178. S. 1769—1772. Göttingen. 12°. *Schweikart.*

1801.

Gumaelius, S., Dissertatio sistens novam theoriam linearum parallelarum. Lund. *Klügel, Wörterbuch (1808), 3, 739.*
Hoffmann, Johann Joseph Ignaz, Versuch einer neuen und gründlichen Theorie der Parallellinien, nebst Widerlegung des Hauff'schen Versuchs. Offenbach a. M. 8°. 48 S. 1 Tfl. *Hoffmann, Critik.*
*Schwab, Johann Christian, Tentamen novae parallelarum theoriae. notione situs fundatae. Stuttgart. 8°. XXX u. 25 S. 1 Tfl. *Müller.*
*[Seyffer, Karl Friedrich], Besprechung der Demonstratio theorematis parallelarum, Hamburg 1799. Göttingische gelehrte Anzeigen. 1801 12°. S. 407—408.

1802.

*Krause, Karl Christian Friedrich, Dissertatio philosophico-mathematica de philosophiae et matheseos notione et earum intima conjunctione. Jena. *Wahl.*
Langsdorf, Karl Christian, Anfangsgründe der reinen Elementar- und höheren Mathematik. Erlangen. 8°. *Wahl.*
*Voit, Paul Christian, Percursio conatuum demonstrandi theoriam parallelarum de iisque judicium. Dissertation. Göttingen. 8°. *Itt.*

1803.

*Carnot, Lazare Nicolas Marguerite, Géométrie de Position. Paris. An XI. 4°. Art. 435.
Hauff, Johann Karl Friedrich, Lehrbegriff der reinen Mathematik. Teil I. Band 1. Frankfurt a. M. *Schweikart.*
*Ide, Johann Joseph Anton, Anfangsgründe der reinen Mathematik. 2. Teil. Geometrie. Berlin. 8°.

*[Kircher, Adolf]. Nouvelle théorie des parallèles, avec un appendice contenant la manière de perfectionner la théorie des parallèles de A. M. Legendre. Paris. 8°. 64 S. 1 Tfl.
<small>Hoffmann, Critik. Wiederholt irrtümlich als Abhandlung von Legendre angeführt, zum Beispiel bei Poggendorff 1, 1407.</small>

†Lacroix, Sylvestre François, Élémens de Géométrie à l'usage de l'école centrale des quatre nations. Paris. (*Paris 1830. 8°.)
<small>Hoffmann, Critik.</small>

1804.

Bolzano, Bernhard, Betrachtungen über einige Gegenstände der Elementargeometrie. Prag. 8°. X u. 63 S. <small>Hoffmann.</small>

Jacques, Matthieu Joseph, Démonstration directe et simple des propriétés des parallèles rencontrées par une sécante. Paris. 8°.
<small>Schweikart.</small>

1805.

*Lacroix, Sylvestre François, Essai sur l'enseignement en général et sur celui des mathématiques en particulier. Paris. An XIV. 8°.
<small>Riccardi.</small>

1806.

Geldern, Jacob van, Handleiding tot de beschouwende werkdadige Meetkunde. Amsterdam. 4°. <small>Hessling 1818, S. XV.</small>

*Grashof, Friedrich Carl August, Theses sphaerologicae quae ex sphaerae notione veram rectae lineae sistunt definitionem, omnique geometriae firmum jacent fundamentum. Berlin. 8°. 64 S. 1 Tfl. <small>Wahl.</small>

*Simson, Robert, Die sechs ersten Bücher nebst dem elften und zwölften des Euclid mit Verbesserung der Fehler, wodurch Theon und andere sie entstellt haben, nebst den Anfangsgründen der ebenen und sphärischen Trigonometrie, mit erklärenden Anmerkungen von Robert Simson. Aus dem Englischen übersetzt von J. Mtthi. Reder. Herausgegeben von Joh. Niesert. Paderborn. 8°.

1807.

Hauff, Johann Carl Friedrich, Euklids Elemente das erste bis zum sechsten, sammt dem elften und zwölften Buche, übersetzt von J. C. Hauff. Zweite Auflage. Marburg. <small>Wahl.</small>

*Hoffmann, Johann Joseph Ignaz, Critik der Parallelentheorie. Erster Teil. Jena. 8°. XII u. 276 S. 10 Tfl. <small>Ersch.</small>

*Scheibel, Johann Ephraim, Vertheidigung der Theorie der Parallellinien nach Euklides. Breslau. 8°. <small>Müller.</small>

*Schweikart, Ferdinand Karl, Die Theorie der Parallellinien, nebst dem Vorschlage ihrer Verbannung aus der Geometrie. Leipzig und Jena. 136 S. 5 Tfl. <small>Müller. Poggendorff 2, 876 hat 1808.</small>

1808.

*Klügel, Georg Simon, Artikel: Parallel. Mathematisches Wörterbuch. Dritter Teil. Leipzig. 8°. S. 727—739.

*Ouvrier, Carl Siegmund, Theorie der Parallelen, als Ankündigung eines neuen Versuches über das Erkenntnissvermögen. Leipzig. 8°. 55 S. 1 Tfl. *Ersch.*

*Schwab, Johann Christian, Essai sur la situation pour servir de supplément aux principes de la géométrie. Stuttgart. 50 S. *Riccardi.*

1809.

Abreu, Joao Manuel de, Supplément à la traduction de la géométrie d'Euclide de Peyrard, publiée en 1804, et la géométrie de Legendre, suivi d'un essai sur la vraie théorie des parallèles. Paris et Bordeaux. 8°. 76 S. 1 Tfl. *Rogg. S. 298.*

*Thibaut, Bernhard Friedrich, Grundriss der reinen Mathematik. 2. Aufl. Göttingen. 8°. (*3. Aufl. 1818. Die *erste Auflage 1801 enthält den Beweisversuch noch nicht.) *Wahl.*

1810.

Geldern, Jacob van, Beginselen der Meetkunst. Amsterdam. 8°. *Hessling 1818, S. XV.*

Suzanne, P. H., De la manière d'étudier les mathématiques. Paris. *Riccardi.*

1811.

*Brunacci, Vincenzo, Elementi di algebra e geometria. Edizione riveduta ed illustrata con nuove correzione ed aggiunte fra le quali la teoria dell' interesse del denaro ed una nuova dimostrazione del teorema fondamentale delle parallele. Mailand. 8°.
Riccardi erwähnt eine Ausgabe von 1830.

*Neubig, Andreas, Vindiciae Euclidis. 2 Hefte. Erlangen. 8°.

1812.

Bertrand, Louis, Élémens de géométrie. Paris. *Schotten, 2. 266.*

*Gergonne, Joseph Diez, Essai sur la théorie des parallèles. Annales de Gergonne. t. III. Nismes. 4°. S. 353—356. *Riccardi.*

1813.

Duttenhofer, Jacob Friedrich, Versuch eines strengen Beweises der Theoreme von den Parallellinien, vermittelst einer von jenen Theoremen unabhängigen Construction des Rechtecks. Stuttgart. 8°. 24 S. *Ersch.*

*Herrmann, Christian Alois, Versuch einer einfachen Begründung des eilften Euclidischen Axioms und einer darauf gebauten Theorie der Parallelen. Frankfurt a. M. 4⁰. 28 S. 2 Tfl.
Sohnke. Riccardi führt diese Abhandlung unter Hoffmann irrtümlich noch einmal an.

1814.

*Peyrard, François, Les œuvres d'Euclide, en grec, latin et français, Vol. I. Paris. 4⁰.

*Schwab, Johann Christian, Commentatio in primum elementorum Euclidis Librum, qua veritatem geometriae principiis ontologicis niti evincitur omnesque propositiones, axiomatum geometricorum loco habitae, demonstrantur. Stuttgart. 8⁰. 61 S. Müller.

1815.

Guntz, Elementare Theorie der parallelen Geraden. Beiträge zur reinen und technischen Mathematik. Heft 1. Grätz. Müller.

Kjellin, Carl Erik, Grunderna till geometrien. Hitt. Poggendorff 1, 1265 hat 1814.

*Metternich, Matthias, Vollständige Theorie der Parallellinien. Nebst einem Anhange, in welchem der erste Grundsatz zur Technik der geraden Linie gegeben wird. Mainz. 8⁰. XIV u. 44 S. 1 Tfl. Müller.

1816.

Bürger, J. A. P., Vollständige Theorie der Parallellinien. Nebst Anmerkungen über andere bisher erschienene Parallel-Theorien. Karlsruhe. 8⁰. XII u. 35 S. 1 Tfl. Müller.

*Crelle, August Leopold, Über Parallelen-Theorien und das System der Geometrie. Berlin. 8⁰. 116 S. 1 Tfl. Müller.

*[Gaufs, Carl Friedrich], Besprechung von Schwab (1814) und Metternich (1815). Göttingische Gelehrte Anzeigen. 1816. Stück 63. S. 617—622.

*Hoffmann, Johann Joseph Ignaz, Bemerkung zu der Parallelentheorie von L[üdicke]. Gilberts Annalen der Physik. Bd. 54. S. 134.

*Lüdicke, August Friedrich, Über die Parallelentheorie. Gilberts Annalen der Physik, Bd. 52, S. 451—452.

Vermehren, Carl Christian Hermann, Versuch die Lehre von den parallelen und convergenten Linien aus einfachen Begriffen vollständig herzuleiten und gründlich zu erweisen. Güstrow. 8⁰. 26 S. 1 Tfl. Müller.

1817.

*Lüdicke, August Friedrich, Bemerkungen über die Vierecke mit gleichen gegenüberliegenden Seiten. Gilberts Annalen der Physik, Bd. 56. S. 198, 334 und 439.

*Ohm, Georg Simon, Grundlinien zu einer zweckmässigen Behandlung der Geometrie. Erlangen. 8^0. 91 S. 2 Tfl.
Wahl. Poggendorff 2, 317 hat 1818.

Wachter, Friedrich Ludwig, Demonstratio axiomatis geometrici in Euclideis undecimi. Danzig. 8^0. 15 S. *Müller.*

1818.

Exley, Thomas, The theory of parallel lines perfected, or the twelfth axiom of Euclids Elements demonstrated. London. 8^0. *Riccardi.*

Flauti, Vincenzo, Nuova dimonstrazione del postulato quinto in Euclide con aggiunte altre ricerche sullo stesso argumento fatte dal Proclo, da Nassir-Eddin, da Clavio e da Simson. Neapel. 4^0.
Riccardi.

[Hellwag, Christoph Friedrich], Euklids eilfter Grundsatz als Lehrsatz bewiesen. Hamburg. 4^0. 8 S. *Müller. Sohnke.*

*Hessling, C. W., Versuch einer Theorie der Parallelen. Halle a. S. 8^0. 223 S. 5 Tfl. *Müller.*

Mayer, Johann Tobias, Wolfs Anfangsgründe der reinen Elementar- und höheren Mathematik mit Veränderungen und Zusätzen von Mayer und Langsdorf und umgeändertem Text von Müller. 2. Ausgabe. Marburg. *Wahl.*

*Critische Revision der im jüngst verflossenen Quinquennium erschienenen Schriften über Parallelen-Theorie. Heidelberger Jahrbücher der Literatur. Heidelberg. 1818. S. 689—703, 849—862.
Rogg. S. 308.

1819.

Hauff, Johann Karl Friedrich, Nova rectarum parallelarum theoria. Gandae. 4^0. *Müller. Repertorium 2, 123.*

*König, Georg Ludwig, Supplementa in Euclidem. Eutin. 4^0. *Wahl.*

Lüdicke, August Friedrich, Versuch einer neuen Theorie der Parallellinien im Zusammenhange mit den Grundlehren der Geometrie. Meissen. 8^0. 15 S. 1 Tfl. *Müller.*

Müller, Johann Wolfgang, Ausführliche evidente Theorie der Parallellinien. Nürnberg. 8^0. 79 S. 1 Tfl. *Müller.*

*Ohm, Martin, Kritische Beleuchtungen der Mathematik überhaupt und der euklidischen Geometrie insbesondere. Berlin. 8^0. *Hill.*

*Sur l'emploi de l'algorithme des fonctions dans la démonstration des théorèmes en géométrie. Annales de Gergonne. Nismes 4^0. t. X. S. 161—184. *Riccardi.*

1820.

*Bürger, J. A. P., Vollständige Theorie der Parallellinien nebst Anwendungen über andere bisher erschienene Paralleltheorien. Zweite Ausgabe. Karlsruhe. 8^0. 53 S. *Frsch. Sohnke.*

†**Gerling**, Christian Ludwig, Johann Friedrich Lorenz' Grundriss der reinen und angewandten Mathematik, neu herausgegeben von Ch. L. Gerling. Helmstedt. 8". 2 Teile. (*Ausgabe von 1851.)

***Hauber**, Carl Friedrich, Chrestomatia geometrica continens Euclidis elementorum principium graece usque ad libri primi propositionem XXVI et ad illud Graeca Procli Latina Savilii aliorumque scholia cum notitiis historicis. Nebst einem Anhang aus Prof. Pfleiderers Papieren. Tübingen. 8⁰.

***Lüdicke**, August Friedrich, Zur Theorie der Parallellinien. Gilberts Annalen der Physik, Bd. 64. S. 341. *Poggendorff 1, 1517.*

Struve, K. L., Theorie der Parallellinien. Königsberg. 8⁰. 36 S. *Müller.*

1821.

***Creizenach**, M., Abhandlung über den elften Euklidischen Grundsatz in Betreff der Parallellinien. Mainz. 4⁰. 28 S. *Ersch. Sohnke.*

***Hauff**, Johann Karl Friedrich, Nova rectarum parallelarum theoria, editio altera supplementis aucta. Frankfurt a. M. 4⁰. VIII u. 86 S. 1 Tfl. *Ersch. Sohnke.*

Küster, J. C., Versuch einer neuen Theorie der Parallelen. Mit einer Vorrede von Hofrath Bührens. Hamm. 8⁰. 38 S. 1 Tfl.
Müller, Repertorium 2, 124.

Mönnich, B. F., Ein Versuch die Theorie der Parallellinien auf einen Grundbegriff der allgemeinen Grössenlehre zurückzuführen. Berlin. 8⁰. 56 S. 2 Tfl. *Ersch. Hill.*

Sulla teoria delle parallele e su quella delle figure equivalenti. Gazetta di Bologna 1821, No. 38. Bologna. *Riccardi.*

1822.

***Fries**, Jacob Friedrich, Die mathematische Natur-Philosophie nach philosophischer Methode bearbeitet. Heidelberg. 8⁰. *Wahl.*

*[**Gaufs**, Carl Friedrich], Besprechung von C. R. Müller (1822). Göttingische Gelehrte Anzeigen. 1822. Stück 73. S. 1725—1728.

***Lüdicke**, August Friedrich, Rein geometrische Theorie der Parallellinien. Gilberts Annalen der Physik. Bd. 72. S. 423. *Poggendorff 1, 1517.*

***Metternich**, Matthias, Vollständige Theorie der Parallellinien, oder geometrischer Beweis des eilften Euklidischen Grundsatzes. Zweite umgearbeitete Auflage. Mainz. 8⁰. XX u. 41 S. *Hill.*

***Müller**, Carl Reinhard, Theorie der Parallelen. Marburg. 4⁰. IV u. 40 S. 1 Tfl. *Hill.*

1823.

Huber, Daniel, Nova theoria de parallelarum rectarum proprietatibus. Basel. 8⁰. 40 S. *Müller, Repertorium 3, 66.*

*Legendre, Adrien Marie, Élémens de géométrie. XII. éd. Paris. 8⁰.

*Paucker, Magnus Georg, Die ebene Geometrie der geraden Linie und des Kreises oder die Elemente. Königsberg. 8⁰. *Hitt.*

*Wahl, Friedrich Wilhelm Ludwig, Dissertatio mathematica, symbolas ad epicrisin theoriarum parallelas spectantium continens. Particula 1. Insunt IV theoriae carumque censura. Jena. 4⁰. VIII u. 44 S. 1 Tfl. *Hitt.*

1824.

Bensemann, Johann David, Dissertatio de undecimo axiomate elementorum Euclidis, pro facultate legendi. Halle a. S. 8⁰. 50 S. 1 Tfl. *Sohnke.*

*Camerer, Johann Wilhelm, Euclidis elementorum libri sex priores, graece et latine, commentario e scriptis veterum ac recentiorum mathematicorum illustrati. Vol. I. Berlin. 8⁰. *Riccardi.*

*Foex, Mémoire relatif à la théorie des parallèles. Rapport fait par MM. Ampère et Cauchy. Bulletin des Sciences mathématiques publié par Férussac. Paris. 8⁰. t. I. S. 70. *Hitt.*

*Jacobi, Carl Friedrich Andreas, De undecimo Euclidis axiomate judicium, cui accedunt pauca de trisectione anguli. Jena. 8⁰. 54 S. 1 Tfl. *Hitt.*

*Laplace, Pierre Simon, Exposition du système du monde. 5. édition. Paris. 4⁰. Livre V, chap. 5. Note. *Delbœuf, Revue philosophique, t. 36. Paris 1893.*

*Stein, Johann Peter Wilhelm, Examen de quelques tentatives de théorie des parallèles. Annales de Gergonne. Nismes. 4⁰. t. XV. S. 77—89. t. XVI. S. 45—64, S. 257—261. *Riccardi.*

*Essai de démonstration du principe qui sert de fondement à la théorie des parallèles. Annales de Gergonne. Nismes. 4⁰. t. XIV. S. 269. *Riccardi.*

1825.

Colburn, W., Nouvelle théorie des lignes parallèles. Boston Journal of Philosophy and the Arts. Oct. 1825. S. 81, Juni 1826. S. 490. *Annales de Férussac, Année 1827. S. 102.*

Hegenberg, F. A., Vollständige, auf die bekannten Elementarsätze von den geraden Linien und Winkeln gegründete Theorie der Parallellinien. Berlin. 8⁰. 46 S. 1 Tfl. *Ersch.*

*Servois, Lettre au rédacteur des Annales sur la théorie des parallèles. Annales de Gergonne, Nismes 4⁰. t. XVI. S. 223—238. *Hitt.*

*Taurinus, Franz Adolph, Theorie der Parallellinien. Köln. 8⁰. 93 S. 3 Tfl. *Ersch.*

1826.

Hoffmann, Johann Joseph Ignaz, Vermischte Aufsätze aus der Physik, Philosophie und Mathematik für Liebhaber dieser Wissenschaften: Über das Verhältniss des Parallelenproblems zur Elementargeometrie. Frankfurt a. M. 8⁰. *Hill.*

Minarelli, C., Dimostrazione del quinto postulato d'Euclide. Bologna. 8⁰. 20 S. 1 Tfl. *Annales de Férussac, Année 1827. S. 162.*

Müller, Johann Wolfgang, Neue Beiträge zu der Parallelentheorie, den Beweisen des Pythagoräischen Lehrsatzes und den Berechnungsarten der Pythagoräischen Zahlendreiecke. Augsburg und Leipzig. 8⁰. 71 S. *Hoffmann.*

*****Olivier,** Louis, Über den eilften Grundsatz in Euklids Elementen der Geometrie. Journal für die reine und angewandte Mathematik. Berlin. 4⁰. Bd. 1. S. 151. *Hill.*

*****Taurinus,** Franz Adolph, Geometriae prima elementa. Köln 1826. 8⁰. 76 S. 2 Tfl. (Universitätsbibliothek in Bonn.)

1827.

*****Knar,** Joseph, Über die Theorie der Parallellinien. Zeitschrift für Physik und Mathematik, herausgegeben von Baumgartner und v. Ettinghausen. Wien. Bd. 3. S. 404—439. *Hill.*

Koch, Christian Adolf, Über Parallellinien. Ein Versuch, dem Urtheil Sachkundiger gewidmet. Hamburg. 8⁰. 12 S. *Hill.*

*****Moebius,** August Ferdinand, Der barycentrische Calcul, ein neues Hülfsmittel zur analytischen Geometrie. Leipzig. (*Gesammelte Werke. Bd. I. Leipzig 1890. 8⁰. S. 176.)

Neubig, Andreas, Die Parallelentheorie. Programm. Bayreuth. 4⁰. *Schnke, Bibliotheca S. 177.*

1828.

*****Knar,** Joseph, Berichtigung seiner Ansicht von den Parallellinien. Zeitschrift für Physik und Mathematik, herausgegeben von Baumgartner und v. Ettinghausen. Wien. Bd. 4. S. 427—438.

Lampredi, Urbano, Intorno ad un passo di Euclide sulla teoria delle parallele. Giornale arcadico di Roma. t. 40. Rom. *Riccardi.*

Scorza, Giuseppe, Euclide vendicato. Neapel. *Riccardi.*

Terquem, Olry, Manuel de Géométrie. Paris. 8⁰. Note I. *Beltrami, Atti dei Lincei, 1889.*

1829.

†**Lobatschefskij,** Nikolaj Iwanowitsch, O natschalach geometrii (Über die Anfangsgründe der Geometrie). Kasaner Bote 1829 und 1830. (*Gesammelte geometrische Werke Bd. 1. S. 1—67.)

*Reinhold, H. J., Theorie des Krummzapfens nebst einem Anhange: Versuch einer rein geometrischen Begründung der Lehre von den Parallellinien. Münster. 8⁰. _{Sohnke.}

1830.
Hill, Carl Johan, Euclidis Elementorum prop. XXXII libri I. explicata. Lund. 4⁰. _{Riccardi, Saggio.}

1831.
Falck, Henrik, Practisk Lärobok i Geometrien och Trigonometrien med strängt bevis i läran om parallela linier. Upsala. _{Hill.}

*Lehmann, Jacob Wilhelm Heinrich, Anfangsgründe der höheren Mechanik, nach der antiken rein geometrischen Methode bearbeitet. Berlin. 8⁰. _{Hill hat 1839.}

1832.
*Bolyai, Johann, Appendix scientiam spatii absolute veram exhibens: a veritate aut falsitate Axiomatis XI Euclidei (a priori haud unquam decidenda) independentem; adjecta ad casum falsitatis, quadratura circuli geometrica. 8⁰. 28 S. Anhang zu: Wolfgang Bolyai, Tentamen juventutem studiosam in elementa matheseos ... introducendi. T. 1. Maros Vásárhely.

Doppler, Christian, Beiträge zur Parallelentheorie. Jahrbücher des K. K. polytechnischen Instituts in Wien, herausgegeben von J. C. Prechel. Band XVII. Wien. _{Bürger 1833.}

*Steiner, Jacob, Systematische Entwickelung der Abhängigkeit geometrischer Gestalten von einander. Berlin. 8⁰. (*Gesammelte Werke, Bd. 1. Berlin 1886. 8⁰. S. 240.)

1833.
Bürger, J. A. P., Vollständig erwiesene, von den ältesten Zeiten bis jetzt noch unberichtigt gewesene Theorie der Parallellinien, nebst einer Critik mehrer bisher erschienener Paralleltheorien und Anführung anderer neuerfundener geometrischer Gegenstände. Heidelberg. 8⁰. XII u. 208 S. 2 Tfl. _{Sohnke.}

Ekstrand, Johan, Lärobok i Geometriens Elementer. Teil 1. Jönköping. _{Hill.}

*Legendre, Adrien Marie, Réflexions sur différentes manières de démontrer la théorie des parallèles ou le théorème sur la somme des trois angles du triangle. Mémoires de l'Académie des Sciences. Paris. 4⁰. t. XII. S. 367—410. _{Riccardi.}

Thompson, Thomas Perronet, Geometry without axioms, or the first books of Euclid's elements with alterations and notes; and an intercalary book, in which the straight line and plane are derived from properties of the sphere, with an appendix containing notices of methods proposed for getting over the difficulty in the 12th axiom of Euclid. London. 8°. Riccardi.

Wiessner, Gottfried, Beweis über Parallellinien oder dass alle drei Winkel eines jeden Dreieckes zusammen genommen zwei rechten Winkeln gleich sind. 2. Auflage. 8°. 1 Tfl. Sohnke, Bibliotheca S. 197.

1834.

*** Bürger,** J. A. P., Neu aufgefundener Beweis von dem seit 21 hundert Jahren unberichtigt gewesenen eilften Euklidischen Grundsatze in der Geometrie in Betreff der Parallelentheorie. Heidelberg. 8°. 16 S. 1 Tfl. Sohnke. Riccardi nennt als Verfasser irrtümlich: Dessen (?).

*** Metzing.** S., Beweis des eilften Euklidischen Grundsatzes. Berlin. 8°. 43 S. 1 Tfl. Sohnke.

*** Swinden,** Jan Hendrik van, Elemente der Geometrie, übersetzt von C. F. A. Jacobi. Jena. 8°.

1835.

Bürger, J. A. P., Rettung meiner Ehre. Vertheidigungsschrift. Heidelberg. 8°. Sohnke, Bibliotheca S. 142.

***[Crelle,** August Leopold], Théorie des parallèles. Journal für die reine und angewandte Mathematik. Berlin. 4°. Band 11. S. 198. Sohnke.

*** Hill,** Carl Johan, Conatus theoriam parallelarum stabiliendi praecipui, quos recensuit novisque superstruxit fundamentis atque auxit Auctor. Pars 1. [P. 2. 1843. P. 3—5. 1844]. Lund. 4°. Im Ganzen: 72 S. 2 Tfl.

† **Lobatschefskij.** N. I., Woobrashajemaja geometrija (Imaginäre Geometrie). Gelehrte Schriften der Universität Kasan. 1835. (*Gesammelte geometrische Werke Bd. 1, S. 71—120.)

† **Lobatschefskij,** N. J., Nowyja natschala geometrii s polnoj teorijej parallelnych (Neue Anfangsgründe der Geometrie mit einer vollständigen Theorie der Parallelen). Gelehrte Schriften der Universität Kasan. 1835—1838. (*Gesammelte geometrische Werke, Bd. 1, S. 249—486.)

1836.

Gaudain, Lettre à M. van Tenac sur la théorie des parallèles. Annales maritimes et coloniales. Nov. 1836. Sohnke.

Hennig, Karl August, Neue Begründung der Parallelentheorie. Nürnberg. 4⁰. 16 S. 2 Tfl. *Sohnke.*
Kaiser, Ignaz, Versuch die Theorie der parallelen Linien streng nachzuweisen. Wien. 8⁰. 32 S. 2 Tfl. *Sohnke.*
Lampredi, Urbano, Tentativo di una nuova teorica elementare delle linee perpendiculare, obblique e parallele. Seconda edizione. Neapel. 32 S. 1 Tfl. *Sohnke, Bibliotheca S. 168.*
Lemonnier, Nouvelle théorie des parallèles. Annales maritimes et coloniales. Juli 1836. *Sohnke.*
† **Lobatschefskij, N. I.,** Primjenjenije woobrashajemoj geometrii k njekotorych integralach (Anwendung der imaginären Geometrie auf einige Integrale). Gelehrte Schriften der Universität Kasan. 1836. (*Gesammelte geometrische Werke Bd. 1, S. 121—218.)
Thomson, Thomas Perronet, Géométrie sans axiomes, ou le premier livre des Élémens d'Euclide démontré d'une manière complètement rigoureux. 5. édit., traduit de l'anglais par van Tenac. Paris. 8⁰. *Sohnke, Bibliotheca S. 192.*
Van Tenac, Nouvelle théorie des parallèles. Annales maritimes et coloniales. Mai 1836. *Sohnke.*

1837.

Gräf, Carl, Der Satz von der Winkelsumme des Dreiecks ohne Hilfe der Parallellinien bewiesen. Ein Beitrag zur Gründung des elften Grundsatzes des Euclides und die darauf ruhende Theorie der Parallellinien. Rudolstadt. 8⁰. 16 S. 1 Tfl. *Sohnke, Bibliotheca S. 151.*
Horn, Das Parallelenproblem. Programm. Glückstadt. *Schotten 2. 226.*
*Lobatschefskij, Nikolaj Iwanowitsch, Géométrie imaginaire. Journal für die reine und angewandte Mathematik. Berlin. 4⁰. Bd. 17. S. 295. (*Gesammelte geometrische Werke, Bd. 2, S. 581.)
Wiessner, Gottfried, Begründung der Parallelentheorie, auf den ohne Beihilfe der Parallellinien geführten Beweis, dass die Winkelsumme eines jeden Dreiecks zwei rechten Winkeln gleich sei. Jena. 8⁰. 13 S. 1 Tfl. *Sohnke.*

Alphabetisches Verzeichnis
der im Litteraturverzeichnis vorkommenden Autoren.

Hinter jedem Autor ist zunächst, soweit sie sich ermitteln liefs, die Lebenszeit angeführt. Die darauf folgenden *cursiv* gedruckten Zahlen bedeuten die Jahre des Erscheinens der einzelnen Schriften.

Abreu, Joao Manuel de (1754—1815) *1809*.
Alembert, Jean le Rond d' (1717—1783) *1759, 1789*.
Anders] *1790*.
Arnauld, Antoine (1612—1694) *1667*.
Austin, William (1754—1793) *1781*.

Barozzi, Francesco (* 1538) *1560*.
Behn, Daniel *1761* siehe Hagen.
Belli, Silvio († 1575) um *1570*.
Benda vid, Lazarus (1762—1832 *1786*.
Bensemann, Johann David (Gymnasiallehrer in Cöslin) *1824*.
Bertrand, Louis 1731-1812) *1778, 1812*.
Bezout, Étienne (1730—1783) *1770*.
Binder, Benjamin Gottlob *1751* siehe Hanke.
Boehm, Andreas (1720—1790) *1771*.
Bolyai, Johann (1802—1860) *1832*.
Bolzano, Bernhard (1781—1848) *1804*.
Bonnycastle, John (1750?—1821 *1789*.
Borelli, Giovanni Alfonso (1608—1679) *1658*.
Boscovich, Ruggiero Giuseppe (1711—1787) *1752*.
Bossut, Charles (1730—1814) *1775*.
Brunacci, Vincenzio (1768—1818) *1811*.
Bürger, J. A. P. *1816, 1820, 1833, 1834, 1835*.
Büsch, Johann Georg (1728—1800) *1775*.

Cagnazzi, Lucca *1790*.
Camerer, Johann Wilhelm 1763-1847) *1824*.
Camus, Charles Étienne Louis (1699—1768) *1750*.
Carnot, Lazare Nicolaus Marguerite (1753—1823) *1803*.
Castillon (Castiglione), Giovan (1708—1791) *1792*.

Cataldi. Pietro Antonio († 1626) *1603, 1603, 1604*.
Clairaut, Alexis Claude (1713—1765) *1741*.
Clavius, Christoph (1537—1612) *1574*.
Colburn, W. *1825*.
Creizenach, M. *1821*.
Crelle, August Leopold (1780—1855) *1816, 1835*.

Desargues, Girard (1593—1662) *1639*.
Doppler, Christian (1803—1853) *1832*.
Duttenhofer, Jacob Friedrich *1813*.

Ebert, Johann Jacob (1737—1805) *1792*.
Eichler, Caspar *1786*.
Ekstrand, Johan 1787—1862 *1833*.
Euklid (um 300 v. Chr.) *1482*.
Exley, Thomas *1818*.

Falck, Henrik (1791—1866) *1831*.
Felkel, Anton (* 1740) *1781*.
Flauti, Vincenzo *1818*.
Foex *1824*.
Fourier, Jean Baptiste Joseph (1768—1830) *1795*.
Franceschini, Francesco Maria (1756—1840) *1787*.
Fries, Jacob Friedrich (1773—1843) *1822*.

Gaudain *1836*.
[Gaufs, Carl Friedrich] (1777—1855) *1816, 1822*.
Geldern, Jacob van (1785—1848), *1806, 1810*.
Gensichen, J. F. *1786*.
Gergonne, Joseph Diez (* 1771) *1812*.
Gerling, Christian Ludwig (1788—1864) *1820*.
Gestrin, Martin (1594—1648) *1637*.
Gilbert, Ludwig Wilhelm (1769—1824) *1798*.

Giordano da Bitonto, Vitale (1633—1711) *1680, 1686.*
Gräf, Carl *1837.*
Grashof, Friedrich Carl August *1866.*
Guarini, Guarino (1624—1683) *1671.*
Guldin, Paul (1577—1643) *1641.*
Gumaelius, Samuel (1776—1849) *1801.*
Guntz *1815.*

Hagen, Johann Jacob von *1761.*
Hanke, F. G. *1751.*
Hauber, Carl Friedrich (1775—1851) *1820.*
Hauff, Johann Karl Friedrich (1766—1846) *1793, 1799, 1803, 1807, 1819, 1821.*
Hausen, Christian August (1693—1743) *1734.*
Hauser, Matthias *1780.*
Hegenberg, F. A. *1825.*
[Hollwag, Christoph Friedrich] (1754—1835) *1818.*
Hennig, Karl August *1836.*
Herrmann, Christian Alois *1813.*
Hessling, C. W. *1818.*
Hill, Carl Johan Danielsson (1793—1875) *1830, 1835.*
Hindenburg, Karl Friedrich (1741—1808) *1781, 1786, 1799.*
Hobbes, Thomas (1588—1679) *1655, 1656.*
Hoffmann, Johann Joseph Ignaz (1777—1866) *1801, 1807, 1816, 1826.*
Hofmann *1786.*
Horn *1837.*
Huber, Daniel (1768—1829) *1823.*

Ide, Johann Joseph Anton (1775—1806) *1803.*

Jacobi, Carl Friedrich Andreas (1795—1855) *1824, 1834* siehe Swinden.
Jacques, Matthieu Joseph (1736—1821) *1804.*

Kaestner, Abraham Gotthelf (1719—1800) *1758, 1763* siehe Klügel, *1790, 1796.*
Kaiser, Ignaz *1836.*
Karsten, Wenceslaus Johann Gustav (1732—1787) *1758, 1760, 1778, 1786.*
Kepler, Johann (1571—1630) *1604.*
Kosaer, Franz Xaver von (1740—1804) *1778.*
[Kircher, Adolf] *1803.*
Kjellin, Carl Erik (1776—1844) *1815.*
Klügel, Georg Simon (1739—1812) *1763, 1808.*
Knar, Joseph *1827, 1828.*
Koch, Christian Adolph *1827.*
Koenig, C. G. *1758.*

Koenig, Georg Ludwig (1766—1849) *1819.*
Kraft, Georg Wolfgang (1701—1751) *1752, 1753.*
Krause, Karl Christian Friedrich (1781—1832) *1802.*
Küster, J. C. *1821.*

La Chapelle, de (1710—1792) *1746.*
Lacroix, Sylvestre François (1765—1843) *1803, 1805.*
Lambert, Johann Heinrich (1728—1777) *1786 (1766)*
Lampredi, Urbano (1761—1838) *1828, 1836.*
Langsdorf, Karl Christian (1757—1834) *1797, 1802, 1818* siehe Mayer.
Laplace, Pierre Simon (1749—1827) *1824.*
Legendre, Adrien Marie (1752—1833) *1794, 1823, 1833.*
Lehmann, Jacob Wilhelm Heinrich (* 1800) *1831.*
Lemonnier *1836.*
Lindquist, Johann Henrik (1743—1798) *1789.*
Lobatschefskij, Nikolaj Iwanowitsch (1793—1856) *1829, 1835, 1835, 1836, 1837.*
Lorenz, Johann Friedrich (1738—1807) *1791.*
Lüdicke, August Friedrich (1748—1822) *1816, 1817, 1819, 1820, 1822.*
Luino, Francesco (1740—1792) *1772.*

Malézieu, Nicolas de (1650—1727) *1715.*
Mayer, Johann Tobias (1752—1830) *1797* siehe Langsdorf, *1818.*
Metternich, Matthias (1758—1825) *1815, 1822.*
Metzing, S. *1834.*
Minarelli, C. *1826.*
Moebius, August Ferdinand (1790—1868) *1827.*
Mönnich, B. F. *1821.*
Montucla, Jean Étienne (1725—1799) *1758, 1799.*
Müller, Carl Reinhard (* 1774) *1822*
Müller, Johann Wolfgang (* 1765) *1819, 1826.*

Nasir-Eddin (1201—1274) *1594, 1693 (1651).*
Neubig, Andreas (* 1780) *1811, 1827.*
Niesert, J. *1806* siehe Simson.

Ohm, Martin (1792—1872) *1819.*
Ohm, Georg Simon (1787—1854) *1817.*
Oliver of Bury, Thomas *1604.*
Olivier, Louis *1826.*
Ourrier, Carl Sigmund *1808.*

Pagnini, Joseph Maria *1783, 1794.*
Pardies, Ignace Gaston (1636—1673) *1671.*
Patricio, Francesco (1529—1597) *1587.*
Paucker, Magnus Georg (1787—1855) *1823.*
Peletier, Jacques (1517—1582) *1557.*
Peyrard, François (1760—1822) *1814.*
Playfair, John (1748—1819) *1797.*
Proklos (410—485) *1533, 1560* siehe Barozzi.

Ramus, Petrus (1515—1572) *1569.*
Reder, J. M. *1806* siehe Simson.
Rehbein, J. H. F. *1795.*
Reinhold, H. J. *1829.*
Rosenback *1789* siehe Lindquist.

Saccheri, Girolamo (1667—1733) *1733.*
[Saladini, Girolamo] (1731—1813) *1795.*
Sauveur, Joseph 1653—1716 *1753.*
Savile, Henry 1549—1622 *1621.*
Scheibel, Johann Ephraim (1736—1809) *1807.*
Scherffer, Karl (1716—1783) *1770.*
Schmidt, Georg Gottlieb (1768—1837) *1797.*
Schötteringk, M.W. von *1790, ? 1799.*
Schübler, Christian Ludwig (1754—1820) *1788.*
Schultz, Johann (1739—1805) *1780, 1784, 1786.*
Schwab, Johann Christian *1801, 1808, 1814.*
Schweikart, Ferdinand Karl (1780—1859) *1807.*
Scorza, Giuseppe 1781—1844 *1828.*
Segner, Johann Andreas (1704—1777) *1739, 1747.*
Servois *1825.*
[Seyffer, Karl Friedrich] (1762—1822) *1801.*
Simpson, Thomas (1710—1761) *1747.*

Simson, Robert (1687—1768) *1756, 1775, 1806.*
Stein, Johann Peter Wilhelm (1795—1831) *1824.*
Steiner, Jacob (1796—1863) *1832.*
Strömer, Mårten (1707—1770) *1744.*
Struve, K. L. *1820.*
Suzanne, P. H. *1810.*
Swinden, Jan Hendrik van (1746—1823) *1790, 1834.*

Tacquet, Andrea (1612—1660) *1654.*
Taurinus, Franz Adolph (1794—1874) *1825, 1826.*
Terquem, Olry (1782—1862) *1828.*
Thibaut, Bernhard Friedrich (1775—1832) *1809.*
Thompson, Thomas Perronet (1783—1869) *1833, 1836.*

Valerio, Luca (1552?—1618) *um 1613.*
Van Tenac *1836.*
Varignon, Pierre (1654—1722) *1731.*
Venturi, Giambattista (1746—1822) *1784.*
Vermehren, Carl Christian Hermann *1816.*
Voigt, Johann Heinrich (1751—1823) *1789, 1791.*
Voit, Paul Christian *1802.*

Wachter, Friedrich Ludwig *1817.*
Wahl, Friedrich Wilhelm Ludwig (1795—1831) *1823.*
Wallis, John (1616—1703) *1693 (1663), 1693.*
Wiessner, Gottfried *1833, 1837.*
Wildt, Johann Christian Daniel 1770—1844 *1795, 1801.*
Wolff, Christian (1679—1754) *1710, 1715, 1797* siehe Langsdorf, *1818* siehe Mayer.

Verfasser unbekannt oder zweifelhaft: *1799, 1818, 1819, 1821, 1824.*

Nachträge und Berichtigungen.

Euklid.

S. 4, Z. 9 v. o. sind hinter: „Er machte selbst einen Versuch," die Worte einzuschalten: „dessen Mangelhaftigkeit schon Saccheri (Seite 75—76 dieses Buches) dargethan hat. Noch weiter von Euklid entfernte sich Ptolemaeus".
S. 5 ist am Ende der Litteratur hinzuzufügen:
Tannery, P., La géométrie grecque. Comment son histoire nous est parvenue et ce que nous en savons. Paris 1887.

Wallis.

S. 17, Z. 6 v. u. muss es heifsen „Kaestner" statt „Kästner".
S. 18, Z. 14 v. o. ist die Anmerkung hinzuzufügen:
„Dafs Ramus auf die Bedeutung des Euklidkommentars von Proklos aufmerksam macht, während er Untersuchungen über die Grundlagen der Geometrie verwirft, könnte als ein Widerspruch erscheinen. In Wahrheit ist beides die Folge seines Bestrebens, die Fesseln der Überlieferung zu brechen. Ramus konnte für seinen Grundsatz: *Nulla auctoritas rationis, sed ratio auctoritatis regina dominaque esse debet* (Scholae mathematicae lib. III) sich sehr gut auf Proklos berufen; hatte doch hier schon einer der Alten Euklid zu tadeln gewagt, dessen Autorität zu Ramus' Zeiten als unantastbar galt. Auf der andern Seite schien aber bei der unmittelbaren Gewifsheit, die der anschaulichen geometrischen Erkenntnis zukommt, die ratio, der gesunde Menschenverstand, zu verlangen, dafs man seine Zeit nicht an so selbstverständliche Dinge verschwende."

S. 18, Z. 17 v. u. ist einzuschalten:
„Neuerdings hat Hagen (*Synopsis der höheren Mathematik*, Bd. II. Berlin 1894. S. 7) darauf hingewiesen, dafs diese Erklärung der Parallelen bereits 1604 von Kepler benutzt worden ist (Opera omnia, ed. Frisch, Vol. II. S. 185—188), freilich, wie wir hinzufügen möchten, nur gelegentlich, während es sich bei Desargues um eine grundlegende Auffassung handelt. Sie findet sich auch, wie schon R. Baltzer in seinen Elementen (1. Aufl., Bd. 2. S. 13) bemerkt hat, bei Newton, und zwar am Schlusse des Scholium zum Lemma XVIII in der Sectio V des ersten Buches der *Philosophiae naturalis principia mathematica* (London 1687).

S. 19. Bei der Litteratur ist einzuschalten:
Barrow, J., Lectiones habitae in scholis publicis Academiae Cantabrigiensis Anno 1664. London 1683. S. 67.

Carnot, Géométrie de position. Paris An XI (1803). Art. 435.
Günther, S., Geschichte des mathematischen Unterrichtes im deutschen Mittelalter bis zum Jahre 1525. Berlin 1887.
Waddington, Pierre de la Ramée. Paris 1856.

Saccheri.

S. 35, Z. 14 v. o. Das Komma mufs nach „procul" stehen, nicht nach „Tempore".

S. 37, Z. 14 v. u. ist die Anmerkung hinzuzufügen:

„Dafs Saccheri von der unbedingten Richtigkeit der euklidischen Geometrie überzeugt war, zeigt besonders der *Appendix* seines Werkes (S. 139 bis 142), wo er zu beweisen versucht, dafs das Verhältnis von Figuren in der Ebene, also — fügen wir hinzu — auch der Inhalt einer solchen Figur, sich nur dann ermitteln lasse, wenn vorher das Parallelenaxiom begründet sei."

Wir führen noch einige Stellen aus dem Appendix an:

(139) „Hier möge noch die Bemerkung Platz finden, dafs man durch die Analysis nicht ermitteln kann, in welchem Verhältnisse eine beliebig gegebene Figur, selbst wenn sie geradlinig ist, zu irgend einer andern gegebenen geradlinigen Figur steht, so lange man nicht voraussetzt, dafs jenes Euklidische Axiom, von dem die Lehre von den Parallelen abhängt, schon begründet worden ist.

„Beweis. Ich schicke voraus, dafs die Analysis und die gewöhnliche Arithmetik alle Regeln der Addition, Subtraktion, [Multiplikation,] Division und Wurzelausziehung gemeinsam haben, sobald man nämlich die niedrigste Art des Seienden begründet hat und sich dann ganz auf diese Art beschränkt. Will man jedoch von einer Art zu einer andern übergehen, zum Beispiel (durch Multiplikation, das heifst durch Verknüpfung*) irgend einer geraden Linie mit einer andern geraden Linie) von der blofsen Länge zu der ebenen Fläche, darauf in ähnlicher Weise von dieser (indem man sie wiederum mit einer
140 geraden Linie multipliciert) zu einem Körperraume von drei Abmessungen und, indem man so aufsteigt, durch neue Multiplikationen zu den denkbaren höheren Stufen von noch mehr Abmessungen**), wobei Entsprechendes für die Division gilt, vermittelst deren man zu den niedrigeren Stufen herabsteigt — dann bin ich fest überzeugt, dafs die Analysis keinen Grundsatz liefern kann, auf den sich die Rechnungen stützen lassen, die sie vorschreibt, damit man das richtige Ergebnis erhält."

Saccheri denkt sich zuerst in den Endpunkten einer Grundlinie von der Länge 1, darauf in den Endpunkten einer Grundlinie von der Länge 2 jedesmal Lote von der Länge 1 errichtet und die Endpunkte durch Gerade verbunden, und bemerkt, man könne nur dann zeigen, dafs sich diese Figuren wie ihre Grundlinien verhalten, wenn jene Verbindungsgeraden mit dem Orte der Punkte gleicher Entfernung von den Grundlinien zusammenfallen. Wir teilen hier nur noch den Schlufs seiner Auseinandersetzungen mit:

„Darum halte ich schliefslich dafür, dafs man immer die Geometrie zu

---

*) [Im Original steht: „per multiplicationem seu ductum."]
**) [Im Original heifst es: „ad altiores conceptibiles gradus plurium dimensionum."]

Hilfe nehmen mufs, die ja, sobald jenes Euklidische Axiom begründet ist, die Beschaffenheit solcher [Verbindungs-]Linien feststellt."

S. 38, Z. 11—14 v. o. mufs lauten:
„und der Grenzgeraden, das heifst der Geraden, die zwischen den schneidenden und den nicht schneidenden die Grenze bilden, in aller Strenge nachgewiesen. Er hat auch schon den Ort der Punkte betrachtet, die von einer Geraden gleichweit entfernt sind." Die Worte: „und ist ... gelangt" sind zu tilgen.

S. 40. Bei der Litteratur ist einzuschalten:
Cordara, Giulio Cesare, Vita del padre Tomaso Ceva in den: Vite degli Arcadi illustri, t. V. Rom 1751. S. 142—143.
Halsted, George Bruce. Die Übersetzung des Euclides ab omni naevo vindicatus ist inzwischen in dem Jahrgange 1895 des American Mathematical Monthly S. 10, 42—43, 67—69, 108-109, 144—146 bis Lehrsatz XVIII (im Urtext bis S. 26) fortgeschritten.

S. 53, Z. 1 v. u. fehlt hinter „anwenden" die eckige Klammer.

S. 109, Z. 1 v. u. fehlt hinter „S. 98" der Punkt.

S. 117, Z. 1, 2 v. u. Weitere Nachforschungen, bei denen wir uns der gütigen Unterstützung des Herrn Hofrat Förstemann in Leipzig zu erfreuen hatten, haben Folgendes ergeben. In dem Werke: Micraelius, J., Lexicon Philosophicum. Jena 1653 heifst es S. 608:
„Ly est terminus scholasticorum, quo denotatur acceptio vocis materialis: ut Ly Mus est monosyllabum, Nos dicimus τὸ Mus est monosyllabum."
Die Entstehung dieser Bezeichnung ist damit freilich noch nicht erklärt.

Lambert.

S. 147, Z. 13 v. u. statt „sieben" lies „acht".

S. 148, Z. 6 v. o. ist hinzuzufügen:
„und auch C. F. Camerer, den wir dort ebenfalls erwähnten, hat dieselbe Bemerkung gemacht."

S. 148, Z. 16 v. o. ist hinzuzufügen:
„Jedoch hat F. A. Taurinus in seinen Geometriae prima elementa (Köln 1826), ohne Lamberts Theorie der Parallellinien zu kennen, bemerkenswerte Untersuchungen angestellt, in denen Lamberts Vermutung in betreff der imaginären Kugel ihre Bestätigung findet."

S. 151. Bei der Litteratur ist einzuschalten:
Camerer, C. F., Euclidis elementa graece et latine, commentariis instructa, ed. Camerer et Hauber. Bd. 1. Berlin 1824. S. 425 426.

S. 188, 189 Anm. Der Beweis für das immer stumpfer werden der Winkel läfst sich im Lambertschen Stile folgendermafsen führen:
In Fig. XIX (S. 189) seien in E, B, D und J rechte Winkel, zu beweisen ist, dafs $JPD > JNB$. Man mache $EG = EB$ und ziehe durch G die Senkrechte GL, dann ist $JLG = JNB$ und $LG = NB$ (§. 52). Halbiert man GD in A, richtet AM senkrecht auf und legt die Figur längs AM zu-

sammen, so fällt L in p über P, da $GL = BN > DP$ ist (§. 57), demnach wird $MPD > MpD$ und also auch $JPD > JNB$.

Auf eine ähnliche Art wird in §. 69 verfahren.

Gaufs.

S. 213, Z. 15 v. o. ist die Anmerkung hinzuzufügen:

Nach einer Angabe Beltramis erzählt Terquem (Manuel de Géométrie, Paris 1828), dafs ihm Legendre diesen Satz bereits im Jahre 1808 brieflich mitgeteilt habe.

S. 217, Z. 1 v. u. statt „letzten" lies: „nächsten".

S. 222, Z. 8 v. u. statt „anderen" lies: „andern".

S. 231, Z. 3 v. u. statt „*Arnaud*" lies „*Arnauld*".

Verzeichnis
der im Texte erwähnten oder besprochenen Autoren*).

Die *cursiv* gedruckten Seitenzahlen beziehen sich auf die Litteraturangaben am Schlusse der Einleitungen zu den hier mitgeteilten Schriften und auf die Nachträge.

d'Alembert, J., nennt die Parallelentheorie das Ärgernis der Elementargeometrie 211, *218*.

Anding, E., über Lambert *151*.

Apollonius benutzt Euklid als Grundlage 45.

Archimedes benutzt Euklid als Grundlage 45.

Arnauld, A., verwendet *Winkelräume* zum Beweise der fünften Forderung 231.

Backer, Augustin und Alois de, über Saccheri *40*.

Baltzer, R. erwähnt eine noch nicht veröffentlichte Abhandlung von Gaufs über die Erklärung der Ebene 226, macht auf Bolyai und Lobatschefskij aufmerksam 239, *253*; erwähnt Newtons Erklärung paralleler Geraden 317.

Barozzi, F. übersetzt Proklos 17.

Barrow, J., Bezeichnung in den Figuren 65, bekämpft Ramus *317*.

Bartels, J. M. C., mit Gaufs befreundet, Lehrer von Lobatschefskij 242, *253*.

Battaglini G. übersetzt J. Bolyai 239, *253*.

Beez, R., imaginäre Kugel *151*.

Beltrami, E., Saccheri precursore di Lobatschefskij III, 39, *40*.

Bernoulli, Daniel, Briefwechsel mit Lambert verloren gegangen 150.

Bernoulli, Johann I, Bezeichnung in den Figuren 65.

Bernoulli, Johann III, giebt Lamberts Theorie der Parallellinien heraus 141, kauft Lamberts Nachlafs 148, Subskription auf Lamberts hinterlassene Schriften 149, begründet mit C. F. Hindenburg das *Magazin für die reine und angewandte Mathematik*, IV, 149.

Bernoulli, Paul, einziger Enkel von Johann III: 150.

Bertrand, L., verwendet *Winkelräume* zum Beweise der fünften Forderung 231, 240.

Bessel, F. W., erwähnt Lambert 148, 227, Gaufs und B., Briefe 1829 und 1830: 226—227.

Bilfinger, B. G., verbessert Chr. Wolff 156.

Biot, J. B., Unterhaltungen mit Lagrange 211.

Bolyai, Johann, Schöpfer der nichteuklidischen Geometrie III, 215, *218*, B. und Saccheri 37, *Leben und Schriften* 241—243, B. und Taurinus 246, *252*.

Bolyai, Wolfgang, Axiom 143, *260*; imaginäre Kugel 146, *151*; 215, 217, Brief von Gaufs an B. 219, *Leben und Schriften* 241—243.

Borelli, J. A., neue Erklärung der *Parallelen* 38, Einflufs auf Saccheri 38, von Saccheri geprüft 76—82.

Bunjakofskij, Kritik Legendres *218*.

Caesar, Caius Julius, Saccheri mit Caesar verglichen *40*.

Camerer, J. W., erwähnt Saccheri 39, *40*, erwähnt Saccheri und Lambert 248, *319*.

Cantor, M., über Euklid 5, über Wallis und Naṣîr Eddîn *29*, über G. Ceva

---
*) Die im Litteraturverzeichnis, S. 293—313, angeführten Autoren sind hier nicht aufgenommen, da von ihnen bereits S. 314—316 ein alphabetisches Verzeichnis gegeben worden ist.

und J. A. Borelli *10*, über Kaestner *151*.

Carnot, L., ersetzt das *Parallelaxiom* durch das Princip der *Ähnlichkeit* 19, *318*.

Castillon, G., über Euklid, Proklos und Nasir-Eddin *19*.

Cataldi, P. A., Erste Schritt über die Parallelentheorie als solche *18*.

Ceva, Giovanni, Verkehr mit Saccheri 31, Vorläufer von Moebius 36.

Ceva, Tommaso, Verkehr mit Saccheri 34, *319*, besingt Saccheri 35, *40*, regt Saccheris *Neostatica* an 36.

Cicero, Marcus Tullius, von Lambert erwähnt 142, 158.

Clairaut, A., gründet die Elementargeometrie auf das *Rechteck* 18, *19*; Euklid und die Sophisten 158.

Clavius, Chr., Euklid-Kommentar 17, *19*, 45, 139; merkwürdige Figur 17f.; widerlegt Proklos 75f.; sein Axiom 78, von Saccheri geprüft 81—82.

Cordara, G. C., über Saccheri *319*.

Coste, Prediger in Leipzig, widerlegt Hausen 139.

Crelle, A. L., über die Erklärung der Ebene 227.

Deahna, über die Erklärung der *Ebene* 226.

Delbœuf, J., über das Princip der *Ähnlichkeit* 19, *19*.

Desargues, G., neue Erklärung der *Parallelen* 18, *20*, *317*.

Eckwehr, J. W. von, Lehrer von J. Bolyai 241.

Engel, F., übersetzt Wassiljefs Rede vom 22. Oct. 1893: *254*.

Erb, über die Erklärung der *Ebene* 227.

Erdmann, B., über die Axiome der Geometrie *218*.

Erhardt, S., über Lambert *151*.

Euklid, IV, *Einleitung und Litteratur* 3—5, erstes Buch der Elemente 6—14, von Wallis verteidigt 21—29, 29, 30, von Saccheri verteidigt 15—47, 77f., 84; Lambert über Euklids Verfahren 141—142, Lambert über Euklids Absichten 152—162.

Euler, L., VI.

Ferrari, G., über Saccheri *40*.

Förstemann unterstützt unsere Nachforschungen über die Bedeutung von „Ly" (S. 117) *319*.

Foncenex, Daviet de, hyperbolische Trigonometrie 147, *151*; Parallelogramm der Kräfte 212, *218*.

Formey, J. H. S., 3 Briefe Lamberts an F. 150, Rede auf Lambert *151*.

Forti, A., überläfst uns eine Abschrift der Aufzeichnungen Gambaranas VI, 34; übersetzt Fr. Schmidts Notice sur W. et J. Bolyai *254*.

Fourier, A., neue Erklärungen der *Geraden* und der *Ebene* 211, *218*.

Franceschini, Fr., versucht die fünfte Forderung zu beweisen 214.

Friedlein, E., giebt Proklos heraus 5.

Frischauf, J., bearbeitet die nichteuklidische Geometrie J. Bolyais 239, *253*.

Fürer, A., Stiefbruder von Taurinus, überläfst uns zwei Briefe von Schweikart und einen von Gauss an Taurinus, macht uns auf die *Elementa* des Taurinus aufmerksam VIf., 244, 251f.

Galilei, G., von T. Ceva und Saccheri angegriffen 36.

Gambarana, Fr., Aufzeichnungen über Saccheri VI, 34—36.

Gauss, C. F., III, 146, *Einleitung und Litteratur* 211—218, seine bis jetzt gedruckten Äuserungen über die Parallelentheorie 219—236; F. Kleins Vermutungen über das Verhältnis von Lobatschefskij und Bolyai zu G.; 242—243; Brief an Gerling über Schweikart 1819) 246, Brief an Taurinus (1824) 249—250, G. und Schweikart 252; 281.

Genocchi, A., über Foncenex *218*.

Gergonne, J. D., über Legendres analytischen Beweis für den Satz von der Winkelsumme des Dreiecks *20*.

Gerling, Ch. L., über die Erklärung der *Ebene* 227, Brief von G. an W. Bolyai über Schweikart (1851) 243—244, Brief von Gauss an G. über Schweikart 1819) 246.

Giordano da Bitonto, V., merkwürdige Figur 18, verlangt, dafs man das Vorhandensein äquidistanter Geraden beweise 33—34, 38, *40*; seine Figur auch bei Saccheri 77.

Graf, M., über Lambert *151*.

Grafsmann, H., VII.

Grunert, J., über Gaufs, Lobatschefskij und Bolyai *253*.

Guldin, P., Neue Formulierung des Axioms von Clavius 38, *40*.

Günther, S., über Riccati, Foncenex und Lambert *151*, über Foncenex und Lagrange *218*, über Seyffer *218*; Euklid im Mittelalter *318*.

Hagen, J., erwähnt Keplers Erklärung paralleler Geraden *317*.

Halsted, B. G., beginnt Juni 1894 eine

Übersetzung von Saccheri zu veröffentlichen 39, *40*, *319*; über die Entwickelung der nichteuklidischen Geometrie *218*; übersetzt Lobatschefskij und Bolyai 239, *253*.
Hankel, H., über Euklids Elemente 5; über das Princip der Ähnlichkeit *20*.
Hausen, der Astronom, 231.
Hauber, C. F., Stücke aus Euklid, Proklos, Savile u. s. w. 5; vgl. Camerer.
Hauff, J. K. F., Lehrer von Schweikart 243.
Hausen, Ch., versucht die fünfte Forderung zu beweisen 139.
Heiberg, J. L., neue Euklidausgabe 4, 5; 154.
Heilbronner, J. Chr., erwähnt Saccheri 39.
Helmholtz, H., Über die Thatsachen, die der Geometrie zu Grunde liegen: III.
Hessling, C. W., über Pfaffs Ansicht in betreff des Parallelenaxioms 215, *218*.
Hindenburg, C. F., IV, über Lamberts Theorie der Parallellinien 143—144, 147, giebt mit J. Bernoulli das *Magazin für die reine und angewandte Mathematik*, allein das *Archiv für reine und angewandte Mathematik* heraus 149; *151*.
Holland, G. J. von, Brief von Lambert an H. 141.
L'Hospital über Saccheri als Geometer 36.
Hoüel, J., Mitteilung über Lagrange 211, *218*, Anmerkung über das Fehlen der Untersuchungen von Gaufs über nichteuklidische Geometrie in den Werken 230, übersetzt Lobatschefskij, Bolyai und Briefe von Gaufs und Schumacher 239, *253*.
Huber, D., über Lambert *151*.

Jacobi, C. F. A., erwähnt Saccheri 39, *40*, und Lambert 148, *151*.
Justi, K. W., über Schweikart *253*.

Kaestner, A. G., über Clavius' *Euklidkommentar* 17, sein Interesse für die Parallelentheorie 139, regt Klügels Dissertation an 140, spätere Resignation 141, 214.
Kant, J., Bedeutung für die Parallelentheorie VI, über Lambert 143, Brief Lamberts an K. über das *Imaginäre* 146, Brief Lamberts an K. über Wolffs Nominaldefinitionen 157, Schwab bekämpft K.s Ansichten über die Gewifsheit der Geometrie 221

Kepler, J., Erklärung paralleler Geraden *317*.
Klein, F., über das Verhältnis von Lobatschefskij und Bolyai zu Gaufs 242, *253*.
Klügel, G. S., über ältere Versuche in der Parallelentheorie *20*, zeigt den Fehler bei Giordano da Bitonto 34, bespricht Saccheri 39, *40*, 140, seine *Dissertation* 140—141, Brief Lamberts an K. 143, Dissertation von Lambert gelobt 155, sein Skepticismus findet Nachfolge 214.

Lagrange, J. L., versucht die fünfte Forderung zu beweisen 211—212, beeinflufst seinen Freund Foncenex 212.
Lambert, César, Schrift über *Parallelentheorie* (1859) 148.
Lambert, Johann Heinrich, IV—VI, setzt *euklidfeste* Leser voraus 4, über das Princip der *Ähnlichkeit* 19, 85, 199 ff.; zeigt, dafs man das Axiom der Stetigkeit vermeiden kann 56, 144, 187 f., 193, *319*; *Einleitung und Litteratur* 139—151, Lebenslauf 141, Theorie der Parallellinien 1766 verfafst 141—143, über Euklids Verfahren 141—142, Unzulänglichkeit des L.schen Beweises 143—144, Verhältnis zu Saccheri 144—145, Geometrie auf der *Kugel* 145, *202*, *imaginäre Kugel* 145—147, 203, 259, *151*; seine Parallelentheorie später fast ganz vergessen 147—148, Schicksale von Lamberts Theorie 148—150, *Theorie der Parallellinien* 152—*208*; 211, L. über Klügel 155, über Chr. Wolff 155—159, über Proklos 159; L. und Legendre 212—213; 215; von Bessel erwähnt 148, 227, 243; von Camerer erwähnt 248; 252, 259.
Laplace, P. S., Princip der Ähnlichkeit 19, *20*; 212, *218*.
Lefort, P. A. F., Mitteilung an Hoüel über Lagrange 211.
Legendre, A. M., analytischer Beweis für den Satz von der Winkelsumme 19, *20*; *218*; Verhältnis zu Saccheri 37—38, zu Wallis, Saccheri und Lambert 212, Bedeutung für die Geschichte der Parallelentheorie 213; Satz über die Summe der Dreieckswinkel schon 1808 gefunden 320.
Leibniz, G. W., Indicesbezeichnung 65, Geometrie der Lage von Kaestner erwähnt 140, Untersuchungen über *Parallelentheorie* aus dem Nachlafs 139, *151*.
Lepsius, J., über Lambert *151*.
Lie, Sophus, IV.
Lindemann, F., über das erste Buch von Euklids Elementen 5.

21*

Lobatschefskij, N., Schöpfer der *nichteuklidischen Geometrie*, 111, L. und Saccheri 37—39, Lambert und L. 146; *151*; seine Untersuchungen über die Parallellinien von Gauſs gelobt 216, 235; *Leben und Schriften* 240—241, *253*; L. und Gauſs 242, L. und Taurinus 246, 252, 282.
Lombardi, A., über Saccheri *40*.
Lorenz, J. F., Axiom 213; Grundriſs 244; Euklidübersetzung 247.
Loria, G., über Euklids Elemente und über P. Ramus *20*.
Lübsen, H. B., versucht das Parallelenaxiom zu beweisen 236.

Maier, L., über Proklos 5, erwähnt Saccheri 39, *40*.
Manganotti, A., will Saccheris Schriften neu herauszugeben 39.
Mansion, P., über Saccheri *40*, über Fourier *218*.
Metternich, M., sein Beweisversuch von Gauſs besprochen 221—223.
Micraelius, J., Bedeutung von „Ly" *319*.
Moebius, A. F., über das Princip der Ähnlichkeit *20*, G. Ceva sein Vorläufer 36.
Montucla, J., erwähnt Saccheri 39.
Morgan, A. de, über Lagranges Beweisversuch 212, *218*.
Müller, C. R., sein Beweisversuch von Gauſs besprochen 223—226.

Naṣir Eddin (Nassaradin), arabische Bearbeitung von Euklids Elementen 17, sein Beweisversuch von Saccheri besprochen 82—83.
Newton, J., über Anziehung proportional der Entfernung 30, Erklärung paralleler Geraden *317*.
Nicomedes, Conchoide 75.

Oliver of Bury, Th., zweite Schrift über die Parallelentheorie als solche 18.

Pascal, Bl., Bezeichnung in den Figuren 65.
Peters, C. A. F., giebt den Briefwechsel zwischen Gauſs und Schumacher heraus 217.
Peyrard, F., entdeckt die älteste der bekannten Euklidhandschriften 17, *20*.
Pfaff, J. F., Skepticismus 215, 244.
Poggendorff, J. C., über Schweikart *253*.
Proklos, Euklidkommentar 4, 5, sein Beweisversuch 4, *317*, übersetzt von Barozzi, gewürdigt durch Ramus 17, sein Beweisversuch besprochen von Saccheri 75—76, von Lambert erwähnt 159.
Ptolemaeus versucht die fünfte Forderung zu beweisen 214, *317*.

Ramus, P., würdigt Proklos 17, verwirft jedoch Untersuchungen über die Grundlagen der Geometrie 18, *20*, *317*.
Riccardi, P., Euklidbibliographie 5, über Saccheri *40*.
Riccati, V., hyperbolische Trigonometrie 147, *151*.
Riemann, B., *Probevorlesung* 111, Geometrie auf der *Kugel* schon bei Lambert 145 und bei Taurinus 252; *151*.

Saccheri, G., sein *Euclides ab omni naevo vindicatus* von Beltrami entdeckt 111, 39, *40*; setzt euklidfeste Leser voraus 4, prüft den Beweisversuch von Wallis 17, 19, 83—85; *Einleitung und Litteratur* 33—40; Leben und Charakter 34 f., seine Schriften 35—37, Inhalt und Bedeutung des *Euclides ab omni naevo vindicatus* 37—39, Bibliotheken, die dieses Werk besitzen, 38, ältere Autoren, die S. erwähnen. 39; S. und Legendre 37—38. 212, 213, S., Lobatschefskij und Bolyai 37—39; Bemerkungen aus dem *Appendix* *318*, deutsche Übersetzung des ersten Buches des *Euclides vindicatus* (1733) 41—136, prüft den Beweisversuch des Proklos 75—76, den des Borelli 76—78, des Clavius 78—82, des Naṣir Eddin 17, 82—83; S. und Lambert 144—145; 215, 243, 248.
Sartorius von Waltershausen, W., teilt Äuſserungen von Gauſs über die *Antieuklidische Geometrie* mit 216, *218*, berichtet über Bartels 242.
Savile, H, sein Interesse für Euklids Elemente 18, *20*; spricht von den Makeln bei Euklid 36.
Schlüssel siehe Clavius.
Schmid, Anton, über Saccheri als Schachspieler *40*.
Schmidt, Franz, Mitteilungen über die beiden Bolyai VII, 240—242, Mitteilung eines Briefes von Gerling an W. Bolyai über Schweikart 243—244, schreibt über das Leben der beiden Bolyai *253*, *254*.
Schulz, J., verwendet Winkelräume zum Beweise der fünften Forderung 231, 240.
Schumacher, Gauſs und S., Briefe von 1831 und 1846, 227—235.

Schwab, J. Ch., sein *Tentamen* (1801) von Seyffer besprochen 214; seine *Commentatio* (1814) von Gaufs besprochen 220—221.
Schweikart, F. K., IV, von Bessel erwähnt 148, 227; erzählt von Kaestners Resignation *151*; seine *Astralgeometrie* von Gaufs erwähnt 235, *Leben und Schriften* 243, Bibliotheken, in denen S.s Parallelentheorie vorhanden ist 243, Gerling über S. 244, Brief an seinen Neffen Taurinus (1824) 245—246; Gaufs an Gerling über Schweikart 246; regt Taurinus an 246, 247 ff., 261, Brief an Taurinus (1820) 248—249; inwiefern mit Gaufs gleichberechtigt 252.
Scriba, H. E., über Schweikart und Taurinus *254*.
Seyffer, K. F., bespricht die anonyme *Demonstratio theor. par.* (1799) und das *Tentamen novae theor. par.* (1801) von Schwab 214—215.
Simpson, R., Beweisversuch von Seyffer erwähnt 214.
Simson, Th., Beweisversuch von Seyffer erwähnt 214.
Sohnke, L. A., giebt Bemerkungen über die Geschichte der Parallellinien bis 1837: *20*.
Steiner, J., seine Erklärung paralleler Geraden 18.
Steinschneider, M., Euklid bei den Arabern *20*.
Sulzer, J. G., ordnet Lamberts Nachlafs 148.

Tannery, P., über Euklids Elemente 5, *317*.
Taurinus, F. A., IV, Brief von Schweikart an T. (1824) 245—246, *Leben und Schriften* 246—252, Bibliotheken, in denen diese Schriften vorhanden sind, 251, aus dem Vorwort zu den *Elementa* 247 f., Brief von Schweikart an T.

(1820) 248—249, Brief von Gaufs an T. (1824) 249 f.; seine Bedeutung für die Geschichte der nichteuklidischen Geometrie 252, *319*; Stücke aus der *Theorie der Parallellinien* (1825 255 -266; Stücke aus den *Geometriae primae elementa* 267—286).
Terquem, O., über Legendre *320*.
Thales von Milet beweist, dafs jeder Durchmesser seinen Kreis halbiert 120.
Theodosius benutzt Euklid als Grundlage 45.
Thiermann erwähnt Saccheri 39, *40*.
Transon, A., erwähnt Arnaulds Beweisversuch 231.

Ventimiglia, R., stellt 1692 sechs geometrische Aufgaben, die Saccheri 1693 löst 35 f.
Verci, G., über Saccheri *40*.
Veronese, G., über Saccheri *40*.
Voit, P. Ch., angeregt durch Seyffer, Dissertation, Skepticismus 215.

Waddington, über Ramus, *318*.
Wallis, J., IV, *Einleitung und Litteratur* 17—20, deutsche Übersetzung der *Demonstratio postulati quinti* (1663) 21—30, sein Beweisversuch von Saccheri besprochen 83—85, Kaestners Verfahren dem von W. ähnlich 107; Legendres Beweis von 1794 beruht auch auf dem Princip der Ähnlichkeit 212.
Wassiljef, A., Mitteilungen über Lobatschefskij VII, 240; Rede auf Lobatschefskij vom 22. Okt. 1893: *254*.
Winter, über Schweikart *254*.
Wolf, R., forscht nach Lamberts Nachlafs 150; über Lambert *151*.
Wolff, Chr., von Lambert angegriffen 155—159.

Zeller, E., über Bilfinger 156.

Ewr. Wohlgebohren

gefälliges Schreiben vom 30 Oct. nebst dem beigefügten kleinen Aufsatz habe ich nicht ohne Vergnügen gelesen, um so mehr, da ich sonst gewohnt bin, bei der Mehrzahl der Personen, die neue Versuche über die sogenannte Theorie der Parallellinien gar keine Spur von wahrem geometrischen Geiste anzutreffen.

Gegen Ihren Versuch habe ich nichts (oder nicht viel) anderes zu erinnern als daß er unvollständig ist. Zwar läßt Ihre Darstellung des Beweises, daß die Summe der drei Winkel eines ebnen Dreieck's nicht grösser als 180° seyn kann in Rücksicht auf geometrische Schärfe noch zu desideriren übrig. Allein dies würde sich ergänzen lassen, und es leidet keinen Zweifel daß jene Unmöglichkeit sich auf das allerstrengste beweisen läßt. Ganz anders verhält es sich aber mit dem 2.ten Theil, daß die Summe der Winkel nicht kleiner als 180° seyn kann; dies ist der eigentliche Knoten, die Klippe woran alles scheitert. Ich vermuthe, daß Sie sich noch nicht lange mit diesem Gegenstande beschäftigt haben. Bei mir ist es über 30 Jahr, und ich glaube nicht, daß jemand sich eben mit diesem 2.ten Theil mehr beschäftigt haben könne als ich, obgleich ich niemals etwas darüber bekannt gemacht habe. Die Annahme, daß die Summe der 3 Winkel kleiner sei als 180°, führt auf eine eigne von der unsrigen (Euklidischen) ganz verschiedene Geometrie, die in sich selbst durchaus consequent ist, und die ich für mich selbst ganz befriedigend ausgebildet habe, so daß ich jede Aufgabe in derselben auflösen kann mit Ausnahme der Bestimmung einer Constante, die sich a priori nicht ausmitteln lafst. Je grösser man diese Constante annimmt, desto mehr nähert man sich der Euclidischen Geometrie, und ein unendlich grosser Werth macht beide zusammenfallen. Die Sätze dieser Geometrie scheinen zum Theil paradox, und dem Ungeübten ungereimt; bei genauerer ruhiger Überlegung findet man aber, dafs sie an sich durchaus nichts unmögliches enthalten. So z. B. können die drei Winkel eines Dreiecks so klein werden als man nur will, wenn man nur die Seiten grofs genug nehmen darf, dennoch kann der Flächeninhalt eines Dreiecks, wie grofs auch die Seiten genommen werden, nie eine bestimmte Grenze überschreiten, ja sie nicht einmahl erreichen. Alle meine Bemühungen einen Widerspruch, eine Inconsequenz in dieser Nicht-Euclidischen Geometrie zu finden sind fruchtlos gewesen, und das Einzige was unserm Verstande darin widersteht, ist dafs es, wäre sie wahr, im Raume eine an sich bestimmte (obwohl uns unbekannte) Liniengrösse geben müfste. Aber mir deucht, wir wissen, trotz des Nichts Sagenden Wort-Weisheit der Metaphysiker eigentlich zu wenig oder gar nichts über das wahre Wesen des Raumes, als dafs wir etwas uns unnatürlich vorkommendes geradezu mit Absolut Unmöglich verwechseln dürfen. Wäre die Nicht-Euclidische Geometrie die wahre, und jene Constante in einigem Verhältnisse zu solchen Grössen die im Bereich unsrer Messungen auf der Erde oder am Himmel liegen, so liefse sie sich a posteriori ausmitteln. Ich habe daher wohl zuweilen im Scherz den Wunsch geäufsert, dafs die Euclidische Geometrie nicht die Wahre wäre, weil wir dann ein absolutes Maaß a priori haben würden.

Von einem Manne der sich mir als einen denkenden Mathematischen Kopf gezeigt hat, fürchte ich nicht, daß er das Vorstehende misverstehen werde: auf jeden Fall aber haben Sie es nur als eine Privat-Mittheilung anzusehen, von der auf keine Weise ein öffentlicher oder zur Oeffentlichkeit führen könnender Gebrauch zu machen ist. Vielleicht werde ich, wenn ich einmahl mehr Muße gewinne, als in meinen gegenwärtigen Verhältnissen, selbst in Zukunft meine Untersuchungen bekannt machen.

Mit Hochachtung verharre ich

Göttingen den 8 November 1824.

Ew. Wohlgeboren

ergebenster Diener

C F Gauß

www.ingramcontent.com/pod-product-compliance
Lightning Source LLC
Chambersburg PA
CBHW031858220426
43663CB00006B/671